"十三五"国家重点出版物出版规划项目
面向可持续发展的土建类工程教育丛书

结构力学

主　编　范小春
参　编　于艳丽　孙亮明　杨　格　徐　训
主　审　袁海庆

机械工业出版社

本书主要依据教育部高等学校非力学专业力学基础课教学指导分委员会制定的《结构力学课程教学基本要求》（A类）和高等学校土木工程学科专业指导委员会制定的《结构力学课程教学大纲》的相关要求编写而成。

全书共分10章，内容包括：第1章绪论，第2章平面杆件体系的几何组成分析，第3章静定结构的受力分析，第4章静定结构的位移计算，第5章力法，第6章位移法，第7章其他计算方法，第8章影响线，第9章矩阵位移法，第10章结构的动力计算。

本书可作为普通高等院校土木工程专业结构力学课程的教材，也可作为相关专业、网络与成人教育、自学考试的教材，还可作为研究生入学考试、注册结构师基础考试、相关专业工程技术人员的参考书。

本书配套有授课PPT、习题参考答案、视频等教学资源，免费提供给选用本书的授课教师，需要者请登录机械工业出版社教育服务网（www.cmpedu.com）注册下载。

图书在版编目（CIP）数据

结构力学/范小春主编. —北京：机械工业出版社，2021.7（2025.8重印）
（面向可持续发展的土建类工程教育丛书）
"十三五"国家重点出版物出版规划项目
ISBN 978-7-111-68910-2

Ⅰ.①结… Ⅱ.①范… Ⅲ.①结构力学－高等学校－教材
Ⅳ.①O342

中国版本图书馆CIP数据核字（2021）第162475号

机械工业出版社（北京市百万庄大街22号　邮政编码100037）
策划编辑：李　帅　　　责任编辑：李　帅
责任校对：张晓蓉　刘雅娜　封面设计：张　静
责任印制：常天培
河北虎彩印刷有限公司印刷
2025年8月第1版第5次印刷
184mm×260mm·19.5印张·477千字
标准书号：ISBN 978-7-111-68910-2
定价：59.80元

电话服务　　　　　　　　　网络服务
客服电话：010-88361066　　机　工　官　网：www.cmpbook.com
　　　　　010-88379833　　机　工　官　博：weibo.com/cmp1952
　　　　　010-68326294　　金　书　网：www.golden-book.com
封底无防伪标均为盗版　机工教育服务网：www.cmpedu.com

前　言

结构力学是土木工程专业一门重要的专业基础课。武汉理工大学结构力学教学团队在总结本校近 70 年结构力学教学经验的基础上，围绕教育部《普通高等学校本科专业目录》中土木工程专业的业务培养目标、教育部高等学校非力学专业力学基础课教学指导分委员会制定的《结构力学课程教学基本要求》（A 类）、高等学校土木工程学科专业指导委员会制定的《结构力学课程教学大纲》和全国高等学校土木工程学科专业指导委员会编写的《高等学校土木工程本科指导性专业规范》的相关要求，编写了本书，力图在内容上探求创新。党的二十大报告指出："实施城市更新行动，加强城市基础设施建设，打造宜居、韧性、智慧城市""城乡人居环境明显改善，美丽中国建设成效显著"。结构力学培养学生严谨科学的工匠精神，从而为建设美丽中国奠定扎实的力学基础。

本书还结合注册结构师考试的基本要求，以训练、培养和提升学生对结构的定性力学分析为目标，使学生在学习经典结构力学和其他相关课程的基础上，能够进一步理解、掌握和灵活运用结构力学的基本概念、基本原理和计算方法。每章习题中的第一大题选择题均选自历年注册结构师基础考试的真题。

本书依托"十三五"在线开放课程建设目标，力求能够涵盖课程相关领域的基本问题、基本概念、基本原理、基本方法、基本技能、典型案例、综合应用等核心内容；基于国家级首批一流课程"结构力学"（爱课程中国大学 MOOC 武汉理工大学结构力学），建设知识点视频、课件、典型例题分析、自测题、作业等教学资源。

本书由武汉理工大学结构力学教学团队编写，参加编写工作的有：范小春（第 1 章和第 5 章），于艳丽（第 3 章和第 9 章），孙亮明（第 2 章和第 4 章），杨格（第 6 章和第 8 章），徐训（第 7 章和第 10 章）。并由范小春对全书进行了统稿。

本书由袁海庆教授主审，袁教授对本书提出了许多宝贵意见，对保障本书的质量起了重要的作用。研究生葛腾、陈超、徐伟、张宇、张浩、汪阳、赵恒晓、高宏武精心绘制了全书的插图。编者在此对他们一并表示衷心感谢！

由于编者水平有限，书中难免存在疏漏和不足之处，欢迎读者批评指正。

编　者

目 录

前言
第1章 绪论 ··· 1
  1.1 结构力学的研究对象和任务 ·· 1
    1.1.1 结构的定义与分类 ··· 1
    1.1.2 研究对象和任务 ·· 4
    1.1.3 三个基本条件和一个基本原理 ··· 4
  1.2 杆件结构的计算简图 ·· 5
    1.2.1 简化原则 ·· 5
    1.2.2 简化步骤 ·· 6
  1.3 平面杆件结构的分类 ·· 12
  本章小结 ··· 14
  习题 ··· 15
第2章 平面杆件体系的几何组成分析 ·· 16
  2.1 基本概念 ··· 16
    2.1.1 刚片 ··· 16
    2.1.2 体系种类 ·· 16
    2.1.3 自由度 ··· 17
    2.1.4 约束 ··· 18
    2.1.5 瞬铰 ··· 20
  2.2 平面几何不变体系的组成规律 ··· 22
    2.2.1 一个点与一个刚片相连 ··· 22
    2.2.2 两个刚片相连 ··· 22
    2.2.3 三个刚片相连 ··· 23
  2.3 平面杆件体系的几何组成分析 ··· 24
    2.3.1 基本步骤 ·· 24
    2.3.2 应用实例 ·· 24
    2.3.3 静定结构和超静定结构的几何组成特点 ··· 29
  本章小结 ··· 29

习题 …………………………………………………………………………………… 30

第 3 章 静定结构的受力分析 …………………………………………………… 33
3.1 单跨梁 ……………………………………………………………………… 33
3.1.1 单跨梁的内力类型及其正负规定 …………………………………… 33
3.1.2 内力的计算方法 ……………………………………………………… 34
3.1.3 内力图的绘制 ………………………………………………………… 35
3.1.4 叠加原理作弯矩图 …………………………………………………… 36
3.1.5 弯矩图的绘制方法 …………………………………………………… 37
3.2 多跨静定梁 ………………………………………………………………… 38
3.2.1 多跨静定梁的几何组成特点和受力特点 …………………………… 38
3.2.2 多跨静定梁的内力计算 ……………………………………………… 39
3.3 静定平面刚架 ……………………………………………………………… 41
3.3.1 刚架的特点 …………………………………………………………… 41
3.3.2 刚架支座反力的计算 ………………………………………………… 42
3.3.3 刚架的内力计算及内力图的绘制 …………………………………… 43
3.4 静定平面桁架 ……………………………………………………………… 47
3.4.1 静定平面桁架的特点 ………………………………………………… 47
3.4.2 桁架的分类 …………………………………………………………… 48
3.4.3 桁架的内力计算 ……………………………………………………… 49
3.5 组合结构 …………………………………………………………………… 55
3.5.1 组合结构的组成 ……………………………………………………… 55
3.5.2 组合结构的内力计算 ………………………………………………… 55
3.6 三铰拱 ……………………………………………………………………… 58
3.6.1 拱的特点 ……………………………………………………………… 59
3.6.2 拱的类型 ……………………………………………………………… 59
3.6.3 三铰拱的内力计算 …………………………………………………… 59
3.6.4 三铰拱的合理拱轴线 ………………………………………………… 63
本章小结 ………………………………………………………………………… 64
习题 ……………………………………………………………………………… 66

第 4 章 静定结构的位移计算 …………………………………………………… 76
4.1 概述 ………………………………………………………………………… 76
4.1.1 结构的位移 …………………………………………………………… 76
4.1.2 虚功原理 ……………………………………………………………… 77
4.1.3 广义位移 ……………………………………………………………… 80
4.2 支座移动下刚体体系的位移计算 ………………………………………… 80
4.3 荷载作用下静定结构的位移计算 ………………………………………… 83
4.3.1 结构位移计算的一般公式 …………………………………………… 83
4.3.2 积分法 ………………………………………………………………… 86

4.3.3　图乘法 ··· 93
4.4　其他条件引起的静定结构位移计算 ·· 99
　　4.4.1　温度变化 ·· 99
　　4.4.2　制造误差 ··· 101
4.5　互等定理 ·· 103
　　4.5.1　功的互等定理 ·· 103
　　4.5.2　位移互等定理 ·· 104
　　4.5.3　反力互等定理 ·· 104
　　4.5.4　反力位移互等定理 ··· 105
本章小结 ··· 106
习题 ·· 107

第5章　力法 ·· 110

5.1　概述 ··· 110
　　5.1.1　超静定结构的概念 ··· 110
　　5.1.2　超静定结构的次数 ··· 110
5.2　力法的基本概念 ··· 112
　　5.2.1　力法的基本原理 ··· 112
　　5.2.2　两次超静定结构 ··· 114
　　5.2.3　多次超静定结构 ··· 115
5.3　力法计算荷载下超静定结构 ·· 115
　　5.3.1　超静定刚架 ·· 115
　　5.3.2　超静定排架 ·· 118
　　5.3.3　超静定桁架 ·· 119
　　5.3.4　超静定组合结构 ··· 121
5.4　力法计算其他条件下超静定结构 ··· 121
　　5.4.1　支座移动 ··· 122
　　5.4.2　温度变化 ··· 124
5.5　力法计算对称结构 ··· 126
　　5.5.1　对称的基本结构 ··· 126
　　5.5.2　对称或反对称的荷载 ·· 127
　　5.5.3　中心对称结构 ·· 129
5.6　超静结构的位移计算 ·· 132
本章小结 ··· 134
习题 ·· 135

第6章　位移法 ··· 140

6.1　位移法的基本概念 ··· 140
6.2　等截面直杆的转角位移方程 ·· 142
　　6.2.1　等截面直杆的形常数 ·· 142

  6.2.2 等截面直杆的载常数 ·· 145

 6.3 位移法计算荷载作用下超静定结构 ··· 147

  6.3.1 连续梁 ·· 147

  6.3.2 无侧移刚架 ·· 148

  6.3.3 有侧移刚架 ·· 150

 6.4 位移法计算在广义荷载下的超静定结构 ·· 153

  6.4.1 支座移动 ·· 153

  6.4.2 温度改变 ·· 154

 6.5 位移法计算对称结构 ··· 155

 6.6 位移法的基本体系 ·· 157

 本章小结 ··· 162

 习题 ··· 162

第7章 其他计算方法 ··· 166

 7.1 力矩分配法的概念 ·· 166

  7.1.1 符号规定 ·· 166

  7.1.2 基本概念 ·· 166

 7.2 单结点的力矩分配法 ··· 170

 7.3 多结点的力矩分配法 ··· 174

 7.4 无剪力分配法 ··· 183

  7.4.1 无剪力分配法的应用条件 ··· 183

  7.4.2 剪力静定杆件的固端弯矩 ··· 184

  7.4.3 零剪力杆件的转动刚度和传递系数 ·· 185

 7.5 剪力分配法 ·· 189

  7.5.1 铰结排架的剪力分配 ··· 190

  7.5.2 横梁刚度无限大时刚架的剪力分配 ·· 191

  7.5.3 柱间有水平荷载作用时的计算 ·· 192

 本章小结 ··· 194

 习题 ··· 195

第8章 影响线 ··· 199

 8.1 影响线的基本概念 ·· 199

 8.2 静力法作静定结构内力的影响线 ··· 200

  8.2.1 简支梁 ·· 200

  8.2.2 结点承载方式下的梁 ··· 202

  8.2.3 桁架轴力的影响线 ··· 204

  8.2.4 三铰拱影响线 ··· 207

 8.3 静力法作超静定结构内力的影响线 ·· 209

 8.4 机动法作梁内力的影响线 ·· 210

  8.4.1 简支静定梁 ·· 210

  8.4.2 超静定梁 ·· 212

 8.5 影响线的应用 ··· 213

  8.5.1 计算荷载作用下的量值 ·· 213

  8.5.2 确定最不利荷载位置 ··· 214

 8.6 梁内力包络图和绝对最大弯矩 ··· 217

 本章小结 ·· 218

 习题 ··· 219

第9章 矩阵位移法 ·· 223

 9.1 单元分析——单元刚度矩阵 ·· 223

  9.1.1 局部坐标系下单元刚度矩阵 ··· 223

  9.1.2 整体坐标系下单元刚度矩阵 ··· 228

 9.2 整体分析——结构整体刚度矩阵 ··· 232

  9.2.1 结构位移编码 ·· 232

  9.2.2 单元定位向量 ·· 233

  9.2.3 单元集成法整体刚度矩阵 ·· 234

 9.3 整体分析——矩阵位移法的基本方程及等效结点荷载向量 ················ 235

  9.3.1 矩阵位移法的基本方程 ··· 235

  9.3.2 等效结点荷载向量 ··· 236

 9.4 矩阵位移法基本解题步骤 ·· 238

  9.4.1 初始数据准备阶段 ··· 238

  9.4.2 单元分析阶段 ·· 238

  9.4.3 整体分析阶段 ·· 238

  9.4.4 基本方程的建立及求解阶段 ·· 238

 9.5 矩阵位移法计算连续梁 ··· 241

 9.6 矩阵位移法计算刚架 ·· 243

  9.6.1 忽略杆件轴向变形的刚架 ··· 243

  9.6.2 有铰结点的刚架 ··· 244

 9.7 矩阵位移法计算桁架和组合结构 ··· 245

  9.7.1 桁架 ··· 245

  9.7.2 组合结构 ··· 249

 本章小结 ·· 255

 习题 ··· 256

第10章 结构的动力计算 ·· 259

 10.1 结构动力计算的基本概念 ·· 259

  10.1.1 结构动力计算的特点 ·· 259

  10.1.2 动力荷载的分类 ·· 259

  10.1.3 动力计算中结构的自由度 ·· 260

 10.2 单自由度体系的自由振动 ·· 263

　　10.2.1　基本动力系统组成 ································· 263
　　10.2.2　单自由度无阻尼体系自由振动 ····················· 263
　　10.2.3　自由振动微分方程的解 ··························· 265
　　10.2.4　结构的自振周期 ································· 266
10.3　单自由度无阻尼体系的强迫振动 ························· 268
　　10.3.1　单自由度体系受迫振动运动方程 ··················· 268
　　10.3.2　简谐荷载作用下结构动力反应 ····················· 268
　　10.3.3　一般动力荷载作用下结构动力反应——杜哈梅积分 ··· 272
10.4　阻尼对单自由度体系振动的影响 ························· 275
　　10.4.1　有阻尼单自由度体系的自由振动 ··················· 275
　　10.4.2　有阻尼单自由度体系的强迫振动 ··················· 278
10.5　双自由度体系的自由振动 ······························· 280
　　10.5.1　刚度法 ··· 280
　　10.5.2　柔度法 ··· 285
　　10.5.3　主振型的正交性 ································· 288
10.6　双自由度体系在简谐荷载作用下的强迫振动 ··············· 290
　　10.6.1　刚度法 ··· 290
　　10.6.2　柔度法 ··· 290
本章小结 ··· 292
习题 ··· 293

参考文献 ··· 299

第1章 绪 论

■ 1.1 结构力学的研究对象和任务

1.1.1 结构的定义与分类

在土木工程中,如房屋、桥梁、隧道、水坝等,用以支承荷载起骨架作用的部分称为结构(structure)。结构由构件组成。

与图 1-1a 所示房屋建筑相比,图 1-1b 所示体现的是结构,即去除建筑物的装饰、围护墙、门窗、防水隔热设施、水电设施等非承载部分后所留下承受荷载的骨架部分。其受力构件一般有板、梁、柱、剪力墙和基础等,承受着包括自重、雪、风、地震以及建筑物内所有人员、设备造成的荷载,对整个建筑物起到支撑作用。

结构的定义

图 1-1 房屋建筑及结构
a) 建筑物 b) 结构

图 1-2 所示为斜拉桥,其主要受力构件有承压的塔、受拉的索、承弯的梁体以及基础。

图 1-2 斜拉桥

图 1-3 所示为建设中的隧道，其主要受力构件有中隔墙、锚杆、临时支护、二次衬砌等。

图 1-3 隧道

图 1-4 所示为水坝，其主要受力构件有坝体。

图 1-4 水坝

三峡大坝
混凝土芯样

结构分类的方法很多，按组成构件的几何特征可分为以下三类。

（1）杆件结构（member structure） 杆件的几何特征为其长度 l 比横截面尺寸（矩形截面为宽度 b、厚度 h，圆形截面直径为 d）大得多，见图 1-5。土木工程中，"大得多"一般是指 4 倍以上。若干杆件通过一定方式组合成结构，称为杆件结构。例如钢筋混凝土柱和梁组成的房屋结构（图 1-6a），由若干钢结构杆件组成的埃菲尔铁塔（图 1-6b）。该类结构为结构力学的主要研究对象。

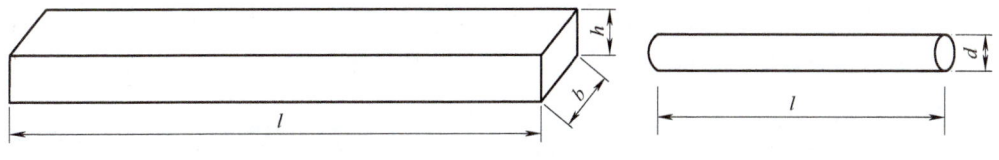

图 1-5 杆件结构

图 1-6 杆件结构实例

a）房屋结构　b）埃菲尔铁塔

（2）薄壁结构（thin-walled structure）　又称板壳结构。薄壁的几何特征为其厚度 h 比长度 l 和宽度 b 小得多，见图 1-7。土木工程中，"小得多" 一般是指 1/10 以下。若干薄壁通过一定方式组合成结构，称为薄壁结构。例如房屋建筑中的屋面平板（图 1-8a），由若干薄壁组成的悉尼歌剧院（图 1-8b）。该类结构为弹性力学的主要研究对象。

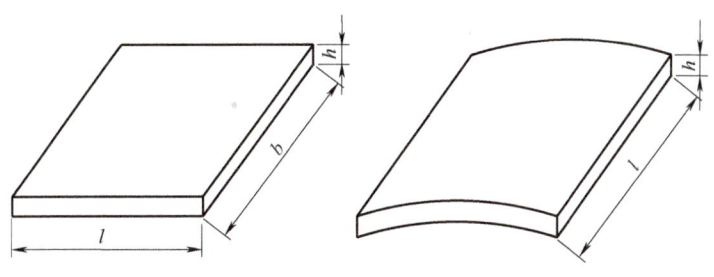

图 1-7 薄壁结构

图 1-8 薄壁结构实例

a）屋面平板的房屋结构　b）若干薄壁组成的悉尼歌剧院

(3) **实体结构**（massive structure） 结构的长度 l、厚度 h 和宽度 b 尺寸大致相当，见图 1-9。该类结构为弹性力学的主要研究对象，例如挡土墙（图 1-10a）、大坝（图 1-10b）。

图 1-9 实体结构

图 1-10 实体结构实例
a）挡土墙 b）大坝

1.1.2 研究对象和任务

结构力学（structural mechanics）是土木工程专业一门重要的专业基础课程，以杆件结构为主要研究对象，其研究任务主要包括以下三个方面：

1）研究杆件体系的组成规律。
2）研究杆件结构在各种作用下的受力和变形。
3）研究杆件结构的稳定性及在动力荷载作用下的动力反应。

结构力学与前期学习的理论力学、材料力学和后续学习的弹性力学相互联系。理论力学主要研究刚体体系的平衡条件和运动的基本规律；材料力学主要研究单个杆件的强度、刚度和稳定性。结构力学的研究对象是杆件结构，而弹性力学的研究对象是薄壁结构和实体结构。

结构力学的课程目标是使学生掌握系统的结构力学知识，提高结构计算能力，能熟练地计算分析土木工程结构的力学性能；培养学生的分析能力和科学作风；为学习有关专业课程（钢筋混凝土结构、钢结构、地基基础等）做准备，为毕业后从事结构设计、施工、管理和科研工作打好扎实的理论基础，培养学生严谨科学的工匠精神，为美丽中国建设贡献力量。

1.1.3 三个基本条件和一个基本原理

1. 三个基本条件

结构力学的计算主要是针对两类杆件结构问题：静定结构和超静定结构。无论哪一类问题均要满足以下三个基本条件。

(1) **力系的平衡条件** 处于平衡状态的结构，其整体或任何一个部分（某一个结点、一根杆或一个隔离体）都应满足力系的平衡条件。

(2) **变形的几何条件** 结构若在荷载等作用下产生微小变形（形状和几何尺寸的改变），其变形量相对结构杆件尺寸是微小的，一般可以忽略。结构在变形之前是连续的，在变形后仍然是连续的，组成结构杆件的材料没有重叠或缝隙。同时，结构的变形和位移应该满足结点和支座的约束条件,即变形的协调(在某些情况下,如静定结构问题,变形的连续和协调是自动满足的)。

(3) 力与变形的物理条件 通过结构的力学实验和计算,可以建立结构受力和变形之间的关系,这种关系通常同组成杆件的材料有关,称为物理条件,也称本构关系。结构力学中涉及的物理条件大部分是线性的。如:$\dfrac{1}{\rho}=\dfrac{M_P}{EI}$,就是线性弹性杆的弯曲曲率与内力弯矩之间的物理条件。

2. 一个基本原理

工程中的杆件结构一般受到多个荷载共同作用(图 1-11a),其内力和变形可以等于各个荷载单独作用下产生的内力和变形的代数和(图 1-11b、c、d),这一原理称为叠加原理。在杆件结构的内力和变形计算中,将经常用到该原理。其应用条件有以下两个方面:

(1) 小变形结构 杆件的变形与原来的尺寸相比极为微小,可以忽略不计。
(2) 线弹性 组成杆件材料的受力与变形为线性弹性关系。

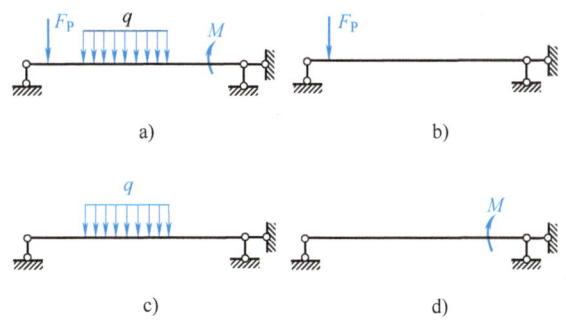

图 1-11 叠加原理
a)原受力状态 b)集中荷载单独作用 c)均布荷载单独作用 d)集中力偶单独作用

1.2 杆件结构的计算简图

建筑物的杆件结构(图 1-1b)是非常复杂的,完全按实际情况进行受力和变形分析是非常困难的。在满足工程精度要求的前提下,在对杆件结构进行分析时,可以对实际结构进行简化,体现其主要受力和变形特征。结构的计算简图就是代替实际结构的简化的力学模型。工程设计中可以利用 PKPM 等软件建立空间计算简图对其进行分析。结构力学主要是针对平面杆件结构的计算模型。

1.2.1 简化原则

在杆件结构的受力和变形分析中,计算简图是对实际结构的简化,直接影响结构的计算精度和准确性,其简化原则主要有以下两点:

1) 正确反映实际结构的受力特征。
2) 忽略次要因素,使计算简图便于工程计算,计算结果满足工程精度的要求。

1.2.2 简化步骤

一般的结构都是空间结构,其计算工作量和难度都非常大。在多数情况下,在满足工程精度要求的基础上,可以根据结构的受力和变形特点,忽略一些次要的空间约束,将空间结构转化为平面结构。本书主要讨论平面结构的计算问题。

图 1-12 为图 1-1b 所示结构某轴线刚架结构的计算简图,是通过杆件简化、结点简化、支座简化、荷载简化和材料性质简化等步骤获得的。

1. 杆件的简化

根据杆件的几何尺寸特征,由实验可知,杆件在荷载等作用下产生变形,其横截面满足平截面假定。因此,尽管杆件的形状和材料不同,在计算简图中可以用杆件的轴线(杆件横截面形心的连线)来代替杆件,用各杆轴线所形成的几何轮廓代替原结构。图 1-12 中,组成杆件结构的钢筋混凝土柱和钢筋混凝土梁均用直线代替。杆件轴线上的点表示杆件截面的位置。

2. 结点的简化

结构中杆件相互连接的部分,在计算简图中为杆件轴线的交点,称为结点。如图 1-12 中的梁柱结点 A 和 B。

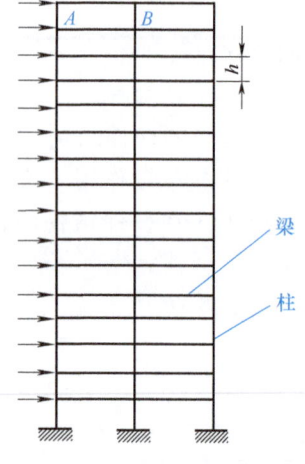

图 1-12 刚架结构计算简图

在实际工程中,杆件连接部分的构造形式多种多样,但在计算简图中可以简化为三种理想的结点形式:刚结点、铰结点和组合结点。

(1) 刚结点(stiffness joint)　刚结点的特征为相互连接的杆件在连接处不能相对移动和相对转动。因此,从受力分析的角度,刚结点既可承受和传递力,又能承受和传递力矩。图 1-12 中结点 A 的构造见图 1-13a,它由钢筋和混凝土组合而成,混凝土为现场现浇,符合刚结点的特征,在计算简图中表示为杆件直接相交的点(图 1-13b)。其结点的受力状态可以表示为图 1-13c。

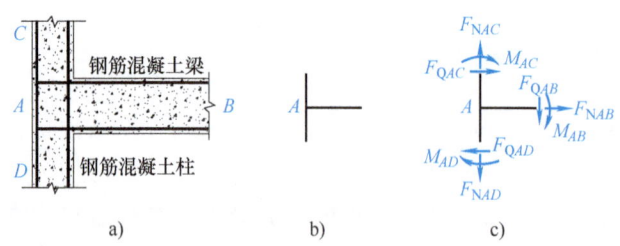

图 1-13 刚结点
a) 结点构造　b) 结点简化　c) 结点受力状态

工程中,钢结构中的焊缝连接(图 1-14a)和高强螺栓连接(图 1-14b)一般都可以看成是刚结点。

(2) 铰结点(hinge joint)　铰结点的特征为相互连接的杆件在连接处不能相对移动,但可以相对转动。因此,从受力分析的角度,铰结点可承受和传递力,但不能承受和传递力矩。铰结点 A 的构造见图 1-15a,它是由木材杆件组合而成,符合铰结点的特征,在计算简图中表示为圆（1-15b），其结点的受力状态可以表示为图 1-15c。

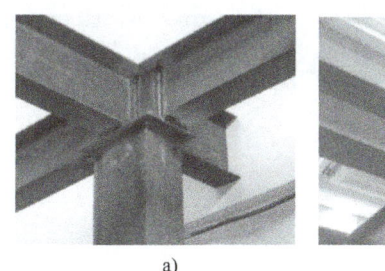
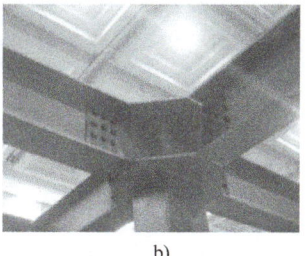

图 1-14 焊缝连接和高强螺栓连接

a）焊缝连接　b）高强螺栓连接

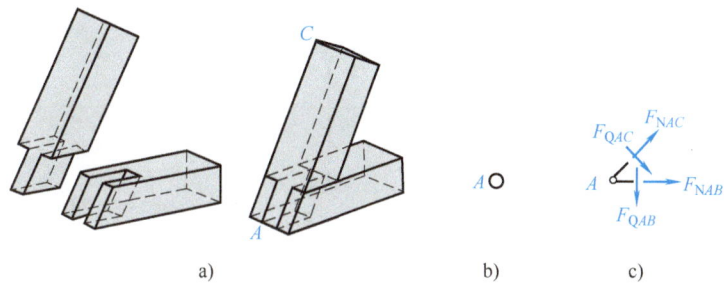

图 1-15 铰结点

a）结点构造　b）结点简化　c）结点受力状态

工程中，木结构中的榫头连接（图 1-16a）和钢结构中的普通螺栓连接（图 1-16b）一般都可以看成是铰结点。

重建黄鹤楼
手绘设计图

图 1-16 榫头连接和普通螺栓连接

a）榫头连接　b）普通螺栓连接

（3）组合结点（combination joint）　组合结点的特征为同一结点上的某些杆件之间的连接为刚结点，另外一些杆件之间的结点为铰结点。组合结点 A 的构造见图 1-17a，竖杆为一根杆，上杆与下杆之间符合刚结点的特征。水平杆与竖杆的连接符合铰结点的特征。若只考虑 AD、AE 和 AC 组成的平面，其计算简图见 1-17b，其结点的受力状态可以表示为图 1-17c。

组合结点

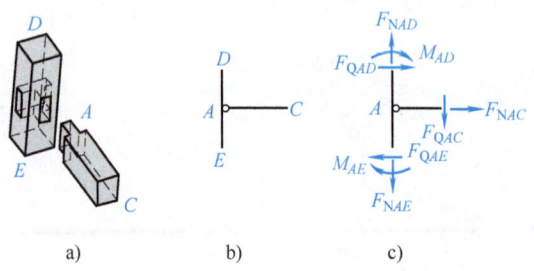

图 1-17 组合结点

a）结点构造　b）结点简化　c）结点受力状态

计算简图图 1-18 中，A 为刚结点，B 为铰结点，C 为组合结点。

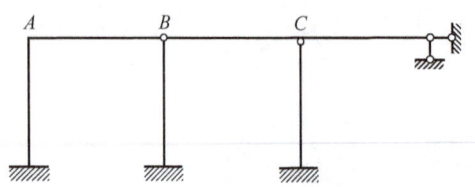

图 1-18 结点示例图

3. 支座的简化

支座是指结构与基础的连接装置，广义而言，是指支承结构或构件的各种装置。该装置的作用一是将结构或构件受到的荷载传给基础和地基，二是提供支座反力，限制结构或构件沿某个方向的运动。根据支座的构造和所起的作用不同，一般简化为两大类：支座本身不变形的刚性支座（活动铰支座、固定铰支座、固定支座和定向支座）和支座本身可以变形的弹性支座。

（1）**活动铰支座**（living hinge support）　该支座的特征为：允许结构或构件绕 A 点转动和沿支承面 m-m 方向平行移动，但不能沿垂直支承面的方向移动，理论模型见图 1-19a。梁直接搁置在砖墙上（图 1-19b）或斜坡上（图 1-19c），均属于此类支座。该支座简称支杆。

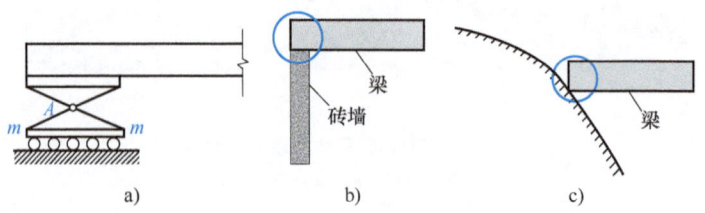

图 1-19 活动铰支座

a）理论模型　b）梁搁置在砖墙上　c）梁搁置在斜坡上

活动铰支座的特征为：支座反力通过铰 A 的中心，并与支承平面垂直，计算简图为一根垂直于支承面的链杆，见图 1-20。

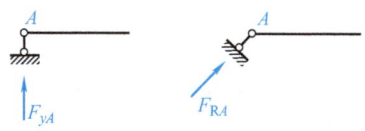

图 1-20　活动铰支座的计算简图

(2) **固定铰支座**（fixed hinge support）　该支座的变形特征为：允许结构或构件绕 A 点转动，但不能在平面内移动，理论模型见图 1-21a。镶嵌在砖墙中的梁（图 1-21b）或预制柱与杯口基础通过沥青麻丝材料填充（图 1-21c），均属于此类支座。

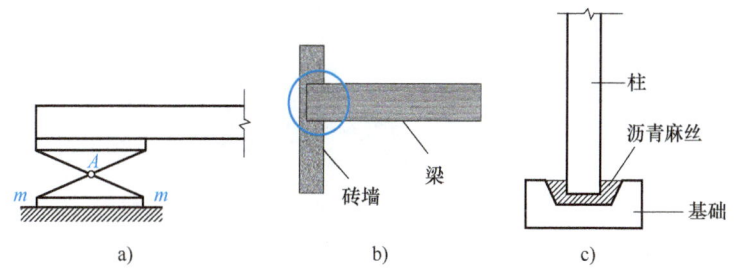

图 1-21　固定铰支座

a) 理论模型　b) 镶嵌在砖墙中的梁　c) 预制柱与杯口基础连接

固定铰支座的特征为：支座反力通过铰 A 的中心，限制支座平面类运动，一般可以用水平反力和竖向反力共同表示，计算简图一般为两根不平行的链杆或铰，见图 1-22。

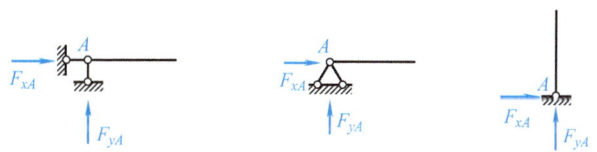

图 1-22　固定铰支座的计算简图

(3) **固定支座**（fixed support）　该支座的变形特征为：结构或构件在支承处不发生任意方向的移动和转动，理论模型见图 1-23a。钢筋混凝土拱与拱脚墩台通过混凝土浇筑而成（图 1-23b）或钢柱通过焊接同基础相连，均属于此类支座。该支座简称固端。

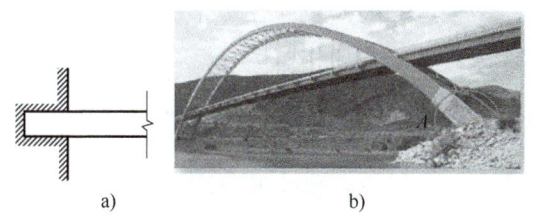

图 1-23　固定支座

a) 理论模型　b) 拱桥中的拱脚支座

固定支座的特征为：支座反力限制任意方向的运动，一般可以用水平反力、竖向反力和反力偶共同表示，计算简图为基础，见图 1-24。

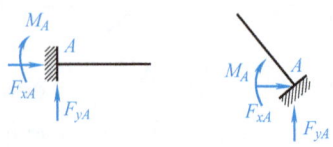

图 1-24 固定支座计算简图

(4) 定向支座（directional support） 该支座的变形特征为：结构或构件在支承处可以沿支承面方向移动，但不能转动和沿垂直支承面方向移动，理论模型见图 1-25a。轮-轨对车厢支承属于此类支座，见图 1-25b。该支座又称滑动支座。

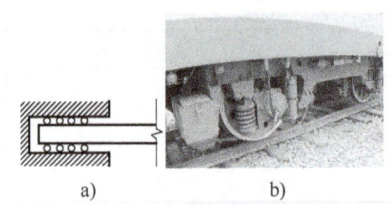

轨道上的交通

图 1-25 定向支座
a）理论模型 b）轮轨对车厢的支承

定向支座的特征为：支座反力限制垂直支承面方向移动和转动，一般可以用垂直支承面的力和反力偶共同表示，计算简图为垂直于支承面的两根平行链杆。

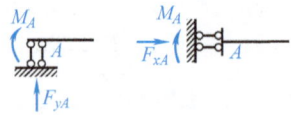

图 1-26 定向支座计算简图

(5) 弹性支座（elastic support） 该支座的变形特征为：荷载作用下支座本身产生弹性变形，既允许结构在该处发生某种位移，又对该位移有一定的约束作用。有伸缩弹性支座和旋转弹性支座两种。桥梁中的橡胶支座属于伸缩弹性支座（图 1-27）。

弹性支座

图 1-27 弹性支座

伸缩弹性支座的特征为：支座反力限制沿弹簧方向的移动，计算简图见图 1-28a。
旋转弹性支座的特征为：支座反力限制沿弹簧方向的转动，计算简图见图 1-28b。

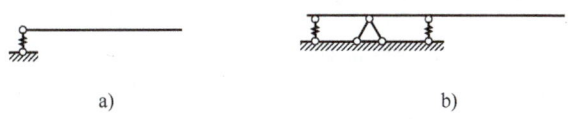

图 1-28 伸缩弹性支座和旋转弹性支座
a）伸缩弹性支座计算简图 b）旋转弹性支座计算简图

4. 荷载的简化

结构设计中涉及的作用包括直接作用（荷载）和间接作用（支座移动、温度等）。荷载是指主动作用在结构上的外力。《建筑结构荷载规范》（GB 50009—2012）中建筑结构的荷载按作用时间可分为下列三类：

永久荷载（permanent load）：在结构使用期间，其值不随时间变化，或其变化与平均值相比可以忽略不计，或其变化是单调的并能趋于限值。例如结构自重、土压力、预应力等。

荷载

可变荷载（variable load）：在结构使用期间，其值随时间变化，且其变化与平均值相比不可以忽略不计。例如楼面活荷载、屋面活荷载和积灰荷载、吊车荷载、风荷载、雪荷载、温度作用等。

偶然荷载（accidental load）：在结构设计使用年限内不一定出现，而一旦出现其量值很大，且持续时间很短。例如爆炸力、撞击力等。

根据杆件的简化要点，工程中的杆件由轴线代表，上述所说的荷载均应简化为作用在杆件轴线上的力。荷载根据其分布情况大致可简化为集中荷载和分布荷载两大类。

集中荷载：荷载的作用面积相对于总面积是微小的，如次梁传给主梁的力，车轮的压力等。

分布荷载：分布作用在一定面积或长度上，如雪、自重等荷载。

此外，荷载还有以下几种分类方法：

（1）按荷载作用的性质 可分为静力荷载和动力荷载。

静力荷载（static load）：大小、方向和位置不随时间变化或变化极其缓慢，不使结构产生显著的加速度。如结构自重、楼面活荷载等。

动力荷载（dynamic load）：随时间迅速变化或在短暂时间内突然作用或消失的荷载，使结构产生显著的加速度。车辆荷载、风荷载和地震荷载通常在设计中简化为静力荷载，但在特殊情况下要按动力荷载考虑。

（2）按荷载位置的变化 可分为固定荷载和移动荷载。

固定荷载（fixed load）：作用位置固定不变。如风、雪、结构自重等。

移动荷载（moving load）：可以在结构上自由移动。如吊车梁上的吊车荷载、公路桥梁上的汽车荷载等。

5. 材料性质的简化

在土木、水利工程中结构所用的建筑材料通常为钢、混凝土、砖、石、木料等。在结构计算中，为了简化，对组成各构件的材料一般都假设为连续的、均匀的、各向同性的、完全弹性或弹塑性的。

上述假设对于金属材料在一定受力范围内是符合实际情况的。对于混凝土、钢筋混凝土、砖、石等材料则带有一定程度的近似性。至于木材，因其顺纹和横纹方向的物理性质不同，应用这些假设时应予注意。

1.3 平面杆件结构的分类

在工程结构分析中，实际结构由结构计算简图代替，因此，工程结构的分类实际上是计算简图的分类。按照不同的构造和受力特征，常见的平面杆件结构分为以下五种类型。

1. 梁（beam）

梁的构造特征为：轴线通常为直线，也可以是曲线；可以是单跨，也可以是多跨，见图 1-29。

梁的受力特征为：以弯曲变形为主，截面内力一般有剪力和弯矩，属于受弯构件。

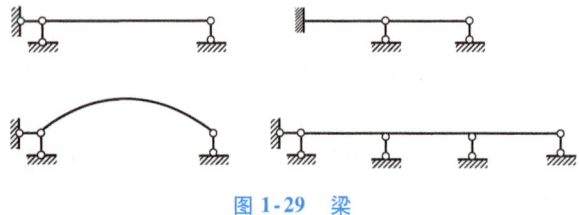

图 1-29　梁

工程实例：简支梁桥、连续梁桥，见图 1-30。

图 1-30　梁桥

2. 刚架（rigid frame）

刚架的构造特征为：由直杆组成，杆件间的结点中包含有刚结点，见图 1-31。

刚架的受力特征为：其构件截面内力一般有轴力、剪力和弯矩，一般属于受弯构件。

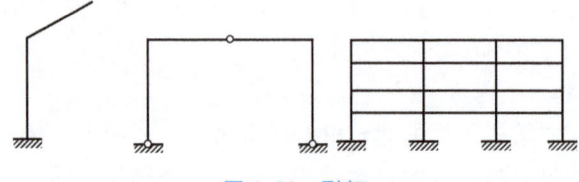

图 1-31　刚架

实例：钢筋混凝土框架结构，见图1-32。其某条轴线上的计算简图为刚架。

3. 桁架（truss）

桁架的构造特征为：由若干个直杆组成，所有结点都为铰结点，见图1-33。

桁架的受力特征为：当只受到作用于结点的集中荷载时，各杆截面内力只有轴力，属于轴向拉压构件。

图1-32 框架结构

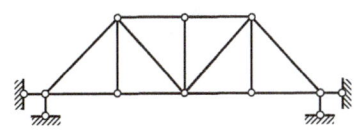

图1-33 桁架

实例：桁架桥梁和屋盖，见图1-34。

图1-34 桁架桥梁和屋盖

4. 拱（arch）

拱的构造特征为：轴线为曲线，有系杆拱、三铰拱、二铰拱和无铰拱，见图1-35。

拱的受力特征为：在竖向力作用下产生水平反力。一般而言，截面内力有轴力、剪力和弯矩，以受压为主。

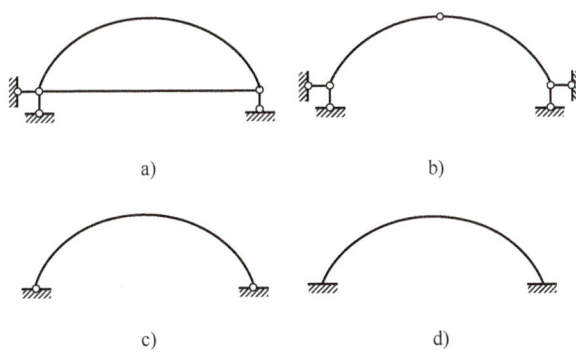

图1-35 拱

a）系杆拱 b）三铰拱 c）二铰拱 d）无铰拱

实例：拱桥，见图 1-36。

图 1-36　拱桥

5. 组合结构（composite structure）

组合结构的构造特征为：由梁式杆或刚架杆和链杆组成的结构，见图 1-37。图 1-37c 在工程中又称排架。

组合结构的受力特征为：梁式杆截面内力一般有轴力、剪力和弯矩；链杆只有轴力。

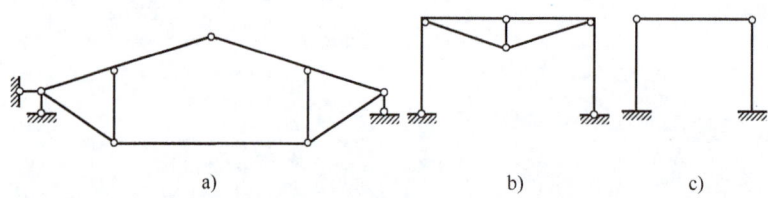

　　　　a)　　　　　　　　　　　b)　　　　　c)

图 1-37　组合结构

a)、c) 梁式杆与链杆组合　b) 刚架杆与链杆组合

实例：组合屋盖，见图 1-38。

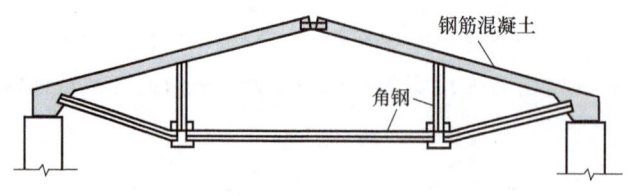

图 1-38　组合屋盖

本章小结

结构力学研究的对象是杆件结构。杆件结构是指工程中承担荷载的杆件组成的受力结构。杆件的特征为其长度比横截面尺寸大得多。

结构力学各种计算方法需要满足的三个基本条件——力系的平衡条件、变形的连续条件（几何条件）和力与变形的物理条件（本构关系），并基于一个基本原理——叠加原理。

工程中，用结构的计算简图来代替实际结构，获得结构的受力和变形状态。

杆件之间的连接结点有：刚结点、铰结点和组合结点。

支座有：刚性支座（支杆、铰支座、固定支座、滑动支座）和弹性支座。

《建筑结构荷载规范》（GB 50009—2012）中建筑结构的荷载按作用时间可分为永久荷载、可变荷载和偶然荷载。

习 题

一、选择题

1. 以下属于结构的是（　　）。
   A. 门窗　　　　　　B. 填充墙　　　　　C. 玻璃　　　　　　D. 受力柱

2. 从几何角度来看，结构可分为（　　）。
   A. 复杂的杆件和板壳　　　　　　　　　B. 梁、刚架、桁架、拱
   C. 杆件结构、板壳结构和实体结构　　　D. 平面结构、空间结构

3. 以下不属于可变荷载的是（　　）。
   A. 风　　　　　　　B. 雪　　　　　　　C. 雨　　　　　　　D. 楼面活荷载

4. 选择计算简图的原则是（　　）。
   A. 体现实际材料　　　　　　　　　　　B. 体现实际结构
   C. 计算过程简单　　　　　　　　　　　D. 体现实际，分清主次

5. 支承部分可以转动不能移动，能提供两个支座反力的是（　　）。
   A. 滚轴支座　　　　B. 铰支座　　　　　C. 定向支座　　　　D. 固定支座

二、简答题

考察身边的某一建筑物，分析其计算简图。

第 2 章　平面杆件体系的几何组成分析

杆件体系是通过若干根杆件相互连接而组成的，要想作为工程结构使用，成为承受和传递荷载的骨架体系，它必须是稳定的，能够维持自身的几何形状保持不变，即体系本身的几何组成应当合理。因此，在对结构进行内力分析之前，应先进行几何组成分析。几何组成分析是按照机械运动及几何学的观点，对体系杆件的连接和布置方式的分析，是进行结构布置和内力分析计算的基础。

本章目的是以平面杆件体系为研究对象，通过分析其组成方式与特征，判断其是否可以作为土木工程结构。本章主要内容包括：刚片、自由度、约束、瞬铰等基本概念；平面几何不变体系的组成规律及其应用；几何组成与静力特性之间的关系。其中几何不变体系的组成规律及其应用是本章的重点、难点内容，规律本身浅显易懂，但规律的运用却变化无穷，需要在练习中总结行之有效的方法，顺利地完成几何组成分析。

■ 2.1　基本概念

2.1.1　刚片

在对平面杆件体系进行几何组成分析时，由于不考虑材料的应变，杆件本身不会发生变形，因此可以把体系中几何不变的部分视为一个平面刚体，简称刚片（rigid body），用序号Ⅰ、Ⅱ、Ⅲ等表示。如图 2-1 所示，杆 1、杆 2、地基可看成独立的刚片Ⅰ、Ⅱ、Ⅲ，也可看成一个刚片。建筑物的基础或地球可以视为一个刚片，某一几何不变部分也可以视为一个刚片。

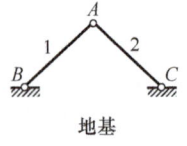

图 2-1　刚片

2.1.2　体系种类

杆件体系在荷载作用下，其几何形状和位置均会发生改变。在几何组成分析中不考虑这种由材料应变所产生的变形，而把杆件视为刚性杆件，根据杆件体系受力后的稳定性，平面杆件体系通常可分为几何可变体系和几何不变体系。

1. 几何可变体系

几何可变体系（geometrically unstable system）：杆件体系在任意荷载作用下，不考虑材料的应变，其位置和形状会发生改变。

如图 2-2a 所示，地基与杆 1 的连接方式为铰 A；地基与杆 2 的连接方式为铰 B，杆 3 与杆 1、杆 2 的连接方式分别为铰 C 和铰 D。根据铰结点的特点，杆 1、杆 2 在图 2-2b 所示荷载作用下可分别绕 A 点、B 点转动，杆 3 的运动方式由杆 1 和杆 2 的运动确定。由上可知，体系的位置和形状会发生持续改变，这种体系属于几何可变体系中的常变体系。

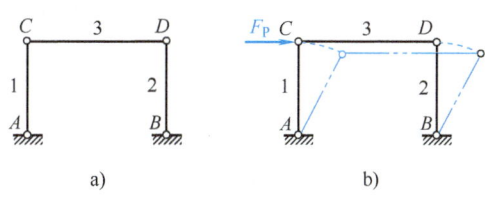

图 2-2　常变体系
a）常变体系　b）常变体系受力后变化

如图 2-3a 所示，地基与杆 1 的连接方式为铰 A；地基与杆 2 的连接方式为铰 B；杆 1 与杆 2 的连接方式为铰 C。根据铰结点的特点，杆 1、杆 2 在图 2-3b 所示荷载作用下可分别绕 A 点、B 点转动，即 C 点有向下运动的趋势。当 C 点产生微小位移后，由图 2-3c 可知，当杆 1、杆 2 继续分别绕 A 点、B 点转动时，C 点的趋势不同，即 C 点不能动。由上可知，荷载作用下体系会发生微小位移，但此后其位置和形状不再变化，这种体系属于几何可变体系中的瞬变体系。

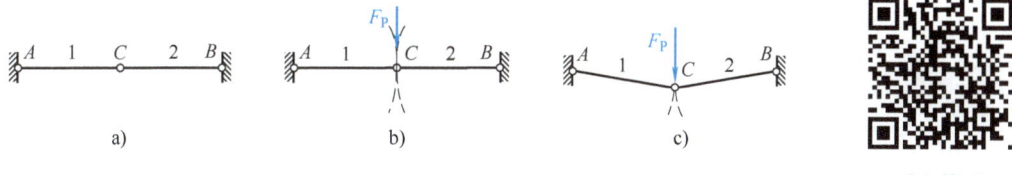

图 2-3　瞬变体系
a）瞬变体系　b）给瞬变体系施加荷载　c）瞬变体系产生微小位移

瞬变体系

2. 几何不变体系

几何不变体系（geometrically stable system）：杆件体系在任意荷载作用下，不考虑材料的应变，其位置和形状都不会改变。

如图 2-4 所示，地基与杆 1 的连接方式为铰 A；地基与杆 2 的连接方式为铰 B；杆 1 与杆 2 的连接方式为铰 C。如果没有杆 2，则杆 1 可绕 A 点转动，杆 2 的作用是限制杆 1 绕 A 点转动，即体系不能动，此体系称为几何不变体系。因此，在设计土木工程结构时，应采用几何不变体系，而不能采用几何可变体系。几何组成分析的一个主要目的就是要检查并设法保证结构的几何不变性。

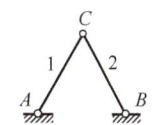

图 2-4　几何不变体系

2.1.3　自由度

杆件体系的自由度（degree of freedom）是指杆件体系运动时可独立变化的几何坐标的数量，即确定杆件体系位置时所需独立坐标的数量。以下仅讨论平面内的点和刚片的自由度。

1. 平面内的点

图 2-5 中点 A 在平面内可以沿水平方向（x 轴方向）移动，又可以沿竖直方向（y 轴方向）移动，即平面内的一个点有两种独立运动方式（两个坐标 x、y 均可以独立地变化）。或者说，确定 A 的位置需要 Δx、Δy 两个独立位移。确定平面内一个点的位置需要两个坐标，因此，其自由度为 2。

自由度

2. 平面内的刚片

图 2-6 中刚片 I 在平面内可以沿水平方向（x 轴方向）移动，也可以沿竖直方向（y 轴方向）移动，还可以绕 A 点转动，即平面内的一个刚片有 3 种独立运动方式，或者说，确定刚片 I 的位置需要 Δx、Δy、$\Delta \theta$ 三个独立位移。确定平面内一个刚片的位置需要三个坐标，因此，其自由度为 3。

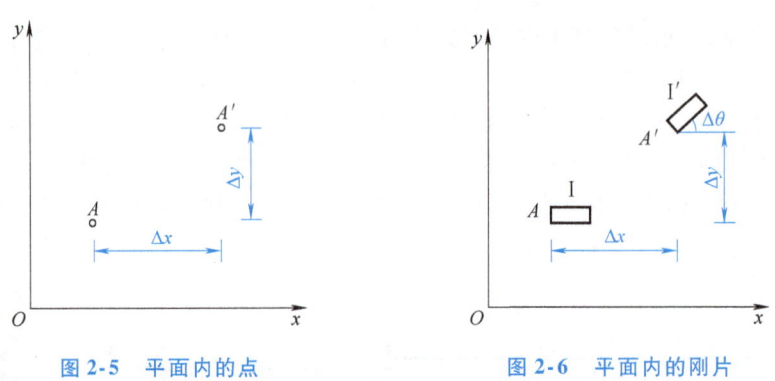

图 2-5　平面内的点　　　　图 2-6　平面内的刚片

一般来说，如果一个杆件体系有 n 个独立的运动方式，则这个体系有 n 个自由度。换句话说，一个杆件体系自由度的个数，等于这个体系运动时可以独立改变的坐标数目。一般工程结构都是几何不变体系，其自由度的个数为零。凡是自由度的个数大于零的杆件体系都是几何可变体系。

2.1.4　约束

1. 基本概念

约束（restraints）是限制体系运动、减少体系自由度的装置，也称联系。图 2-7a 中刚片 I 在平面内有 3 个自由度，若在刚片 I 的 A 点设置活动铰支座 1（图 2-7b），则刚片 I 可水平运动，且可绕 A 点转动，但竖向运动受到限制，即活动铰支座给刚片 I 提供了一个竖向的约束。常见支座的约束情况见表 2-1。

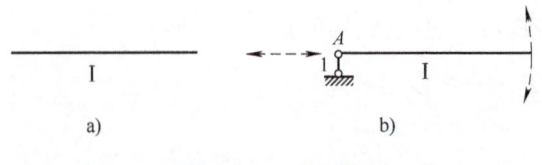

图 2-7　一个约束

a）3 自由度刚片　b）2 自由度刚片

第2章 平面杆件体系的几何组成分析

表 2-1 常见支座的约束情况

支座名称	活动铰支座	固定铰支座	固定支座	定向支座
支座简图				
约束的个数	1	2	3	2

如果一个铰连接 3 个或 3 个以上的刚片，这个铰称为复铰。平面内有独立的 n 个刚片，即有 $3n$ 个自由度（图 2-8a）；若将平面内的 n 个刚片用同一个铰 A 连接（图 2-8b），则以刚片 I 为基础，每个被连接的刚片，都只能相对于刚片 I 以铰 A 为轴心转动，而不能移动，即减少了 2 个自由度。一般而言，连接 n 个刚片的复铰，使原来独立刚片的自由度总数减少 $2(n-1)$ 个，即相当于 $2(n-1)$ 个约束。常见杆件间连接的约束情况见表 2-2。

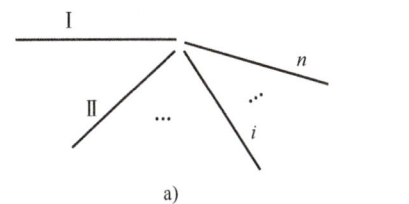
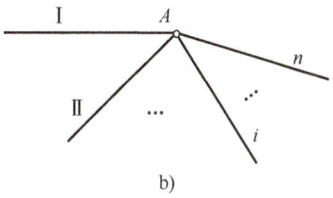

图 2-8 复铰

a）无约束 b）复铰结点

表 2-2 常见杆件间连接的约束情况

连接方式	简 图	约束（个）	连接方式	简 图	约束（个）
单链杆		1	复链杆		$2n-3$
单铰结点		2	复铰结点		$2(n-1)$
单刚结点		3	复刚结点		$3(n-1)$

注：复铰结点和复刚结点中的 n 指刚片的数量，复链杆中的 n 指结点的数量，$n\geq 2$。

2. 约束的种类

约束分为必要约束和多余约束。如果在体系中增加或减少该约束，体系的自由度发生变化，则称为必要约束（necessary restraint）。如果在体系中增加或减少该约束，体系的自由度没有变化，则称为多余约束（redundant restraint）。

图 2-9a 中平面内的一点 A 有两个自由度。若在图 2-9a 的地基上增加链杆 1（图 2-9b），点 A 的自由度为 1（限制竖直方向的运动），即增加链杆 1 后点 A 减少一个约束，体系的自由度发生改变，故链杆 1 为必要约束。

必要约束和多余约束

若在图 2-9b 的地基上再增加链杆 2（图 2-9c），则点 A 自由度变为 0（点 A 因增加链杆 2 不能水平运动），又减少一个约束，故链杆 2 也为必要约束。若在图 2-9c 的地基上增加链杆 3（图 2-9d），点 A 的自由度还是 0，没有变化，即链杆 3 为多余约束。若在图 2-9d 的地基上去掉约束 1（图 2-9e），点 A 自由度还是 0，没有变化，则链杆 1 为多余约束，而链杆 2、3 为必要约束。因此，多余约束不一定是唯一指定的。

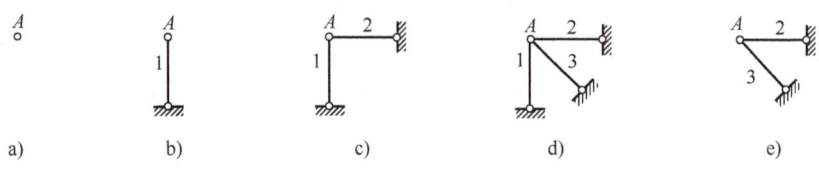

图 2-9 必要约束与多余约束

总之，分析一个体系的几何组成时，应区分哪些约束是必要的，哪些约束是多余的。去掉多余约束对体系的自由度没有影响，只有去掉必要约束才会对体系的自由度有影响。因此，几何不变体系又分为无多余约束的几何不变体系和有多余约束的几何不变体系。

2.1.5 瞬铰

两根链杆直接相交的铰称为实铰（actual hinge），如图 2-10a 中的铰 A，图 2-10b、c、d 也可以看成实铰。不直接相交的两根链杆连接一个刚片时的约束作用相当于一个铰，该铰称为瞬铰（virtual hinge）。如图 2-11a 所示，刚片Ⅰ与地基通过链杆 1、2 连接，链杆 1、2 的延长线交于铰 A（图 2-11b），链杆 1 和链杆 2 的运动方式是分别绕各自与基础相连的铰转动，为此，B 结点将沿所在圆周的切线方向即垂直于 BA 方向运动，C 结点将沿所在圆周的切线方向即垂直于 CA 方向运动。这样，与 B、C 两结点相连接的刚片Ⅰ的运动为绕 A 点的转动，微小运动后链杆 1、2 的位置发生改变（图 2-11c），其延长线的交点也随之变化（为 A′），即铰的位置发生改变，故称瞬铰。

瞬铰

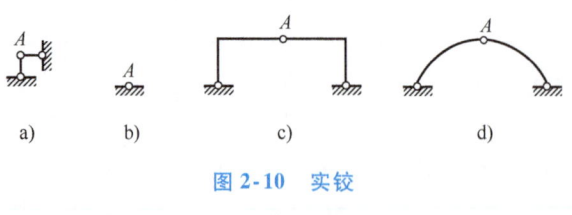

图 2-10 实铰

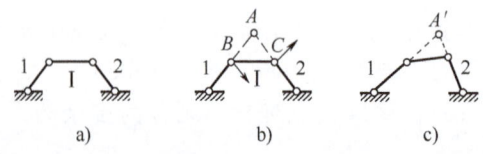

图 2-11 瞬铰（一）

图 2-12a 中的链杆 1、2 平行，其瞬铰 A 在无穷远处（图 2-12b）。在平面杆件体系的几何组成分析中，关于无穷远点（∞点）和无穷远线（∞线）的说明如下：

1）每个方向上所有平行线的交点为∞点，不同方向有不同的∞点；
2）平面内所有∞点都在一条广义直线（∞线）上；
3）所有的有限点（非∞点）都不在∞线上。

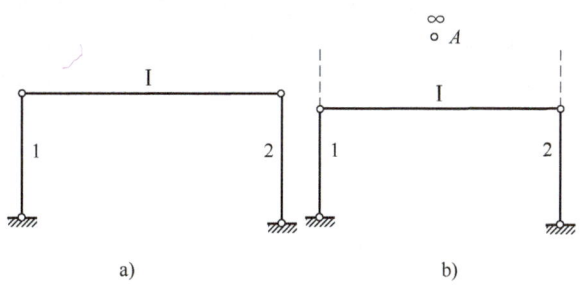

图 2-12　瞬铰（二）
a）杆件体系　b）无穷远瞬铰

图 2-13a 的分析图见图 2-13b，瞬铰 A、B、C 均为无穷远，因方向不同，这三个瞬铰也不同，但共∞线。

图 2-14a 的分析图见图 2-14b，瞬铰 A、B 均为无穷远，因二者方向不同，这两个瞬铰也不同，瞬铰 C 为有限点，故瞬铰 A、B、C 不共线。

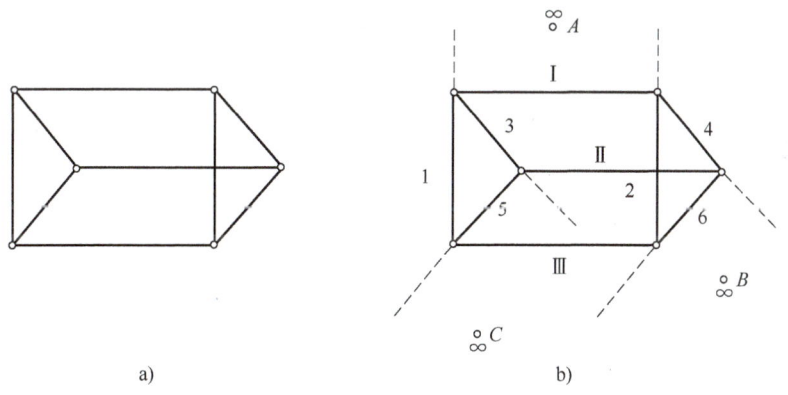

图 2-13　瞬铰（三）
a）杆件体系　b）瞬铰共∞线

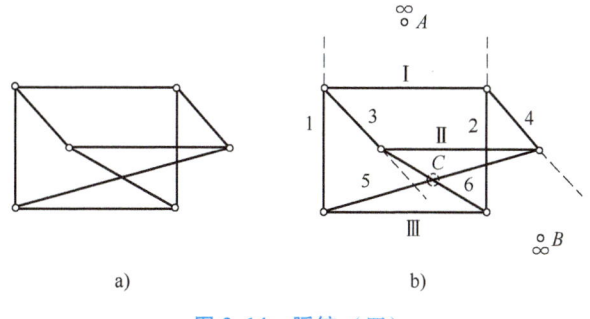

图 2-14　瞬铰（四）
a）杆件体系　b）瞬铰不共线

2.2 平面几何不变体系的组成规律

土木工程结构均为几何不变体系，那么，杆件如何通过联系组成平面几何不变体系呢？以下就研究对象不同，阐述平面无多余约束几何不变体系的组成规律。本章讨论平面体系问题，"平面"二字在后面阐述中省略。

无多余约束几何不变体系的几何组成规律

2.2.1 一个点与一个刚片相连

前面已经讨论图 2-4 为无多余约束几何不变体系。现在从研究对象（一个点与一个刚片）和它们之间的联系进行分析，见图 2-15。

对象：点 A，刚片Ⅰ（地基）。

联系：链杆 1、链杆 2、铰 A、B、C 不共线。

结论：几何不变体系，且无多余约束。

规律 1：一个刚片与一个点用两根链杆相连，且三个铰不在同一条直线上，则组成几何不变体系且无多余约束。

特别指出的是：若三铰共线，则就变成前面讨论的瞬变体系（图 2-3a）。

图 2-15 一个点与一个刚片连接

由规律 1 可知：图 2-16 所示均为几何不变体系且无多余约束。

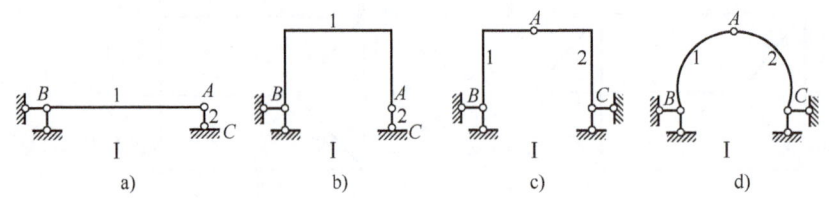

图 2-16 几何不变体系且无多余约束（一）
a) 体系 1　b) 体系 2　c) 体系 3　d) 体系 4

规律 1 的特点：由两根不在同一直线上的链杆连接一个结点所组成的体系又称为二元体。若在图 2-15 的地基上去掉二元体，就得到地基（无多余约束几何不变体系）。由此可得如下推论：

推论 1：在体系上增加或减少二元体，都不会改变体系的几何组成。

2.2.2 两个刚片相连

从研究对象（两个刚片）和它们之间的联系分析图 2-4 所示体系，见图 2-17。

对象：刚片Ⅰ（地基）、刚片Ⅱ。

联系：铰 B、链杆 2、铰 A、B、C 不共线。

结论：几何不变体系且无多余约束。

规律 2：两个刚片用一个铰和一根链杆相连，且三个铰不在同一条直线上，则组成几何不变体系且无多余约束。

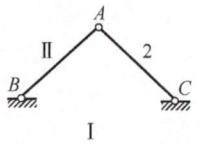

图 2-17 两个刚片连接

由规律2可知：图2-18所示均为几何不变体系且无多余约束。

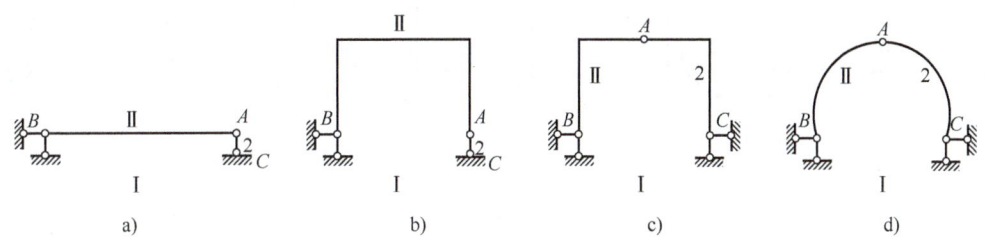

图 2-18　几何不变体系且无多余约束（二）
a）体系1　b）体系2　c）体系3　d）体系4

一个铰实际由两根链杆组成，则可得如下推论：

推论2：两个刚片用既不共点也不平行的三链杆相连，则组成几何不变体系且无多余约束。再分析图2-19a所示体系。

对象：刚片Ⅰ（地基）、刚片Ⅱ。

联系：链杆1、链杆2、链杆3，而链杆1和链杆2的作用相当于铰A（图2-19b），铰A、B、C不共线。

结论：几何不变体系且无多余约束。

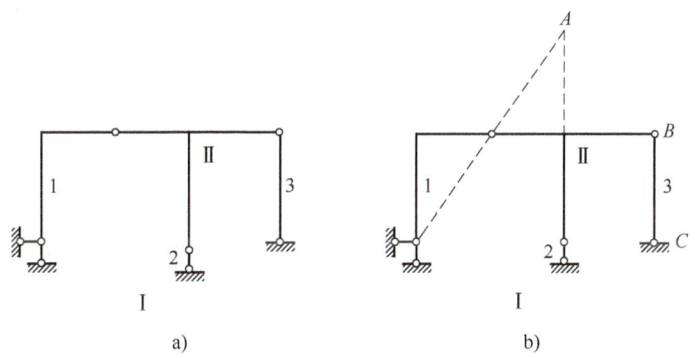

图 2-19　两个刚片用既不共点也不平行的三链杆相连

2.2.3　三个刚片相连

从研究对象（三个刚片）和它们之间的联系分析图2-4所示体系，见图2-20。

对象：刚片Ⅰ（地基）、刚片Ⅱ、刚片Ⅲ。

联系：铰A（刚片Ⅱ与刚片Ⅲ）、铰B（刚片Ⅰ与刚片Ⅱ）、铰C（刚片Ⅰ与刚片Ⅲ），铰A、B、C不共线。

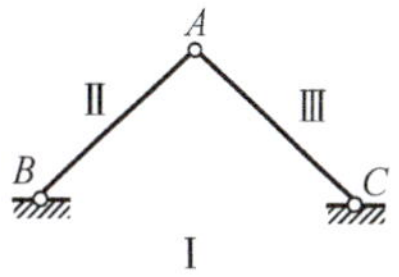

图 2-20　三个刚片连接

结论：几何不变体系且无多余约束。

规律3：三个刚片用三个铰两两相连，且三个铰不在同一条直线上，则组成几何不变体系且无多余约束。

由规律3可知：图2-21所示均为几何不变体系且无多余约束。

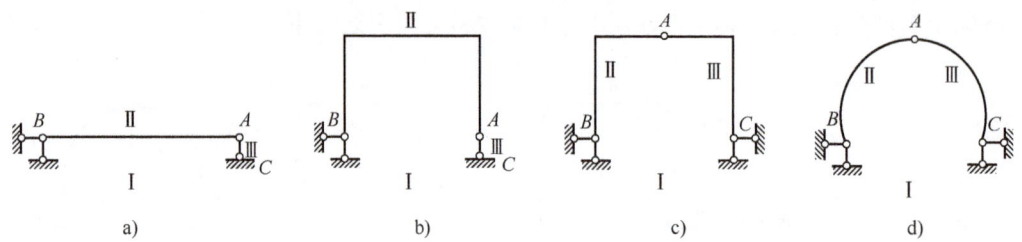

图 2-21 几何不变体系且无多余约束（三）

a）体系 1　b）体系 2　c）体系 3　d）体系 4

以上是平面杆件体系最基本的组成规律，均由图 2-4 演化而来。如果将地基看成一个刚片，则组成图 2-22a 所示的三角形。因此，三大基本规律可以看成一个规律——三角形规律（三刚片三铰、三铰不共线），由此，图 2-22b～e 均与图 2-22a 在几何组成分析上等价。

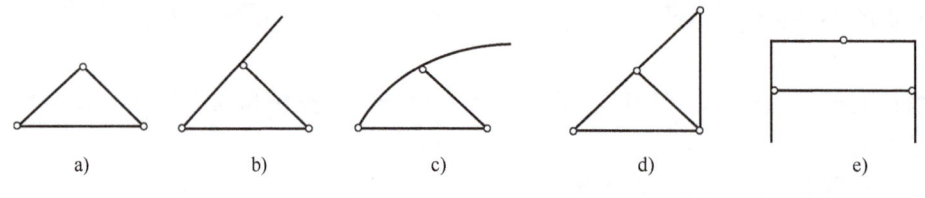

图 2-22 三角形规律

■ 2.3　平面杆件体系的几何组成分析

2.3.1　基本步骤

（1）分析二元体　根据在体系上增加或减少二元体都不会改变体系的几何组成规律，可去掉体系上的二元体，以简化分析的体系。

（2）分析三角形　符合三角形规律的可视为一个刚片。

（3）分析研究对象和相应的联系　立足几何不变体系且无多余约束的组成特点。

对象为一个点和一个刚片时联系为 2 根链杆。

对象为两个刚片时联系为 1 个铰和 1 根链杆，或为 3 根链杆。

对象为三个刚片时联系为 3 个铰，或为 6 根链杆。

（4）结论　体系分为：几何不变体系且无多余约束、几何不变体系且有多余约束、瞬变体系和常变体系。

2.3.2　应用实例

【例 2-1】　对图 2-23a 所示体系进行几何组成分析。

【解】　1）二元体：见图 2-23b，链杆 1 和链杆 2 组成二元体，链杆 3 和链杆 4 组成二元体，去掉后得到图 2-23c；链杆 5 和链杆 6 组成二元体，去掉后得到图 2-23d；链杆 7 和链杆 8 组成二元体，去掉后得到地基。

2）结论：原体系与地基在几何组成分析上等价，为几何不变体系且无多余约束。

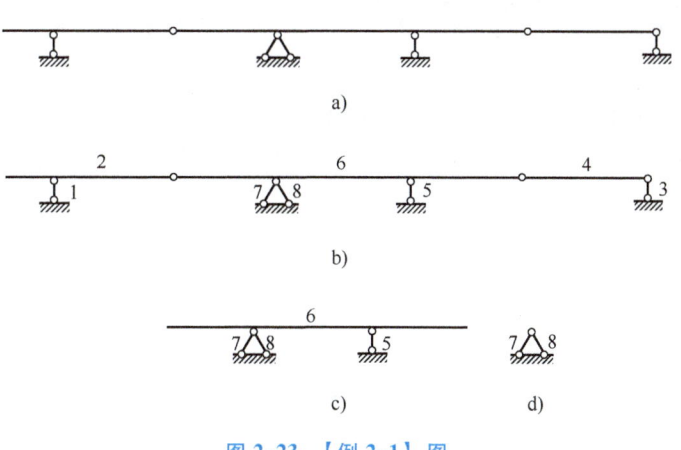

图 2-23 【例 2-1】图

【例 2-2】 对图 2-24a 所示体系进行几何组成分析。

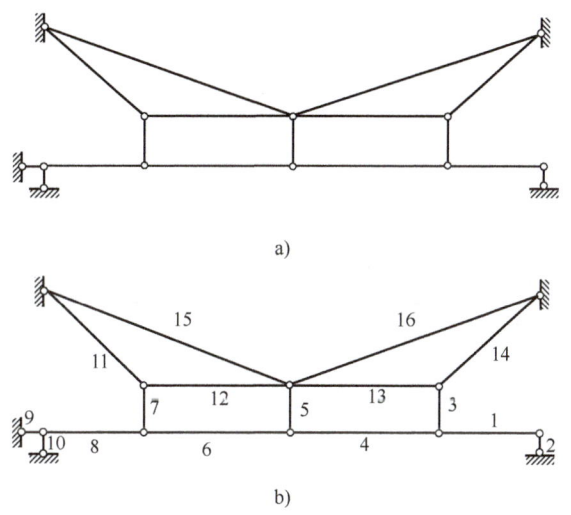

图 2-24 【例 2-2】图

【解】 1）二元体：依次去掉二元体（链杆 1 和链杆 2、链杆 3 和链杆 4、链杆 5 和链杆 6、链杆 7 和链杆 8、链杆 9 和链杆 10、链杆 11 和链杆 12、链杆 13 和链杆 14、链杆 15 和链杆 16，见图 2-24b），得到地基。

2）结论：几何不变体系且无多余约束。

【例 2-3】 对图 2-25a 所示体系进行几何组成分析。

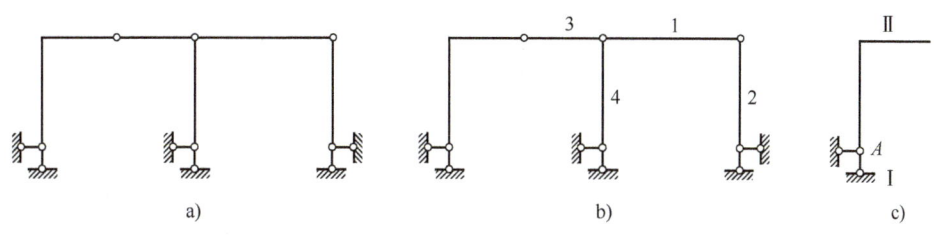

图 2-25 【例 2-3】图

【解】 1）二元体：依次去掉图 2-25b 中的二元体（链杆 1 和链杆 2、链杆 3 和链杆 4），得到图 2-25c。

2）分析研究对象和相应的联系，得出结论。

对象：刚片Ⅰ、刚片Ⅱ。

联系：铰 A，少一个约束（一根链杆）。

结论：常变体系。

【例 2-4】 对图 2-26a 所示体系进行几何组成分析。

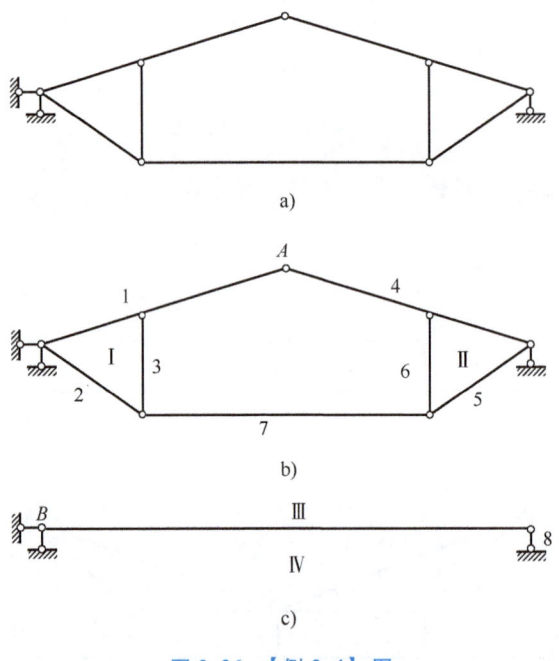

图 2-26 【例 2-4】图

【解】 1）无二元体。注意：链杆 1 和链杆 4 不能组成二元体，因为链杆 1 和链杆 4 在中间均有其他联系，不是单链杆。

2）三角形：链杆 1、链杆 2 和链杆 3 组成三角形，为刚片Ⅰ；链杆 4、链杆 5 和链杆 6 组成三角形，为刚片Ⅱ（图 2-26b）。

3）分析研究对象和相应的联系，得出结论。

对象：刚片Ⅰ、刚片Ⅱ。

联系：铰 A、链杆 7，三铰不共线。

则原体系与图 2-26c 在几何组成分析上等价，再对图 2-26c 进行分析。

对象：刚片Ⅲ、刚片Ⅳ。

联系：铰 B、链杆 8，三铰不共线。

结论：几何不变体系且无多余约束。

【例 2-5】 对图 2-27a 所示体系进行几何组成分析。

【解】 1）无二元体。

2）三角形、研究对象和相应的联系。

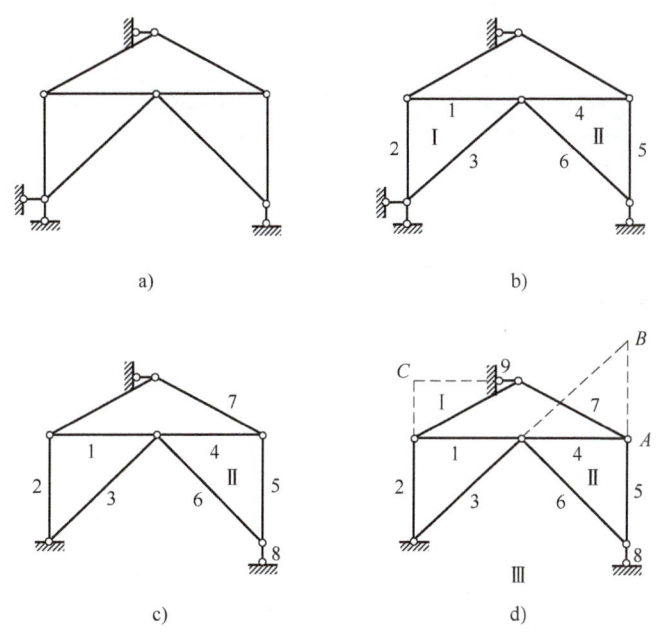

图 2-27 【例 2-5】图

链杆 1、链杆 2 和链杆 3 组成三角形,为刚片Ⅰ;链杆 4、链杆 5、链杆 6 组成三角形,为刚片Ⅱ(图 2-27b),这两个刚片之间的直接联系只有一个铰,无法分析;若找第三个刚片,应用三刚片原则,也无法继续分析得出结论。

3)分析研究对象和相应的联系。

图 2-27c 等价于图 2-27b,单独看刚片Ⅱ,与之联系的是 4 根链杆:链杆 1 和链杆 7 (瞬铰 A 与刚片Ⅰ联系),链杆 3 和链杆 8(瞬铰 B 与刚片Ⅲ联系),见图 2-27d。刚片Ⅰ和刚片Ⅲ的联系为瞬铰 C(链杆 2 和链杆 9)。

对象:刚片Ⅰ、刚片Ⅱ、刚片Ⅲ。

联系:铰 A(刚片Ⅰ和刚片Ⅱ)、铰 B(刚片Ⅱ和刚片Ⅲ)、铰 C(刚片Ⅰ和刚片Ⅲ),铰 A、B、C 不共线。

结论:几何不变体系且无多余约束。

【例 2-6】 对图 2-28a 所示体系进行几何组成分析。

【解】 1)无二元体。

2)分析三角形、研究对象和相应的联系。

链杆 1、链杆 2 和链杆 3 组成三角形,为刚片Ⅰ;链杆 4、链杆 5、链杆 6 组成三角形,为刚片Ⅱ(图 2-28b)。

单独看刚片Ⅰ,与之联系的是 4 根链杆:链杆 7 和链杆 8(瞬铰 A,与刚片Ⅱ联系),链杆 9 和链杆 10(瞬铰 C,与刚片Ⅲ联系)。刚片Ⅱ和刚片Ⅲ的联系是瞬铰 B(链杆 11 和链杆 12)。

对象:刚片Ⅰ、刚片Ⅱ、刚片Ⅲ。

联系:铰 A(刚片Ⅰ和刚片Ⅱ)、铰 B(刚片Ⅱ和刚片Ⅲ)、铰 C(刚片Ⅰ和刚片Ⅲ),铰 A、B、C 共线。

结论:是瞬变体系还是常变体系,取决于体系产生微小刚体运动后的情况。

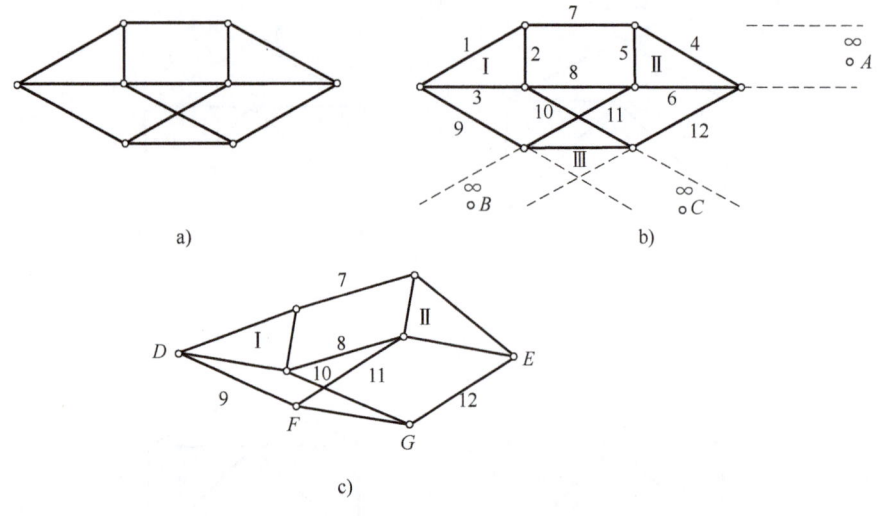

图 2-28 【例 2-6】图

假定：刚片Ⅰ绕 D 点顺时针转动一微小角度，刚片Ⅱ绕 E 点顺时针转动一微小角度，链杆 7 和链杆 8 的位置确定，由链杆 9 和链杆 11 的长度不变，可确定 F 点的位置；同理，由链杆 10 和链杆 12 的长度不变，确定 G 点的位置；可证明 FG 即为Ⅲ，得到体系产生微小刚体运动后的体系（图 2-28c）。显然，图 2-28c 所示结构还可以动，即原体系为常变体系。

【例 2-7】 对图 2-29a 体系进行几何组成分析。

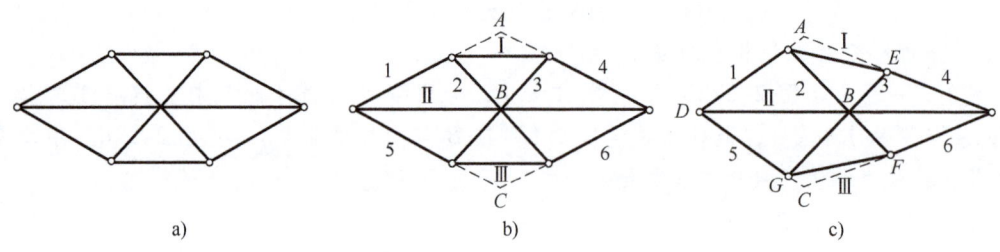

图 2-29 【例 2-7】图

【解】 1）无二元体、三角形。

2）分析研究对象和相应的联系。

单独看刚片Ⅰ，与之联系的是 4 根链杆：链杆 1 和链杆 4（瞬铰 A，与刚片Ⅱ联系），链杆 2 和链杆 3（瞬铰 B，与刚片Ⅲ联系）。刚片Ⅱ和刚片Ⅲ的联系是瞬铰 C（链杆 5 和链杆 6），见图 2-29b。

对象：刚片Ⅰ、刚片Ⅱ、刚片Ⅲ。

联系：铰 A（刚片Ⅰ和刚片Ⅱ）、铰 B（刚片Ⅰ和刚片Ⅲ）、铰 C（刚片Ⅱ和刚片Ⅲ），铰 A、B、C 共线。

结论：是瞬变体系或是常变体系。

假定：刚片Ⅱ不动。链杆 1 绕 D 点逆时针转动一角度，可确定 E 点和 F 点的位置，再确定 G 点的位置，由此，体系产生微小刚体运动后（图 2-29c），三铰不共线，即原体系为瞬变体系。

2.3.3 静定结构和超静定结构的几何组成特点

结构按是否有多余约束分为静定结构和超静定结构。

1）静定结构（statically determinate structures）：没有多余约束的几何不变体系（图 2-30a）。

2）超静定结构（statically indeterminate structures）：有多余约束的几何不变体系（图 2-30b）。

图 2-30　静定结构与超静定结构
a）静定结构　b）超静定结构

在荷载作用下，图 2-31a 有三个支座反力，可以用静力平衡条件求解，而图 2-31b 有四个支座反力，仅利用平衡条件不可以完全求解。因此，从静力学角度来看，静定结构用静力平衡条件可以求出全部的支座反力和内力；而超静定结构用静力平衡条件不能求出全部的支座反力和内力，还需考虑变形条件。

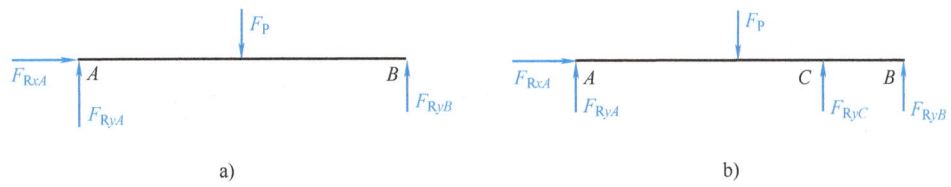

图 2-31　支座反力
a）静定结构的支座反力　b）超静定结构的支座反力

本章小结

刚体又称刚片。

平面杆件体系分为几何不变体系（无多余约束、有多余约束）、几何可变体系（瞬变体系、常变体系）。土木工程结构应为几何不变体系。

体系运动时可以独立变化的几何参数的数目称为自由度。平面上的 1 个点有 2 个自由度，1 个刚片有 3 个自由度。

约束分为必要约束和多余约束。常见支座和杆件间连接的约束情况是不同的。1 根单链杆相当于 1 个约束、1 个单铰结点相当于 2 个约束、1 个单刚结点相当于 3 个约束。

无穷远瞬铰的特点：每个方向上所有平行线的交点为∞点，不同方向有不同的∞点；所有的∞点都在∞线上；所有的有限点都不在∞线上。

平面无多余约束几何不变体系的基本组成规律：三角形规律。

平面杆件体系几何组成分析的基本思路：①二元体；②三角形；③研究对象及其联系；④结论。

结构按是否有多余约束可分为静定结构和超静定结构。

一、单项选择题

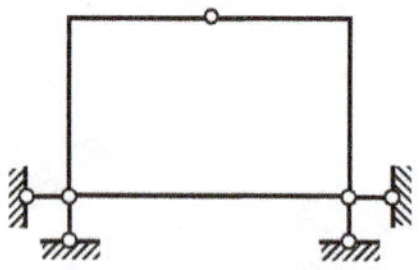

1. 图 2-32 所示平面体系，多余约束的个数是（　　）。

A. 1 个 　　　　　　　　　　B. 2 个

C. 3 个 　　　　　　　　　　D. 4 个

2. 图 2-33 所示体系的几何组成为（　　）。

A. 几何不变，无多余约束 　　B. 几何不变，有多余约束

C. 瞬变体系 　　　　　　　　D. 常变体系

3. 图 2-34 所示体系的几何组成为（　　）。

A. 无多余约束的几何不变体系 B. 有多余约束的几何不变体系

C. 几何瞬变体系 　　　　　　D. 几何常变体系

图 2-32　习题 1 图

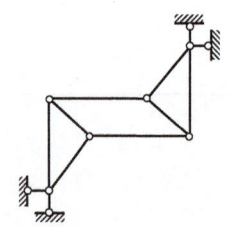

图 2-33　习题 2 图

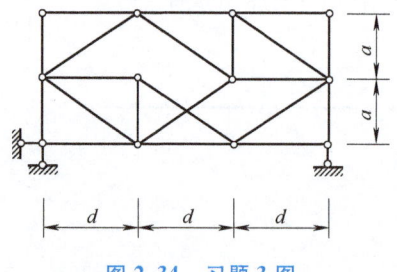

图 2-34　习题 3 图

二、分析题

4. 分析图 2-35 所示体系的几何组成。

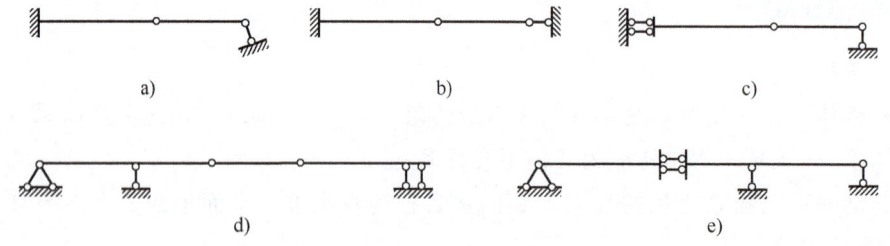

图 2-35　习题 4 图

5. 分析图 2-36 所示体系的几何组成。

6. 分析图 2-37 所示体系的几何组成。

7. 分析图 2-38 所示体系的几何组成。

8. 分析图 2-39 所示体系的几何组成。

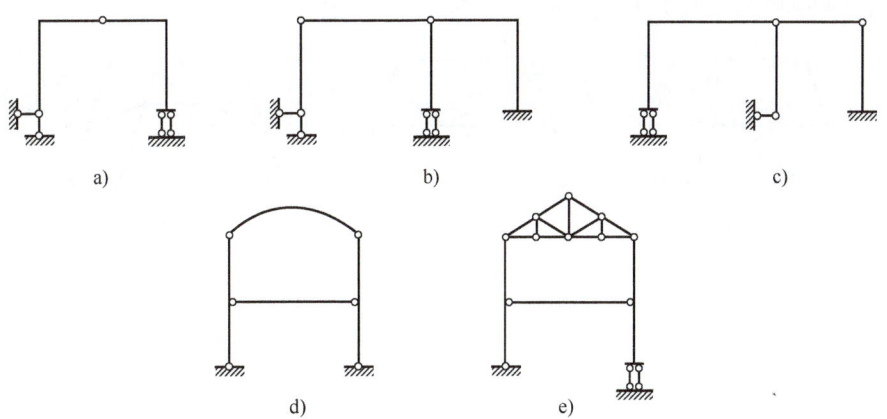

图 2-36　习题 5 图

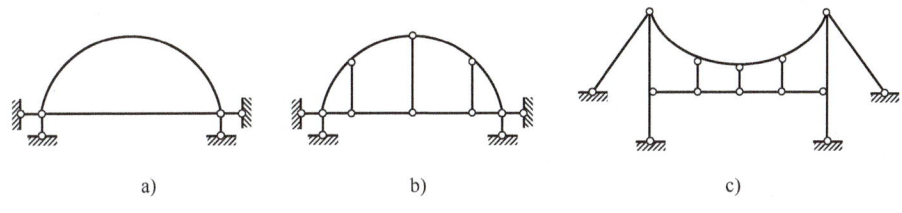

图 2-37　习题 6 图

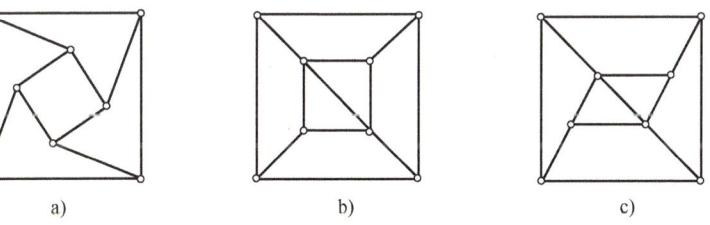

图 2-38　习题 7 图

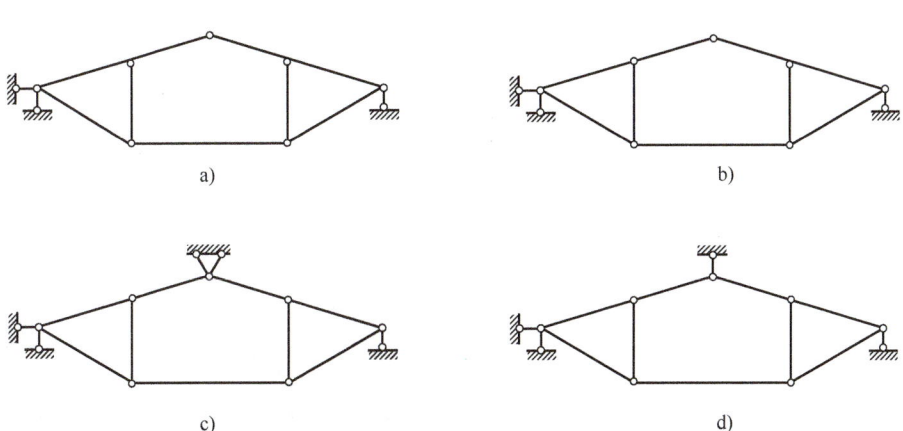

图 2-39　习题 8 图

9. 分析图 2-40 所示体系的几何组成。

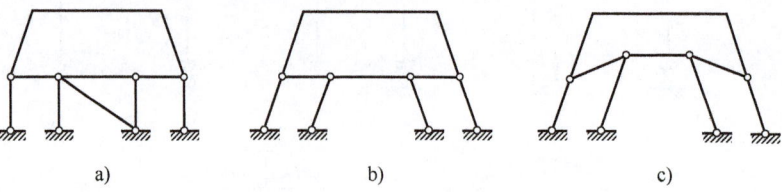

图 2-40 习题 9 图

第 3 章 静定结构的受力分析

静定结构（statically determinate structure）是无多余约束的几何不变体系。利用静力平衡条件可以完全求解出其全部的内力及反力。常见的静定结构有：单跨或多跨静定梁（statically determinate multi-span beam）、静定平面刚架（statically determinate plane rigid frame）、静定桁架（statically determinate truss）、三铰拱（three-hinged arch）及静定组合结构等，见图 3-1。

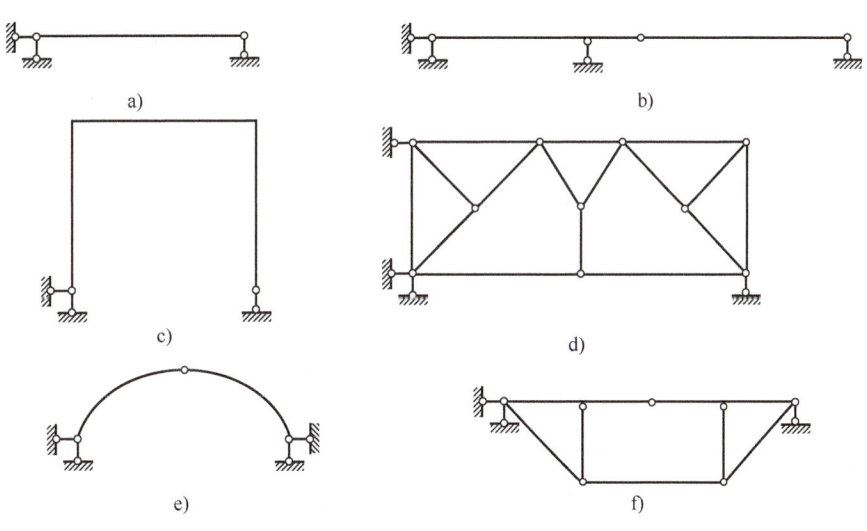

图 3-1 常见的静定结构

a）单跨梁 b）多跨静定梁 c）静定平面刚架 d）静定桁架 e）三铰拱 f）静定组合结构

静定结构在实际工程中应用比较广泛，又是超静定结构内力计算的基础。因此，熟练掌握静定结构的受力分析方法，了解其力学特性，对结构选型、结构设计中的定性分析极其重要。

3.1 单跨梁

3.1.1 单跨梁的内力类型及其正负规定

单跨梁有简支梁、悬臂梁和外伸梁三种形式，见图 3-2。

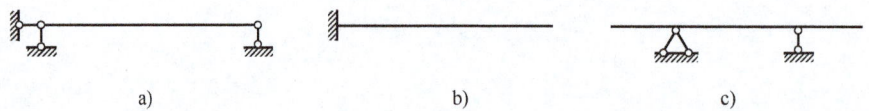

图 3-2　单跨梁的类型

a）简支梁　b）悬臂梁　c）外伸梁

在外部荷载作用下，梁的任一横截面上一般会产生弯矩 M、剪力 F_Q、轴力 F_N 三种内力分量（图 3-3）。在结构力学的课程中，这三种内力的符号规定统一如下：

轴力：截面上应力沿轴线方向的合力，轴力以拉力为正。

剪力：截面上应力沿杆轴法线方向的合力，剪力以截开部分顺时针转向为正。

弯矩：截面上应力对截面形心的力矩，无正负规定。

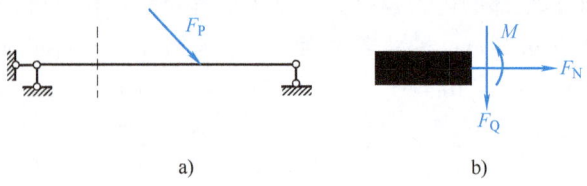

图 3-3　梁横截面上的内力

a）简支梁　b）截面内力

作内力图时，轴力图、剪力图要注明正负号，弯矩图画在杆件受拉的一侧，不用注明正负号。

3.1.2　内力的计算方法

1）梁的内力的计算方法主要采用截面法。截面法包括以下三个步骤：

① 截开：在所求内力的截面处截开，任取一部分作为隔离体。

② 代替：用相应内力代替该截面的应力之和。

③ 平衡：利用隔离体的平衡条件，确定该截面的内力。

2）使用截面法取隔离体计算内力时，需注意以下问题：

① 隔离体与周围约束要全部切断，代之以相应的约束力。

② 约束力要符合约束性质。

③ 利用平衡条件计算未知力时，隔离体上只能有本身所受到的力。

④ 不要遗漏力。

⑤ 受力分析时，未知力一般假设成为正号方向，数值是代数值；已知力按实际方向画，数值是绝对值；计算所得的未知力的正负号即为实际的正负号。

⑥ 对有集中荷载作用的截面，可选择集中荷载作用位置以左或以右的相邻截面取隔离体进行平衡条件的分析。

3）利用截面法可得出以下结论：

① 轴力等于该截面一侧所有外力沿杆轴切线方向的投影代数和。

② 剪力等于该截面一侧所有外力沿杆轴法线方向的投影代数和。

③ 弯矩等于该截面一侧所有外力对截面形心的力矩的代数和。

以上结论是解决静定结构内力的关键和规律，需要熟练掌握和应用。

3.1.3 内力图的绘制

内力图是表示结构上各截面的内力沿杆轴线变化规律的图形，可以直观表现出结构上内力的分布状态。

绘制方法可以沿用在材料力学课程中学习到的方法，利用荷载与内力图的特征关系进行内力图的绘制。可采用的方法有：

1) 写出内力方程，根据方程形式绘制内力图。
2) 利用内力与荷载的相应关系，通过描点连线快速绘制内力图。

对于弯矩图的绘制，结构力学部分推荐使用描点连线的快速绘制方法。

1. 内力与荷载的微分关系

任意荷载作用下的简支梁见图3-4a。当从一个梁上取下一个微段，一般情况下，微段受力图见图3-4b，微元杆长上，可认为竖向分布荷载 q_y 和轴向分布荷载 q_x 为常数，均匀分布。

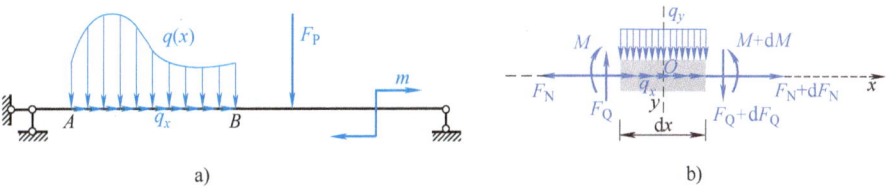

图 3-4 内力与荷载的微分关系分析图

a) 任意荷载作用下的简支梁 b) 分布荷载作用微元杆段隔离体受力分析图

利用隔离体的平衡条件，建立平衡方程，即

$$\sum M_O = 0 \quad -M - F_Q \times \frac{1}{2}dx + M + dM - (F_Q + dF_Q) \times \frac{1}{2}dx = 0$$

略去高阶无穷小量，整理可得

$$\frac{dM}{dx} = F_Q$$

同理，利用力投影平衡条件，可得

$$\frac{dF_N}{dx} = -q_x, \quad \frac{dF_Q}{dx} = -q_y$$

对于竖向分布荷载 q_y，弯矩和剪力存在一阶导数关系。剪力 F_Q 对长度的一阶导数为 $-q_y$，弯矩对长度的一阶导数等于剪力。

对于轴向分布荷载 q_x，轴力 F_N 对长度的一阶导数等于 $-q_x$。

2. 内力与荷载的积分关系

在一任意荷载作用下的简支梁（图3-4a）上取 AB 段作为隔离体，其受力分析见图3-5，则其内力与荷载的积分关系为

$$F_{NB} = F_{NA} - \int_{x_A}^{x_B} q_x dx$$

$$F_{QB} = F_{QA} - \int_{x_A}^{x_B} q_y \mathrm{d}x$$

$$M_B = M_A + \int_{x_A}^{x_B} F_Q \mathrm{d}x$$

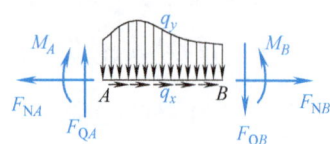

图 3-5　AB 段隔离体受力分析图

积分关系的几何意义是：

1）一段杆的右端截面轴力等于左端截面轴力减去该段杆上的沿杆方向均布荷载的合力，荷载向右为正。

2）一段杆的右端截面剪力等于左端截面剪力减去该段杆上的横向荷载的合力，荷载向下为正。

3）当一段杆上无集中力偶作用时，其右端截面弯矩等于左端截面弯矩加上该段剪力图的面积。正剪力其面积为正，负剪力其面积为负。

3. 内力与荷载的增量关系

当某截面处有集中荷载作用时（图 3-6），沿其左右相邻截面取隔离体进行平衡条件分析，可得

$$\Delta F_N = -F_x, \quad \Delta F_Q = -F_y, \quad \Delta M = M_0$$

由此可得：

1）轴向集中力作用点处，左右相邻截面上轴力值产生突变，突变大小等于轴向集中力的大小。

2）横向集中力作用点处，左右相邻截面上剪力值产生突变，突变大小等于横向集中力的大小。

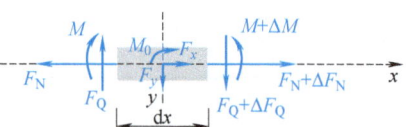

图 3-6　集中荷载作用微元杆段隔离体受力分析图

3）集中力偶作用点处，左右相邻截面上弯矩值产生突变，突变大小等于集中力偶的大小。

4. 内力图的形状特征

由上述内力与荷载之间的关系可以得到杆段内力图的形状特征：

1）无横向荷载（$q_y = 0$）区段，剪力图平行轴线，弯矩图为一直线。

2）横向均布荷载（$q_y \neq 0$）作用区段，剪力图为一斜直线，弯矩图为一抛物线，抛物线的凸向即荷载 q_y 的指向。剪力为零处，弯矩达到极值。

3）横向集中力作用处：剪力图有突变，突变值等于集中力的值；弯矩图连续，但发生拐折，形成尖点。

4）集中力偶作用处：剪力图无变化；弯矩图有突变，突变值为该集中力偶的值。因为集中力偶作用处两侧的剪力值相等，所以集中力偶作用处两侧弯矩图的切线应互相平行。

3.1.4　叠加原理作弯矩图

在绘制内力图时，利用叠加原理可以减少计算工作量。在梁和刚架结构中，荷载作用情况较为复杂，使用叠加法分段绘制内力图更为便捷。

如图 3-7a 所示简支梁，其中均布荷载作用部分 AB 段的弯矩可以利用叠加法快速求出。

取 AB 段作为隔离体做受力分析，见图 3-7b。其内力分布等同于杆段在简支、相同荷载作用下的内力分布（图 3-7c）。当然二者内力相同，而

叠加法绘制直杆弯矩图

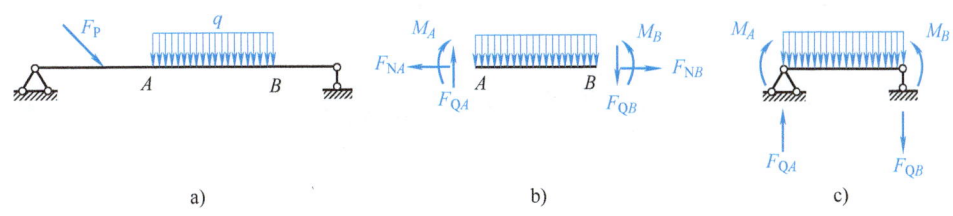

图 3-7 任意荷载作用下简支梁

a) 简支梁计算简图 b) AB 段受力分析图 c) AB 段简支情况下受力分析图

变形是不同的。

绘制 AB 段弯矩图时，可转而利用叠加原理，先求出简支段 AB 由两端截面上的弯矩 M_A 和 M_B 作用下的直线弯矩图 $\overline{M}$，见图 3-8a；在此基础上，叠加相应简支梁 AB 在跨间荷载作用下的弯矩 M_0（图 3-8b），即可得出原 AB 段的弯矩图，见图 3-8c。

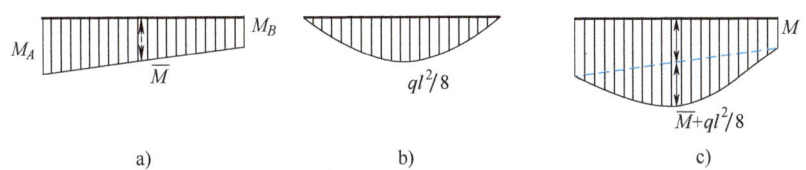

图 3-8 AB 段弯矩图的分段叠加

a) 简支 AB 段杆端力偶作用下 $\overline{M}$ 图 b) 简支 AB 段均布荷载作用下 M_0 图
c) AB 段 M 图

利用分段叠加法求弯矩可用公式

$$M = \overline{M} + M_0$$

AB 段中点的弯矩值为

$$M = \frac{M_A + M_B}{2} + \frac{ql^2}{8}$$

分段叠加法使用时的注意事项如下：

1) 弯矩图叠加，是指竖标相加，而不是图形的简单拼合。
2) 为了顺利地利用叠加法绘制弯矩图，应牢记简支梁在常见荷载作用下的弯矩图。
3) 利用叠加法绘制弯矩图可以少求一些控制截面的弯矩值，少求甚至不求支座反力，作图方便。

3.1.5 弯矩图的绘制方法

（1）**分段** 取控制截面。选定外力不连续点（如集中力作用点、集中力偶作用点、分布荷载的起点和终点）为分段点，即控制截面。根据每段内的荷载情况，判定弯矩图的形状特征。

（2）**求值** 由截面法或内力直接算式求出控制截面的弯矩值。

（3）**作图** 对无分布荷载区段，由两端控制截面的弯矩值，作出直线弯矩图。对有分布荷载作用区段，用分段叠加法作出弯矩图。

【例 3-1】 作图 3-9a 所示外伸梁的弯矩图及剪力图。

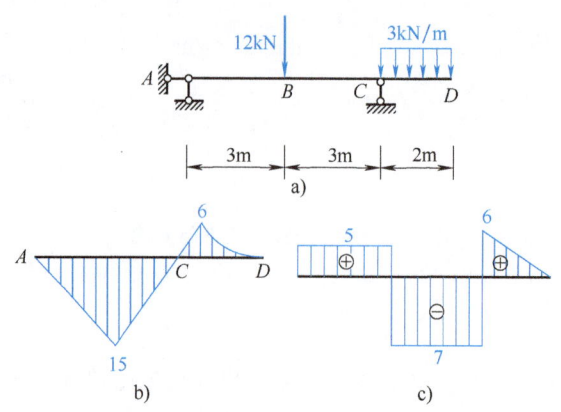

图 3-9 【例 3-1】图

a）外伸梁 b）弯矩图（kN·m） c）剪力图（kN）

【解】 思路分析：根据荷载特点，此梁分为三段 AB、BC、CD。AB 段、BC 段弯矩图为直线图，剪力图为矩形图。CD 段弯矩图为抛物线，剪力图为斜直线。连线控制截面为 B、C。需要计算支座反力。

1）求支座反力。利用整体的平衡条件可求得支反力

$$F_{RA} = 5\text{kN}(\uparrow), \quad F_{RC} = 13\text{kN}(\uparrow)$$

2）求控制截面内力。

$$M_B = 15\text{kN·m}（下受拉）, \quad F_{QB}^{左} = 5\text{kN}, \quad F_{QB}^{右} = -7\text{kN}$$

$$M_C = 6\text{kN·m}（上受拉）, \quad F_{QC}^{左} = -7\text{kN}, \quad F_{QC}^{右} = 6\text{kN}$$

3）描点连线作内力图，见图 3-9b 和图 3-9c。

3.2 多跨静定梁

3.2.1 多跨静定梁的几何组成特点和受力特点

实际工程中，一些梁多是由几根短梁用约束相连而成，见图 3-10。由几根单跨梁相互联结组成的几何不变体系，称为多跨静定梁。多跨静定梁广泛应用于道路桥梁和房屋建筑工程中。

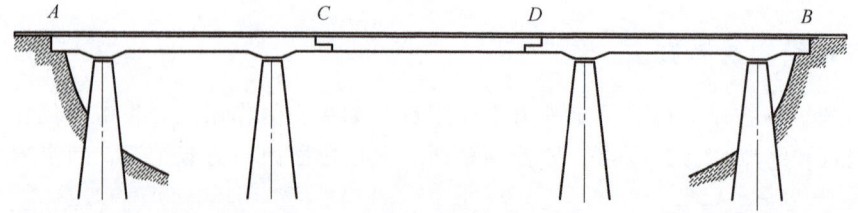

图 3-10 多跨静定梁

1. 多跨静定梁的几何组成特点

从几何组成看，多跨静定梁由基本部分及附属部分组成。

将各段梁之间的约束解除仍能独立承受荷载而保持平衡的部分称为基本部分，不能独立承受荷载而保持平衡的部分称为附属部分，附属部分的几何不变特性是依赖于基本部分的。图 3-10 所示多跨静定梁简化后所得的计算简图见图 3-11a。其中 AC、BD 是基本部分，其自身与基础之间的联结约束可保证自身的几何不变。CD 是附属部分，通过 C、D 与基础部分的联结才能保证自身的几何不变。其层次图如图 3-11b 所示。

因此，进行多跨连续梁的几何组成分析时，应先进行基础部分的判别，其他部分均为附属部分。

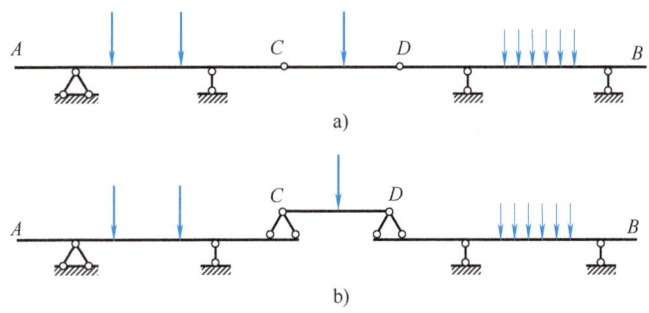

图 3-11　多跨连续梁的层次关系图
a）计算简图　b）层次图

2. 多跨静定梁的受力特点

由层次图可得到多跨静定梁的荷载传递特点。当荷载作用在基本部分时，荷载可直接传递至大地基础，附属部分不产生内力。当荷载作用于附属部分时，附属部分产生的内力需要通过基础部分才能传递至大地基础，因此，附属部分和基本部分都会产生内力。由上可知，在进行多跨连续梁的内力计算时，应先进行附属部分的计算，后进行基础部分的内力计算。

3.2.2　多跨静定梁的内力计算

多跨静定梁可由平衡条件求出全部反力和内力，但为了避免解联立方程，应先算附属部分，再算基本部分。

内力的计算方法与单根梁相同，求解的关键在于理清附属部分与基础部分的相互作用力。基本部分与附属部分之间存在作用力与反作用力，在进行附属和基础部分的受力分析时，要注意相互作用力的方向。

【**例 3-2**】　作出图 3-12a 所示连续梁的弯矩图。

【**解**】　思路分析：首先进行几何组成分析，判断出 AC 段是基础部分，CE 段和 EG 段是附属部分。荷载作用于 EG 段，因此，可决定计算顺序，先计算 EG 段，然后是 CE 段和 AC 段。

受力分析图见图 3-12b，各部分之间的相互作用力的传递特征，大小相等，由平衡条件计算可得：

EG 段：$\qquad\qquad\qquad F_{RE} = -0.5F_P$

CE 段：$\qquad\qquad\qquad F_{RC} = 0.5F_P$

各杆段上无分布荷载作用，因此各段弯矩图均为直线图。描点连线可得弯矩图

（图3-12c）。

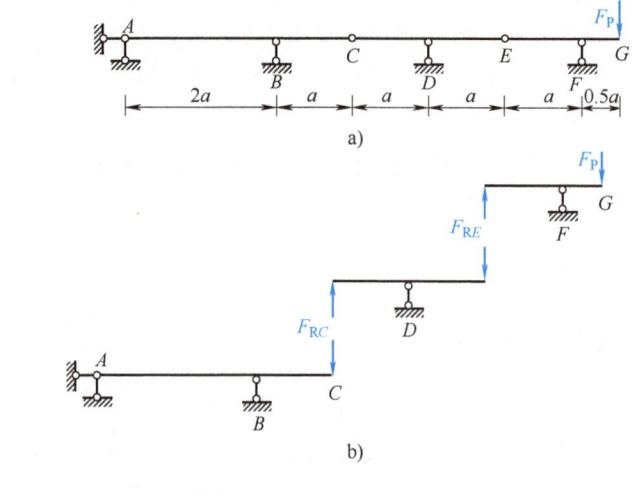

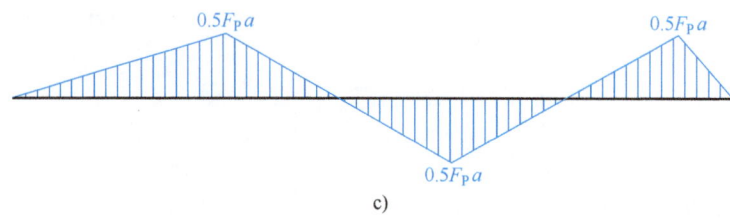

图 3-12 【例 3-2】图
a）连续梁 b）受力分析图 c）弯矩图

【**例 3-3**】 分析图 3-13a 所示多跨连续梁的基础部分和附属部分，作出层次关系图。

【**解**】 从几何构造分析来看，AB 段与基础固定端连接，首先成为扩大的基础刚片。CF 段通过链杆 D、E 和水平链杆 BC 与扩大基础刚片连接形成几何不变无多余约束的体系。在水平方向运动自由度上依赖与基础部分 AB 之间的水平链杆。

静定多跨梁的
受力分析

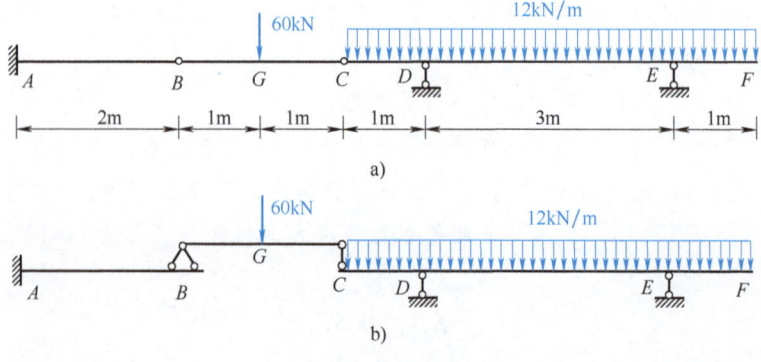

图 3-13 【例 3-3】图
a）连续梁 b）层次关系图

但在承受荷载作用时，因多跨连续梁大多是水平杆件，承受竖向荷载作用。CF 段水平方向的平衡条件自动满足，CF 段所承受的竖向荷载可以通过链杆 D、E 传递至大地基础，而不需要依赖于 AB 部分。

所以这是多跨连续梁的一种特殊构造形式：承受竖向荷载作用时，如果某个杆段有两个竖向联结与基础相连，这部分也应该看作基础部分。

所以，图 3-13a 的计算顺序是，先计算附属部分 BC，再分别计算基础部分 AB 和 CF。层次关系图见图 3-13b。

总之，多跨连续梁的结构形式较为灵活，合理的设计可以使其内力分布远小于相应的单根梁的内力。但是由于结构形式灵活，会相应增加设计和施工的成本。所以现行高架桥体系中，常见的多是连续简支桥梁结构。

多跨连续梁的内力计算特征取决于其几何组成分析特征，先判断其基础部分和附属部分。在内力计算时，先进行附属部分的计算，后进行基础部分的内力计算。关键点在于二者之间的传递作用力要进行正确的受力分析。

3.3 静定平面刚架

3.3.1 刚架的特点

刚架（frame）：一般是由多根直杆组成，杆件间的连接结点多为刚结点。

刚架和桁架（truss）都是直杆组成的结构，二者的区别是：桁架中的结点全部都是铰结点，刚架中的结点全部或部分为刚结点。

图 3-14a 所示体系为一几何可变的铰结体系，为了使它成为几何不变体系（geometrically stable system），一种方法是增设斜杆，使它成为铰结结构（图 3-14b）。另一种方法是把原来的铰结点改为刚结点使它成为刚架结构（图 3-14c）。两种方案相比，显然图 3-14c 所示方案更有优势，具有内部更大的使用空间，构造措施更方便实施。

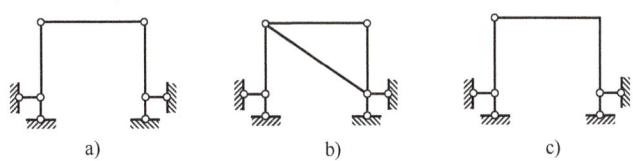

图 3-14 刚架

a）几何可变的铰结体系 b）铰结结构 c）刚架结构

刚架中由于具有刚结点，因而不需用斜杆也可组成几何不变体系，使结构内部具有较大的空间，便于使用。刚结点不仅约束各杆段不能发生相对移动，也不能发生相对转动。结构变形时，各刚结点杆端的夹角始终保持不变。在内力的传递上，刚架可以进行不同杆端间弯矩、剪力以及轴力的传递。

刚架的结构形式多种多样。如悬臂刚架、简支刚架、三铰刚架、多层刚架、连续刚架等（图 3-15）。荷载可以作用于不同杆段，杆件方向及联结形式也较梁结构更加复杂。刚架结构在外荷载作用下杆件发生弯曲变形，同时会产生轴向变形和剪切变形。因此，弯矩是刚架结构的主要内力，同时会产生轴力及剪力，由于杆件方向的变化，所以内力的方向也会随之变化。

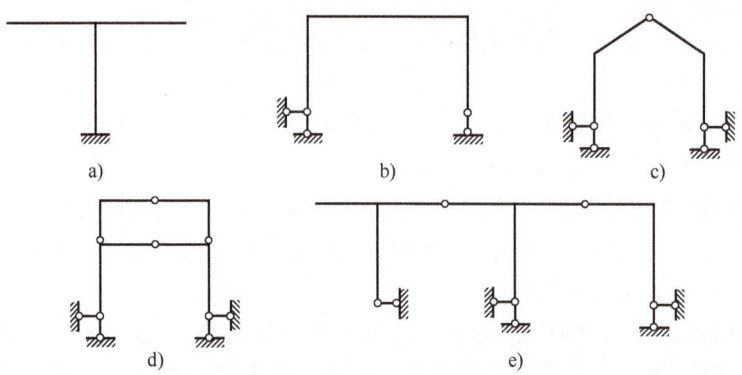

图 3-15 刚架的多种结构形式

a) 悬臂刚架　b) 简支刚架　c) 三铰刚架　d) 多层刚架　e) 连续刚架

3.3.2 刚架支座反力的计算

为绘制刚架的内力图，通常需要首先求出支座反力。因为刚架的结构形式多样，计算支反力时可根据其结构特征，利用平衡条件进行计算。

1) 简支刚架和悬臂刚架的支反力可由整体的平衡条件直接计算。
2) 三铰刚架支反力的计算除利用整体平衡条件外，还需补充部分体系的平衡条件。
3) 连续刚架、多层刚架需根据其几何组成特征，参考荷载的作用位置，选定支反力的计算顺序。

【例 3-4】 计算图 3-16 所示刚架的支座反力。

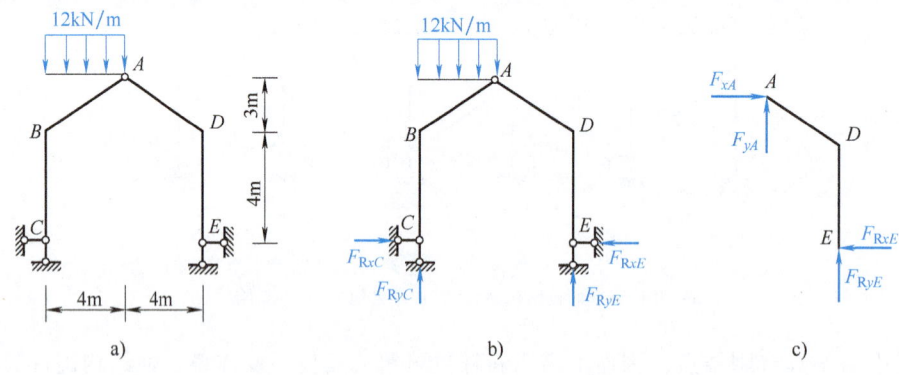

图 3-16 【例 3-4】图

a) 刚架　b) 受力分析图　c) ADE 结构受力状态

【解】 整体受力分析图见图 3-16b，列整体的平衡方程可得

$$\sum M_C = 0 \quad F_{RyE} \times 8\text{m} - (12 \times 4 \times 2)\text{kN} \cdot \text{m} = 0 \quad F_{RyE} = 12\text{kN}(\uparrow)$$

$$\sum Y = 0 \quad F_{RyE} + F_{RyC} = (12 \times 4)\text{kN} \quad F_{RyC} = 36\text{kN}(\uparrow)$$

整体只有三个平衡方程,剩余两个未知力的求解需增加补充方程。取部分杆件的受力情况进行分析,为方便计算,取右半边 AE 部分进行分析,见图 3-16c,得

$$\sum M_A = 0 \quad F_{RyE} \times 4\text{m} - F_{RxE} \times 7\text{m} = 0 \quad F_{RxE} = 6.857\text{kN}(\leftarrow)$$

再利用整体的平衡条件,得

$$\sum X = 0 \quad F_{RxE} + F_{RxC} = 0 \quad F_{RxC} = 6.857\text{kN}(\rightarrow)$$

【例 3-5】 计算图 3-17a 所示刚架的支座反力。

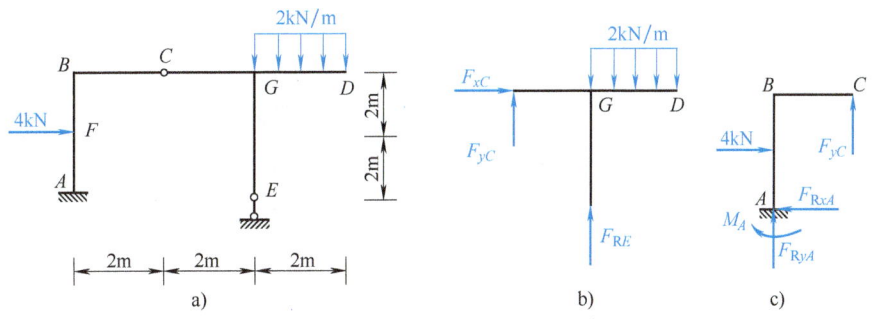

图 3-17 【例 3-5】图
a) 刚架 b) 附属部分受力图 c) ABC 结构受力图

【解】 首先,对图示结构进行几何组成分析,可得,CDE 部分是附属结构,ABC 部分是基础部分。荷载作用于附属部分,因此,计算顺序为先附属部分 CDE,后基础部分 ABC。

对附属部分进行受力分析,由图 3-17b 可得

$$\sum M_C = 0 \quad F_{RE} \times 2\text{m} - (2 \times 2 \times 3)\text{kN} \cdot \text{m} = 0 \quad F_{RE} = 6\text{kN}(\uparrow)$$

$$\sum Y = 0 \quad F_{RE} + F_{yC} = (2 \times 2)\text{kN} \quad F_{yC} = 2\text{kN}(\downarrow)$$

$$\sum X = 0 \quad F_{xC} = 0\text{kN}$$

基础部分 ABC 的受力状态见图 3-17c,列平衡方程可得

$$\sum X = 0 \quad F_{RxA} = 4\text{kN}(\leftarrow)$$

$$\sum Y = 0 \quad F_{RyA} = 2\text{kN}(\downarrow)$$

$$\sum M_A = 0 \quad F_{yC} \times 2\text{m} - (4 \times 2)\text{kN} \cdot \text{m} - M_A = 0 \quad M_A = -4\text{kN} \cdot \text{m}(逆时针方向)$$

3.3.3 刚架的内力计算及内力图的绘制

在任意外荷载的作用下,刚架的变形以弯曲变形为主,任一横截面上存在的内力一般为弯矩、剪力、轴力。刚架的内力计算仍然根据平衡条件,采用截面法进行计算。刚架内力的符号与梁内力的符号规定一致。在绘制内力图时一般将截面上的弯矩图画在受拉一侧;轴力图和剪力图可画在任意一侧,但需注明内力的正负。因体系中增加杆件之间相连的刚结点,内力计算时需注意处理结点处不同的杆端截面。绘制内力图时,利用荷载与内力图之间的关系,通过描点连线快速绘制。

【例3-6】 作出图3-18a所示刚架的内力图。

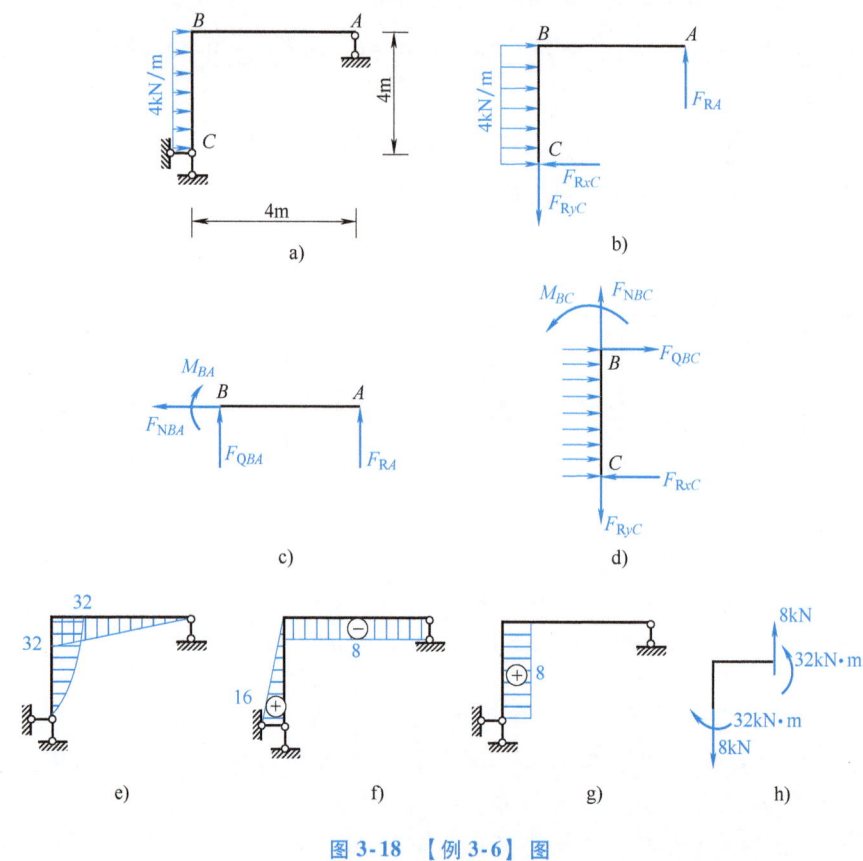

图3-18 【例3-6】图

a）刚架 b）整体受力分析图 c）AB杆受力分析图 d）BC杆受力分析图
e）M图（kN·m） f）F_Q图（kN） g）F_N图（kN） h）结点B受力分析图

【解】 1）求出支座反力。图3-18a所示为简支刚架，利用整体的平衡条件即可求出支座反力，受力分析图见图3-18b。

$$\sum X = 0 \qquad F_{RxC} = 16\text{kN}(\leftarrow)$$

$$\sum M_C = 0 \qquad F_{RA} \times 4\text{m} - (4 \times 4 \times 2)\text{kN} \cdot \text{m} = 0 \qquad F_{RA} = 8\text{kN}(\uparrow)$$

$$\sum Y = 0 \qquad F_{RA} - F_{RyC} = 0\text{kN} \qquad F_{RyC} = 8\text{kN}(\downarrow)$$

2）截面法计算各杆两端截面内力。以杆件为隔离体，利用平衡条件进行计算。取隔离体时，需注意在结点处不同杆端截面的处理。以垂直于杆件轴线的截面方向，在结点的相邻位置进行截面的选取。

AB杆，受力分析见图3-18c，则有

$$\sum X = 0 \qquad F_{NBA} = 0$$

$$\sum Y = 0 \qquad F_{QBA} = -8\text{kN}$$

第3章　静定结构的受力分析

$$\sum M_B = 0 \quad -M_{BA} + F_{RA} \times 4\text{m} = 0 \quad M_{BA} = 32\text{kN} \cdot \text{m}$$

BC 杆，受力分析见图 3-18d，则有

$$\sum X = 0 \quad F_{QBC} + (4 \times 4)\text{kN} - 16\text{kN} = 0 \quad F_{QBC} = 0$$

$$\sum Y = 0 \quad F_{NBC} = 8\text{kN}$$

$$\sum M_C = 0 \quad M_{BC} - (4 \times 4 \times 2)\text{kN} \cdot \text{m} = 0 \quad M_{BC} = 32\text{kN} \cdot \text{m}$$

3）绘制内力图。根据荷载与内力之间的对应关系，先判断出各段内力图的大致形状及分段特征。利用控制截面的内力即可快速绘制出内力图，见图 3-18d~f。

4）校核。完成内力图后，内力图绘制的正确与否需要通过校核来验证。

刚架结构内力图的校核可以截取刚架任一部分作为脱离体，根据内力图作出脱离体的受力分析图，列脱离体的平衡方程来验证是否满足平衡条件。

本例题中，计算是利用了两根杆件的平衡条件来完成的，结点 B 在取脱离体分析时均没有利用到，因此，校核工作可以利用结点的平衡来进行。

根据内力图，作出结点 B 的受力分析图（图 3-18h），可判断出该结点处满足平衡条件。

$$\sum Y = 0 \quad F_{NBC} + F_{QBA} = 8\text{kN} - 8\text{kN} = 0$$

$$\sum M_B = 0 \quad M_{BC} + M_{BA} = 32\text{kN} \cdot \text{m} - 32\text{kN} \cdot \text{m} = 0$$

结点 B 平衡！

结点处的平衡条件不仅可以用于内力图的校核工作，也可用于内力图的绘制。因为结点处的受力情况比较简单，平衡条件的计算比较快捷。所以，在进行内力图的绘制时，更多的可以利用结点进行内力的绘制。此时，内力图的校核可通过杆件隔离体的平衡条件来进行。

【例 3-7】　利用结点的平衡条件来作出图 3-19a 所示刚架的内力图。

【解】　支座反力在【例 3-4】中已经求出，下一步，计算各杆的杆端内力。该门式刚架的特点是体系中有斜杆，在计算过程中需注意斜杆横截面上内力的方向问题。

1）BC 杆，见图 3-19b。

$$\sum X = 0 \quad F_{QBC} = -6.857\text{kN}$$

$$\sum Y = 0 \quad F_{NBC} = -36\text{kN}$$

$$\sum M_B = 0 \quad -M_{BC} + F_{RxC} \times 4\text{m} = 0 \quad M_{BC} = 27.43\text{kN} \cdot \text{m}$$

2）BA 杆 B 端内力，可利用结点 B 的平衡来计算。

结点 B 的受力分析见图 3-19c，为方便计算，沿图示斜向投影轴进行平衡方程的设列。

$$\sum n = 0 \quad F_{NBA} + 6.857\text{kN} \times \cos\alpha + 36\text{kN} \times \sin\alpha = 0 \quad F_{NBA} = -27.09\text{kN}$$

$$\sum \tau = 0 \quad F_{QBA} + 6.857\text{kN} \times \sin\alpha - 36\text{kN} \times \cos\alpha = 0 \quad F_{QBA} = 24.69\text{kN}$$

$$\sum M_B = 0 \quad M_{BC} - M_{BA} = 0 \quad M_{BA} = 27.43\text{kN} \cdot \text{m}$$

3）DE 杆，见图 3-19d。

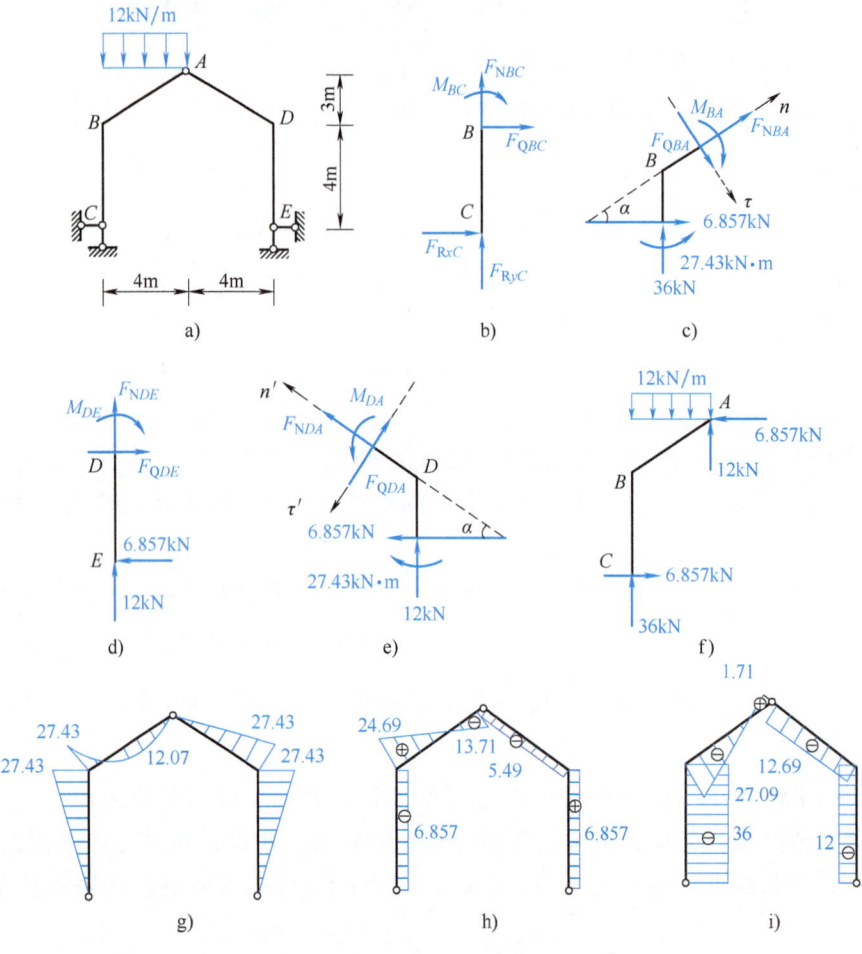

图 3-19 【例 3-7】图

a) 刚架 b) BC 杆受力分析图 c) 结点 B 受力分析图 d) DE 杆受力分析图
e) 结点 D 受力分析图 f) BA 杆受力分析图 g) M 图 (kN·m) h) F_Q 图 (kN) i) F_N 图 (kN)

$$\sum X = 0 \quad F_{QDE} = 6.857\text{kN}$$

$$\sum Y = 0 \quad F_{NDE} = -12\text{kN}$$

$$\sum M_D = 0 \quad M_{DE} + 6.857\text{kN} \times 4\text{m} = 0 \quad M_{DE} = -27.43\text{kN·m}$$

4) 结点 D，见图 3-19e。

$$\sum n = 0 \quad F_{NDA} + 6.857\text{kN} \times \cos\alpha + 12\text{kN} \times \sin\alpha = 0 \quad F_{NDA} = -12.69\text{kN}$$

$$\sum \tau = 0 \quad F_{QDA} - 6.857\text{kN} \times \sin\alpha + 12\text{kN} \times \cos\alpha = 0 \quad F_{QDA} = -5.49\text{kN}$$

$$\sum M_D = 0 \quad M_{DE} = -27.43\text{kN·m} \quad M_{DE} + M_{DA} = 0 \quad M_{DA} = 27.43\text{kN·m}$$

5) BA 杆，见图 3-19f。由于有均布荷载作用于 BA 杆，BA 杆的剪力图和轴力图均为斜直线分布，可通过结点 A 的约束力的等效分解求出。

$$F_{NAB} = -6.857\text{kN} \times \cos\alpha + 12\text{kN} \times \sin\alpha = 1.71\text{kN}$$

$$F_{QAB} = -6.857\text{kN} \times \sin\alpha - 12\text{kN} \times \cos\alpha = -13.71\text{kN}$$

最后作出内力图,见图 3-19g、h、i。

【例 3-8】 作出图 3-20a 所示刚架的内力图。

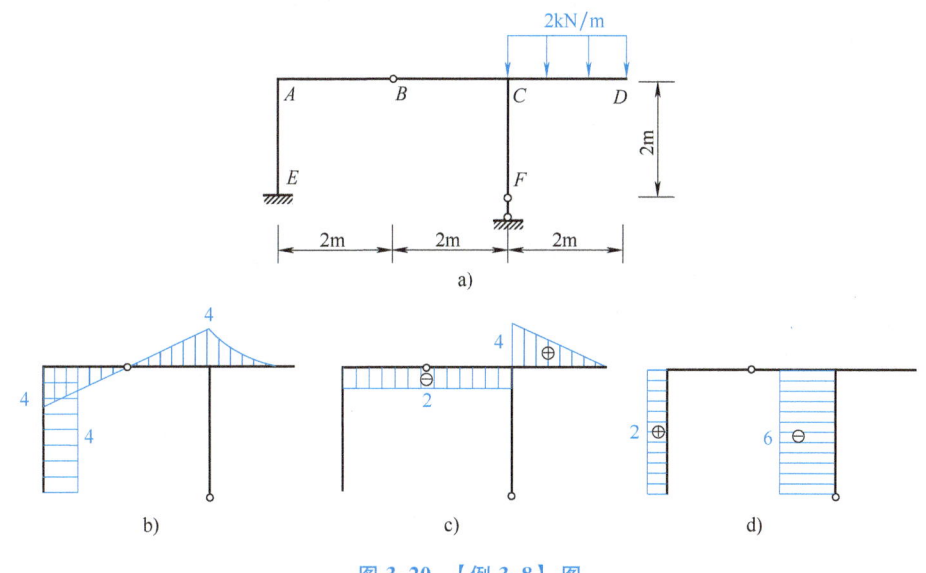

图 3-20 【例 3-8】图
a) 刚架 b) M 图（kN·m） c) F_Q 图（kN） d) F_N 图（kN）

【解】 支座反力求出后,可利用荷载与内力的对应关系快速画出内力图。

弯矩图:杆 CD 为抛物线图形,其他各杆均为直线图形。
剪力图:杆 CD 为斜直线图形,其他各杆均为矩形图形。
轴力图:各杆段均为矩形图。

刚架的内力图

3.4 静定平面桁架

3.4.1 静定平面桁架的特点

桁架是工程中应用较广泛的一种结构。除了在桥梁结构和塔架结构中使用桁架外,桁架还应用在屋架结构中。图 3-21 所示为武汉长江大桥。

但是,结构力学中的桁架模型(图 3-22a)与实际结构是有所差别的,主要是在计算简图的选取时进行了如下的简化:

1) 所有结点都是无摩擦的光滑的理想铰结点。

图 3-21 武汉长江大桥

2）各杆的轴线都是直线并通过铰的中心。

3）所有荷载和支座反力都作用在结点上。

满足以上假定的桁架称为理想桁架。根据以上假定，理想桁架的各杆均为二力杆（图3-22b），只承受轴力。所以桁架结构中每根杆件的内力只有轴力，由于荷载只作用于结点上，所以每根杆件的轴力都是常数。所有杆件只发生轴向变形。杆件横截面上的应力均匀分布，可以充分发挥材料的性能，具有重量轻、承受荷载大的特点。

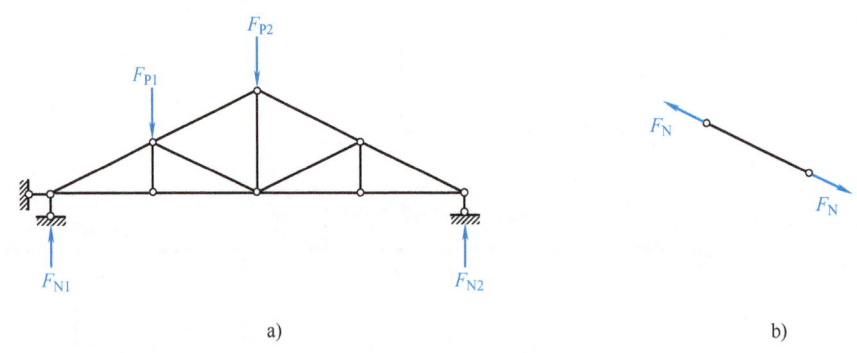

图 3-22 静定桁架结构

a）桁架计算模型 b）二力杆

3.4.2 桁架的分类

桁架结构的杆件根数多、几何组成形式灵活多变。可以根据其几何组成形式进行简单的分类。

1）简单桁架：由一个基本铰接三角形开始，逐次增加二元体所组成的几何不变体，见图3-23a。

2）联合桁架：由几个简单桁架所组成的几何不变体，见图3-23b。

3）复杂桁架：不属于前两种的桁架，见图3-23c。

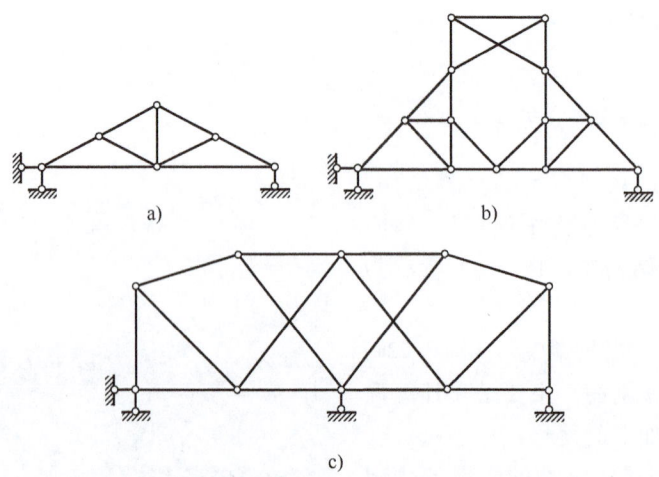

图 3-23 桁架结构分类

a）简单桁架 b）联合桁架 c）复杂桁架

3.4.3 桁架的内力计算

在满足基本假定的前提下，理想桁架结构中各杆件仅发生轴向变形，其内力均为轴力。计算方法仍然是以平衡条件为基础的截面法。在其应用形式上有所变化，根据所选取研究对象形式上的区别，可以分为结点法、截面法以及联合应用法。

轴力的内力符号以拉力为正、压力为负。

选取研究对象进行受力分析时，建议将未知轴力假设为拉力，计算出的结果正负即为其实际的内力符号。

1. 结点法

结点法：截取桁架的一个结点为隔离体计算桁架内力的方法。

桁架结构中荷载、支座反力都作用于结点上。结点上所承受的力系都汇交于一点，组成了平面汇交力系。因此，结点法是利用平面汇交力系求解内力的。平面汇交力系只有两个独立的投影平衡方程，所以，最多只可以求解两个不共线的未知力。

【**例 3-9**】 计算图 3-24a 所示桁架各杆的轴力。

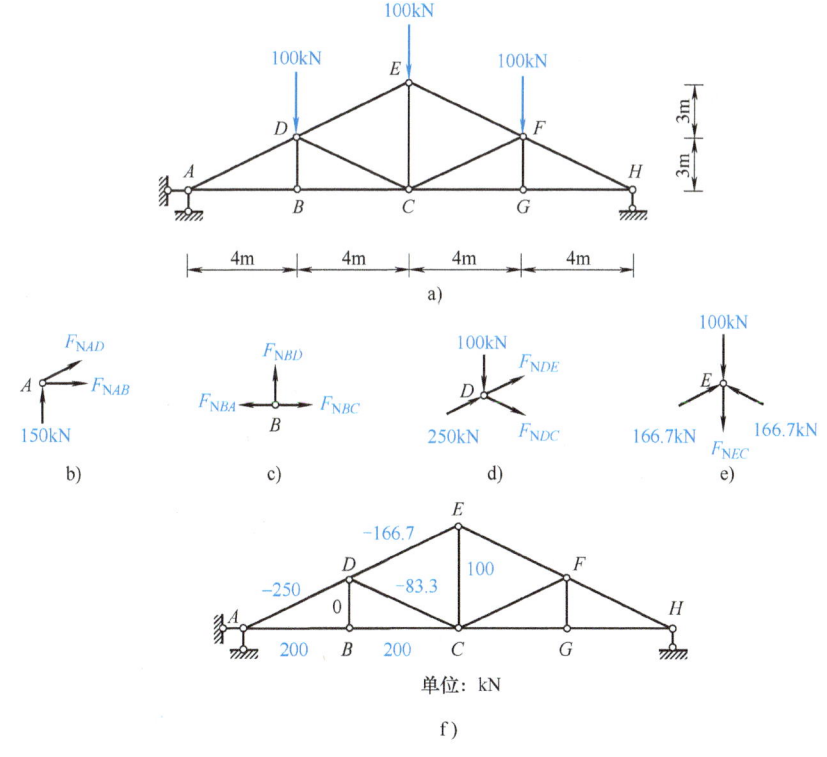

图 3-24 【例 3-9】图

a) 桁架 b) 结点 A c) 结点 B d) 结点 D e) 结点 E f) 轴力值

【**解**】 思路分析：图 3-24a 所示桁架结构为简单桁架，具有对称特征，因此，计算时可只计算一半的杆件，另一半杆件的轴力可通过对称性直接得出。结点法计算时，选取的研究对象的未知力个数一般不多于两个。图 3-24a 所示桁架的几何组成分析，可以从内部以三

角形 *ABD* 刚片出发，依次增加二元体的方式，完成内部大刚片的分析。在进行轴力计算时，也可按照这一分析顺序，从结点 *A* 开始分析计算，即可完成所有结点的计算。

（1）支座反力　利用对称特点可得

$$F_{RA} = F_{RH} = 150\text{kN}(\uparrow)$$

（2）结点法计算各杆轴力

1）结点 *A*，见图 3-24b。

$$\sum Y = 0 \quad F_{NAD} \times \frac{3}{5} + 150\text{kN} = 0 \quad F_{NAD} = -250\text{kN}$$

$$\sum X = 0 \quad F_{NAD} \times \frac{4}{5} + F_{NAB} = 0 \quad F_{NAB} = 200\text{kN}$$

2）结点 *B*，见图 3-24c。

$$\sum X = 0 \quad F_{NBC} = F_{NAB} = 200\text{kN}$$

$$\sum Y = 0 \quad F_{NBD} = 0$$

3）结点 *D*，见图 3-24d。

$$\sum X = 0 \quad F_{NDE} \times \frac{4}{5} + F_{NDC} \times \frac{4}{5} + 250\text{kN} \times \frac{4}{5} = 0$$

$$\sum Y = 0 \quad F_{NDE} \times \frac{3}{5} - F_{NDC} \times \frac{3}{5} - 100\text{kN} + 250\text{kN} \times \frac{3}{5} = 0$$

$$F_{NDE} = -166.7\text{kN} \quad F_{NDC} = -83.3\text{kN}$$

4）结点 *E*，见图 3-24e。

$$\sum Y = 0 \quad 166.7\text{kN} \times \frac{3}{5} \times 2 - F_{NEC} - 100\text{kN} = 0 \quad F_{NEC} = 100\text{kN}$$

（3）轴力值，见图 3-24f　桁架结构每根杆件的轴力均为常数，所以，轴力图的标注只需要将轴力的代数值标注在对应杆件上即可。其正负代表该杆件轴力是拉力还是压力。

结点法适合于简单桁架的计算，可以几何组成分析顺序为基础选定计算顺序，从不共线的未知力杆件不多于 2 根的结点开始计算，求解出所有杆件的轴力。

它的缺点在于计算工作量较大，计算过程不灵活。即使只需要计算桁架结构中某些指定杆件的轴力，也需要从切入计算结点开始依次求解到所需计算杆件。一旦某一求解环节发生错误，会影响到后续所有杆件的轴力计算。

为了降低桁架结构的计算工作量，通常可以先通过观察的方式，找出体系中轴力为零的杆件，即零杆。如【例 3-9】中的结点 *B*，竖直方向只有杆件 *BD* 的轴力，因此，其轴力一定为零。这类杆件的特点是，在进行荷载在结构中的传递时不参与内力的传递，但在构造上有其存在的必要性。

常见的零杆形式有以下几种情况：

1）不共线的两杆结点，当结点上无荷载作用时，两杆轴力均为零，见图 3-25a。

2）由三杆构成的结点，有两杆共线且结点上无荷载作用时，则不共线的第三杆轴力必为零，共线的两杆内力相等，符号相同，见图 3-25b。

3）由不共线的两根杆构成的结点，结点上有荷载作用，且荷载方向为其中一根杆件的轴向方向时，则另外一根杆的轴力必为零，见图3-25c。

4）对称桁架结构承受对称荷载作用时，体系中由四根杆件构成的K型结点，其中两杆共线，另两杆在此直线的同侧且夹角相同，见图3-25d，当K型结点上无荷载作用时，则不共线的两杆轴力为零。

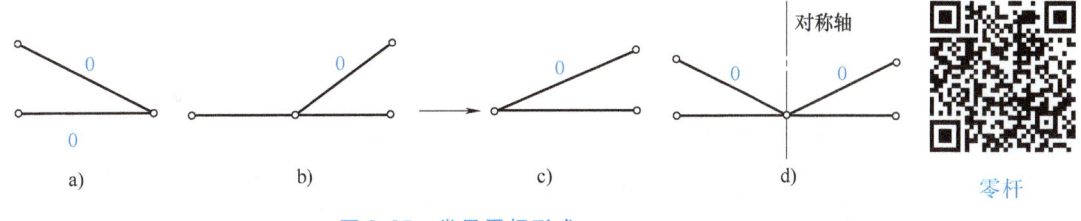

图 3-25　常见零杆形式

结点单杆：如果同一结点的所有内力均为未知的各杆中，除某一杆外，其余各杆都共线，则该杆称为结点的单杆。

结点单杆具有如下性质：

1）结点单杆的内力，可以由该结点的平衡条件直接求出。

2）当结点单杆上无荷载作用时，单杆的内力必为零。

3）如果依靠拆除单杆的方法可以将整个桁架拆完，则此桁架可以应用结点法将各杆的内力求出，计算顺序应按照拆除单杆的顺序。

2. 截面法

截面法的研究对象：用适当的截面，将桁架结构一分为二，截取桁架的一部分（至少包括两个结点）为隔离体，隔离体上的作用力系既不汇交于一点，也不互相平行，为平面任意力系。利用平面任意力系的三个平衡条件进行求解，最多可以求解三个不共线的未知力。因为桁架结构形式较为复杂，在使用截面法计算时，要注意截面是否将桁架结构彻底分为两部分。

【例 3-10】　计算图 3-26a 所示桁架中各指定杆件的轴力。

【解】　思路分析：图 3-26a 所示桁架是简单桁架，指定求解的三根杆件在结点 C、D 中间，选用适当截面将这三根杆件截开，桁架结构即可一分为二，见图 3-26b。

1）支座反力：利用对称特点可得

$$F_{R左} = F_{R右} = 250\text{kN}(\uparrow)$$

2）指定杆件轴力计算。见图 3-26b，采用图示截面将桁架结构一分为二，作出受力分析图，见图 3-26c，列平衡方程进行求解。

$$\sum Y = 0 \quad 250\text{kN} - 100\text{kN} - 100\text{kN} - F_{N2} \times \frac{\sqrt{2}}{2} = 0 \quad F_{N2} = 70.7\text{kN}$$

$$\sum M_B = 0 \quad -F_{N3} \times 5\text{m} - (100 \times 5)\text{kN} \cdot \text{m} + (250 \times 10)\text{kN} \cdot \text{m} = 0 \quad F_{N3} = 400\text{kN}$$

$$\sum M_C = 0 \quad F_{N1} \times 5\text{m} - [100 \times 5 \times (2+1)]\text{kN} \cdot \text{m} + (250 \times 5 \times 3)\text{kN} \cdot \text{m} = 0 \quad F_{N1} = -450\text{kN}$$

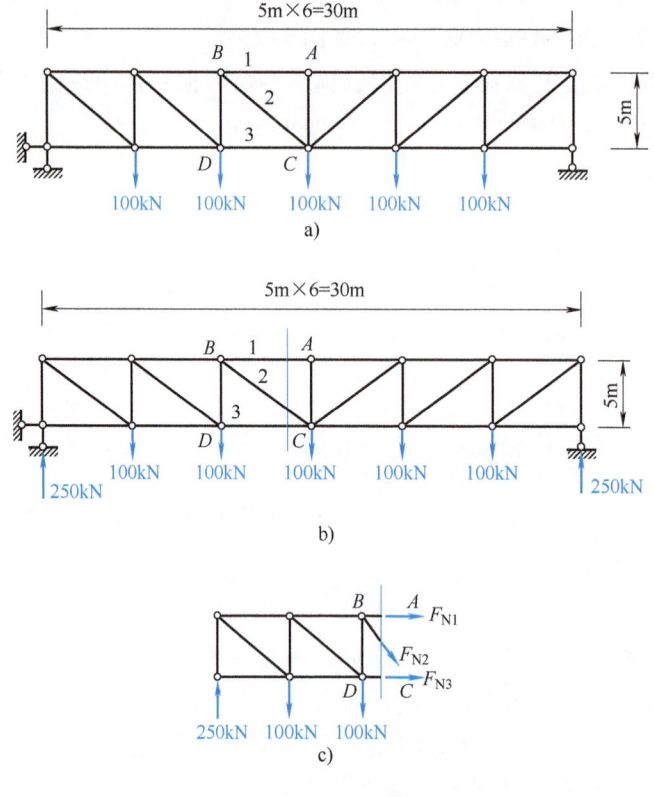

图 3-26 【例 3-10】图
a) 简单桁架结构 b) 截面位置 c) 隔离体

截面法适于联合桁架的计算和桁架中指定杆件的计算。隔离体上的未知力个数一般不多于 3 个。

为避免使用联立方程求解，平衡方程要注意选择，优先选择合力矩平衡方程，尽量使每一个平衡方程一般只包含一个未知力。

截面单杆的概念指如果某一截面所截的内力为未知的各杆中，除某一根杆件外，其余各杆都汇交于一点（或平行），此杆称为该截面的单杆，其轴力是可以求出的。截面单杆在解决复杂桁架时，往往是解题的关键，要学会分析截面单杆。

截面单杆主要在以下情况中：

1）截面只截断三根杆，此三杆不完全汇交也不完全平行，则每一根杆均是截面单杆。见图 3-27a、b。

2）截面所截杆数大于 3，除一根杆外，其余杆件均汇交于一点（或互相平行），则这根杆为截面单杆，如图 3-27c、d、e 所示。

3. 联合应用法

在解决一些复杂桁架时，单独使用结点法或截面法不能够求解出杆件的轴力，这时往往需要将这两种方法联合起来使用，从而进行解题。解题的关键切入点在于从几何组成分析角度入手，利用结点单杆、截面单杆，首先突破求解，从而使其他杆件的轴力成为可以求解的状态。

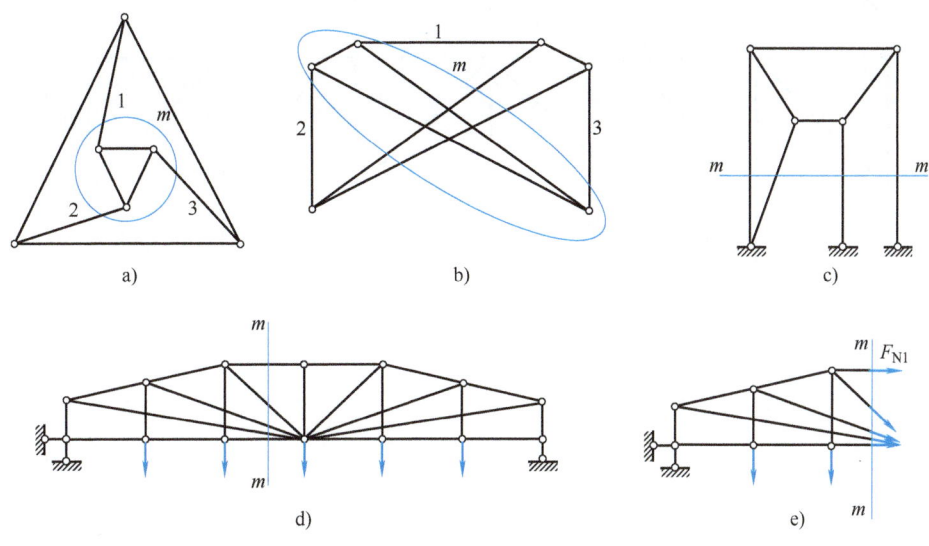

图 3-27 截面单杆图

联合应用法适合于复杂桁架或截面上未知多于 3 根时的内力计算问题。

【例 3-11】 求图 3-28a 所示结构 1、2、3、4 杆的轴力。

【解】 思路分析：图 3-28a 所示体系虽为简单桁架，但连接形式较为复杂。采用结点法可计算指定杆件的轴力，但计算过程非常烦琐，需从支座处结点按几何组成顺序依次计算到指定杆件的连接结点。若采用截面法计算，所能选择的截面切开后的隔离体上至少有四个未知力，见图 3-28b，无法完全求解。为了求出所有指定杆件的轴力，在计算中，除采用截面法外，可结合使用结点法，增加平衡方程的个数，以达到完全求解的目的。

(1) 支座反力

$$F_{R左} = F_{R右} = 2.5F_P(\uparrow)$$

(2) 指定杆件的轴力计算

截面 I，见图 3-28c：

$$\sum Y = 0 \quad F_{N2} \times \frac{\sqrt{2}}{2} - F_{N3} \times \frac{\sqrt{2}}{2} + 2.5F_P - 2F_P = 0$$

$$\sum X = 0 \quad F_{N1} + F_{N2} \times \frac{\sqrt{2}}{2} + F_{N3} \times \frac{\sqrt{2}}{2} + F_{N4} = 0$$

$$\sum M_C = 0 \quad -F_{N1} \times a + F_{N4} \times a + F_P \times a - 2.5F_P \times 2a = 0$$

三个平衡方程中，包含四个未知力，方程个数不足。注意到 2、3 杆与 C 结点相连，而 C 结点另外两根杆件均在竖直方向，如建立水平方向投影平衡方程，则方程中只有 2、3 杆内力，这样就可以增加 1 个平衡方程。

结点 C，见图 3-28d：

$$\sum X = 0 \quad F_{N2} \times \frac{\sqrt{2}}{2} + F_{N3} \times \frac{\sqrt{2}}{2} = 0$$

联立这四个方程，即可求解得出

$$F_{N1} = -2F_P, \quad F_{N2} = -0.25\sqrt{2}F_P, \quad F_{N3} = 0.25\sqrt{2}F_P, \quad F_{N4} = 2F_P$$

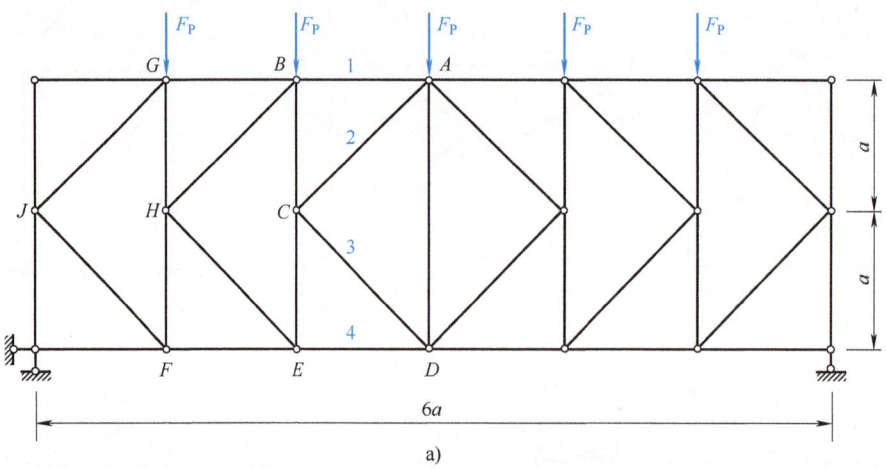

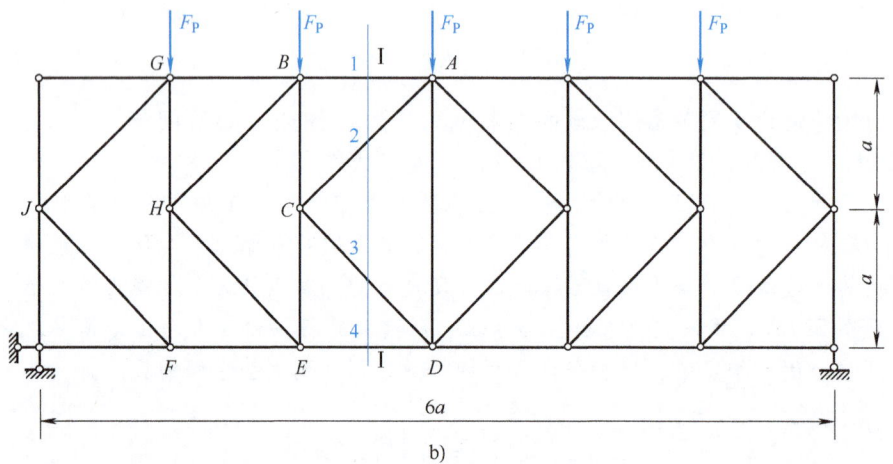

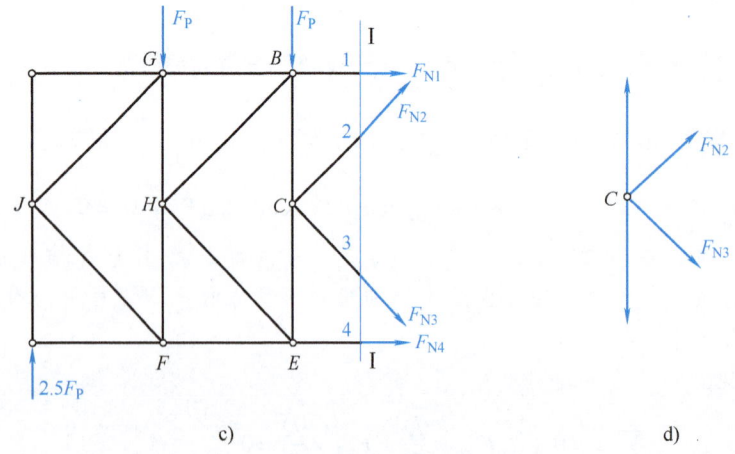

图 3-28 【例 3-11】图

a）原桁架结构 b）隔离体上的未知力 c）截面 1 轴力 d）结点 C

桁架结构的计算方法仍然是以平衡条件为基础的结点法、截面法和联合应用法，计算原理与其他静定结构相同。但应特别注意：

1）所截断的杆是链杆只有轴力。
2）链杆的轴力多为斜方向，在建立投影平衡方程时，注意投影分解的角度，即分解力的方向。
3）采用截面将桁架结构截开后，要注意隔离体上的力系是否汇交于一点。

3.5 组合结构

3.5.1 组合结构的组成

组合结构是由链杆和梁式杆件搭接组成的结构。其中，链杆的内力只有轴力，梁式杆件中一般有弯矩、剪力及轴力。组合结构常用于房屋中的屋架、桥梁的承重结构和加固工程中，见图3-29。

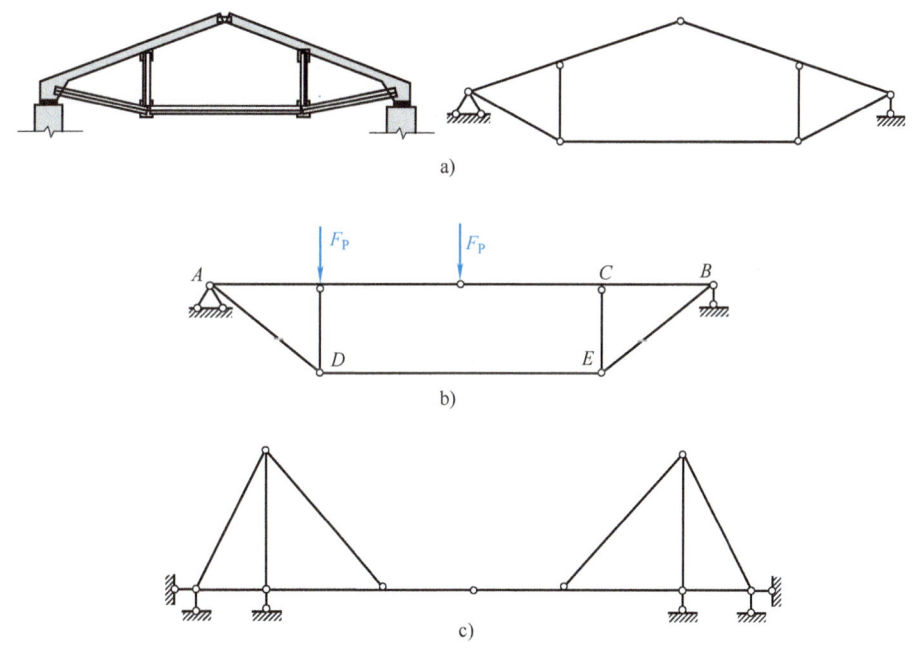

图3-29 组合结构
a）钢筋混凝土屋架组合结构 b）加固工程组合结构 c）桥梁结构

3.5.2 组合结构的内力计算

组合结构的内力计算方法仍然采用截面法。应用截面法时，要区别杆件是梁式杆还是链杆，因为二者的内力不同，梁式杆的内力有轴力、剪力、弯矩，而链杆中只有轴力。

计算中应注意：

1）判别链杆和梁式杆件。通过几何组成分析的方法，结合结构上的荷载特点，找出只在两端受力、只有轴力的链杆。在计算时,优先计算链杆的轴力,再计算梁式杆的内力。

2)使用截面法截开组合结构时,尽量避免切断梁式杆件,因为梁式杆可能存在的内力有三个,会造成研究对象上未知力个数多余三个的情况,无法求解。

【例3-12】 作出图3-30a所示结构的内力图。

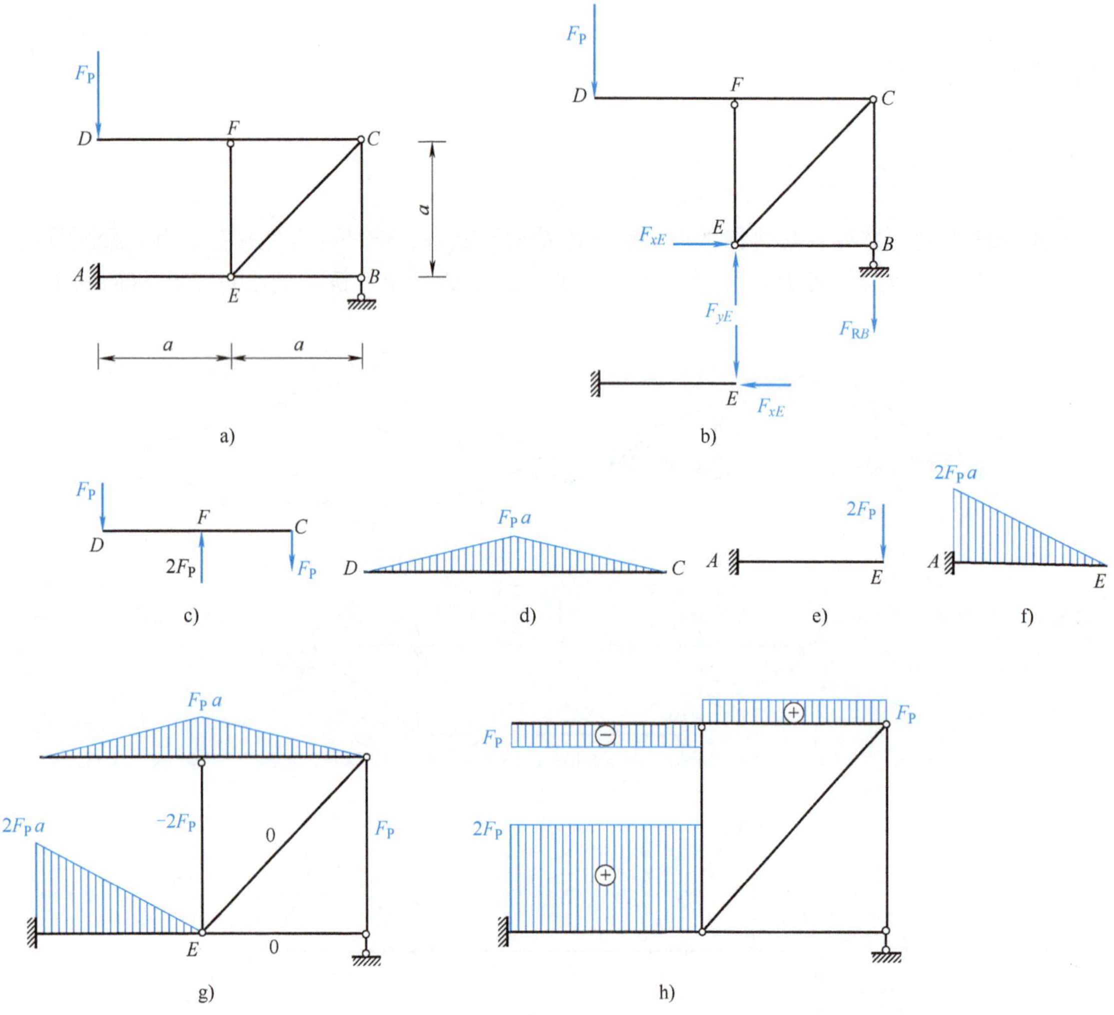

图 3-30 【例 3-12】图

a)组合结构 b)层次图 c)DC 杆受力状态 d)DC 杆弯矩图
e)基础部分 AE f)AE 杆弯矩图 g)弯矩图、轴力图 h)剪力图

【解】 思路分析:对图示体系进行几何组成分析,其中 AE 部分是基础部分,DCBE 部分是附属部分。附属部分由梁式杆 DC 和链杆 EF、BE、EC、BC 组成。因而计算顺序是先计算附属部分 DCBE,再计算基础部分。

1)附属部分 DCBE,见图3-30b。组合结构部分,先由平衡条件求出所有约束力,再计算桁架杆的轴力,最后计算梁式杆 DC。

$$F_{xE}=0, \quad F_{yE}=2F_P(\uparrow), \quad F_{RB}=F_P(\downarrow)$$

由零杆判断可得，BE、CE 的轴力为零。其他链杆轴力可由结点法快速观察得出。

$$F_{NCB}=F_P(\text{拉}), \quad F_{NEF}=2F_P(\text{压})$$

梁式杆 DC 的受力状态见图 3-30c，弯矩图如图 3-30d 所示。

2）基础部分 AE。E 点处受到附属部分传递的竖直方向的反作用力，见图 3-30e，弯矩图如图 3-30f。

汇总可得，原结构的内力图见图 3-30g、h。

因组合结构广泛应用于屋架等结构中，所以体系中经常存在由倾斜方向的梁式杆或链杆，在计算上增加了很多工作量。在计算时需注意考虑相应的内力方向。求解时分解的角度即分力的方向。

【例 3-13】 计算图 3-31a 所示组合结构的内力图。

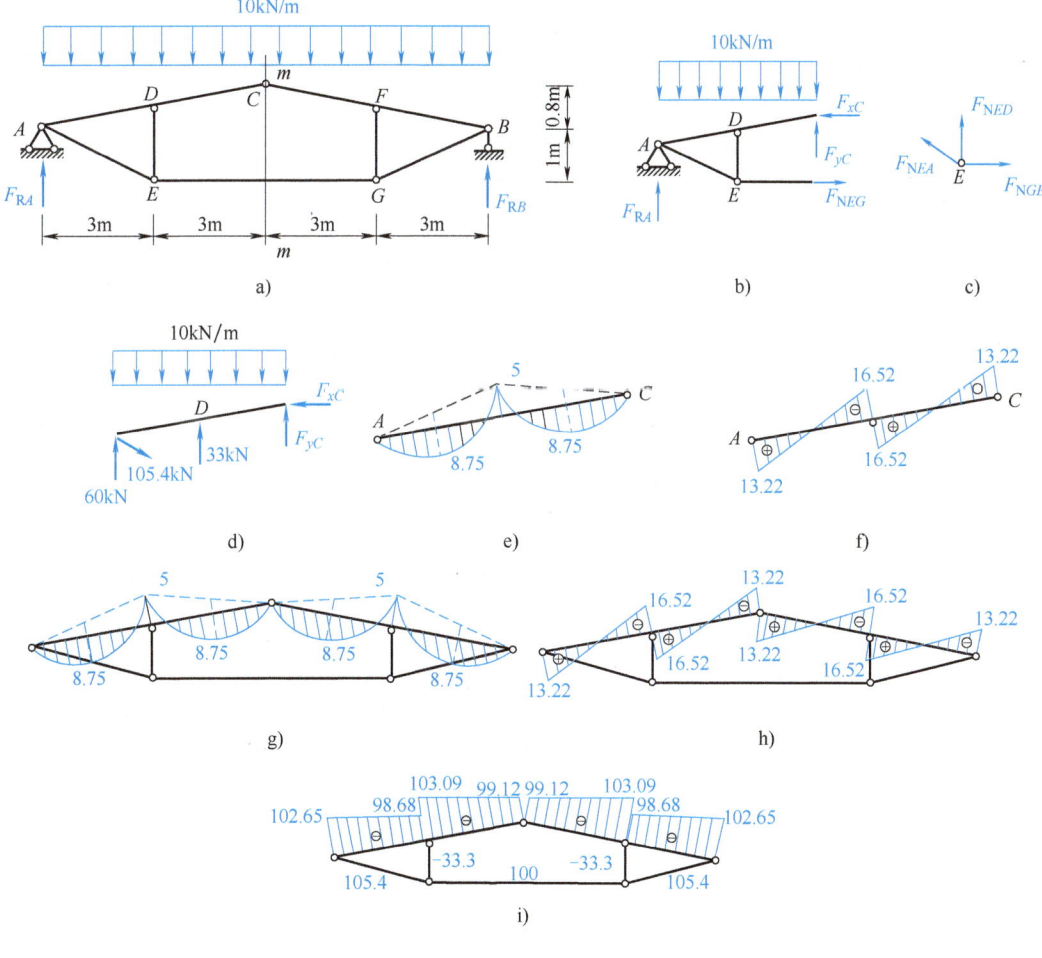

图 3-31 【例 3-13】图

a）原结构 b）隔离体 c）结点 E 平衡条件 d）受力状态 e）AC 杆弯矩图（kN·m）
f）AC 杆剪力图（kN） g）结构弯矩图（kN·m） h）结构剪力图（kN） i）结构轴力图（kN）

【解】 1）支座反力。由结构的对称性可得

$$F_{RA} = F_{RB} = 60\text{kN}(\uparrow)$$

2）链杆的内力计算。取截面 m—m 以左部分为隔离体，见图 3-31b。

$$\sum M_C = 0 \quad F_{NEG} \times 1.8\text{m} + (10\times 6\times 3)\text{kN}\cdot\text{m} - (60\times 6)\text{kN}\cdot\text{m} = 0 \quad F_{NEG} = 100\text{kN}$$

由结点 E 的平衡条件，见图 3-31c，可得

$$\sum X = 0 \quad F_{NEA} \times \frac{3}{\sqrt{10}} = 100\text{kN} \quad F_{NEA} = \frac{100}{3}\sqrt{10}\text{kN} = 105.4\text{kN}$$

$$\sum Y = 0 \quad F_{NEA} \times \frac{1}{\sqrt{10}} + F_{NED} = 0 \quad F_{NED} = -33.3\text{kN}$$

3）梁式杆内力。梁式杆 AC 受力状态见图 3-31d，等同于单根梁的受力状态，采用描点连线快速绘制弯矩图即可。复杂处在于杆端上斜向的链杆的反作用力，需要先行分解，简化杆件上的受力。弯矩图及剪力图见图 3-31e、f。

4）内力图。由对称性，即可得出完整的原组合结构的内力图。链杆的轴力以数值形式标注在对应杆件上即可，见图 3-31g～i。

总之，组合结构是梁式杆与链杆联合作用的一种结构形式。其内力计算仍然是以平衡条件为基础的截面法。其计算步骤及注意事项有：

1）首先判别链杆和梁式杆件。链杆只有轴力，梁式杆内力为弯矩、剪力及轴力。

2）截面法计算内力时，所选取的截面要避免切开梁式杆。先计算链杆，再进行梁式杆件的内力分析。

3）通过杆件的合理布置，可以使内力在体系中有较为合理的分布。

3.6　三铰拱

拱结构是工程中应用较为广泛的一种工程结构。我国在古代时期就在房屋建筑、桥梁工程和古典园林中广泛使用拱结构。例如公元 595—605 年建成的河北赵州桥（图 3-32），以 37.02m 的跨度保持了近十个世纪的世界纪录。

中国创造：大跨径拱桥技术

图 3-32　赵州桥

拱结构的曲线型轴线使其造型优美，但在结构设计和施工上较为困难。三铰拱是一种静定的拱式结构，多用于房屋拱顶、桥梁结构中。

3.6.1 拱的特点

轴线为曲线的结构形式不只有拱结构，还有曲梁。如何区分这两种结构形式？

从其受力特点上来看，轴线为直线的简支梁和轴线为曲线的简支曲梁在竖向荷载作用下，其支座的水平支座反力为零（图3-33a、b）。而三铰拱承受竖向荷载作用时，其支座有水平支座反力（图3-33c）。由水平支座反力引起的负弯矩会大大降低拱结构中的弯矩值，因而三铰拱内的弯矩远小于与三铰拱等跨度同荷载下的简支梁内的弯矩，因此，拱与梁相比用料省、自重轻，故能跨越较大的跨度。

拱结构的特点是：轴线为曲线，在竖向荷载作用下，拱支座内产生水平反力。

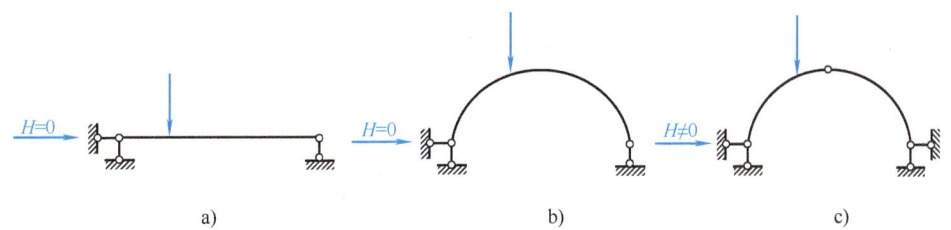

图 3-33 在竖向荷载作用下各结构的水平支座反力
a）简支梁 b）曲梁 c）三铰拱

图 3-34 是三铰拱结构各部位在工程中的常用名称。拱的两端支座处称为拱趾。两拱趾间的水平距离称为拱的跨度（l），简称拱跨。在拱轴线上距起拱趾最远处称拱顶，拱顶至与拱趾之间的垂直距离称为拱高（f）。高跨比（f/l）是拱结构设计的重要数据。

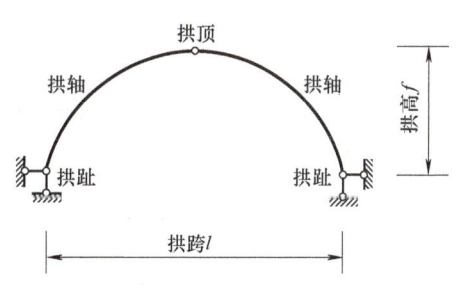

图 3-34 三铰拱结构各部位名称

3.6.2 拱的类型

拱结构按其几何组成特点可以分为三铰拱、两铰拱、无铰拱及拉杆拱，见图3-35。其中三铰拱和静定拉杆拱是静定结构，可以通过平衡条件完全求解。

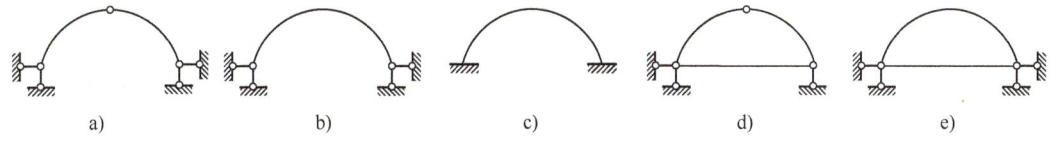

图 3-35 拱结构的类型
a）三铰拱 b）两铰拱 c）无铰拱 d）静定拉杆拱 e）超静定拉杆拱

3.6.3 三铰拱的内力计算

三铰拱是静定结构，可以通过平衡条件完全求解。其横截面上的内力类型有弯矩、剪力、轴力。但应注意的是，由于拱轴线是曲线，所以其横截面方向多为斜方向。沿横截面的法线方向的轴力和沿横截面切线方向的剪力其方向也是斜方向的，求解时需注意其分解角度。以下将对三铰拱结构分析其支座反力及内力的分布特点（图 3-36a）与同跨度同荷载作用下的简支梁（图 3-36b）的支座反力和内力进行比较分析。

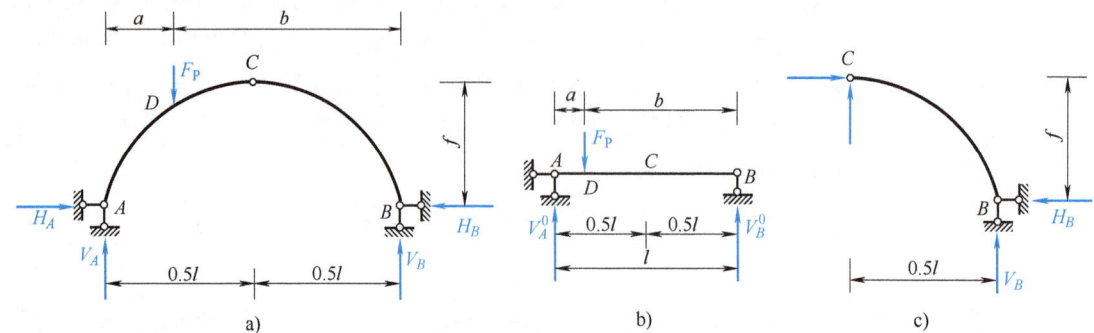

图 3-36　三铰拱的内力计算
a) 三铰拱　b) 同跨度同荷载简支梁　c) 右半边拱

1. 支座反力

三铰拱的支座反力为

$$\sum M_A = 0 \qquad V_B = F_P \frac{a}{l}$$

$$\sum M_B = 0 \qquad V_A = F_P \frac{b}{l}$$

取右半边拱，见图 3-36c，由平衡条件可得

$$\sum M_C = 0 \qquad H_A = H_B = \frac{V_B \times 0.5l}{f}$$

简支梁的支座反力为

$$\sum M_A = 0 \qquad V_B^0 = F_P \frac{a}{l}$$

$$\sum M_B = 0 \qquad V_A^0 = F_P \frac{b}{l}$$

C 截面处的弯矩值为

$$M_C^0 = V_B^0 \times 0.5l$$

相比较可得

$$V_A = V_A^0, \quad V_B = V_B^0, \quad H_A = H_B = \frac{M_C^0}{f}$$

由此可见，三铰拱的竖向支座反力与对应的简支梁相同。水平支座反力一般为指向拱趾的压力，称之为水平推力。水平推力的大小与拱轴线的形状无关，只与拱顶、拱趾以及荷载的作用位置有关。水平推力与拱高成反比，拱越扁平水平推力越大。当 $f \to 0$ 时，$H \to \infty$，这时三铰共线，为几何瞬变体系。

2. 内力计算

为便于设定截面所在位置，设定坐标系，原点位于 A 点处，拱轴线为 $y = f(x)$。任取一

截面 k，其坐标为 (x_k, y_k)，见图 3-37a。在 k 截面处以假想截面将三铰拱切开，选取隔离体进行受力分析，见图 3-37b。

斜截面的法线方向 n 轴与 x 轴之间的夹角为 φ_k。拱的左半部分 φ 取正值，拱的右半 φ 取负值。

为了便于求解方程，可以沿法线轴 n 和切线轴 τ 建立投影平衡方程，竖直、水平方向的荷载在 n 轴和 τ 轴的投影角度可由图 3-37c 得出。

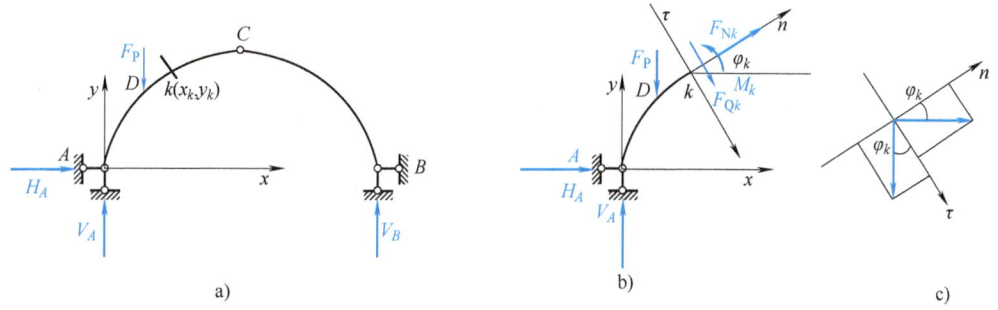

图 3-37 内力计算

a) 三铰拱　b) 隔离体受力图　c) 角度示意图

$$\sum n = 0 \quad F_{Nk} - F_P \sin\varphi_k + V_A \sin\varphi_k + H_A \cos\varphi_k = 0$$

$$\sum \tau = 0 \quad F_{Qk} + F_P \cos\varphi_k - V_A \cos\varphi_k + H_A \sin\varphi_k = 0$$

$$\sum M_k = 0 \quad M_k + F_P(x_k - a) - V_A x_k + H_A y_k = 0$$

整理后可得

$$F_{Nk} = F_P \sin\varphi_k - V_A \sin\varphi_k - H_A \cos\varphi_k$$

$$F_{Qk} = -F_P \cos\varphi_k + V_A \cos\varphi_k - H_A \sin\varphi_k$$

$$M_k = -F_P(x_k - a) + V_A x_k - H_A y_k$$

对应简支梁中

$$F_{Qk}^0 = V_A^0 - F_P \qquad M_k^0 = V_A^0 x_k - F_P(x_k - a)$$

整理后可得

$$\begin{cases} F_{Nk} = -F_{Qk}^0 \sin\varphi_k - H_A \cos\varphi_k \\ F_{Qk} = F_{Qk}^0 \cos\varphi_k - H_A \sin\varphi_k \\ M_k = M_k^0 - H_A y_k \end{cases} \tag{3-1}$$

由式（3-1）中，分析可得：

1) 由于水平推力的存在，三铰拱的弯矩远小于相应简支梁的弯矩，可以更充分发挥建筑材料的作用。

2) 由于水平推力的存在，三铰拱横截面上有较大的轴力，而且通常为压力。而相应的简支梁横截面上是没有轴力的。这一特点也决定了三铰拱结构可以以较小的横截面来承受外部荷载。轴向压力的存在降低了横截面上的拉应力，能更充分发挥大多数建筑材料抗压性能好的特点。

3) 三铰拱截面上的内力与拱轴线的形式有关。因为拱轴为曲线，在进行内力图绘制时，一般采用将拱结构沿跨度进行若干等分，分别计算出截面处内力，用描点连线的方式绘制出内力图，计算工作量较大。

【例 3-14】 作出图 3-38a 所示三铰拱结构的内力图，拱轴线 $y = \dfrac{f}{64}x(16-x)$。并与相应简支梁的内力进行比较。

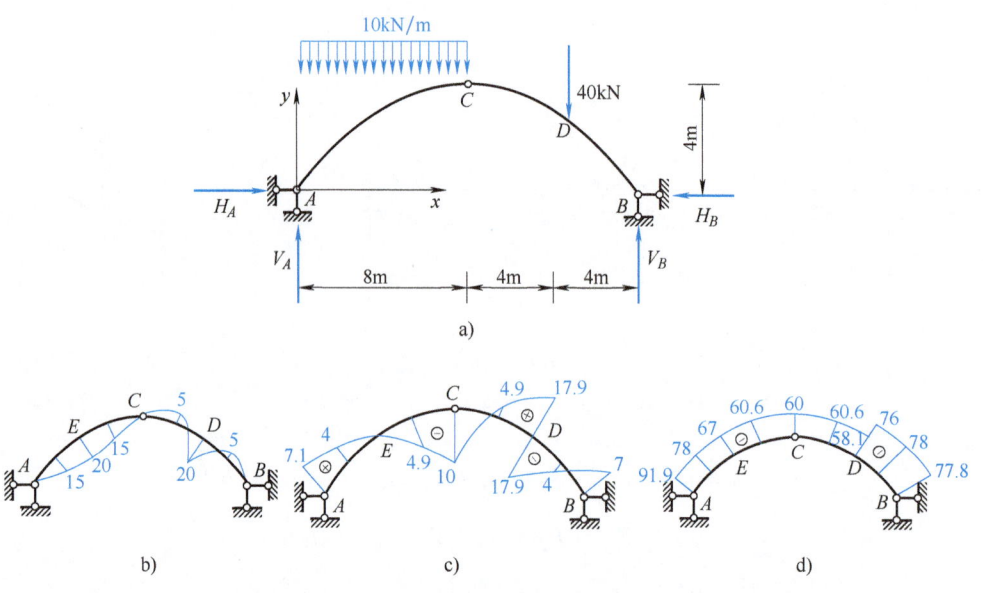

图 3-38 【例 3-14】图

a) 三铰拱 b) 弯矩图（kN·m） c) 剪力图（kN） d) 轴力图（kN）

【解】 (1) 支座反力 由平衡条件可得

$$V_A = 70\text{kN}(\uparrow), \quad V_B = 50\text{kN}(\uparrow), \quad H_A = H_B = 60\text{kN}(推力)$$

(2) 内力图的绘制 拱的内力图需分段计算各截面内力，描点连线。以 D 截面为例，计算控制截面内力。

D 截面的计算所需控制参数：$x_D = 12\text{m}$，$y_D = 3\text{m}$，$\tan\varphi_D = y' = -0.5$，$\sin\varphi_D = -0.447$，$\cos\varphi_D = 0.894$，$F^0_{QD左} = -10\text{kN}$，$F^0_{QD右} = -50\text{kN}$，$M^0_D = 200\text{kN}\cdot\text{m}$

代入式（3-1），计算可得

$$M_D = M^0_D - H_A y_D = (200 - 60 \times 3)\text{kN}\cdot\text{m} = 20\text{kN}\cdot\text{m}$$

$$\begin{cases} F_{QD左} = F^0_{QD左}\cos\varphi_D - H_A\sin\varphi_D = [-10 \times 0.894 - 60 \times (-0.447)]\text{kN} = 17.9\text{kN} \\ F_{QD右} = F^0_{QD右}\cos\varphi_D - H_A\sin\varphi_D = [-50 \times 0.894 - 60 \times (-0.447)]\text{kN} = -17.9\text{kN} \end{cases}$$

$$\begin{cases} F_{ND左} = -F^0_{QD左}\sin\varphi_D - H_A\cos\varphi_D = [10 \times (-0.447) - 60 \times 0.894]\text{kN} = 58.1\text{kN} \\ F_{ND右} = -F^0_{QD右}\sin\varphi_D - H_A\cos\varphi_D = [50 \times (-0.447) - 60 \times 0.894]\text{kN} = -76.0\text{kN} \end{cases}$$

用同样的方法和步骤，可求得其他截面的内力。为清楚起见，具体计算可列表进行，详见表 3-1。为便于绘制内力图，沿跨度方向八等份取控制截面。

(3) 内力图 此三铰拱的内力图见图 3-38b、c、d，对应简支梁的内力图见图 3-39。

表 3-1 三铰拱控制截面内力计算

x /m	y /m	$\tan\varphi$	φ	$\sin\varphi$	$\cos\varphi$	F_Q^0 /kN	M^0 /(kN·m)	$-Hy$ /(kN·m)	M /(kN·m)	$F_Q^0\cos\varphi$ /kN	$-H\sin\varphi$ /kN	F_Q /kN	$-F_Q^0\sin\varphi$ /kN	$-H\cos\varphi$ /kN	F_N /kN
0	0	1	45°	0.707	0.707	70	0	0	0	49.5	-42.4	7.1	49.5	42.4	-91.9
2	1.75	0.75	36°52′	0.6	0.8	50	120	-105	15	40.0	-36.0	4.0	30.0	48.0	-78.0
4	3	0.5	26°34′	0.447	0.894	30	200	-180	20	26.8	-26.8	0	13.4	53.6	-67.0
6	3.75	0.25	14°2′	0.243	0.97	10	240	-225	15	9.7	-14.6	-4.9	2.4	58.2	-60.6
8	4	0	0°	0	1	-10	240	-240	0	-10.0	0	-10.0	0	60.0	-60.0
10	3.75	-0.25	-14°2′	-0.243	0.97	220	-225	-5		-9.7	14.6	4.9	2.4	58.2	-60.6
12	3	-0.5	-26°34′	-0.447	0.894	-10 / -50	200	-180	20	-8.9 / -44.7	26.8	17.9 / -17.9	4.5 / 22.4	53.6	-58.1 / -76.0
14	1.75	-0.75	-36°52′	-0.6	-0.8	-50	100	-105	-5	-44.0	36.0	-4.0	30.0	48.0	-78.0
16	0	-1	-45°	-0.707	0.707	-50	0	0	0	-35.4	42.4	7.0	35.4	52.4	-77.8

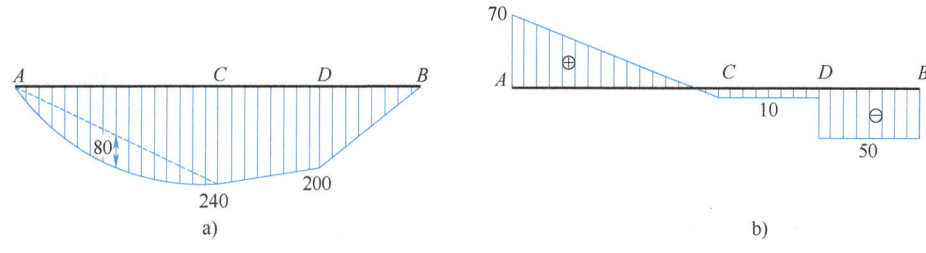

图 3-39 对应简支梁的内力图
a) 弯矩图（kN·m） b) 剪力图（kN）

从图 3-39 中可以看出，三铰拱的弯矩远小于对应的简支梁，不到其的 10%。而横截面上的轴力相对很大，而且全为压力。这一内力分布特点取决于三角拱结构上支座处的水平推力。

三铰拱结构由于支座内有水平推力，所以其横截面上弯矩及剪力值大大降低，而存在数值较大的轴力，且一般为压力。这一特性使得拱结构可以以较小的截面尺寸来承担内力，节约材料，更充分地发挥建筑材料的抗压性能，适用于跨度较大的屋架、桥梁结构等。但其缺点也在于此。由于支座处要提供较大的水平推力，所以，对于基础及支座的承载能力要求较高。拱需要有较为坚固的基础或支承结构。同时，拱的曲线构造比较复杂，施工费用大。

在现代建筑中，为了规避对于基础的要求，设计出了拉杆拱的结构形式，见图 3-35d。当拉杆拱承受竖向荷载作用时，支座内是没有水平支座反力的，而拉杆中产生拉力，这一拉力代替水平推力的作用对拱结构横截面上的内力分布产生影响，降低了对于基础的要求，但在拉杆的设计上面要求较高。

3.6.4 三铰拱的合理拱轴线

承受竖向荷载作用下，拱的各截面一般存在三个内力分量，即弯矩、剪力和轴力。若能使所有截面上的弯矩为零（此时剪力也为零），则横截面上将只有轴向压力。此时，各个横截面都处于均匀受压的状态，建筑材料能得到充分利用，此时拱的横截面尺寸是最小的，达到最佳的截面设计状态。

在某种荷载作用下使拱所有横截面上弯矩为零时的拱轴线，称为合理拱轴线。合理拱轴线随荷载的变化而变化。当荷载给定时，从理论上可求出对应的合理拱轴线。

由式（3-1），令 $M=0$，可得

$$M(x) = M^0(x) - Hy = 0$$

$$y = f(x) = \frac{M^0(x)}{H} \tag{3-2}$$

由式（3-2）中可以看到，合理拱轴线的形状与对应简支梁的弯矩形状相似。水平推力 H 的大小与拱轴线的形式无关，当荷载、跨度、拱高给定时，水平推力 H 是常数。合理拱轴线与相应简支梁的弯矩形状成正比，比例常数就是水平推力 H。

合理拱轴线的形状和荷载的作用情况相关，荷载发生变化时，合理拱轴线的形状也会发生变化。因此，合理拱轴线是一个理想的拱轴设计概念。在进行拱结构的设计时，轴线与合理拱轴越接近，其中的弯曲内力就越小。

【例 3-15】 计算图 3-40 所示三铰拱在水平分布的均布荷载作用下的合理轴线。

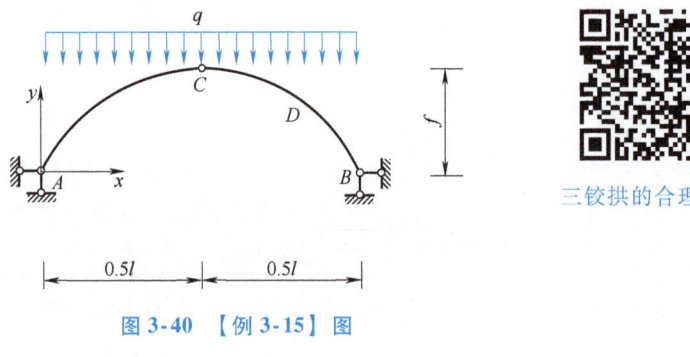

三铰拱的合理轴线

图 3-40 【例 3-15】图

【解】 相应简支梁的弯矩方程为

$$M^0(x) = \frac{1}{2}qlx - \frac{1}{2}qx^2$$

水平推力为

$$H = \frac{M_C^0}{f} = \frac{ql^2}{8f}$$

三铰拱的合理轴线为

$$y = f(x) = \frac{M^0(x)}{H} = \frac{8f}{ql^2}\left(\frac{1}{2}qlx - \frac{1}{2}qx^2\right) = \frac{4f}{l}x(l-x)$$

本章小结

本章介绍了静定结构的内力计算，静定结构是无多余约束的几何不变体系，可以采用静力平衡条件求解其全部的内力和反力，并且解答具有唯一性。静定结构的内力分析是结构设计的需要，也是超静定结构内力分析的基础，应当熟练掌握。

1. 静定结构的特性

1) 静定结构在荷载的作用下会产生内力。而其他因素作用时，如支座沉降、温度变化、制造误差和材料胀缩等，则不会引起结构的内力，但会引起静定结构的位移。

2) 静定结构内力的大小与杆件的抗弯刚度无关。

3) 静定结构具有局部平衡特性。这一特性指当静定结构可以仅依靠结构中的某一局部就可以和荷载保持平衡时，仅此部分受力，而其他部分不会产生内力，见图3-41。

4) 静定结构具有构造等效变换特性。结构体系中任一几何不变的部分在保持与其他部分的联结形式不变的前提下，可用另一构造形式的几何不变体系进行代替，此时，对其他部分的影响不会改变，见图3-42。

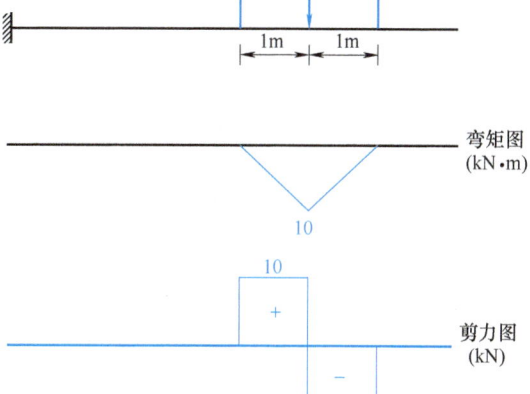

图 3-41 悬臂梁受力分析

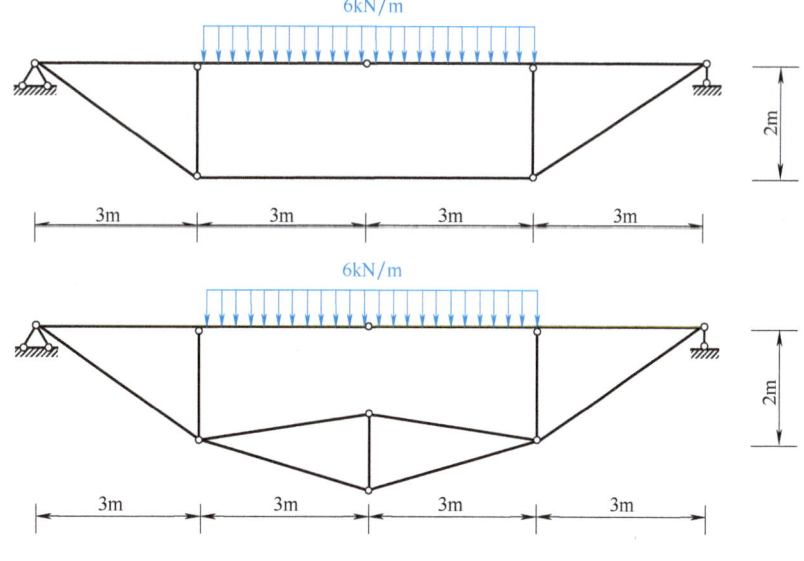

图 3-42 构造等效变换

2. 梁和刚架的受力分析要点

受弯是梁和刚架受力的主要特点，弯矩是主要内力。受力分析的结果通常是画出结构各杆的内力图，包括弯矩 M 图及相应的剪力 F_Q 图和轴力 F_N 图。

弯矩图的一般作法是分段叠加法。

3. 桁架的受力分析要点

在结点荷载作用下，桁架中的杆件只受轴力，处于无弯矩状态，因而也处于无剪力状态。受力分析的结果是列出桁架各杆的轴力值。

结点法和截面法是计算桁架内力的基本方法,要熟练掌握,并能联合应用,还要善于识别结点单杆和截面单杆。要会根据几何组成分析识别简单桁架和联合桁架,并会选择最简捷的受力分析方法和分析顺序。

4. 组合结构的受力分析要点

分析组合结构时,最主要的是要学会区分链杆和梁式杆,正确地画出隔离体的受力图。计算顺序一般是先求链杆轴力,然后求梁式杆的内力。

5. 三铰拱的受力分析要点

三铰拱是一种推力结构。在竖向荷载作用下,三铰拱的弯矩 M 为

$$M = M^0 - Hy$$

三铰拱的弯矩 M 由两部分组成:一部分是相应简支梁的弯矩 M,另一部分是推力 H 产生的影响。

力学分析应该包含两方面的内容:一方面,根据力学分析,导出用数学公式表示的结论;另一方面,把数学公式翻译成力学语言,透过数学公式加深对结构力学性能的理解,并进一步提出如何改善力学性能的指导性意见。两方面都很重要,前者侧重于理论推导,后者侧重于实际应用。

1. 采用适当方法绘制图 3-43a~f 所示单根梁的内力图。

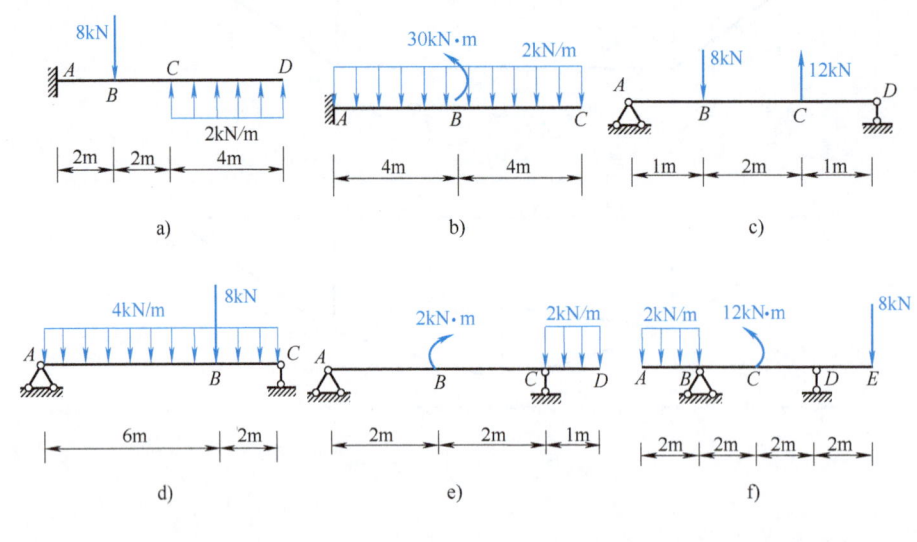

图 3-43 习题 1 图

2. 分段叠加法绘制图 3-44a~h 所示梁的弯矩图。

3. 绘制图 3-45a~b 所示多跨连续梁的内力图。

4. 设计铰结点的位置,使图 3-46 所示梁中的正负弯矩峰值相等。

5. 快速绘制图 3-47a~k 所示刚架结构的弯矩图。

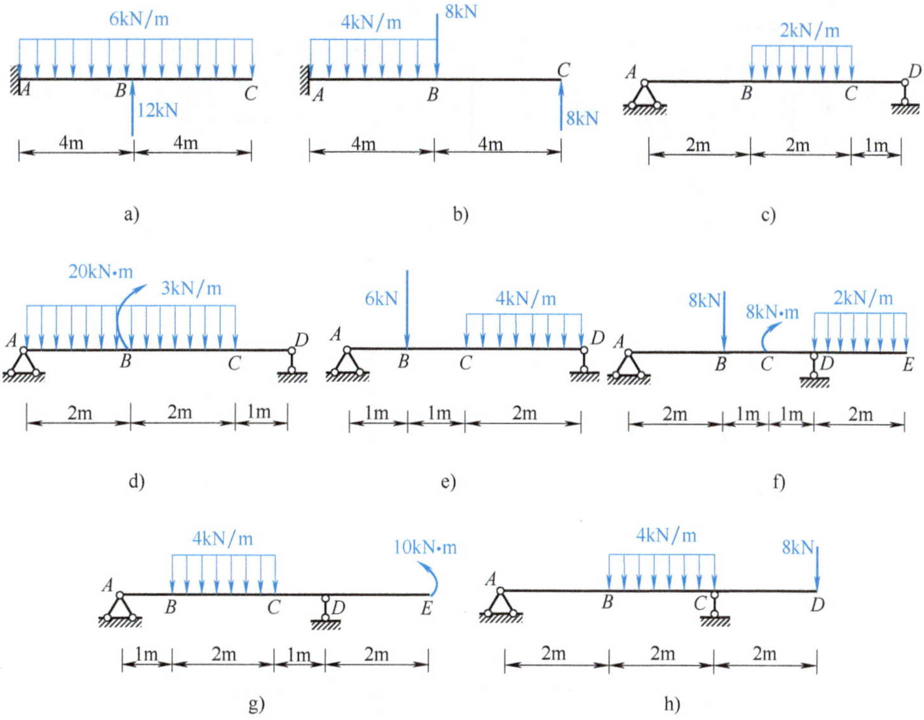

第3章 静定结构的受力分析

图 3-44 习题 2 图

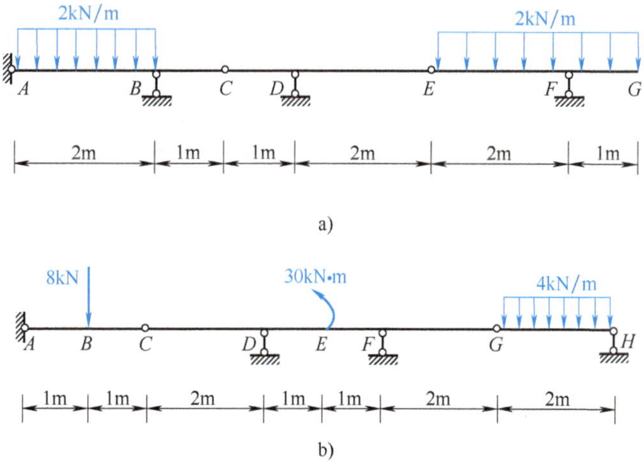

图 3-45 习题 3 图

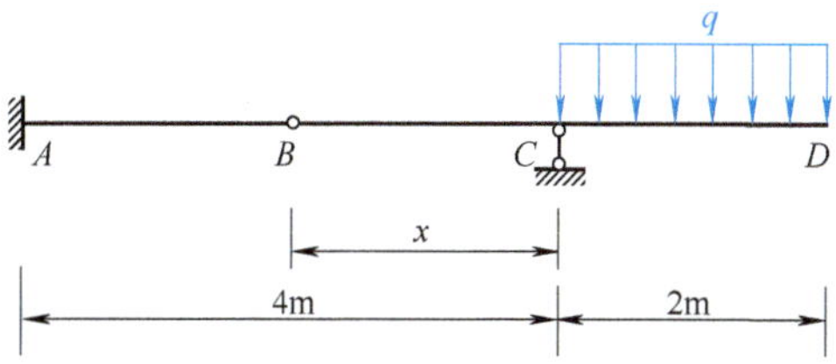

图 3-46 习题 4 图

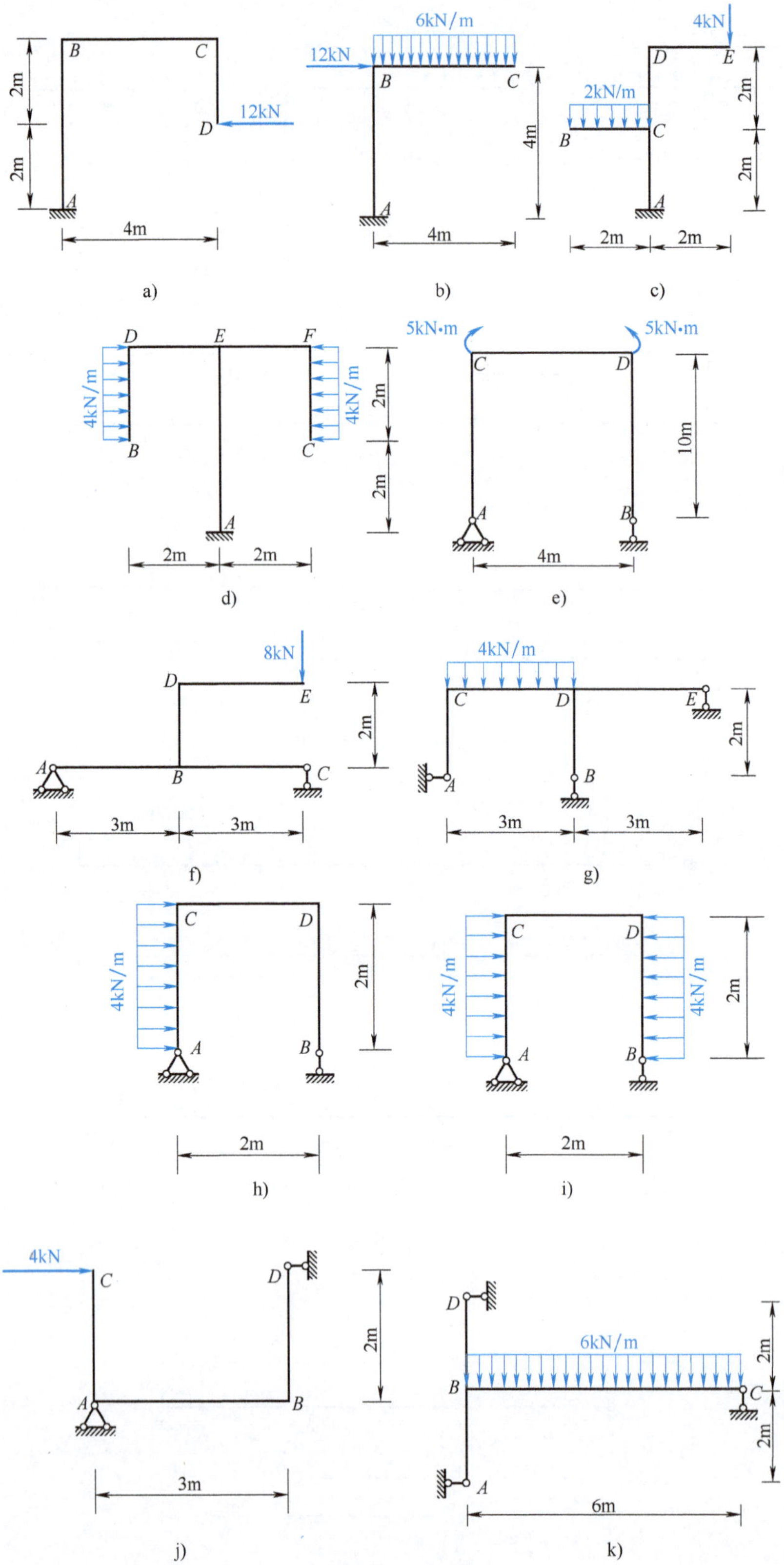

B
C
D
A
12kN
2m
2m
4m
a)
6kN/m
12kN
B
C
A
4m
4m
b)
4kN
D
E
2kN/m
B
C
A
2m
2m
2m
2m
c)
D
E
F
4kN/m
4kN/m
B
C
A
2m
2m
2m
2m
d)
5kN•m
5kN•m
C
D
A
B
10m
4m
e)
8kN
D
E
A
B
C
2m
3m
3m
f)
4kN/m
C
D
E
A
B
2m
3m
3m
g)
C
D
4kN/m
A
B
2m
2m
h)
C
D
4kN/m
4kN/m
A
B
2m
2m
i)
4kN
C
D
A
B
2m
3m
j)
D
6kN/m
B
C
A
2m
2m
6m
k)

图 3-47 习题 5 图

6. 绘制图 3-48a～f 所示三铰刚架的内力图。

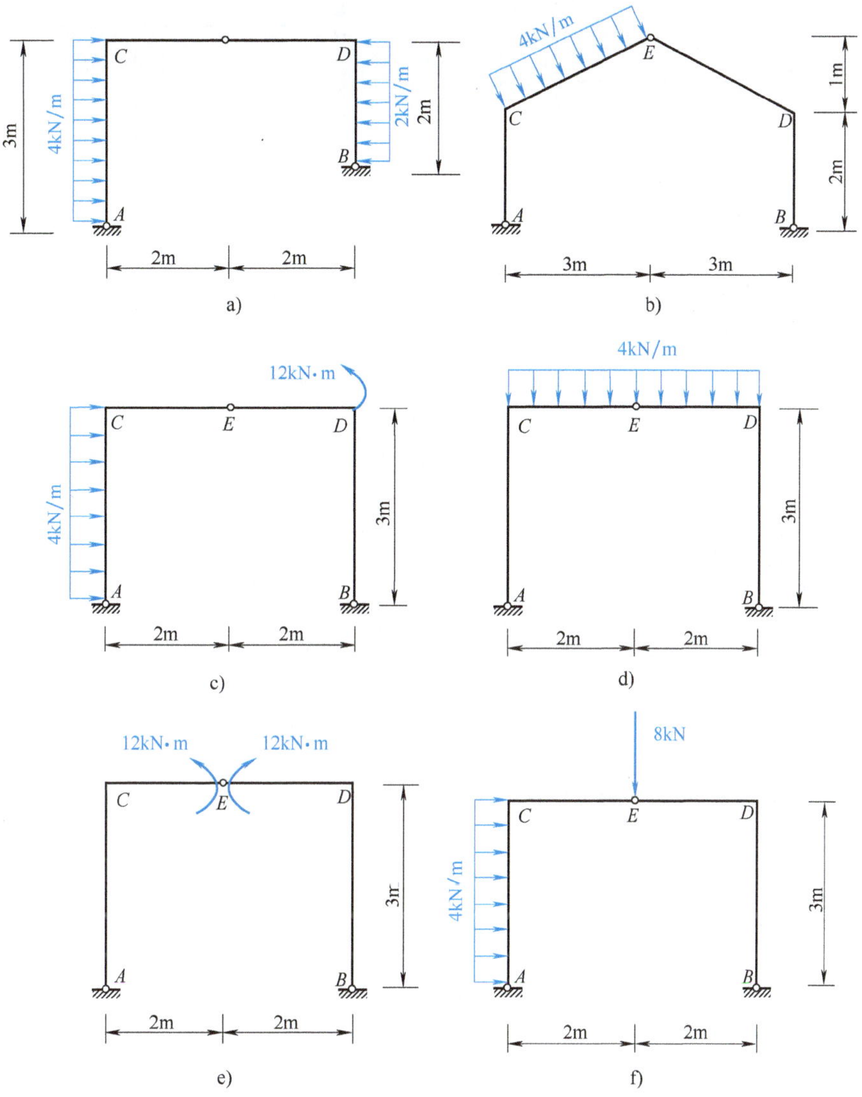

图 3-48 习题 6 图

7. 绘制图 3-49a～i 所示刚架的弯矩图。

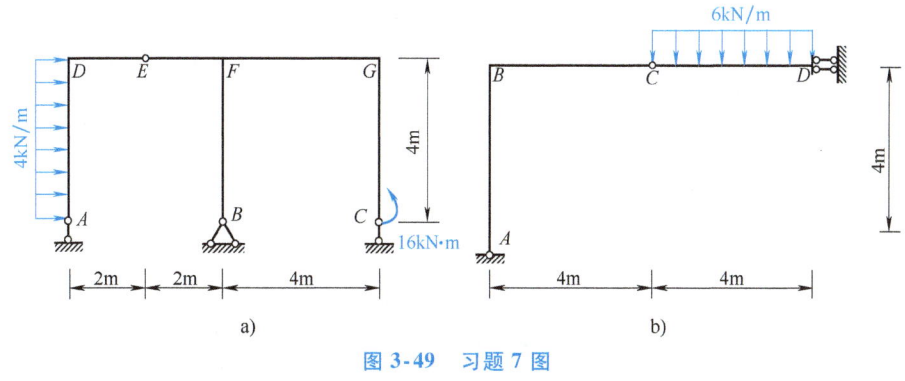

图 3-49 习题 7 图

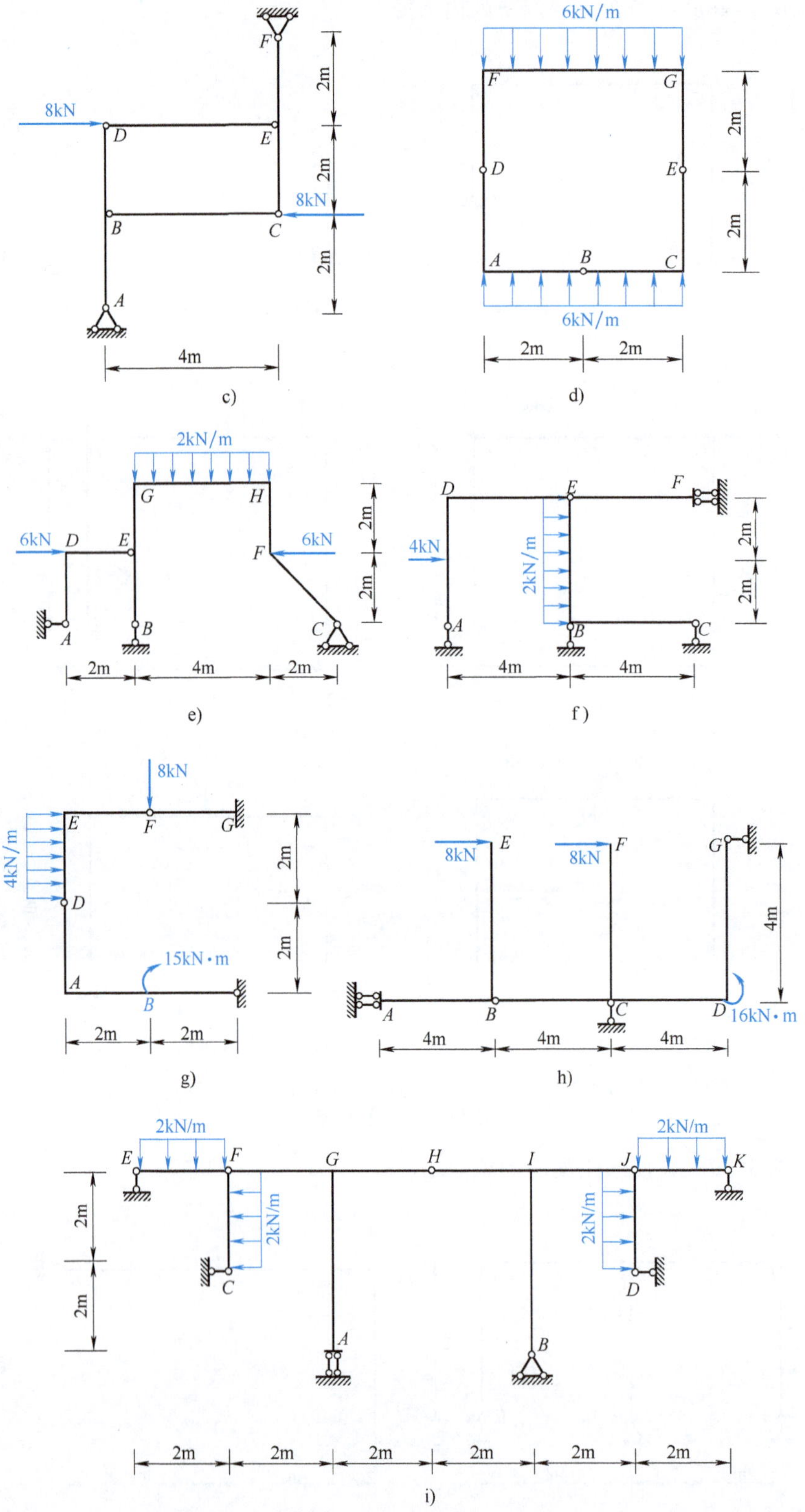
8kN
F
D
E
8kN
B
C
A
2m
2m
2m
4m
c)
6kN/m
F
G
D
E
A
B
C
6kN/m
2m
2m
2m
2m
d)
2kN/m
G
H
6kN
D
E
F
6kN
A
B
C
2m
2m
2m
4m
2m
e)
D
E
F
4kN
2kN/m
A
B
C
2m
2m
4m
4m
f)
8kN
4kN/m
E
F
G
D
15kN·m
A
B
2m
2m
2m
2m
g)
8kN
E
8kN
F
G
4m
A
B
C
D
16kN·m
4m
4m
4m
h)
2kN/m
E
F
G
H
I
J
2kN/m
K
2kN/m
2kN/m
C
D
A
B
2m
2m
2m
2m
2m
2m
2m
2m
i)

图 3-49　习题 7 图（续）

8. 找出图 3-50a～c 所示桁架结构中的零杆。

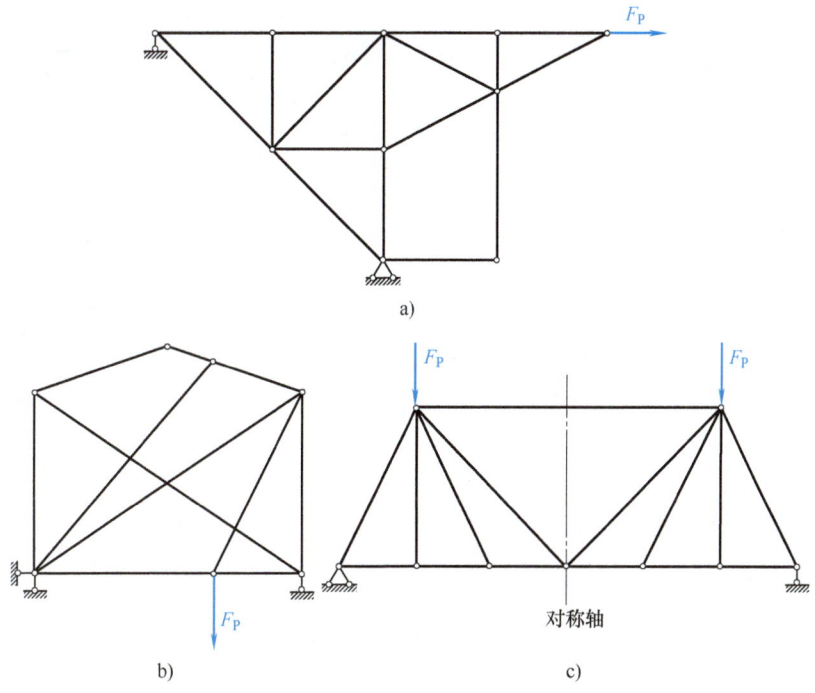

图 3-50　习题 8 图

9. 结点法计算图 3-51a～c 所示桁架结构中指定杆件的轴力。

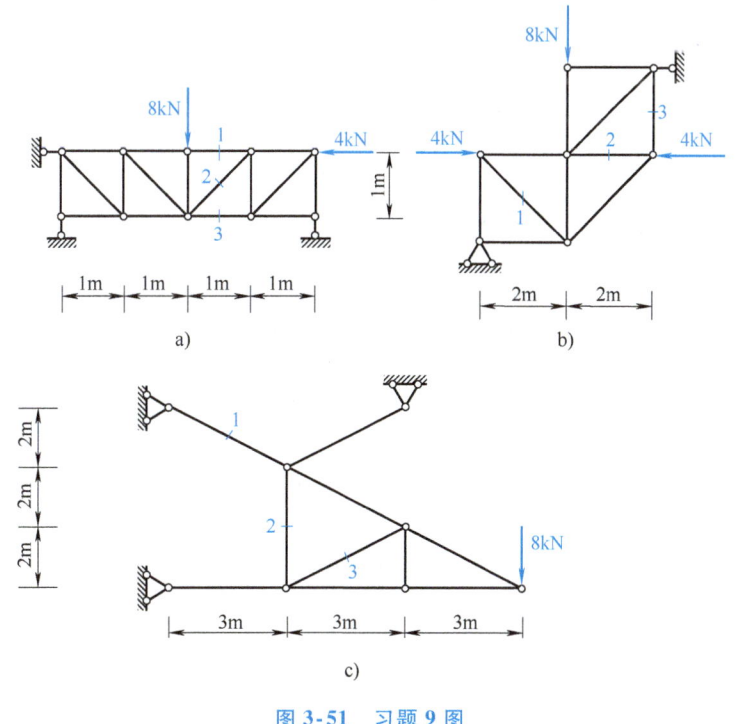

图 3-51　习题 9 图

10. 截面法计算图 3-52a~c 所示桁架结构中指定杆件的轴力。

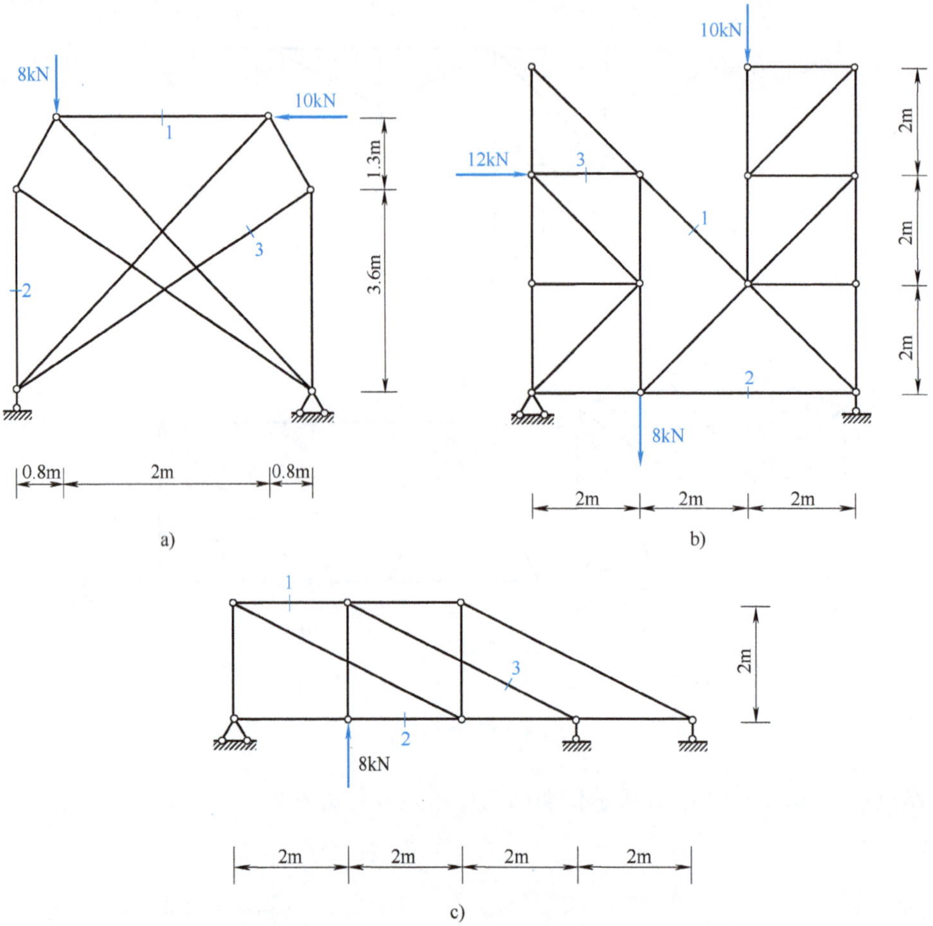

图 3-52 习题 10 图

11. 采用适当方法计算图 3-53a~c 所示桁架结构中指定杆件的轴力。

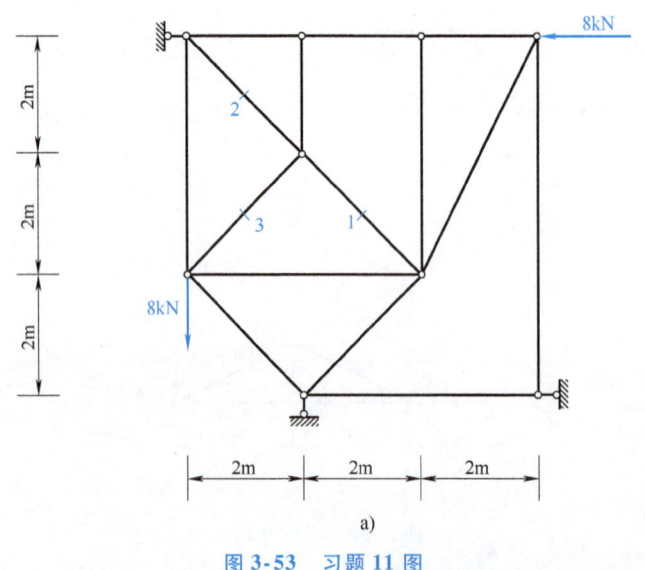

图 3-53 习题 11 图

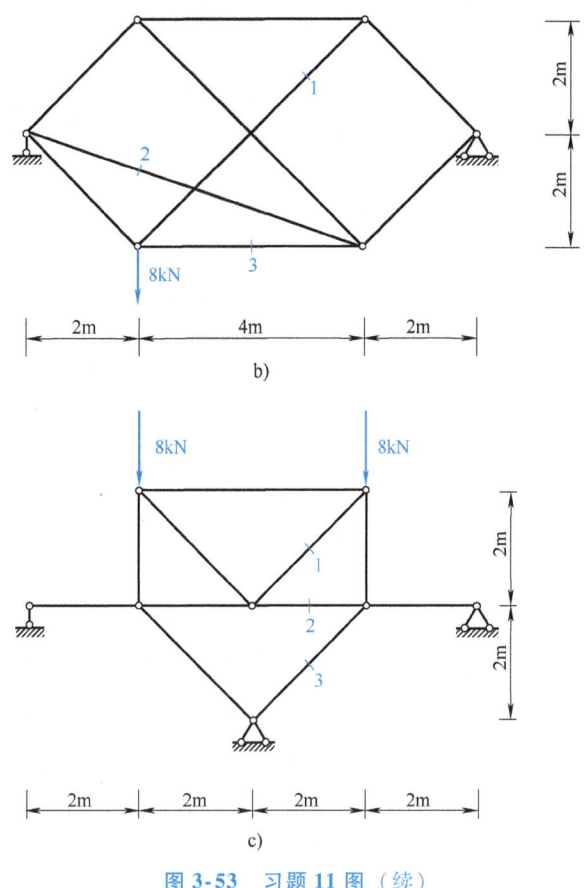

图 3-53 习题 11 图（续）

12. 绘制图 3-54a~d 所示组合结构的内力图。

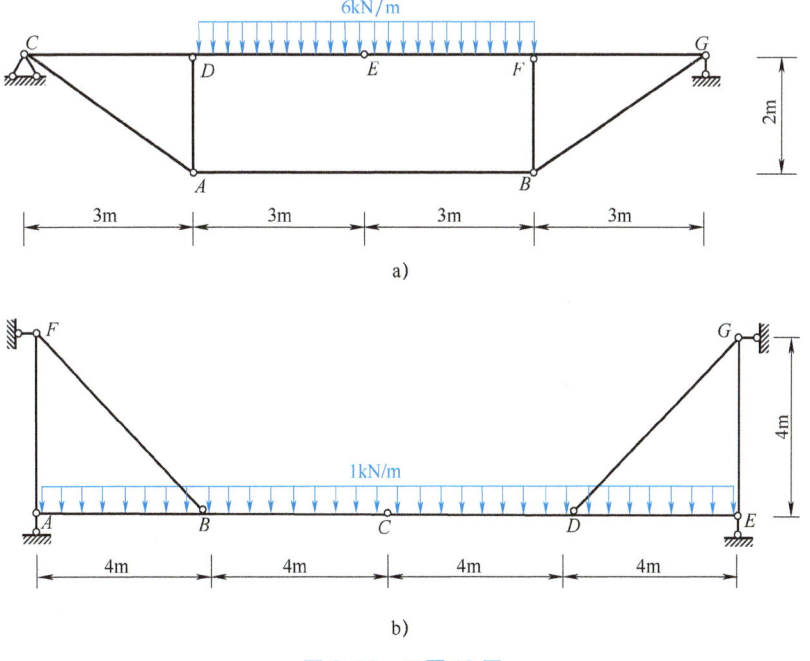

图 3-54 习题 12 图

c)

d)

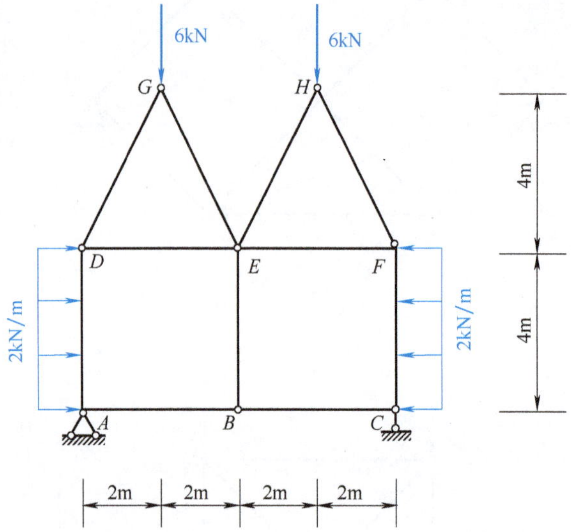

图 3-54 习题 12 图（续）

13. 图 3-55 所示三铰拱，轴线为 $y=\frac{4f}{l^2}x(l-x)$，$f=4\text{m}$，计算：

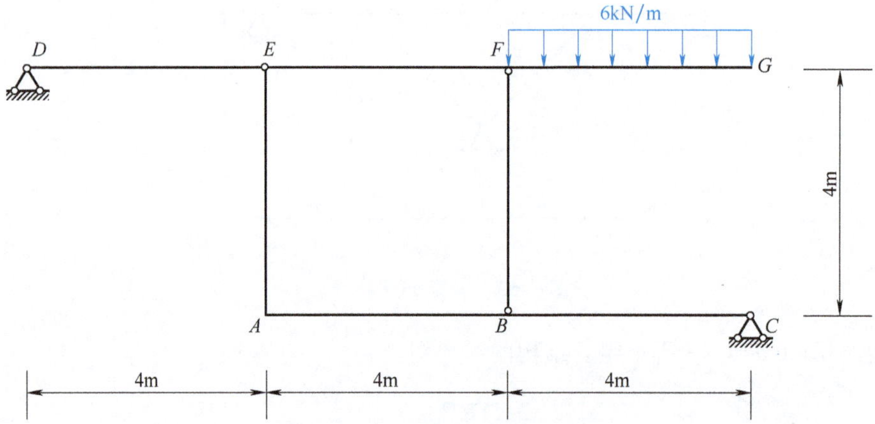

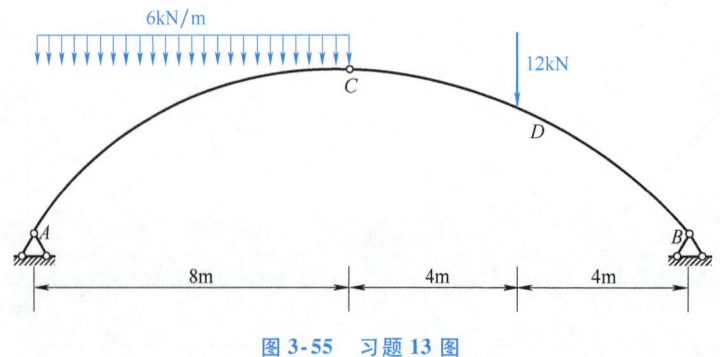

图 3-55 习题 13 图

（1）三铰拱的支座反力。

（2）截面 D 右侧的内力。

14. 求图 3-56 所示三铰拱结构的合理拱轴线。

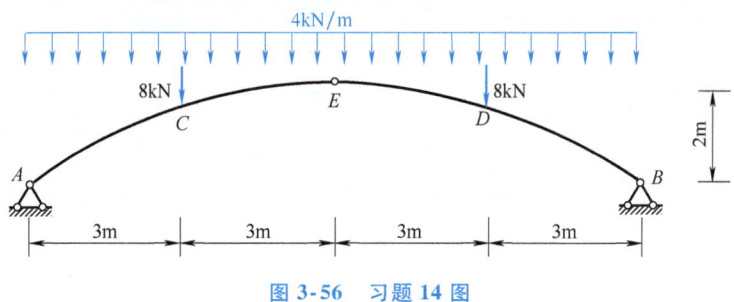

图 3-56　习题 14 图

第 4 章　静定结构的位移计算

结构的位移计算是进行结构刚度分析的基础,也是静定结构计算和超静定结构计算之间的一座桥梁,掌握好结构的位移计算对于以后专业课程学习具有重要的意义。由于结构位移计算的一般方法是以虚功原理为基础,本章从虚功原理入手,由浅入深地探讨利用虚功原理计算静定结构位移的原理和方法。首先,介绍刚体体系虚功原理和变形体体系虚功原理;然后,基于虚功原理建立静定结构的位移计算公式,并研究荷载作用、温度变化、支座移动等各种因素影响下静定结构的位移计算问题;最后,介绍四大互等定理。静定结构的内力计算和位移计算是求解超静定结构的基础,因此要熟练、灵活掌握。

■ 4.1　概述

4.1.1　结构的位移

1. 产生位移的原因

结构产生位移的外界因素主要有以下三个:

(1) 荷载作用(loadings)　结构在外部荷载作用下会产生内力,由此材料产生应变,从而使结构产生位移。例如,图 4-1 中简支梁在荷载 q 作用下,各点产生线位移 y,同时简支梁内由于承受弯矩 M 而产生曲率 κ 和应变 ε。

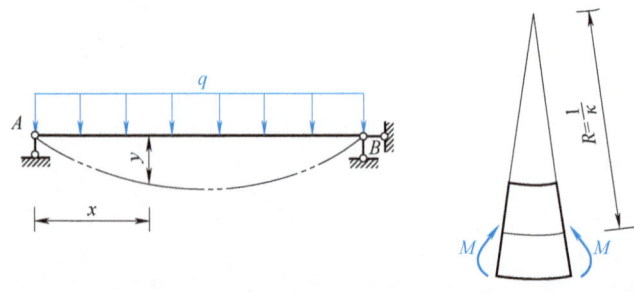

图 4-1　荷载作用

(2) 温度变化(temperature changes)　当外部环境温度发生变化时,材料由于热胀冷缩而发生膨胀和收缩,引起材料的应变,从而使结构产生位移。例如,图 4-2 中悬臂梁上边缘温度上升 t_1℃,下边缘上升 t_2℃,$t_1 > t_2$,而沿杆截面厚度为线性分布,悬臂梁内由于温度变化而产生轴向伸长应变 ε 和曲率 κ。

（3）**支座移动**（support settlements） 当地基发生沉降时，结构的支座会发生平动或转动，从而使结构产生位移。例如，图 4-3 所示的外伸梁在支座 A 给定位移 c_1 下，杆 AB 绕 C 点转动，但杆件应变等于零。

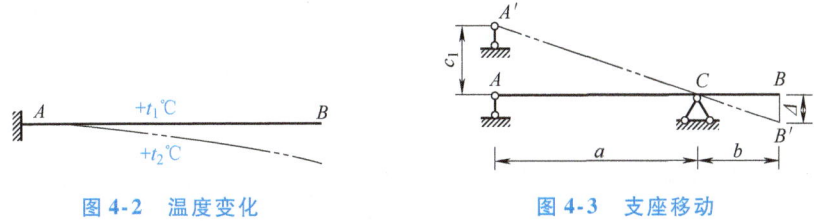

图 4-2　温度变化　　　　　图 4-3　支座移动

其他如材料胀缩及结构构件尺寸的制造误差等也会使结构产生位移。

2. 计算位移的目的

计算结构位移主要有以下三个目的：

（1）**结构刚度验算** 所谓结构刚度验算，是指验算结构的位移是否超过允许的位移限值，本质上就是结构的位移计算。为保证结构的安全使用，结构设计时除了满足强度和稳定性要求外，还必须满足一定的刚度要求。否则，结构就无法正常使用。例如，为了保证吊车能正常行驶，吊车梁设计时通常规定其最大挠度不得超过跨度的 1/600；为了防止结构表层的开裂和脱落，房屋建筑主梁设计时通常规定其最大挠度不得超过跨度的 1/350。

（2）**为超静定结构的内力分析打下基础** 与静定结构内力计算不同，超静定结构内力计算不仅要考虑平衡条件，还必须考虑变形条件，而建立结构的变形条件，就必须计算结构的位移，因此，结构的位移计算是超静定结构内力计算的基础。

（3）**为结构的制作、安装等提供位移依据** 在施工过程中，为了保证机械设备的正常工作和施工的顺利进行，必须对因挠度过大而产生"下垂"现象的大跨度结构的位移进行分阶段监控，因此，在结构的制作、安装施工过程中需要预先知道结构的变形情况以便采取相应施工措施，为此，必须进行结构的位移计算。

除此之外，在结构的动力计算和稳定计算中，也需要计算结构的位移。可见，结构的位移计算在工程设计和施工过程中具有重要意义。

4.1.2　虚功原理

1. 实功与虚功

在力学中，功包含力和位移两个因素。如果外力或内力在自身引起的位移上所做的功，称为实功（real work）；如果外力或内力在其他原因引起的位移上做功，即做功的力与相应的位移彼此独立，二者无因果关系，这时力所做的功称为虚功（virtual work）。

如图 4-4 所示简支梁，在静力荷载 F_{P1} 的作用下，结构发生如图 4-4a 所示双点画线的变形，达到平衡状态，此时 F_{P1} 作用点沿 F_{P1} 方向产生了位移 Δ_{11}。若在此基础上，又在梁上施加另外一个静力荷载 F_{P2}，梁就会达到新的平衡状态，见图 4-4b，F_{P1} 作用点沿 F_{P1} 方向又产生了位移 Δ_{12}，F_{P2} 的作用沿 F_{P2} 方向产生了位移 Δ_{22}。那么，由于 F_{P1} 不是产生 Δ_{12} 的原因，所以 F_{P1} 在位移 Δ_{12} 上所做的功就是虚功；而 F_{P2} 是产生 Δ_{22} 的原因，所以 F_{P2} 在位移 Δ_{22} 上所做的功是实功。

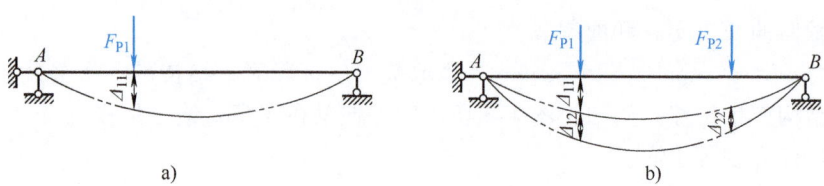

图 4-4 简支梁的变形图

a) F_{P1} 作用下的变形图 b) F_{P1} 和 F_{P2} 共同作用下的变形图

对于虚功，要注意两点：

1）做功的力和相应的位移是彼此独立的两个因素，因此，可将二者看成是分别属于同一体系的两种彼此无关的状态。其中，力系所属状态称为力状态，见图 4-5a；位移所属状态称为位移状态，见图 4-5b。力状态的力在位移状态的相应位移上所做的虚功为

$$W = F_{P1}\Delta_{12}$$

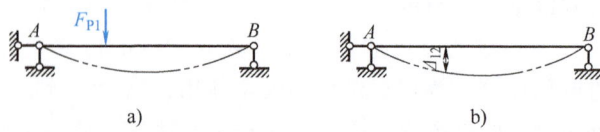

图 4-5 集中力作用下的虚功

a) 力状态 b) 位移状态

2）在虚功中，做功的力不限于集中力，可以是力偶，也可以是一组包括支座反力在内的力系。如图 4-6a 所示力偶在如图 4-6b 所示位移状态下的位移上所做的虚功为

$$W = M\theta_A$$

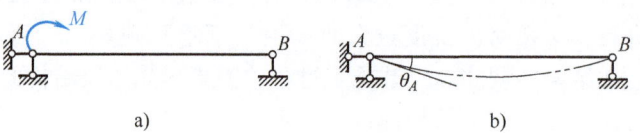

图 4-6 力偶作用下的虚功

a) 力状态 b) 位移状态

2. 虚功原理

刚体体系虚功原理（principle of virtual work for rigid body systems）：刚体体系处于平衡的充分必要条件是，对于符合刚体体系约束条件的任何虚位移，刚体体系上所有外力所做的虚功总和等于零，用公式表述为

$$W_e = 0 \tag{4-1}$$

即

$$\sum F_{Pi}\Delta_i + \sum F_{RK}c_K = 0 \tag{4-2}$$

式中　F_{Pi}——体系所受荷载；

F_{RK}——体系的约束力；

Δ_i——与 F_{Pi} 对应的位移，当 Δ_i 与 F_{Pi} 方向一致时，$F_{Pi}\Delta_i$ 为正值，反之为负值；

c_K——与 F_{RK} 对应的位移，当 c_K 与 F_{RK} 方向一致时，$F_{RK}c_K$ 为正值，反之为负值。

当结构受到某些外部因素（荷载、温度变化和材料胀缩等）作用时会产生变形，此时结构的位移计算不能采用刚性体系虚功原理，而应该应用变形体体系虚功原理。

变形体体系虚功原理（principle of virtual work for deformable body systems）：变形体体系处于平衡的充分必要条件是，对于任何满足变形体体系变形协调条件（包括约束条件和变形连续性条件）的任意微小连续虚位移，外力在此虚位移上所做的虚功总和（外力虚功）等于各微段截面上内力在微段虚变形上所做的虚功总和（变形虚功），用公式表述为

$$W_e = W_i \tag{4-3}$$

式中 W_e——体系的外力虚功；

W_i——体系的内力虚功（变形虚功）。

图 4-7a 所示为在荷载作用下的简支梁 AB，图 4-7b 中的双点画线为该简支梁在某种外部因素作用下的可能变形形态。简支梁在荷载作用下有对应的支座反力，同时，在简支梁的各个截面上会产生弯矩 M、剪力 F_Q 和轴力 F_N。从简支梁中取出的微段 ds 的内力情况见图 4-7c，变形包括轴向变形 $d\lambda$、剪切变形 $d\eta$ 和弯曲变形 $d\theta$，见图 4-7d。

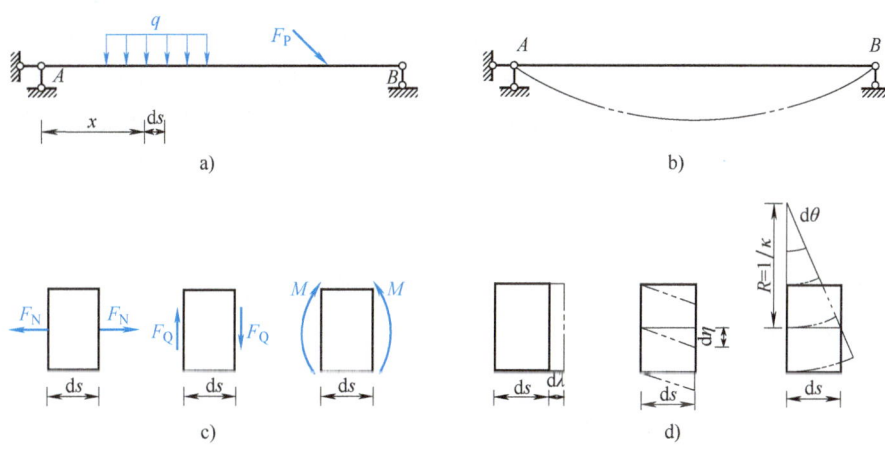

图 4-7 虚功原理

a) 简支梁 AB b) 可能变形形态 c) 微段 ds 的内力情况 d) 变形

根据内力虚功的定义，图 4-7 中微段截面上内力在微段虚变形上所做的内力虚功为

$$dW_i = F_N d\lambda + F_Q d\eta + M d\theta$$

沿杆段积分求和，得整个简支梁的内力虚功为

$$W_i = \int (F_N d\lambda + F_Q d\eta + M d\theta)$$

结合外力虚功的定义，变形体体系虚功原理的表达式（4-3）可写成

$$\sum F_{Pi} \Delta_i + \sum F_{RK} c_K = \int (F_N d\lambda + F_Q d\eta + M d\theta) \tag{4-4}$$

又因为 $d\lambda = \varepsilon ds$，$d\eta = \gamma_0 ds$，$d\theta = \kappa ds$

$$\sum F_{Pi} \Delta_i + \sum F_{RK} c_K = \int (F_N \varepsilon + F_Q \gamma_0 + M \kappa) ds \tag{4-5}$$

所以式（4-5）即为变形体体系虚功原理的具体表达式。

虚功原理可分为虚位移原理（principle of virtual displacement）和虚力原理（principle of virtual force）。对于给定的力状态（force state），虚设一个位移状态，利用虚功方程来求解力状态的未知力，这时的虚功原理称为虚位移原理；对于给定的位移状态（displacement state），虚设一个力状态，利用虚功方程来求解位移状态的未知位移，这时的虚功原理称为虚力原理。本章就是讨论用虚力原理来求解结构的位移。

4.1.3 广义位移

任何结构都是由可变形的材料组成的，在外界因素作用下将会产生变形和位移。所谓变形（deformation）是指结构原有形状的改变，位移（displacement）则是指结构各截面位置的平动或转动。结构的位移包括线位移和角位移两种，线位移（linear displacement）是指结构上某点相对于原位置产生的平动距离，而角位移（angular displacement）是指结构上某个横截面相对于原位置产生的转动角度。

例如，图 4-8 所示刚架在荷载作用下发生如图中双点画线所示的变形，使截面 A 的形心 A 点移到了 A' 点，线段 AA' 称为 A 点的线位移，记为 Δ_A，它也可以用 A 点的水平线位移 Δ_{Ax} 和竖向线位移 Δ_{Ay} 两个分量来表示。同时，截面 A 还转动了一个角度，称为截面 A 的角位移，记为 θ_A。以上两种位移习惯上称为绝对位移，通常简称为位移。另外，还有一种相对位移，即指两点或两截面之间的位置相对改变量，包括相对线位移和相对角位移。例如，图 4-9 所示刚架在荷载作用下发生如图中双点画线所示的变形，截面 A 的水平位移为 Δ_{Ax}（向右），截面 D 的水平位移为 Δ_{Dx}（向左），这两个截面的方向相反的水平位移之和就称为截面 A、D 水平相对线位移，记为 $\Delta_{AD} = \Delta_{Ax} + \Delta_{Dx}$。同时，截面 B 的角位移为 θ_B（顺时针方向），截面 C 的角位移为 θ_C（逆时针方向），这两个截面的方向相反的角位移之和就称为截面 B、C 的相对角位移，记为 $\theta_{BC} = \theta_B + \theta_C$。

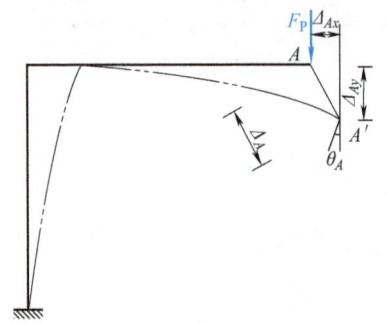

图 4-8　悬臂刚架在荷载作用下的变形

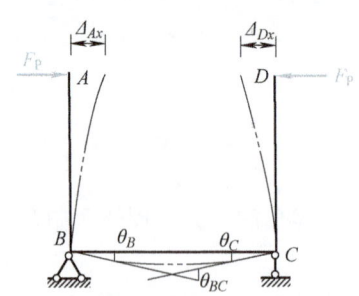

图 4-9　简支刚架在荷载作用下的变形

为了方便起见，无论是线位移还是角位移，无论是相对线位移还是相对角位移，都统称为广义位移（generalized displacement）。

4.2 支座移动下刚体体系的位移计算

在静定结构中，支座移动并不会引起结构产生内力和变形，只会使结构发生刚体位移。这种位移对于简单结构可以用几何方法求解，但采用虚功原理来计算位移更为简便。既然位移与力系无关，因此不仅可以把位移看作虚设的，而且也可以把力系看作虚设的，本节正是利用虚功原理求解支座移动下刚体体系的位移。

例如，图 4-10a 中的外伸梁，已知支座 A 向上移动距离 c_1，求 B 点的竖向位移 Δ。

对图 4-10a 中的位移状态应用虚功原理。这里，位移状态是给定的，力系则可根据意图来虚设。意图是：为了便于求出 Δ，希望在虚设力系的虚功方程中除了拟求的未知位移 Δ 外，不再包含别的未知位移。因此，在选择虚力系时应当只在拟求位移 Δ 的方向设置单位荷载，而在其他处不再设置荷载。这个单位荷载与相应的支座反力组成一个虚设的平衡力系，见图 4-10b。根据平衡条件，可求出支座 A 的反力 $\overline{F_{RA}} = -\dfrac{b}{a}$。

令图 4-10b 中的虚设平衡力系在图 4-10a 中的实际刚体位移上做虚功，即得出虚功方程为

$$\Delta \times 1 + c_1 \overline{F_{RA}} = 0 \tag{4-6}$$

由于 $\overline{F_{RA}} = -\dfrac{b}{a}$，故得

$$\Delta = -c_1 \overline{F_{RA}} = \dfrac{b}{a} c_1$$

以上就是应用虚功原理求未知位移 Δ 的过程。从中可归纳出如下几点：

式（4-6）表示虚设力系（图 4-10b）在给定位移（图 4-10a）上做虚功。这是应用虚力原理求位移。

基本方程式（4-6）形式上是虚力方程，实质上是未知位移 Δ 与已知位移 c_1 之间的几何方程。

应用虚力原理求位移的关键步骤是在拟求位移 Δ 方向虚设单位荷载，并利用平衡条件求出与 c_1 相应的支座反力 $\overline{F_{RA}}$。因此，这个解法称为单位荷载法（unit load method），其特点是采用静力平衡方法来解决几何问题。

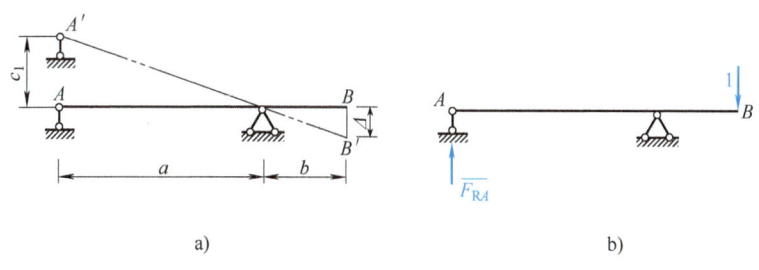

图 4-10 外伸梁

a）位移状态 b）虚设力系

归纳起来，当支座有给定位移时，静定结构的位移可用虚力原理求出。设支座 K 有给定位移，且 $K = 1, 2, \cdots, n$。计算步骤如下：

1）沿拟求位移 Δ 方向虚设相应的单位荷载，并求出单位荷载作用下的支座反力 $\overline{F_{RA}}$。

2）令虚设力系在实际位移上作虚功，写出虚力方程，即

$$\Delta \times 1 + \sum \overline{F_{RK}} c_K = 0 \tag{4-7}$$

式中，$\overline{F_{RK}} c_K$ 是支座反力 $\overline{F_{RK}}$ 在相应位移 c_K 上作的虚功，当二者的方向一致时，乘积为正。$\sum$ 是指对 K 求和。

3）由虚力方程，求解拟求位移为

$$\Delta = -\sum \overline{F_{RK}} c_K \tag{4-8}$$

如果求得的位移 Δ 为正值，表明位移的实际方向与所设单位荷载方向一致。式（4-8）就是计算静定结构由支座移动引起的位移的一般公式。

【例 4-1】 图 4-11 所示，如果静定多跨梁的支座 A 有给定位移 c_A，求由此引起的 C 点的线位移 Δ_C 和 D 点的转角 θ_D。

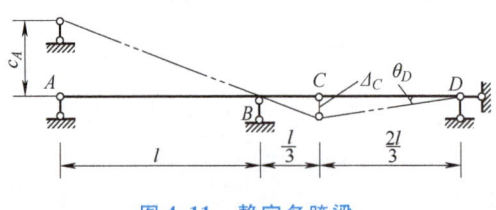

图 4-11 静定多跨梁

【解】 分别对 C 点虚设单位力，对 D 点虚设单位力偶，见图 4-12，则这两种虚设力系在图 4-11 中的实际位移状态上做虚功，得出虚功方程为

$$1 \times \Delta_C - \frac{1}{3} \times c_A = 0$$

$$1 \times \theta_D - \frac{1}{2l} c_A = 0$$

其中支座 A 的反力做负功（因为反力与位移 c_A 的方向相反），支座 B 与 D 的反力都不做功（因为支座 B 和 D 的位移为 0）。

解上述方程得

$$\Delta_C = \frac{1}{3} c_A$$

$$\theta_D = \frac{1}{2l} c_A$$

求得的位移都是正值，表明位移的实际方向与所设单位荷载的方向一致。

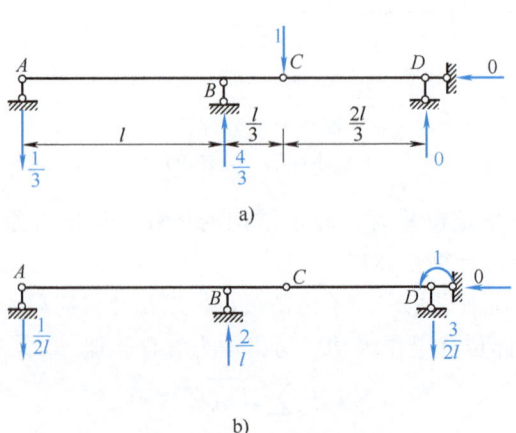

图 4-12 两种虚设力系
a) 虚设单位力 b) 虚设单位力偶

【例 4-2】 图 4-13a 所示为三铰刚架，设支座 B 发生如图所示水平向右位移 $\Delta_{Bx}=2\mathrm{mm}$，竖直向下位移 $\Delta_{By}=3\mathrm{mm}$，且 $l=8\mathrm{cm}$，$h=6\mathrm{cm}$，求由此而引起的 D 结点的转角 θ_D。

【解】 在 D 点处虚设单位力偶，建立虚设力状态，求得虚设力状态下的支座反力，见图 4-13b。由式（4-8）可得

$$\theta_D = -\left[-\left(\frac{1}{2h}\times\Delta_{Bx}\right)-\left(\frac{1}{l}\times\Delta_{By}\right)\right]=\left(\frac{2}{2\times6}+\frac{3}{8}\right)\mathrm{rad}=\frac{13}{24}\mathrm{rad}(顺时针)$$

计算的位移结果为正，说明 θ_D 的方向与虚设单位力偶 $M=1$ 的方向一致。

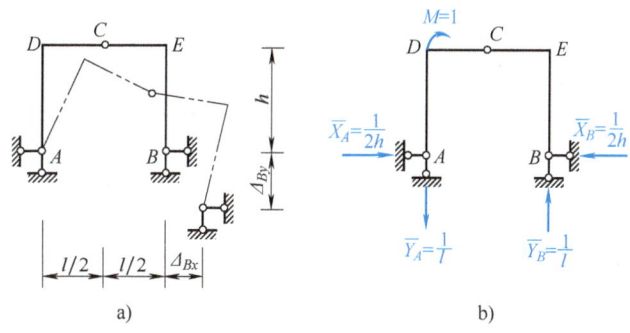

图 4-13 【例 4-2】图
a) 三铰刚架 　 b) 虚设力状态

4.3　荷载作用下静定结构的位移计算

4.3.1　结构位移计算的一般公式

结构发生位移时，在一般情况下，结构内部也同时产生应变。因此，结构的位移计算问题，一般属于变形体体系的位移计算问题。计算变形体体系的位移要复杂一些，采用的方法仍然基于虚功原理，推导结构位移计算的一般公式可按以下步骤进行：先推导局部变形时的位移计算公式，然后应用叠加原理推导整体变形时的位移计算公式。

1. 局部变形时的位移计算公式

假设静定结构中某个微段发生局部变形，微段两端相邻截面发生相对位移，而结构的其他部分没有变形，仍为刚体，因此，该局部变形时静定结构的位移计算问题可以归结为相邻截面有相对位移时刚体体系的位移计算问题，仍可应用虚功原理求解结构位移。

局部变形时的位移计算

例如，图 4-14 所示悬臂梁在 B 点附近的微段 $\mathrm{d}s$ 发生局部变形，结构其他部分没有变形，微段 $\mathrm{d}s$ 局部变形包括三部分：轴线伸长应变为 ε，平均剪切应变为 γ_0，轴线曲率为 κ，其中 $\kappa=1/R$，R 为轴线变形后的曲率半径，求 A 点沿 α 方向的位移分量 $\mathrm{d}\Delta$。

这个问题的求解基本思路是把局部变形时静定结构的位移计算问题转化为刚体体系的位移计算问题。

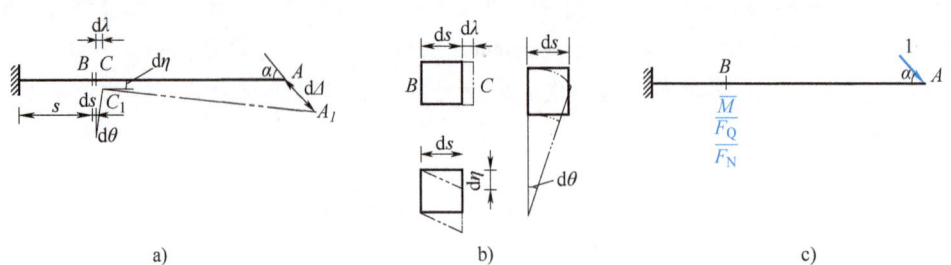

图 4-14 悬臂梁的局部变形
a）局部变形　b）微段 ds 局部变形　c）虚设单位力

首先，根据微段 ds 的三类变形，可求出微段两端截面的三种相对位移（图 4-14b）：

相对轴向位移　　　　　　　　$d\lambda = \varepsilon ds$
相对剪切位移　　　　　　　　$d\eta = \gamma_0 ds$　　　　　　　　　　(4-9)
相对转角位移　　　　　　　　$d\theta = ds/R = \kappa ds$

相对位移 $d\lambda$、$d\eta$、$d\theta$ 是描述微段总变形的三个基本参数。

其次，将微段变形加以集中化，即 ds 趋于零，但这三种相对位移仍存在。这相当于整个结构除了截面 B 发生集中变形（即在截面 B 处集中地发生相对位移 $d\lambda$、$d\eta$、$d\theta$）外，其他部分都是刚体，没有任何变形。显然，该问题已经转化为刚体体系的位移问题。

最后，应用刚体体系虚力原理，根据截面 B 的相对位移 $d\lambda$、$d\eta$、$d\theta$，可求解 A 点的位移 $d\Delta$ 为

$$1 \times d\Delta = \overline{M} d\theta + \overline{F_N} d\lambda + \overline{F_Q} d\eta \quad (4\text{-}10)$$

或

$$d\Delta = (\overline{M}\kappa + \overline{F_N}\varepsilon + \overline{F_Q}\gamma_0)ds \quad (4\text{-}11)$$

这就是局部变形时的位移计算公式，其中 $\overline{M}$、$\overline{F_N}$、$\overline{F_Q}$ 分别是虚设单位荷载在截面 B 引起的弯矩、轴力和剪力（图 4-14c）。

2. 结构位移计算的一般公式

现在考虑结构由于整体变形而引起的位移，即结构各个微段变形的总和。根据叠加原理，整体变形时在结构某点引起的总位移 Δ 可由每个微段变形时在该点引起的微小位移 $d\Delta$ 叠加得出，即

$$\Delta = \int d\Delta = \int (\overline{M}\kappa + \overline{F_N}\varepsilon + \overline{F_Q}\gamma_0)ds \quad (4\text{-}12)$$

如果结构中含有多个杆件，则式（4-12）可写成

$$\Delta = \sum \int (\overline{M}\kappa + \overline{F_N}\varepsilon + \overline{F_Q}\gamma_0)ds \quad (4\text{-}13)$$

这里，积分号表示沿杆件长度积分，求和号表示对结构中各杆求和。

如果结构除各微段有变形外，在支座处还有给定位移 c_K，将式（4-13）与式（4-8）的右边叠加，即可得出总位移

$$\Delta = \sum \int (\overline{M}\kappa + \overline{F_N}\varepsilon + \overline{F_Q}\gamma_0)ds - \sum \overline{F_{RK}} c_K \quad (4\text{-}14)$$

这就是结构位移计算的一般公式。在式（4-14）的右边，如果分别保留一项，即

$$\begin{cases} \Delta_\kappa = \sum \int \overline{M}\kappa \mathrm{d}s \\ \Delta_\varepsilon = \sum \int \overline{F_N}\varepsilon \mathrm{d}s \\ \Delta_\gamma = \sum \int \overline{F_Q}\gamma_0 \mathrm{d}s \\ \Delta_c = -\sum \overline{F_{RK}}c_K \end{cases} \qquad (4\text{-}15)$$

则它们分别表示单独由于弯曲变形 κ、轴向变形 ε、剪切变形 γ_0 和支座位移 c_K 对结构位移的影响。

式（4-14）是根据刚体体系虚力原理和叠加原理得出的，它适用于微小变形的情况。

式（4-14）是根据虚力方程导出的，但实质上它是一个几何方程，它给出了已知变形（内部应变 κ、ε、γ_0 和支座位移 c_K）与拟求位移 Δ 二者之间的关系。

式（4-14）是一个普遍性公式，从变形类型来看，可以考虑弯曲变形，也可以考虑拉伸或剪切变形；从变形因素来看，可以考虑荷载引起的位移，也可以考虑温度或支座移动引起的位移；从结构类型来看，可用于梁、刚架、桁架、拱等各类形式的结构；从材料性质来看，可用于弹性材料，也可用于非弹性材料。

最后指出，结构位移计算的一般公式（4-14）还可应用变形体体系虚功原理导出。实际上，式（4-14）就是变形体体系虚功原理的一种表示形式。为了说明这一点，将式（4-14）改写为下列形式：

$$1 \times \Delta + \sum \overline{F_{RK}}c_K = \sum \int (\overline{M}\kappa + \overline{F_N}\varepsilon + \overline{F_Q}\gamma_0)\mathrm{d}s \qquad (4\text{-}16)$$

上式左边是结构的虚设外力在给定位移上所做的虚功的总和，简称为外力虚功 W_e；上式右边是各微段 $\mathrm{d}s$ 两侧截面上应力合力 $\overline{M}$、$\overline{F_N}$、$\overline{F_Q}$ 在给定变形 κ、ε、γ_0 上所做虚功的总和，简称为内力虚功 W_i，因此，式（4-16）可表示为

$$W_e = W_i \qquad (4\text{-}17)$$

这就是变形体体系的虚功方程。

3. 结构位移计算的一般步骤

基于单位荷载法，已知结构各微段的应变 κ、ε、γ_0 和支座位移 c_K，求结构某点沿某方向的位移 Δ，其计算步骤如下：

1) 在某点沿拟求位移 Δ 的方向虚设相应的单位荷载。
2) 根据结构的平衡条件，在单位荷载作用下计算结构的内力 $\overline{M}$、$\overline{F_N}$、$\overline{F_Q}$ 和支座反力 $\overline{F_{RK}}$。
3) 计算实际状态下截面的变形 $\varepsilon \mathrm{d}s$、$\gamma_0 \mathrm{d}s$、$\kappa \mathrm{d}s$。
4) 利用式（4-14）可计算结构位移 Δ。

式（4-14）的正负符号规定如下：等号右边四个乘积 $\overline{M}\kappa$、$\overline{F_N}\varepsilon$、$\overline{F_Q}\gamma_0$、$\overline{F_{RK}}c_K$ 都是力与变形之间的乘积，当力与变形的方向一致时，力与变形的乘积为正；反之为负。求得的 Δ 如果是正值，则表明位移 Δ 的实际方向与所虚设单位荷载方向一致；反之，则相反。

式（4-14）中的位移 Δ 为广义位移，相对应的单位荷载为广义力，在进行结构位移计算时，所虚设的单位广义力必须与拟求的广义位移相对应，因此选择正确的虚力状态非常关键。

如图 4-15a 所示为一刚架 ABCD，则为求解 E 点竖向位移、水平位移和转角，应设置的虚设力状态，见图 4-15b、c、d；为求解 E、F 点的相对线位移、相对转角，应设置的虚设力状态，见图 4-15e、f。

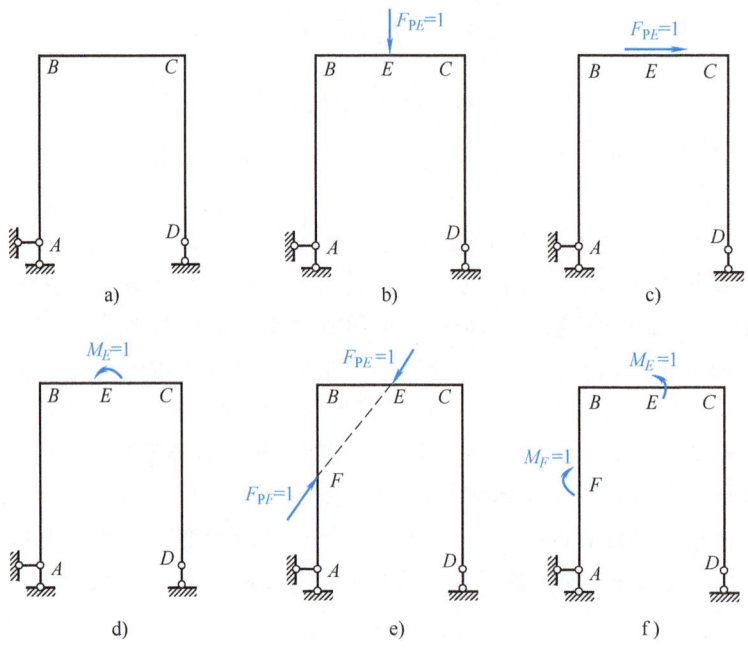

图 4-15　虚设力状态
a) 刚架　b) 竖向位移　c) 水平位移　d) 转角　e) 相对线位移　f) 相对转角

4.3.2　积分法

1. 荷载作用下的结构位移计算公式

本小节结构位移计算只考虑荷载作用，设定支座位移为零，且材料是线弹性的。

假设结构杆件在荷载作用下的内力分别为轴力 F_{NP}、剪力 F_{QP} 和弯矩 M_P，根据材料力学知识，可分别求出相应的弹性应变为

拉伸应变 $$\varepsilon = \frac{F_{NP}}{EA} \tag{4-18a}$$

剪切应变 $$\gamma_0 = k\frac{F_{QP}}{GA} \tag{4-18b}$$

弯曲应变 $$\kappa = \frac{M_P}{EI} \tag{4-18c}$$

式中，E、G 为材料的弹性模量和剪切弹性模量；A、I 为杆件的截面面积和截面惯性矩；EA、GA、EI 为杆件截面的抗拉刚度、抗剪刚度和抗弯刚度；k 为与截面形状有关的系数，截面为矩形、圆形和薄壁圆环时系数分别取 1.2、10/9 和 2，对于工字形或箱形截面，$k = A/A_1$（A_1 为腹板面积）。

将式 (4-18) 代入式 (4-14)，可得平面杆件结构在荷载作用下计算线弹性位移的一般公式：

$$\Delta = \sum \int \frac{\overline{F_N} F_{NP}}{EA} ds + \sum \int k \frac{\overline{F_Q} F_{QP}}{GA} ds + \sum \int \frac{\overline{M} M_P}{EI} ds \qquad (4-19)$$

注意，在式（4-19）中涉及两套内力：$\overline{F_N}$、$\overline{F_Q}$、$\overline{M}$ 为虚设单位荷载引起的内力；F_{NP}、F_{QP}、M_P 为实际荷载引起的内力。

关于内力的正负号可规定如下：轴力 $\overline{F_N}$、F_{NP} 以拉力为正；剪力 $\overline{F_Q}$、F_{QP} 以使微段顺时针转动为正；弯矩 $\overline{M}$、M_P 只规定乘积 $\overline{M} M_P$ 的正负号。当 $\overline{M}$ 与 M_P 使杆件同侧纤维受拉时，其乘积取正值。

与式（4-14）相比，式（4-19）有特定的适用范围。式（4-14）适用于由于荷载、温度变化和材料胀缩、支座移动和制造误差等各种因素引起的结构位移计算，而式（4-19）仅适用于荷载作用引起的结构位移计算。由于在推导式（4-19）时用到了弹性变形时的应变计算式（4-18），因此，式（4-19）仅适用于弹性材料所组成的结构，或结构弹性阶段的位移计算。

荷载作用下结构位移计算的步骤为：
1）沿拟求位移 Δ 的位置和方向虚设相应的单位荷载。
2）根据结构的平衡条件，计算虚设单位荷载作用下结构的内力 $\overline{F_N}$、$\overline{F_Q}$、$\overline{M}$。
3）根据结构的平衡条件，计算实际荷载作用下结构的内力 F_{NP}、F_{QP}、M_P。
4）利用式（4-19）可计算结构位移 Δ。

2. 各类结构的位移计算公式

式（4-19）是各种平面杆件结构在荷载作用下的弹性位移计算的一般公式。公式右边包括三个部分，分别表示轴向变形、剪切变形和弯曲变形对结构位移的影响。不同的结构形式，受力特点不同，这三种影响在位移中所占的比重也各不相同，按照保留主要影响忽略次要影响的原则，可以得到不同结构形式的位移简化计算公式。

（1）梁和刚架　在梁和刚架中，引起位移的主要因素是弯矩，轴力和剪力对位移的影响很小，因此，式（4-19）可简化为

$$\Delta = \sum \int \frac{\overline{M} M_P}{EI} ds \qquad (4-20)$$

（2）桁架　在桁架中，各杆只受轴力作用，而且一般情况下，每根杆件的截面面积 A 和轴力 $\overline{F_N}$、F_{NP}，以及弹性模量 E 沿杆长都是常数，因此，式（4-19）可简化为

$$\Delta = \sum \int \frac{\overline{F_N} F_{NP}}{EA} ds = \sum \frac{\overline{F_N} F_{NP} l}{EA} \qquad (4-21)$$

（3）组合结构　在组合结构中，梁式杆主要考虑弯矩的影响，链杆只考虑轴力的影响，因此，式（4-19）可简化为

$$\Delta = \sum \int \frac{\overline{M} M_P}{EI} ds + \sum \frac{\overline{F_N} F_{NP} l}{EA} \qquad (4-22)$$

（4）拱　在拱中，一般来说剪力的影响可以忽略，当压力线与拱轴线相近时，除了考虑弯矩的影响，还应考虑轴力的影响，因此，式（4-19）可简化为

$$\Delta = \sum \int \frac{\overline{M} M_P}{EI} ds + \sum \int \frac{\overline{F_N} F_{NP}}{EA} ds \qquad (4-23)$$

但当压力线与拱轴线不相近时，则只需考虑弯曲变形的影响，即可按照式（4-20）计算位移。

3. 荷载作用下的结构位移计算举例

(1) 梁的位移计算

【例 4-3】 试求图 4-16a 所示悬臂梁在 B 端的竖向位移 Δ_{By}，并比较弯曲变形与剪切变形对竖向位移的影响。（梁的横截面为矩形：$b \times h$）

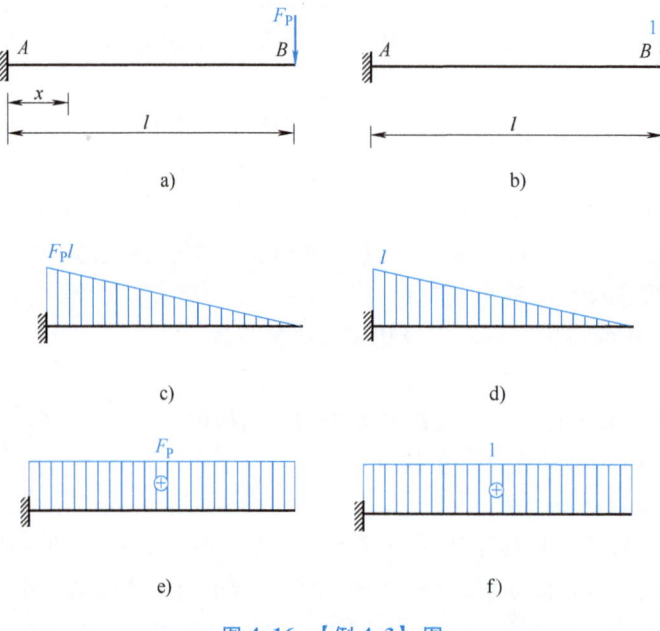

图 4-16 【例 4-3】图

a) 悬臂梁 b) 虚设单位荷载 c) M_P 图 d) $\overline{M}$ 图 e) F_{QP} 图 f) $\overline{F_Q}$ 图

【解】 根据单位荷载法，为求 B 端的竖向位移，可在 B 端虚设与 Δ 作用线相同的竖向单位荷载，见图 4-16b。

分别求出实际荷载和虚设单位荷载作用下的梁的内力方程，显然，对于本例中的悬臂梁，只受弯矩和剪力作用。取 A 点为坐标原点，可求出任意截面 x 的内力方程，即

实际荷载 $\qquad M_P = F_P(x-l), \quad F_{QP} = F_P$

虚设单位荷载 $\qquad \overline{M} = x-l, \quad \overline{F_Q} = 1$

由弯曲变形引起的位移为

$$\Delta_M = \int \frac{\overline{M} M_P}{EI} ds = \int_0^l \frac{(x-l)[F_P(x-l)]}{EI} ds = \frac{F_P l^3}{3EI}$$

由剪切变形引起的位移为

$$\Delta_Q = k \int \frac{\overline{F_Q} F_{QP}}{GA} ds = 1.2 \int_0^l \frac{F_P \times 1}{GA} dx = 1.2 \frac{F_P l}{GA}$$

由于没有轴力，故 B 点的总位移为

$$\Delta = \Delta_M + \Delta_Q = \frac{F_P l^3}{3EI} + 1.2 \frac{F_P l}{GA}$$

设梁的横向变形系数 $\mu = 1/3$，$E/G = 2(1+\mu) = 8/3$，比较剪切变形引起的位移与弯曲变形引起的位移，即

$$\frac{\Delta_Q}{\Delta_M} = \frac{1.2\dfrac{F_P l}{GA}}{\dfrac{F_P l^3}{3EI}} = 3.6\frac{EI}{GAl^2}$$

对于矩形截面，$\dfrac{I}{A} = \dfrac{h^2}{12}$，可得

$$\frac{\Delta_Q}{\Delta_M} = 0.8\left(\frac{h}{l}\right)^2$$

由上可知，当梁的高跨比 $\dfrac{h}{l} = \dfrac{1}{10}$ 时，$\dfrac{\Delta_Q}{\Delta_M} = 0.8\%$，剪力引起的位移约只有弯矩引起的位移的 0.8%，可见，对于一般的梁可以忽略剪切变形对位移的影响，但对于深梁 $\left(\dfrac{h}{l} \geqslant \dfrac{1}{2}\right)$，$\dfrac{\Delta_Q}{\Delta_M} \geqslant 20\%$，剪切变形对位移的影响不可忽略。

（2）刚架的位移计算

【例 4-4】 图 4-17a 所示为悬臂刚架，C 点受集中力 F_P 作用，各杆抗弯刚度均为 EI，试求 C 点的水平位移 Δ_{Cx}、竖向位移 Δ_{Cy}、转角位移 θ_C。假定杆 BA 右侧受拉为正。

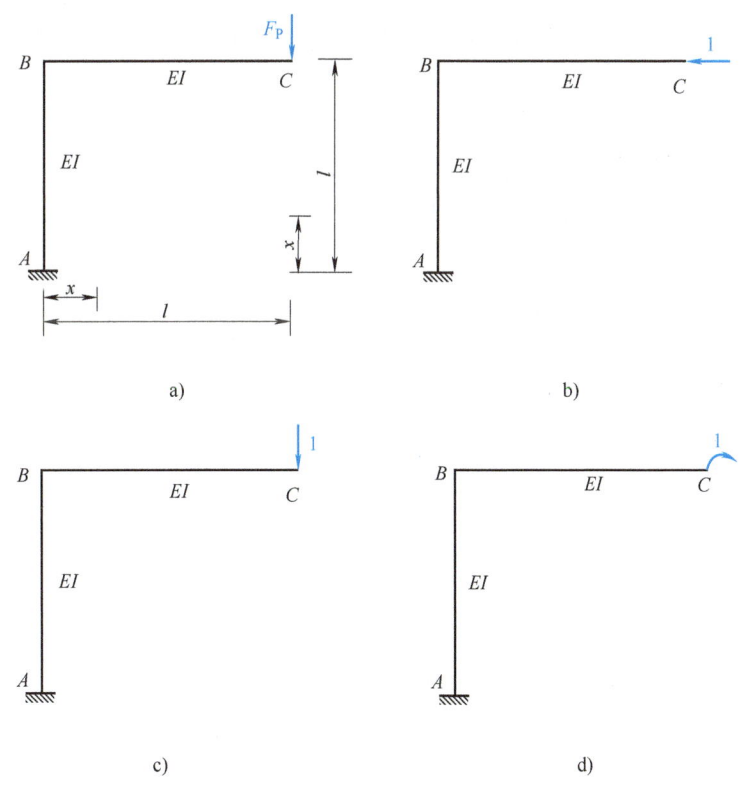

图 4-17 【例 4-4】图
a）悬臂刚架 b）虚设力状态 1 c）虚设力状态 2 d）虚设力状态 3

【解】 1）求 Δ_{Cx}。虚设力状态见图 4-17b，写出杆件 $\overline{M}$、M_P 的表达式。

对于杆 BC，有

对于杆 BA，有

$$\overline{M}=0, \quad M_P = F_P(x-l)$$

$$\overline{M}=l-x, \quad M_P = -F_P l$$

则可得水平位移为

$$\Delta_{Cx} = \int_0^l \frac{(l-x)(-F_P l)}{EI} dx = -\frac{F_P l^3}{2EI}（与假设方向相反）$$

2) 求 Δ_{Cy}。虚设力状态见图 4-17c，写出杆件 $\overline{M}$、M_P 的表达式。

对于杆 BC，有

$$\overline{M} = x-l, \quad M_P = F_P(x-l)$$

对于杆 BA，有

$$\overline{M} = -l, \quad M_P = -F_P l$$

则可得竖向位移为

$$\Delta_{Cy} = \int_0^l \frac{(x-l)[F_P(x-l)]}{EI} dx + \int_0^l \frac{(-l)(-F_P l)}{EI} dx = \frac{4F_P l^3}{3EI}（与假设方向相同）$$

3) 求 θ_C。虚设力状态见图 4-17d，写出杆件 $\overline{M}$、M_P 的表达式。

对于杆 BC，有

$$\overline{M} = -1, \quad M_P = F_P(x-l)$$

对于杆 BA，有

$$\overline{M} = -1, \quad M_P = -F_P l$$

则可得转角位移为

$$\theta_C = \int_0^l \frac{(-1)[F_P(x-l)]}{EI} dx + \int_0^l \frac{(-1)(-F_P l)}{EI} dx = \frac{3F_P l^2}{2EI}（与假设方向相同）$$

(3) 桁架的位移计算

【例 4-5】 图 4-18a 所示为桁架，结点 D、E 受集中力 F_P，各杆抗拉刚度均为 EA，试求结点 C 的竖向位移 Δ_{Cy}。

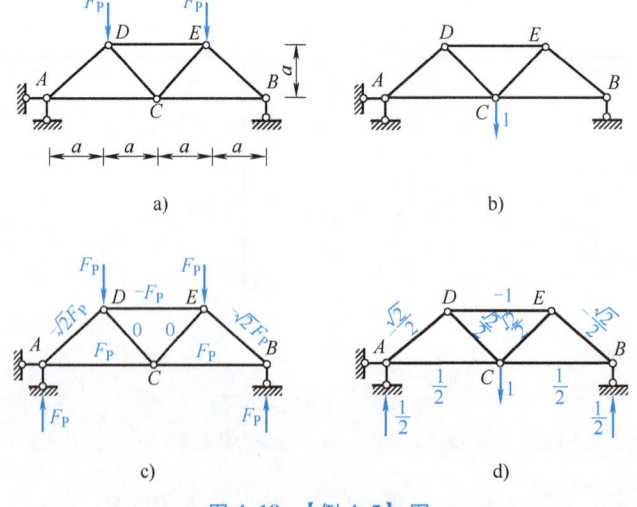

图 4-18 【例 4-5】图

a) 桁架结构　b) 虚设单位荷载　c) F_{NP} 图　d) $\overline{F}_N$ 图

【解】 为求 C 点的竖向位移,可在 C 点虚设竖向单位荷载,见图 4-18b,分别求出桁架在实际荷载作用下和虚设单位荷载作用下的轴力,见图 4-18c 和 4-18d。

则 C 结点的竖向位移为

$$\Delta_{Cy} = \sum \frac{\overline{F_N} F_{NP} l}{EA} = \frac{1}{EA}\left[2 \times \left(-\frac{\sqrt{2}}{2}\right) \times (-\sqrt{2} F_P) \times \sqrt{2} a + (-1) \times (-F_P) \times 2a + 2 \times \frac{1}{2} F_P \times 2a\right]$$

$$= (4 + 2\sqrt{2})\frac{F_P a}{EA}(\downarrow)$$

(4) 曲杆的位移计算

【例 4-6】 图 4-19a 所示为等截面圆弧形曲杆(1/4 圆周,半径为 R,截面高度与曲率半径之比很小),B 点受竖向集中力 F_P 作用,试求 B 点的竖向位移 Δ_{By}。

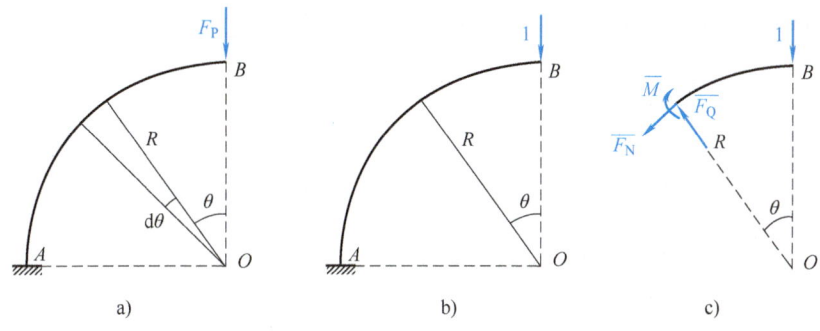

图 4-19 【例 4-6】图

a) 实际受荷状态 b) 虚设单位荷载 c) 内力

【解】 曲杆的实际受荷状态见图 4-19a,为求 B 点的竖向位移,可在 B 点虚设竖向单位荷载,见图 4-19b,取圆心 O 为极坐标原点,角 θ 为自变量,则

$$M_P = -F_P R\sin\theta \qquad \overline{M} = -R\sin\theta$$

$$F_{NP} = -F_P \sin\theta \qquad \overline{F_N} = -\sin\theta$$

$$F_{QP} = F_P \cos\theta \qquad \overline{F_Q} = \cos\theta$$

图 4-19c 中内力 $\overline{M}$、$\overline{F_Q}$ 和 $\overline{F_N}$ 为正方向,将以上内力及 $ds = Rd\theta$ 代入式,可得

$$\Delta_{By} = \sum \int \frac{\overline{F_N} F_{NP}}{EA} ds + \sum \int k \frac{\overline{F_Q} F_{QP}}{GA} ds + \sum \int \frac{\overline{M} M_P}{EI} ds$$

$$= \int_0^{\frac{\pi}{2}} (-\sin\theta) \frac{(-F_P \sin\theta)}{EA} R d\theta + \int_0^{\frac{\pi}{2}} k(\cos\theta) \frac{(F_P \cos\theta)}{GA} R d\theta +$$

$$\int_0^{\frac{\pi}{2}} (-R\sin\theta) \frac{(-F_P R\sin\theta)}{EI} R d\theta$$

积分得

$$\Delta_{By} = \frac{\pi}{4} \times \frac{F_P R}{EA} + \frac{k\pi}{4} \times \frac{F_P R}{GA} + \frac{\pi}{4} \times \frac{F_P R^3}{EI}(\downarrow)$$

在上例中,以 Δ_M、Δ_N 和 Δ_Q 分别表示弯曲变形、轴向变形和剪切变形引起的位移,则有

$$\Delta_N = \frac{\pi}{4} \times \frac{F_P R}{EA} \quad \Delta_Q = \frac{k\pi}{4} \times \frac{F_P R}{GA} \quad \Delta_M = \frac{\pi}{4} \times \frac{F_P R^3}{EI}$$

假设该曲杆为矩形截面的钢筋混凝土结构，$G \approx 0.4E$，$k = 1.2$，$\dfrac{I}{A} = \dfrac{bh^3}{12} \times \dfrac{1}{bh} = \dfrac{h^2}{12}$，此时有

$$\dfrac{\Delta_Q}{\Delta_M} = k\dfrac{EI}{GAR^2} = \dfrac{1}{4}\left(\dfrac{h}{R}\right)^2, \quad \dfrac{\Delta_N}{\Delta_M} = \dfrac{I}{AR^2} = \dfrac{1}{12}\left(\dfrac{h}{R}\right)^2$$

由于是小曲率杆，$\dfrac{h}{R} < \dfrac{1}{10}$，则有

$$\dfrac{\Delta_Q}{\Delta_M} < \dfrac{1}{400}, \quad \dfrac{\Delta_N}{\Delta_M} < \dfrac{1}{1200}$$

可见，对于一般曲杆，在荷载作用下，剪切变形和轴向变形引起的位移可以忽略。

(5) 组合结构的位移计算

【例 4-7】 如图 4-20a 所示组合结构，D 点受竖向集中力 F_P 作用，梁式杆 BD 的抗弯刚度为 EI，链杆 AB、AC 的抗拉刚度均为 EA，试求 D 点的竖向位移 Δ_{Dy}。

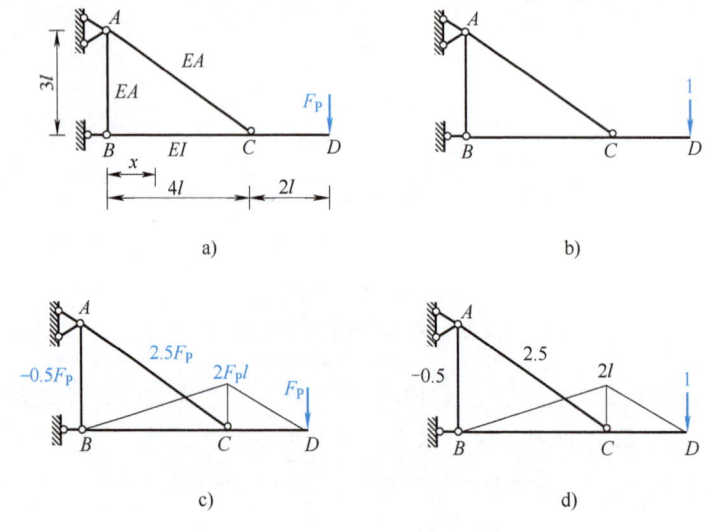

图 4-20 【例 4-7】图
a) 组合结构　b) 虚设单位荷载
c) 实际荷载作用下内力图　d) 虚设单位荷载作用下内力图

【解】 为求 D 点的竖向位移，可在 D 点虚设一个竖向单位荷载，见图 4-20b，分别求出组合结构在实际荷载作用下和虚设单位荷载作用下的内力图，见图 4-20c 和图 4-20d。
则 D 点的竖向位移为

$$\begin{aligned}
\Delta_{Dy} &= \int \dfrac{\overline{M}M_P}{EI}\mathrm{d}s + \sum \dfrac{\overline{F_N}F_{NP}l}{EA} \\
&= \int_0^{4l} \dfrac{-0.5x \times (-0.5F_P x)}{EI}\mathrm{d}x + \int_{4l}^{6l} \dfrac{(x-6l) \times (F_P x - 6F_P l)}{EI}\mathrm{d}x + \\
&\quad \dfrac{1}{EA}[(-0.5) \times (-0.5F_P) \times 3l + 2.5 \times 2.5F_P \times 5l] \\
&= \dfrac{8F_P l^3}{EI} + \dfrac{32F_P l}{EA}(\downarrow)
\end{aligned}$$

4.3.3 图乘法

1. 公式推导

由上节可知，计算荷载作用下梁或刚架结构的位移时，需要计算下列积分项的值：

图乘法公式推导

$$\Delta = \sum \int \frac{\overline{M} M_P}{EI} ds = \sum \int \frac{M_i(x) M_K(x)}{EI} ds \tag{4-24}$$

这里 $M_i(x)$ 和 $M_K(x)$ 分别代表两个弯矩图。如果荷载比较复杂，积分计算过程往往比较烦琐。但在某些特定的条件下，图乘法可给出式（4-24）的数值解，而且是精确解。

图 4-21 所示为一段等截面直杆 BD 的两个弯矩图，其中 M_i 图为一直线段，M_K 图为任意形状。

图 4-21 中，以 M_i 图中两直线的交点 O 作为坐标原点，以 α 表示 M_i 图直线的倾角，由几何关系得 M_i 图上横坐标为 x 的任一点的标距为

$$M_i = x \tan\alpha \tag{4-25}$$

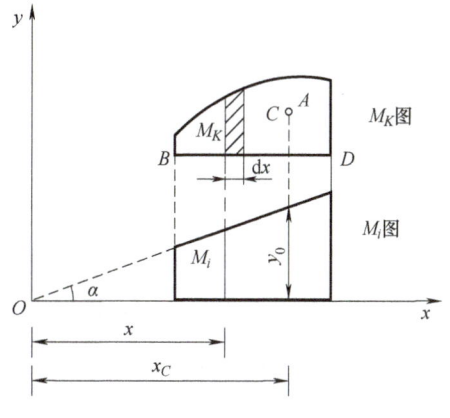

图 4-21 图乘法

如果杆件为等截面直杆，则杆件的抗弯刚度 EI 为常数，可以提到积分号前，$\tan\alpha$ 也为常数，同样可以提到积分号前，则有

$$\int_B^D \frac{M_i M_K}{EI} ds = \frac{1}{EI} \int_B^D M_i M_K ds = \frac{1}{EI} \int_B^D x \tan\alpha M_K dx = \frac{1}{EI} \tan\alpha \int_B^D x M_K dx \tag{4-26}$$

式（4-26）中，$M_K dx$ 表示 M_K 图的微分面积（图中阴影部分），$x M_K dx$ 为该微分面积对 y 轴的面积矩，将其沿 BD 段积分，于是 $\int_B^D x M_K dx$ 就是 M_K 图的整个面积 A 对 y 轴的面积矩，若 M_K 图的形心 C 到 y 轴的距离为 x_C，则

$$\int_B^D x M_K dx = A x_C \tag{4-27}$$

将式（4-27）代入式（4-26）可得

$$\int_B^D \frac{M_i M_K}{EI} = \frac{1}{EI} \tan\alpha A x_C = \frac{1}{EI} A y_0 \tag{4-28}$$

式中，y_0 是 M_K 图形心 C 处对应于 M_i 图中的标距。

上述这种利用图形相乘来代替两函数乘积的积分运算称为图乘法（graph-multiplication method）。

2. 适用条件

图乘法只能在满足以下特定条件时适用：

1) 杆件为直杆。
2) 杆件的抗弯刚度 EI 为常数。
3) 两个弯矩图 M_K 和 M_i 至少有一个是直线图形。

在使用图乘法计算时,应注意以下两点:面积 A 与标距 y_0 在杆件同侧时,乘积 Ay_0 为正,反之为负;标距 y_0 必须取自直线图中,且沿整个长度是一直线。

3. 常见图形面积公式和形心位置

位移计算中几种常见图形的面积公式和形心位置见图 4-22。

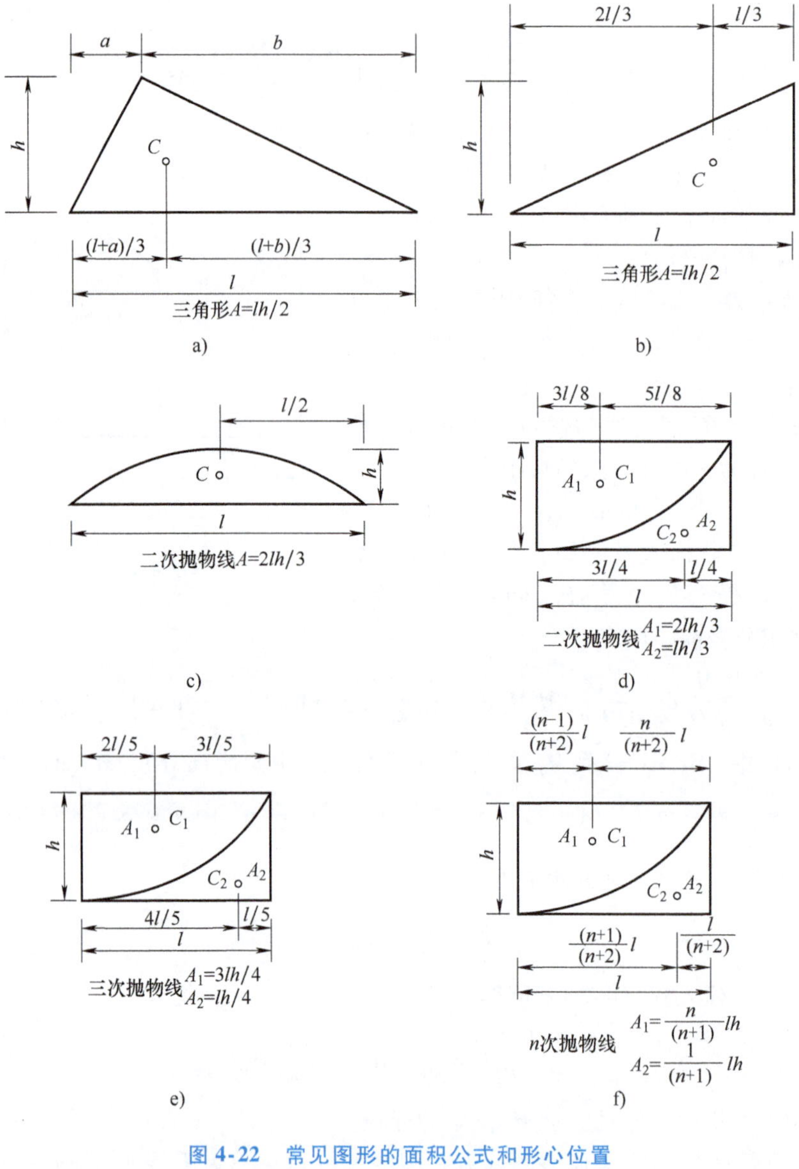

图 4-22 常见图形的面积公式和形心位置
a) 一般三角形 b) 直角三角形 c) 对称二次抛物线
d) 二次抛物线 e) 三次抛物线 f) n 次抛物线

应当注意,在图 4-22 所示的各次抛物线图形中,抛物线顶点处的切线都是与基线平行的,这种图形可称为抛物线标准图形。应用图中有关公式时,应注意标准图形这个特点。

4. 图乘法应用

(1) 直接图乘 当两个图形都是直线图形,则标距 y_0 可取自其中任一图形。

(2) **分段图乘** 当一个图形是曲线，另一个图形是折线（图 4-23a），或杆件截面不相同时（图 4-23b），均应进行分段图乘，两种情况下分别为

$$\int \frac{M_i M_K}{EI} dx = \frac{1}{EI}(A_1 y_1 + A_2 y_2 + A_3 y_3) \tag{4-29}$$

和

$$\int \frac{M_i M_K}{EI} dx = \frac{1}{EI_1} A_1 y_1 + \frac{1}{EI_2} A_2 y_2 + \frac{1}{EI_3} A_3 y_3 \tag{4-30}$$

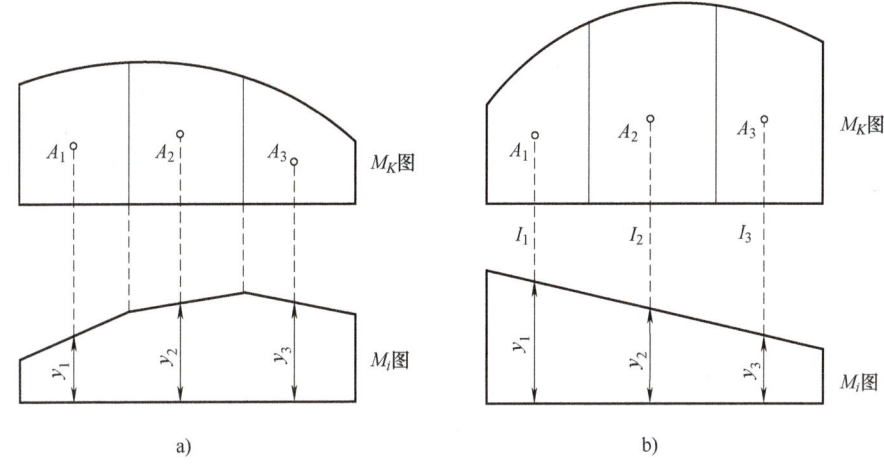

图 4-23 图乘法应用

a）杆件截面相同　b）杆件截面不同

(3) **分块图乘** 如果图形比较复杂，其面积计算或形心位置不易确定，则可将其分解为几个简单的图形，分别与另一图形相乘，然后把结果叠加计算。

例如，图 4-24 所示两个梯形图乘时，由于梯形的形心不易确定，可把它分解为两个三角形 A_1 和 A_2，其形心位置是很容易确定的，形心对应标距分别为 y_1 和 y_2。

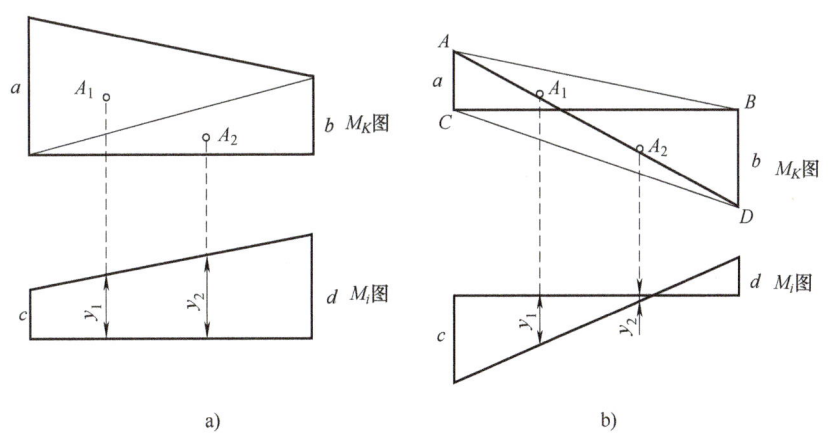

图 4-24 两个梯形图乘

a）竖标在基线的同侧　b）竖标在基线的异侧

当 M_K 和 M_i 图的竖标 a、b、c、d 在基线的同一侧时，见图 4-24a，则

$$\frac{1}{EI}\int M_K M_i \mathrm{d}x = \frac{1}{EI}(A_1 y_1 + A_2 y_2) \tag{4-31}$$

式中

$$y_1 = \frac{2}{3}c + \frac{1}{3}d, \quad y_2 = \frac{1}{3}c + \frac{2}{3}d \tag{4-32}$$

当 M_K 和 M_i 图的竖标 a、b、c、d 不在基线的同一侧时，见图 4-24b，可将 M_K 图看作两个三角形 $\triangle ABC$ 和 $\triangle BCD$，式（4-31）和式（4-32）依然可以使用，只是取值时 b 和 c 应为负。

5. 图乘法示例

【**例 4-8**】 试用图乘法计算图 4-25a 所示简支梁在均布荷载 q 作用下跨中 C 点的竖向位移 Δ_{Cy}，EI 为常数。

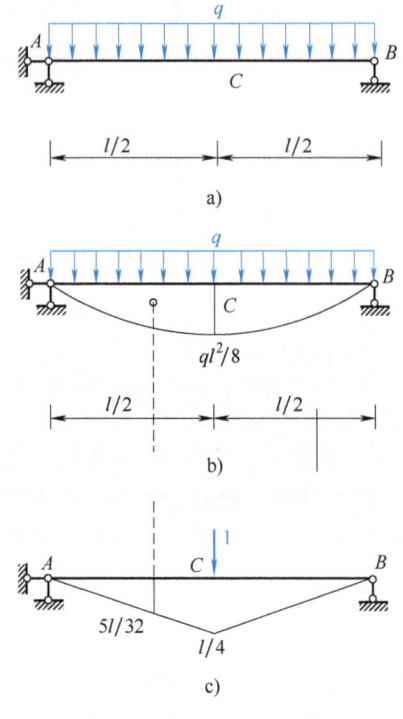

图 4-25 【例 4-8】图

a) 均布荷载作用下简支梁 　b) M_P 图　c) $\overline{M}$ 图

【**解**】 为求 C 点的竖向位移，可在 C 点虚设竖向单位荷载，见图 4-25c，分别作出实际荷载作用下的弯矩图 M_P 和虚设单位荷载作用下的弯矩图 $\overline{M}$，见图 4-25b 和图 4-25c。

由于 $\overline{M}$ 图是有两段直线组成的折线，采用图乘法计算时应该分段进行，但由于图形的对称性，计算时可以计算一半，然后再乘以 2。

取 M_P 图面积的一半，则

$$A = \frac{2}{3} \times \frac{l}{2} \times \frac{ql^2}{8} = \frac{ql^3}{24}$$

$$y_0 = \frac{5}{8} \times \frac{l}{4} = \frac{5l}{32}$$

则

$$\Delta_{Cy} = \sum \int \frac{\overline{M}M_P}{EI}dx = 2 \times \frac{1}{EI}Ay_0 = 2 \times \frac{1}{EI} \times \frac{ql^3}{24} \times \frac{5l}{32} = \frac{5ql^4}{384EI}(\downarrow)$$

【例 4-9】 试用图乘法计算图 4-26a 所示简支刚架支座 C 的水平位移 Δ_{Cx}。刚架 EI 为常数。

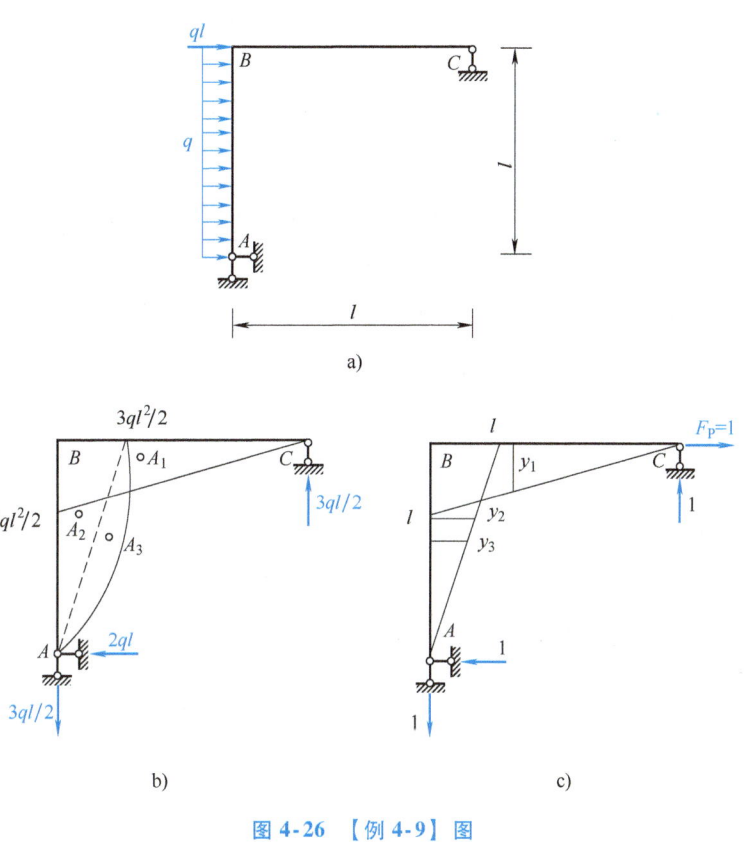

图 4-26 【例 4-9】图
a) 简支刚架 b) M_P 图 c) $\overline{M}$ 图

【解】 在支座 C 虚设水平单位荷载 $F_P = 1$，见图 4-26c，分别作出实际荷载作用下的弯矩图 M_P 和虚设单位荷载作用下的弯矩图 $\overline{M}$，见图 4-26b 和图 4-26c，则有

$$A_1 = \frac{1}{2} \times \frac{3}{2}ql^2 \times l = \frac{3}{4}ql^3, \quad y_1 = \frac{2}{3}l(与 A_1 同侧)$$

$$A_2 = \frac{1}{2} \times \frac{3}{2}ql^2 \times l = \frac{3}{4}ql^3, \quad y_2 = \frac{2}{3}l(与 A_2 同侧)$$

$$A_3 = \frac{2}{3} \times \frac{1}{8}ql^2 \times l = \frac{1}{12}ql^3, \quad y_3 = \frac{1}{2}l(与 A_3 同侧)$$

所以

$$\Delta_{Cx} = \sum \frac{A_0 y}{EI} = \frac{1}{EI}\left(\frac{3}{4}ql^3 \times \frac{2}{3}l \times 2 + \frac{1}{12}ql^3 \times \frac{1}{2}l\right) = \frac{25ql^4}{24EI}(\rightarrow)$$

【例 4-10】 用图乘法求图 4-27a 所示外伸梁 C 点的竖向位移 Δ_{Cy}。梁的 EI 为常数。

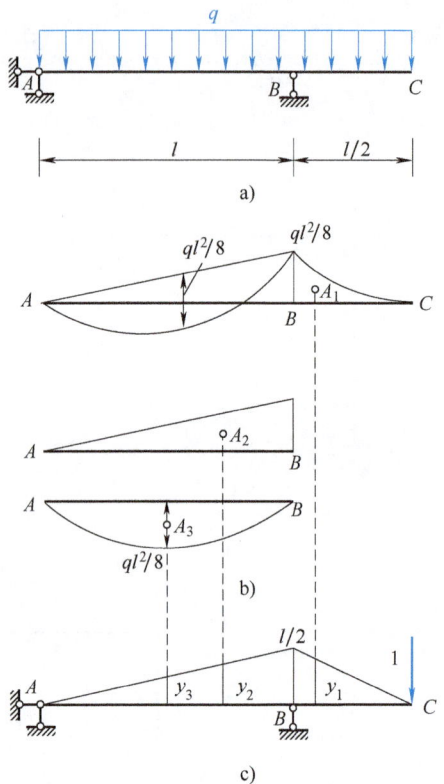

图 4-27 【例 4-10】图
a) 均布荷载作用下的外伸梁 b) M_P 图 c) $\overline{M}$ 图

【解】 在 C 点虚设竖向单位荷载，分别作出实际荷载作用下的 M_P 图和虚设单位荷载作用下的 $\overline{M}$ 图，分别见图 4-27b、图 4-27c。

分析 M_P 图可以看出，BC 段为二次抛物线；根据分段叠加法作弯矩图的思想，AB 段可以看作是该梁段在 B 端截面受到集中力偶 $ql^2/8$ 作用下的弯矩图与一个同跨简支梁均布荷载弯矩图叠加所组成的图形，可将其分解为一个三角形和一个二次抛物线，见图 4-27b。则有

$$A_1 = \frac{1}{3} \times \frac{ql^2}{8} \times \frac{l}{2} = \frac{ql^3}{48}, \quad y_1 = \frac{3}{4} \times \frac{l}{2} = \frac{3l}{8}(与 A_1 同侧)$$

$$A_2 = \frac{1}{2} \times \frac{ql^2}{8} \times l = \frac{ql^3}{16}, \quad y_2 = \frac{2}{3} \times \frac{l}{2} = \frac{l}{3}(与 A_2 同侧)$$

$$A_3 = \frac{2}{3} \times \frac{ql^2}{8} \times l = \frac{ql^3}{12}, \quad y_3 = \frac{1}{2} \times \frac{l}{2} = \frac{l}{4}(与 A_3 异侧)$$

因此

$$\Delta_{Cy} = \frac{1}{EI}(A_1 y_1 + A_2 y_2 + A_3 y_3) = \frac{1}{EI}\left(\frac{ql^3}{48} \times \frac{3l}{8} + \frac{ql^3}{16} \times \frac{l}{3} - \frac{ql^3}{12} \times \frac{l}{4}\right) = \frac{ql^4}{128EI}(\downarrow)$$

【例 4-11】 试用图乘法计算图 4-28a 所示简支刚架 B 点的角位移 φ_B 和 C、D 两点间的相对水平位移 Δ_{CD}。各杆 EI 为常数。

【解】 1）计算 φ_B。为计算 B 点的角位移 φ_B，可在 B 点处虚设单位力偶，实际荷载作

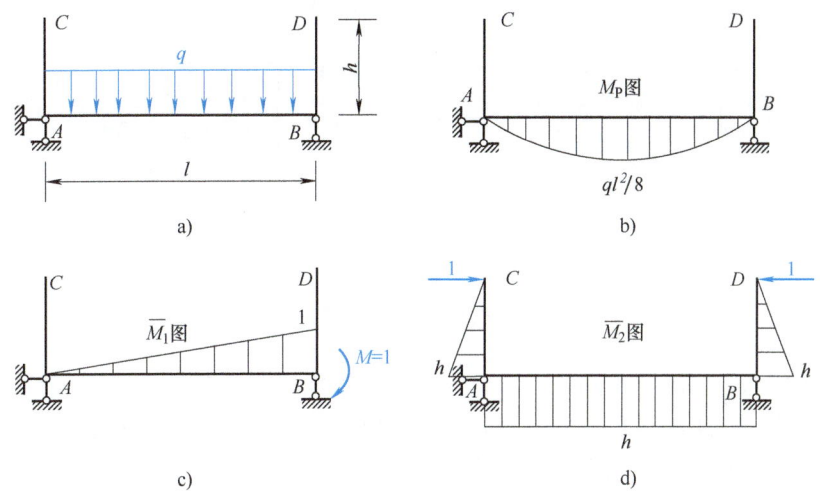

图 4-28 【例 4-11】图
a) 简支刚架 b) M_P 图 c) $\overline{M_1}$ 图 d) $\overline{M_2}$ 图

用下的弯矩图 M_P 和虚设单位力偶作用下的弯矩图 $\overline{M_1}$ 分别见图 4-28b 和图 4-28c。将 M_P 和 $\overline{M_1}$ 图乘可得

$$\varphi_B = \frac{-1}{EI}\left(\frac{2}{3} \times l \times \frac{ql^2}{8}\right) \times \frac{1}{2} = -\frac{ql^3}{24EI}(\text{逆时针})$$

计算结果为负表示方向与虚设单位力偶的方向相反。

2)计算 Δ_{CD}。为求 C、D 两点的相对水平位移,可沿 CD 两点连线虚设一对指向相反的水平单位力,虚设单位力作用下的弯矩 $\overline{M_2}$ 图见图 4-28d,将 M_P 与 $\overline{M_2}$ 图乘可得

$$\Delta_{DE} = \frac{1}{EI}\left(\frac{2}{3} \times \frac{ql^2}{8} \times l\right) \times h = \frac{ql^3 h}{12EI}(\rightarrow \leftarrow)$$

计算结果为正表示 C、D 两点的相对位移方向与所设单位力的指向相同,即 C、D 两点相互靠近。

■ 4.4 其他条件引起的静定结构位移计算

4.4.1 温度变化

对于静定结构,温度变化并不引起内力,但由于结构材料在温度作用下的膨胀和收缩,会产生变形,从而会产生位移。如果温度变化沿截面厚度是均匀的,那么结构各杆仅产生轴向变形;如果温度变化沿截面厚度是非均匀的,那么结构各杆不仅产生轴向变形,还会产生弯曲变形。

图 4-29a 所示为悬臂梁,如果杆件上边缘温度升高 t_1,下边缘温度升高 t_2,$t_2 > t_1$ 且沿杆的截面高度为线性分布,现在讨论如何求由此引起的某一点或截面的位移。

温度变化位移计算公式

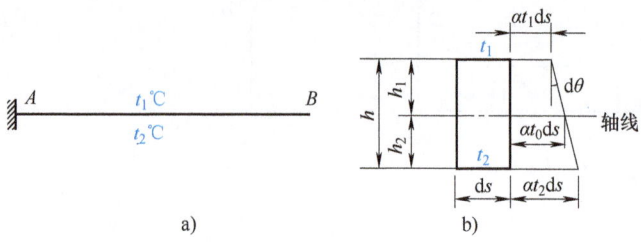

图 4-29 悬臂梁

a) 温度变化　b) 微段 ds

取杆中微段 ds 分析，见图 4-29b。微段上、下边缘处的纤维由于温度升高而伸长量分别为 $\alpha t_1 ds$ 和 $\alpha t_2 ds$，这里 α 是材料的线膨胀系数。由于温度沿截面高度成直线变化，这样在温度变化时截面仍保持为平面。可求出微段在杆轴线处的伸长为

$$d\mu_0 = \alpha t_1 ds + (\alpha t_2 ds - \alpha t_1 ds)\frac{h_1}{h} = \alpha\left(\frac{h_2}{h}t_1 + \frac{h_1}{h}t_2\right)ds = \alpha t_0 ds$$

式中，t_0 为杆轴线处的温度变化，$t_0 = \frac{h_2}{h}t_1 + \frac{h_1}{h}t_2$，若杆件的截面对称于形心轴，即 $h_1 = h_2 = \frac{h}{2}$，则 $t_0 = \frac{t_1 + t_2}{2}$。

微段两端截面的相对转角为

$$d\theta = \frac{\alpha t_2 ds - \alpha t_1 ds}{h} = \frac{\alpha(t_2 - t_1)ds}{h} = \frac{\alpha \Delta t ds}{h}$$

式中，Δt 为两侧温度变化之差，$\Delta t = t_2 - t_1$。

在温度变化时，杆件并不引起剪切变形，引起的轴向拉应变 ε 和曲率 κ 分别为

$$\varepsilon = \alpha t_0 \tag{4-33}$$

$$\kappa = \frac{d\theta}{ds} = \frac{\alpha \Delta t}{h} \tag{4-34}$$

将以上两式代入式 (4-14)，可得

$$\Delta = \sum \int \overline{F_N} \alpha t_0 ds + \sum \int \overline{M}\frac{\alpha \Delta t}{h} ds \tag{4-35}$$

若各杆均为等截面杆，即 t_0、Δt 和 h 沿各杆全长为常数，则

$$\Delta = \sum \alpha t_0 \int \overline{F_N} ds + \sum \frac{\alpha \Delta t}{h} \int \overline{M} ds \tag{4-36}$$

式 (4-35) 是温度变化引起的位移计算的一般公式，积分号为每根杆全长积分，求和符号为对结构中所有杆件求和。公式正负号规定如下：轴力 $\overline{F_N}$ 以拉伸为正，t_0 以升高为正；若虚设力状态的变形与实际位移状态的温度变化所引起的变形方向一致时，$\overline{M}$ 与 Δt 的乘积取正号，反之取负。

对于梁和刚架，在计算温度变化所引起的位移时，一般不能略去轴向变形的影响。对于桁架，在温度变化时，其位移计算公式为

$$\Delta = \sum \overline{F_N} \alpha t_0 l \tag{4-37}$$

【例 4-12】 试求图 4-30a 所示悬臂刚架 C 点的竖向位移 Δ_{C_y}。已知悬臂刚架各杆内侧温度无变化，外侧温度下降 $8℃$，各杆截面均为矩形，高度为 h，线膨胀系数为 α。

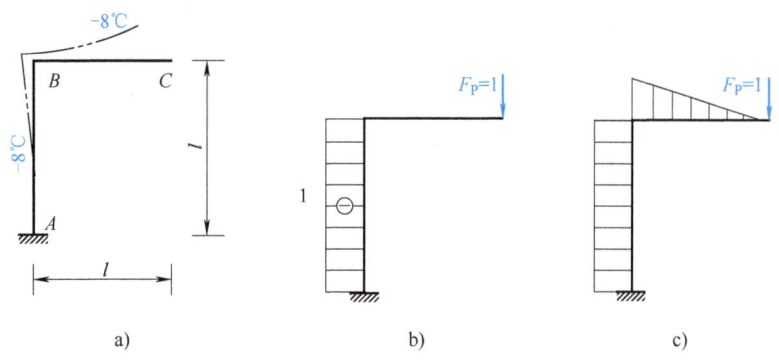

图 4-30 【例 4-12】图
a) 悬臂刚架　b) $\overline{F_N}$图　c) $\overline{M}$图

【解】 在 C 点虚设竖向单位荷载 $F_P=1$，画出 $\overline{F_N}$ 图和 $\overline{M}$ 图，分别见图 4-30b 和图 4-30c。杆轴线处温度升高为

$$t_0 = \frac{t_1+t_2}{2} = \frac{-8℃+0℃}{2} = -4℃$$

杆件上下（左右）边缘的温差为

$$\Delta t = t_2 - t_1 = 0℃ - (-8℃) = 8℃$$

AB 杆由于左侧温度降低，$\overline{M}$ 图中显示左侧受拉，二者弯曲变形方向相反，故 $\overline{M}$ 与 Δt 的乘积为负值，同理，BC 段 $\overline{M}$ 与 Δt 的乘积也为负值；AB 杆的 $\overline{F_N}$ 图显示所产生的变形为压缩，取负值，t_0 由于一侧杆温度降低而降低，也为负值。故在计算时，第一项取正号而第二项取负号。代入式（4-36）得

$$\Delta_{C_y} = \alpha \times 4 \times l - \alpha \frac{8}{h} \times \frac{3}{2} l^2 = 4\alpha l - 12 \frac{\alpha l^2}{h}(\uparrow)$$

由数学知识，当 $l > \frac{1}{3} h$ 时，所得结果为负值，实际工程中的梁一定满足该条件，表明 C 点的竖向位移与虚设单位荷载方向相反，实际位移向上。

4.4.2 制造误差

在工程实践中，有时结构的某些杆件由于制造的误差或使用的要求，其长度可能比应有的长度有所伸长或缩短，即结构中某些杆件具有初应变，致使结构产生变形和位移。图 4-31 所示的桁架，杆件 AD 和 CD 的长度由于某种原因（制造上的误差）比应有的长度分别伸长了 $2cm$ 和缩短了 $0.5cm$，因此，桁架的各个部分发生了位置改变。

现在计算结点 C 的竖向位移 Δ_{C_y}。显然，根据各杆的几何关系，利用作图的方法即可进行计算，但比较复杂。而应用前述的单位荷载法则简便得多。这时可取结构的实际状态（图 4-31a）作为位移状态，取结构的初应变作为虚位移。在要计算位移的结点 C 处沿所求位移方向施加单位荷载 $F_P=1$ 的状态，作为虚设状态（图 4-31b）。设虚设状态中各杆的内

力为 $\overline{F_N}$，根据虚功方程式，并注意到 $\overline{M}=0$，$\overline{F_Q}=0$，此外，$F_P=1$ 以及初应变情况下并无支座位移，故得

$$\Delta_{Cy} = \sum \int \overline{F_N} \mathrm{d}u$$

对于桁架来说，在单位荷载 $F_P=1$ 作用下，各杆内力 $\overline{F_N}$ 为常值，故上式变成

$$\Delta_{Cy} = \sum \int \overline{F_N} \mathrm{d}u = \sum \overline{F_N} \int \mathrm{d}u = \sum \overline{F_N} \lambda \tag{4-38}$$

这就是计算桁架由于某些杆件的初应变 λ（伸长取正，缩短为负）所引起的位移的一般公式。式中，$\sum$ 表示对所有具有初应变的各杆求和。

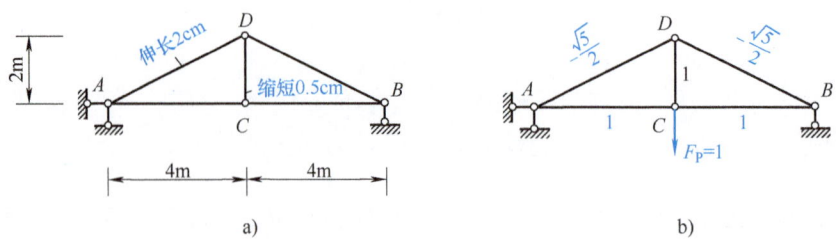

图 4-31　桁架
a）实际状态　b）虚设状态

由单位荷载 $F_P=1$ 所引起的各杆轴力可用结点法或截面法求得，在图 4-31b 中分别写在各杆侧面。已知 AD 和 CD 两杆伸长量分别为 2cm 和 -0.5cm，其余各杆的初应变为零，故可求得 C 点的竖向位移为

$$\Delta_{Cy} = \sum \overline{F_N} \lambda = -\frac{\sqrt{5}}{2} \times 2\mathrm{cm} + 1 \times (-0.5\mathrm{cm}) = -2.74\mathrm{cm}(\uparrow)$$

所得结果为负值，表明实际位移方向与假设的单位荷载方向相反，即方向向上。

【例 4-13】　图 4-32a 所示为悬臂梁，C 点由于制造误差有一转角位移 α，求由此引起的 B 点竖向位移 Δ_{By}。

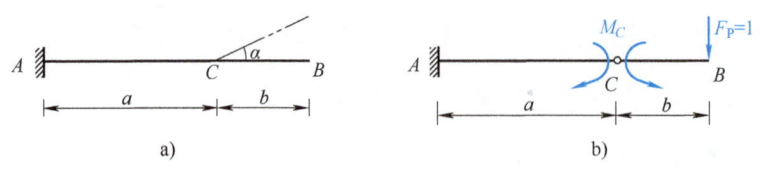

图 4-32　【例 4-13】图
a）悬臂梁　b）虚设力状态

【解】　虚设一个力状态（图 4-32b），在 B 点虚设竖向单位荷载，方向向下。求出 C 点的弯矩，并把 C 点的抗弯约束去掉，虚设一对力矩 M_C 表示。

利用虚功原理可得

$$1 \times \Delta_{By} + M_C \times \alpha = 0$$

解得

$$\Delta_{By} = -M_C \times \alpha = -b\alpha(\uparrow)$$

【例 4-14】 图 4-33a 所示的桁架，下弦杆 AE、BE 的长度由于某种原因（如制造误差）比应有的长度各伸长了 $\lambda_{AE} = \lambda_{BE} = 1\text{cm}$，桁架变形后的位置如图 4-33a 中的双点画线所示。试求因部分杆件制造不准而引起的 E 点的竖向位移 Δ_{Ey}。

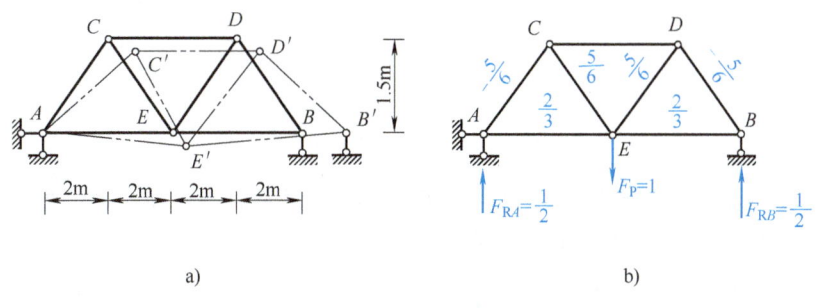

图 4-33 【例 4-14】图
a) 实际状态　b) 虚设状态

【解】 为求 E 点的竖向位移 Δ_{Ey}，在 E 点沿竖向施加单位荷载 $F_P = 1$ 作为虚设状态（图 4-33b），由单位荷载 $F_P = 1$ 所引起的各杆轴力用结点法或截面法求得，在图 4-33b 中分别写在各杆侧面。由于桁架中只有 AE 和 BE 两杆产生伸长量，分别为 $\lambda_{AE} = 1\text{cm}$ 和 $\lambda_{BE} = 1\text{cm}$，其余各杆的初应变为零，由式（4-38）可求得 E 点的竖向位移为

$$\Delta_{Ey} = \sum \overline{F_N} \lambda = \frac{2}{3} \times 1\text{cm} + \frac{2}{3} \times 1\text{cm} = 1.33\text{cm}(\downarrow)$$

4.5 互等定理

本节讨论线弹性结构的普遍定理之一——互等定理（reciprocal laws），其中最基本的是功的互等定理（law of reciprocal work），其他三个定理包括位移互等定理（law of reciprocal displacements）、反力互等定理（law of reciprocal reactions）和反力位移互等定理（law of reciprocal reaction-displacement）都可由此推导出来。这些定理是学习、研究线弹性结构的基本定理，在以后的章节中也会经常用到。

互等定理只适用于线弹性结构，其应用条件为：
1）材料处于弹性阶段，应力与应变成正比。
2）结构变形很小，不影响力的作用。

4.5.1 功的互等定理

设有两组外力 F_{P1} 和 F_{P2} 分别作用于同一线弹性结构上，见图 4-34，分别称为结构的第 1 状态和第 2 状态。如果令第 1 状态的外力和内力在第 2 状态相应的位移和变形上做虚功，用 W_{12} 表示，并根据变形体体系虚功原理，则有

$$W_{12} = F_{P1}\Delta_{12} = \sum \int \frac{M_1 M_2}{EI} ds + \sum \int \frac{F_{N1} F_{N2}}{EA} ds + \sum \int k \frac{F_{Q1} F_{Q2}}{GA} ds \quad (4-39)$$

式中，位移 Δ_{12} 的两个下标含义：第一个下标"1"表示发生位移的作用点和方向，即该位移是 F_{P1} 作用点沿 F_{P1} 方向上的位移；第二个下标"2"表示产生位移的原因，即该位移是由

于 F_{P2} 作用引起的。

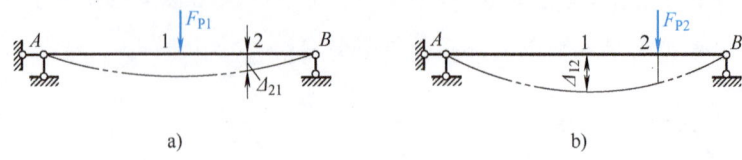

图 4-34 功的互等定理

a) 第 1 状态 b) 第 2 状态

反过来,如果令第 2 状态的外力和内力在第 1 状态相应的位移和变形上做虚功,用 W_{21} 表示,并根据变形体体系虚功原理,则有

$$W_{21} = F_{P2}\Delta_{21} = \sum\int\frac{M_2 M_1}{EI}ds + \sum\int\frac{F_{N2}F_{N1}}{EA}ds + \sum\int k\frac{F_{Q2}F_{Q1}}{GA}ds \quad (4\text{-}40)$$

由于式(4-39)和式(4-40)两式右边是相等的,因此左边也应相等,故有

$$F_{P1}\Delta_{12} = F_{P2}\Delta_{21} \quad (4\text{-}41)$$

或写为

$$W_{12} = W_{21} \quad (4\text{-}42)$$

这表明:在任一线弹性结构中,第 1 状态的外力在第 2 状态的位移上所做的虚功,等于第 2 状态的外力在第 1 状态的位移上所做的虚功,这就是功的互等定理。

4.5.2 位移互等定理

现在应用功的互等定理来研究一种特殊情况。图 4-35 假设两个状态中的荷载都是单位荷载,即 $F_{P1} = 1$,$F_{P2} = 1$,这两个荷载所引起的位移分别为 δ_{21} 和 δ_{12}(下标数字的含义同前),则由功的互等定理有

$$W_{12} = F_{P1} \times \delta_{12} = \delta_{12}$$
$$W_{21} = F_{P2} \times \delta_{21} = \delta_{21}$$

由 $W_{12} = W_{21}$ 得到

$$\delta_{12} = \delta_{21} \quad (4\text{-}43)$$

式(4-43)就是线弹性结构的位移互等定理。它表明:在任一线弹性结构中,第一个单位荷载所引起的第二个单位荷载作用点处沿其方向的位移,等于第二个单位荷载所引起的第一个单位荷载作用点处沿其方向的位移。

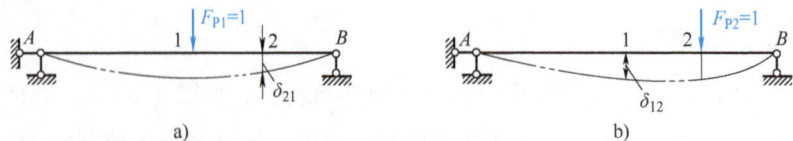

图 4-35 位移互等定理

a) 第 1 状态 b) 第 2 状态

4.5.3 反力互等定理

反力互等定理也是功的互等定理的一个特殊情况。它用来说明在超静定结构中假设两个

支座分别产生单位位移时，两个状态中反力的互等关系。因此，反力互等定理不能应用于静定结构，只适用于超静定结构。

见图 4-36a，支座 1 发生单位位移 $\Delta_1 = 1$，在支座 1 和支座 2 引起的反力分别为 γ_{11} 和 γ_{21}，称此为第 1 状态。见图 4-36b，支座 2 发生单位位移 $\Delta_2 = 1$，在支座 1 和支座 2 引起的反力分别为 γ_{12} 和 γ_{22}，称此为第 2 状态。根据功的互等定理有

$$\gamma_{11} \times 0 + \gamma_{21} \times \Delta_2 = \gamma_{22} \times 0 + \gamma_{12} \times \Delta_1$$

即

$$\gamma_{21} \times 1 = \gamma_{12} \times 1$$

故

$$\gamma_{21} = \gamma_{12} \tag{4-44}$$

式（4-44）就是线弹性结构的反力互等定理。它表明：在任一线弹性结构中，支座 1 发生单位位移所引起的支座 2 的反力，等于支座 2 发生单位位移所引起的支座 1 的反力。

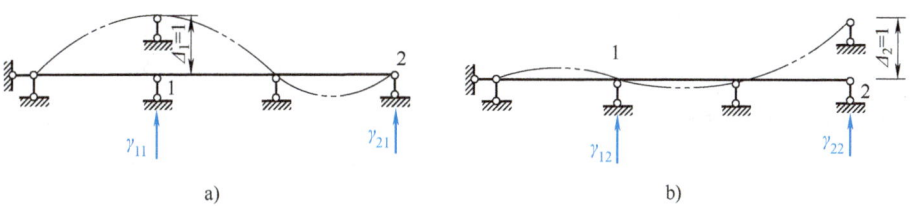

图 4-36 反力互等定理
a) 第 1 状态 b) 第 2 状态

这一定理对结构上任何两个支座都适用，定理中的位移和反力均是广义位移和广义力，即反力互等定理不仅适用于两个反力之间的互等。

4.5.4 反力位移互等定理

这个定理是功的互等定理的又一特殊情况，它说明一个状态中的反力与另一个状态中的位移具有互等关系。

见图 4-37a，当单位荷载 $F_{P2} = 1$ 作用时，支座 1 的反力偶为 γ_{12}，称此为第 1 状态。见图 4-37b，当支座沿 γ_{12} 的方向发生单位转角 $\theta_1 = 1$ 时，F_{P2} 作用点沿其方向的位移为 δ_{21}，称此为第 2 状态。

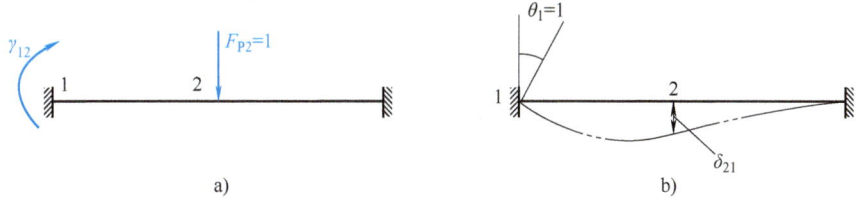

图 4-37 反力位移互等定理
a) 第 1 状态 b) 第 2 状态

根据功的互等定理有

$$\gamma_{12}\theta_1 + F_{P2}\delta_{21} = 0$$

由于 $\theta_1 = 1$，$F_{P2} = 1$，故

$$\gamma_{12} = -\delta_{21} \tag{4-45}$$

式（4-45）就是线弹性结构的反力位移互等定理。它表明：在任一线弹性结构中，单位荷载所引起的结构某支座反力，等于该支座发生单位位移时所引起的单位荷载作用点沿其方向的位移，但符号相反。

本章小结

结构的位移计算是进行结构刚度分析的基础，同时也是静定结构计算和超静定结构计算之间的一座桥梁。因此，掌握好结构的位移计算对于以后的专业课学习有非常重要的意义。本章从虚功原理入手，由浅入深地探讨了应用虚功原理计算静定结构位移的原理和方法。

1）虚功与虚功原理是力学基本原理，是结构位移计算的理论依据。在虚功原理中，力与位移是彼此独立无关的。对于变形体体系的虚功原理，简单地说就是外力虚功等于内力虚功（变形虚功），即 $W_e = W_i$。

虚功原理有两种具体应用形式：一种是虚位移原理，即力状态是实际给定的，虚设一个位移状态，利用虚功原理求实际力状态中的未知力；另一种是虚力原理，即位移状态是实际给定的，虚设一个力状态，利用虚功方程求实际位移状态中的未知位移。本章讨论的结构位移的计算，就是应用虚力原理。

2）计算位移的方法是单位荷载法。单位荷载法计算位移的一般公式为

$$\Delta = \sum \int (\overline{F_N}\varepsilon + \overline{F_Q}\gamma_0 + \overline{M}\kappa)\mathrm{d}s - \sum \overline{F_{RK}}c_K$$

计算位移 Δ 时，应根据拟求位移虚设沿位移方向的单位荷载，并计算出虚设单位荷载作用下的内力 $\overline{F_N}$、$\overline{F_Q}$、$\overline{M}$ 和支座反力 $\overline{F_{RK}}$。而 ε、γ_0、κ 为实际荷载作用状态下的相应应变；c_K 为实际荷载状态下的支座位移。

3）对于线弹性材料的结构，荷载作用下的位移计算表达式为

$$\Delta = \sum \int \frac{\overline{F_N}F_{NP}}{EA}\mathrm{d}s + \sum \int k\frac{\overline{F_Q}F_{QP}}{GA}\mathrm{d}s + \sum \int \frac{\overline{M}M_P}{EI}\mathrm{d}s$$

F_{NP}、F_{QP}、M_P 为实际荷载作用时的内力，$\overline{F_N}$、$\overline{F_Q}$、$\overline{M}$ 为虚设单位荷载作用下的内力。根据不同类型结构的内力特点，位移计算公式还可以进一步简化为式（4-20）~式（4-23）。

4）图乘法是计算荷载作用下梁和刚架位移的简化方法，但注意其适用条件，并掌握好图乘法的分段和叠加技巧。

5）温度变化、制造误差等引起的结构位移计算与荷载作用下的结构位移计算有所不同，但原理是相同的。难度在于正、负号的判断，学习中要加以注意。

6）四个互等定理中，功的互等定理是最基本的。应该注意的是，这四个互等定理只适用于线弹性体系。这些互等定理在静定结构和超静定结构分析中可得到具体应用，本书后面一些章节会有具体的应用介绍。

习 题

一、单项选择题

1. 图 4-38 所示刚架，EI 为常数，忽略轴向变形。当 D 支座发生沉降 a 时，B 点转角为（　　）。

A. a/L　　　　B. $2a/L$　　　　C. $a/(2L)$　　　　D. $a/(3L)$

2. 图 4-39 所示结构，EI 为常数。结点 B 处弹性支承刚度系数 $k = 3EI/L^3$，C 点的竖向位移为（　　）。

A. $\dfrac{F_P L^3}{EI}$　　　B. $\dfrac{4F_P L^3}{3EI}$　　　C. $\dfrac{11F_P L^3}{6EI}$　　　D. $\dfrac{2F_P L^3}{EI}$

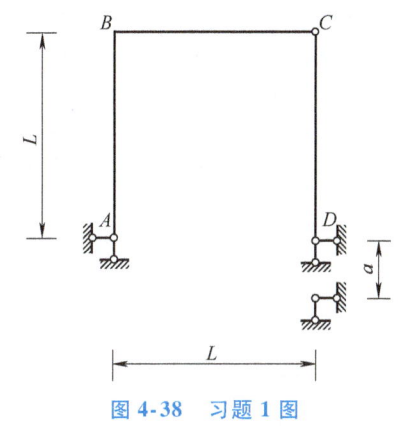

图 4-38　习题 1 图

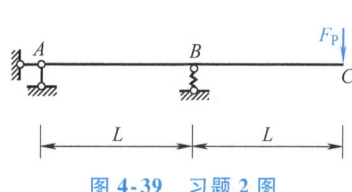

图 4-39　习题 2 图

3. 图 4-40 所示结构中各杆 $EI = 1$，以向右为正，A 点水平位移为（　　）。

A. $-\dfrac{5}{6}ML^2$　　　B. 0　　　C. $\dfrac{5}{6}ML^2$　　　D. $\dfrac{5}{3}ML^2$

4. 图 4-41 所示结构忽略轴向变形和剪切变形，若减小弹簧刚度 k，则 A 节点水平位移 Δ_{Ax}（　　）。

A. 增大　　　　　　　　　　B. 减小

C. 不变　　　　　　　　　　D. 可能增大，亦可能减小

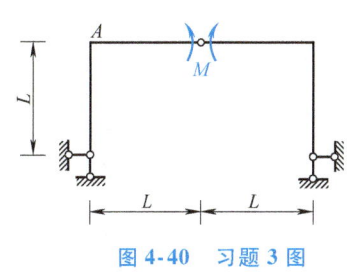

图 4-40　习题 3 图

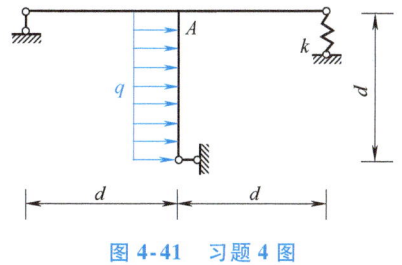

图 4-41　习题 4 图

二、计算题

5. 试用刚体体系虚力原理求解图 4-42 所示结构 D 点的水平位移：

（1）设支座 A 向左移动 1cm。

（2）设支座 B 向下沉 $1\mathrm{cm}$。

6. 设图 4-43 所示支座 A 有给定位移 Δ_x、Δ_y、Δ_φ。试求 K 点的竖向位移 Δ_V 及水平位移 Δ_H。

7. 设由于温度升高，图 4-44 所示杆 AC 伸长 $\lambda_{AC}=1\mathrm{mm}$，杆 CB 伸长 $\lambda_{AC}=1.2\mathrm{mm}$。试求 C 点的竖向位移 Δ_y。

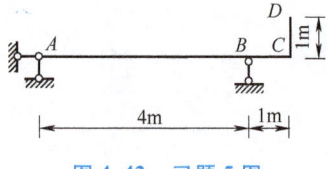

图 4-42 习题 5 图

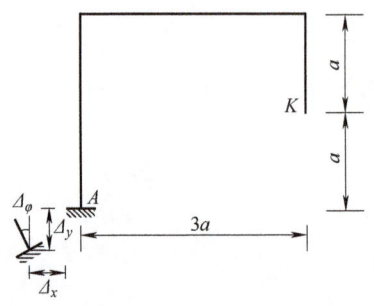

图 4-43 习题 6 图

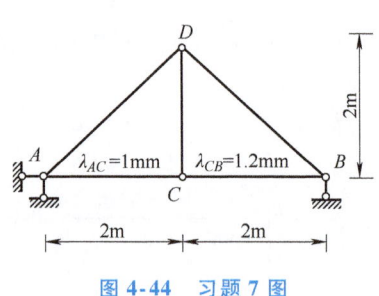

图 4-44 习题 7 图

8. 试用积分法求图 4-45 所示悬臂梁 B 点的竖向位移和跨中 C 点转角（忽略剪切变形的影响）。

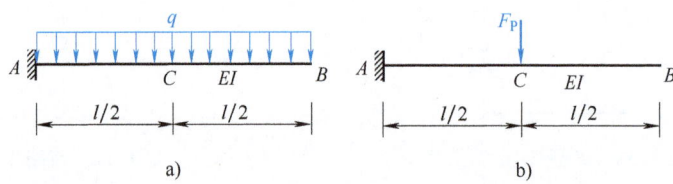

图 4-45 习题 8 图
a）均布荷载作用 b）集中力作用

9. 试求图 4-46 所示结点 C 的竖向位移 Δ_C。设杆的 EA 相等。

10. 试求图 4-47 所示曲梁 B 点的水平位移 Δ_B，已知曲梁轴线为抛物线，方程为 $y = \dfrac{4f}{l^2}x(l-x)$，$EI$ 为常数。

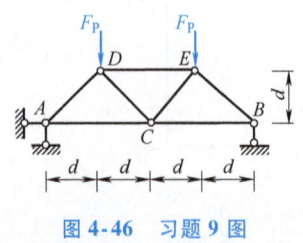

图 4-46 习题 9 图

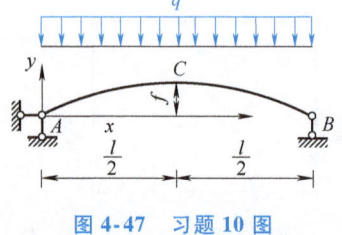

图 4-47 习题 10 图

11. 设图 4-48 所示三铰拱支座向右移动单位距离，试求 C 点的竖向位移 Δ_{CV} 以及水平位移 Δ_{CH}。

12. 试用图乘法求图 4-49 所示梁的最大挠度 $f_{\max}$（EI 为常数）。

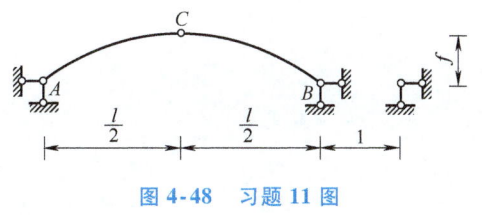

图 4-48 习题 11 图

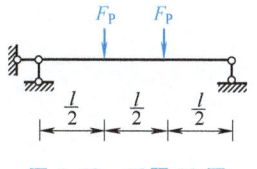

图 4-49 习题 12 图

13. 试用图乘法求图 4-50 所示刚架 A 点和 D 点的竖向位移。已知梁的惯性矩为 $2I$，柱的惯性矩为 I。

14. 求图 4-51 所示刚架由于温度变化引起的 C 处的竖向位移 Δ_{CV}。线膨胀系数为 α，截面形状为矩形，高度为 h。

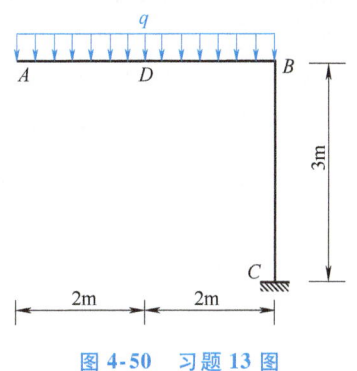

图 4-50 习题 13 图

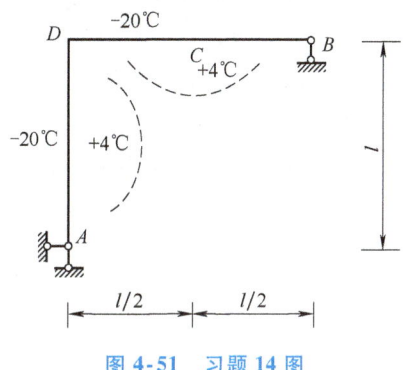

图 4-51 习题 14 图

15. 图 4-52 所示桁架下弦杆温度升高 t 度，线膨胀系数为 α，试求 C 点的竖向位移 Δ_{CV}。

16. 已知等截面简支梁在图 4-53a 所示跨中集中力作用下的挠曲线方程为

$$y(x) = \frac{F_P x}{48EI}(3l^2 - 4x^2) \qquad \left(0 \leq x \leq \frac{l}{2}\right)$$

试利用功的互等定理求其在图 4-53b 所示均布荷载作用下的跨中截面挠度 Δ_{Cy}。

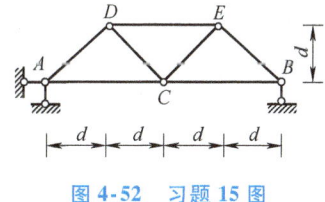

图 4-52 习题 15 图

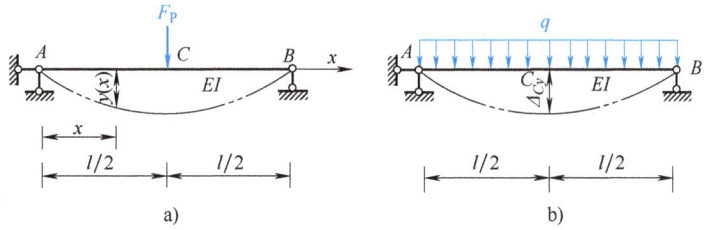

图 4-53 习题 16 图
a) 集中力作用 b) 均布荷载作用

第 5 章 力 法

力法（force method）是计算超静定结构（statically indeterminate structures）的最基本方法。力法的基本思路是把超静定结构的计算问题转化为静定结构的计算问题。

力法是把超静定结构拆成静定结构，再由静定结构过渡到超静定结构，所以静定结构的内力和位移计算是力法计算的基础。它的要点是以静定结构为基本结构，将多余约束力作为基本未知量，根据变形条件建立力法方程并求解。

■ 5.1 概述

5.1.1 超静定结构的概念

前面章节讲到的是静定结构。从几何组成的角度看，静定结构定义为无多余约束的几何不变体系；从受力的角度看，静定结构定义为结构的反力和各截面的内力都可以用静力平衡条件唯一确定。

本章我们要讨论的是超静定结构。从几何组成的角度看，超静定结构定义为有多余约束的几何不变体系；从受力的角度看，超静定结构定义为结构的反力和各截面的内力不能完全由静力平衡条件唯一地加以确定。

工程中常见的几种超静定结构有：超静定梁、刚架、桁架、拱、组合结构和排架。本章讨论如何用力法计算这种类型的结构。

5.1.2 超静定结构的次数

用力法求解超静定结构时，首先要确定超静定结构的次数。通常将结构中多余约束的个数或者多余未知力的数目称为超静定结构的超静定次数。

将超静定结构中多余约束去掉，可变为相应的静定结构，所去掉的多余约束的个数 n 即为原结构的超静定次数。

超静定结构的次数

通过去掉多余约束使之变为静定结构来确定超静定次数的方式有以下几种：

1）去掉一根支座链杆，或切断一根链杆，或将刚性连接改为单铰，等于去掉一个约束（图 5-1）。

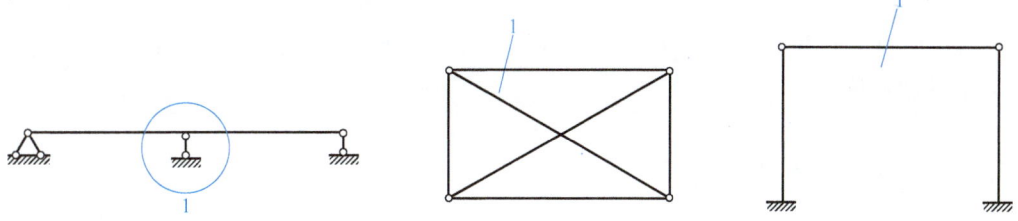

图 5-1　一次超静定结构

2）去掉一个固定铰支座或撤去一个单铰，等于去掉两个约束（图 5-2）。

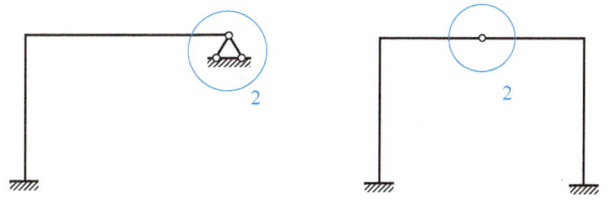

图 5-2　二次超静定结构

3）去掉一个固定端或切断一个梁式杆，等于去掉三个约束（图 5-3）。

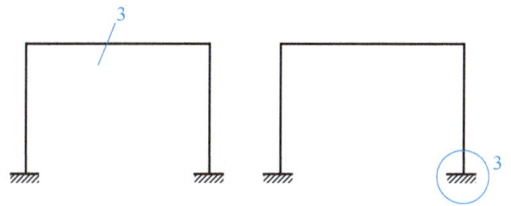

图 5-3　三次超静定结构

在解除结构多余约束时，应特别注意：①只能去掉原结构的多余约束，不能去掉必要约束；②只能在原结构中减少约束，不能增加新的约束；③应去掉全部多余约束，不要有所遗漏。

【例 5-1】　超静定次数的确定（图 5-4）。

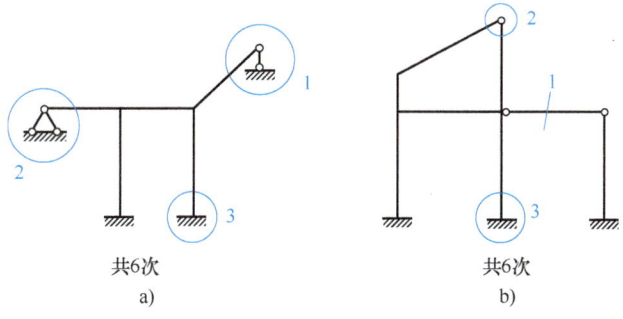

图 5-4　超静定结构

【解】　图 5-4a 中的多余约束在图中已经标出，包括一个固定铰支座（2 个多余约束）、一根支座链杆（1 个多余约束）、一个固定端（3 个多余约束），共有 6 个多余约束，所以图 5-4a 所示结构为六次超静定结构。

图 5-4b 中的多余约束在图中已经标出，包括一个固定端（3 个多余约束）、一个单铰（2 个多余约束）、切断一根链杆（1 个多余约束），共有 6 个多余约束，所以图 5-4b 所示结构为六次超静定结构。

■ 5.2 力法的基本概念

5.2.1 力法的基本原理

力法是计算超静定结构最基本的方法，它的基本思路把超静定结构的计算问题转化为静定结构的计算问题。简单来说，就是去掉多余未知力对应的多余约束，将原结构转化成静定的基本结构，因而多余未知力成为作用在基本结构上的外力；将超静定结构的多余未知力看作基本未知量，然后沿多余未知力方向建立位移协调方程，解方程就可以求出多余未知力；最后将求出的多余未知力作用于基本结构，即可求出超静定结构的内力。

力法的基本原理

下面结合图 5-5 所示一次超静定结构说明力法的基本概念。

1. 力法的基本结构

力法的基本结构：从超静定结构中去掉多余约束和荷载后得到的静定结构。

力法的基本未知量：多余未知力。

图 5-5 所示结构的力法的相关概念的表示见图 5-6，也可表示为图 5-7。

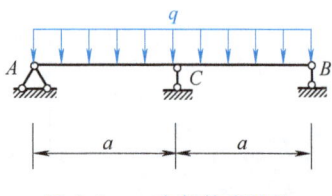

图 5-5 一次超静定结构

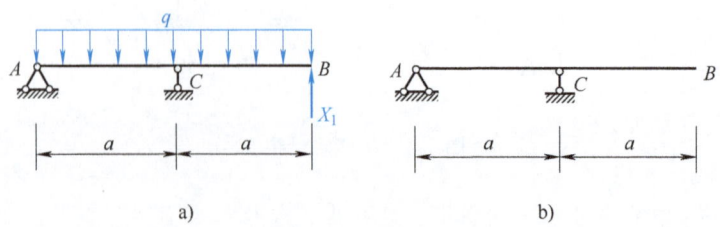

图 5-6 结构力法相关概念的表示（一）
a）基本体系 b）基本结构

图 5-7 结构力法相关概念的表示（二）
a）基本体系 b）基本结构

在图 5-6a 中，把图 5-5 中的多余约束（支座 C）去掉，而代之以多余未知力 X_1，这样得到的含有多余未知力的静定结构称为力法的基本体系。与之相应，把 5-5 图中的多余约束（支座 C）去掉后得到的静定结构称为力法的基本结构。

同理，在图 5-7a 中，把图 5-5 中的多余约束（支座 B）去掉，而代之以多余未知力 X_1，这样得到的含有多余未知力的静定结构称为力法的基本体系。与之相应，把图 5-5 中的多余约束（支座 B）去掉后得到的静定结构称为力法的基本结构。

由此可知，一个超静定结构利用力法求解内力时，基本体系和基本结构不止一种，因所选的多余约束不同，基本体系和基本结构也就不同。

2. 力法的基本方程

基本体系转化为原来超静定结构的条件是：基本体系上与多余未知力相应的位移与原超静定结构上多余约束处的位移条件一致。

图 5-6 中，$\Delta_{Cy}=0$；图 5-7 中，$\Delta_{By}=0$

下面以图 5-6 结构为例，由叠加原理

$$\Delta_{Cy} = \Delta_{Cy}\big|_q + \Delta_{Cy}\big|_{X_1} = 0$$

统一写成

$$\Delta_1 = \Delta_{1P} + \Delta_{11} = 0$$

式中，Δ_1 是基本体系上多余未知力 X_1 方向的位移（图 5-8a）；Δ_{1P} 是基本结构在实际荷载作用下沿多余未知力 X_1 方向的位移（图 5-8b）；Δ_{11} 是基本结构在多余未知力 X_1 单独作用下沿多余未知力 X_1 方向的位移（图 5-8c）。

位移与多余未知力方向一致时为正。

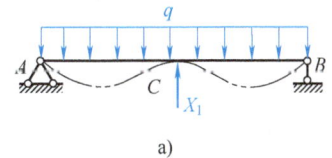 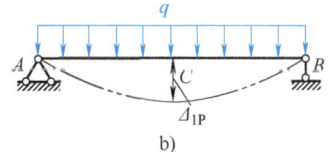 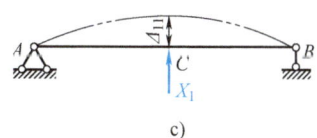

a) b) c)

图 5-8 一次超静定结构

a) 基本体系　b) 实际荷载作用　c) 多余未知力 X_1 单独作用

$$\Delta_{11} = \delta_{11} X_1$$

式中，δ_{11} 表示在单位未知力 $X_1 = 1$ 的作用下，基本结构沿多余未知力 X_1 方向产生的位移。

力法典型方程写为

$$\delta_{11} X_1 + \Delta_{1P} = 0$$

3. 求解过程

图 5-6 所示结构杆件截面的抗弯刚度 EI 为常数。

力法方程中的系数 δ_{11} 和自由项 Δ_{1P} 都是基本结构即静定结构的位移，其计算方法见步骤（a）和（b）：

（a）作基本结构在荷载作用下的弯矩图 M_P（图 5-9a）和单位荷载 $X_1 = 1$ 作用下的单位荷载弯矩图 $\overline{M_1}$（图 5-9b）。

（b）用图乘法计算位移，得

$$\Delta_{1P} = \frac{-2}{EI}\left(\frac{2}{3}a \times \frac{1}{2}qa^2 \times \frac{5}{8} \times \frac{1}{2}a\right) = \frac{-5qa^4}{24EI}$$

$$\delta_{11} = \frac{2}{EI}\left(\frac{1}{2}a \times \frac{1}{2}a \times \frac{2}{3} \times \frac{1}{2}a\right) = \frac{a^3}{6EI}$$

将 δ_{11} 和 Δ_{1P} 代入力法方程，得

$$X_1 = -\frac{\Delta_{1P}}{\delta_{11}} = \frac{5}{4}qa$$

应用叠加公式得到结构的弯矩图 M（图 5-9c）。

$$M = \overline{M}_1 X_1 + M_P$$

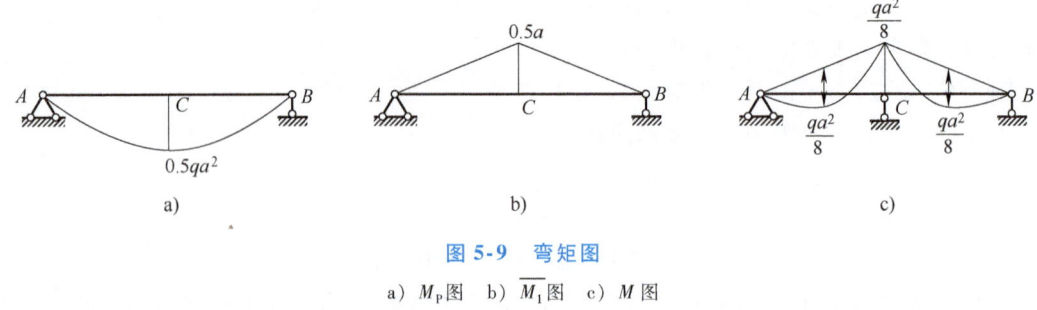

图 5-9 弯矩图

a) M_P 图　b) $\overline{M}_1$ 图　c) M 图

力法计算超静定结构的步骤可归纳如下：

1）选择基本体系。确定超静定结构的次数，去掉多余约束，并用相应的约束反力来代替。

2）建立力法方程。利用基本体系与原结构在相应约束处的变形条件，建立力法典型方程。

3）计算系数和自由项。

4）求多余的未知力。

5）作内力图。按静定结构，用平衡条件或叠加原理计算结构特殊截面的内力，然后画出内力图。

5.2.2 两次超静定结构

确定多余约束处的变形条件的依据是：基本体系在多余约束处沿 X_1 和 X_2 方向的位移应与原结构相同。因此，可以写成

$$\begin{cases} \delta_{11}X_1 + \delta_{12}X_2 + \Delta_{1P} = \Delta_1 \\ \delta_{21}X_1 + \delta_{22}X_2 + \Delta_{2P} = \Delta_2 \end{cases} \quad M = \overline{M}_1 X_1 + \overline{M}_2 X_2 + M_P$$

Δ_1 是基本体系上沿多余未知力 X_1 方向的位移；Δ_2 是基本体系上沿多余未知力 X_2 方向的位移；Δ_{1P} 是基本结构在实际荷载作用下沿多余未知力 X_1 方向的位移；Δ_{2P} 是基本结构在实际荷载作用下沿多余未知力 X_2 方向的位移；δ_{11} 表示单位荷载 $X_1 = 1$ 的作用，使基本结构沿多余未知力 X_1 方向产生的位移；δ_{12} 表示单位荷载 $X_2 = 1$ 的作用，使基本结构沿多余未知力 X_1 方向产生的位移；δ_{21} 表示单位荷载 $X_1 = 1$ 的作用，使基本结构沿多余未知力 X_2 方向产生的位移；δ_{22} 表示单位荷载 $X_2 = 1$ 的作用，使基本结构沿多余未知力 X_2 方向产生的位移。

5.2.3 多次超静定结构

多次超静定结构计算时的基本未知量是 n 个多余未知力 ($X_1, X_2, \cdots, X_n$)。力法的基本体系是从原结构中去掉 n 个多余约束,而代之以相应的 n 个多余未知力后所得到的静定结构。力法的基本方程是在 n 个多余约束处的 n 个变形条件——基本体系沿多余未知力方向的位移应与原结构相应的位移相等。

$$\begin{cases} \delta_{11}X_1 + \delta_{12}X_2 + \cdots + \delta_{1i}X_i + \cdots + \delta_{1n}X_n + \Delta_{1P} = \Delta_1 \\ \delta_{21}X_1 + \delta_{22}X_2 + \cdots + \delta_{2i}X_i + \cdots + \delta_{2n}X_n + \Delta_{2P} = \Delta_2 \\ \quad\quad\quad\quad\quad\quad\quad \vdots \\ \delta_{n1}X_1 + \delta_{n2}X_2 + \cdots + \delta_{ni}X_i + \cdots + \delta_{nn}X_n + \Delta_{nP} = \Delta_n \end{cases}$$

式中,Δ_{iP} 是基本结构在实际荷载作用下沿多余未知力 X_i 方向的位移($i = 1, 2, \cdots, n$);δ_{ij} 表示单位荷载 $X_j = 1$ 的作用,使基本结构沿多余未知力 X_i 方向产生的位移,常称为柔度系数 ($i, j = 1, 2, \cdots, n$)。

上式为 n 次超静定结构在荷载作用下力法方程的一般形式。不论结构是什么形式,结构的基本体系和基本未知量怎么选取,其力法的基本方程均为此形式,常称为力法典型方程。

根据位移互等定理,系数 δ_{ij} 与 δ_{ji} 是相等的,即

$$\delta_{ij} = \delta_{ji}$$

解力法方程得到多余未知力 X_1, X_2, $\cdots$, X_n 的数值后,超静定结构的内力可根据平衡条件求出,或者根据叠加原理用下式计算:

$$M = \overline{M_1}X_1 + \overline{M_2}X_2 + \cdots + \overline{M_i}X_i + \cdots + \overline{M_n}X_n + M_P$$

式中,$\overline{M_i}$ 是基本结构由于 $X_i = 1$ 作用而产生的内力;M_P 是基本结构由于荷载作用而产生的内力。

■ 5.3 力法计算荷载下超静定结构

计算排架和刚架位移时,通常忽略轴力和剪力的影响,而只考虑弯矩的影响,因而使计算得到简化。

5.3.1 超静定刚架

【例 5-2】 绘制图 5-10a 所示超静定刚架的弯矩图。

【解】 1) 基本体系(图 5-10b)。刚架是一次超静定,可以取 C 处的水平反力为多余未知力。撤去 C 点的水平支杆而代之以未知力 X_1 后,得到图 5-10b 所示的基本体系。

2) 力法方程。基本体系应满足 C 点无水平位移的变形条件。力法方程为

$$\delta_{11}X_1 + \Delta_{1P} = 0$$

一次超静定刚架

3) 计算系数和自由项。分别画出实际荷载及单位未知力 $X_1 = 1$ 的作用的弯矩图(图 5-10c、d),利用图乘法计算系数,得

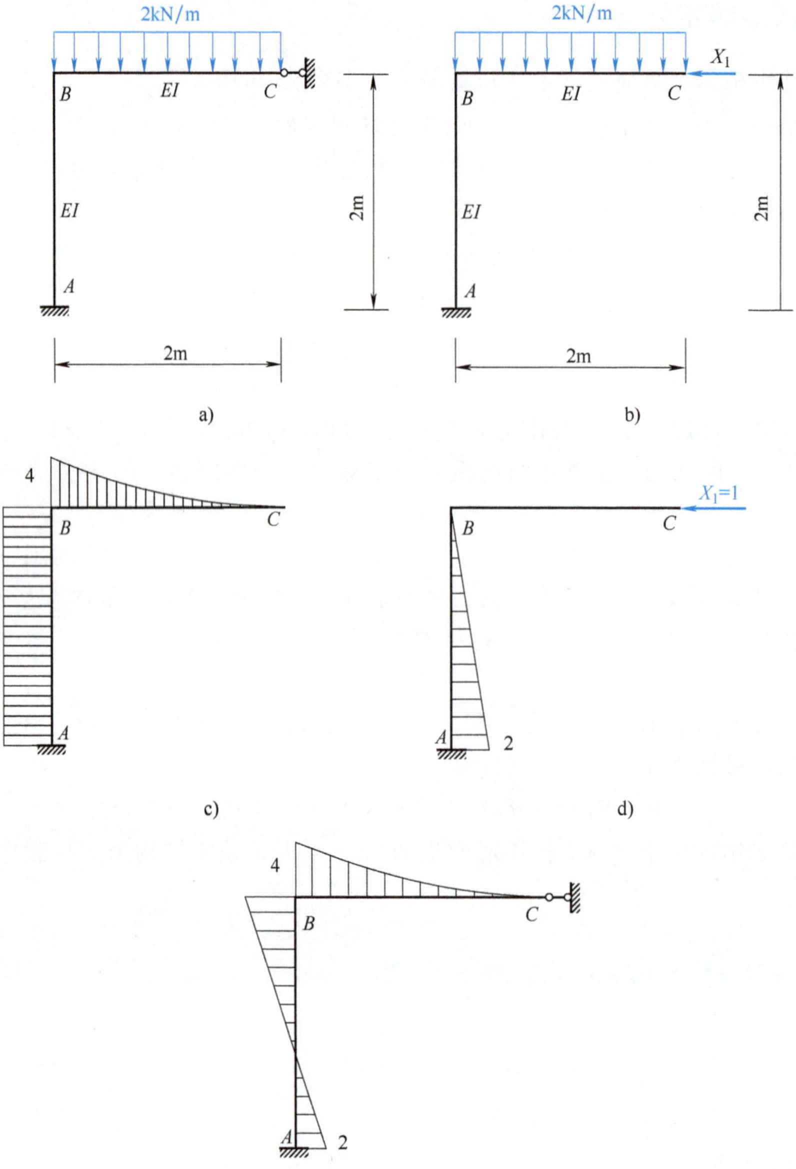

图 5-10 【例 5-2】超静定刚架

a) 原结构　b) 基本体系　c) M_P 图 (kN·m)　d) $\overline{M_1}$ 图 (kN·m)　e) M 图 (kN·m)

$$\Delta_{1P} = \frac{-1}{EI} \times \frac{1}{2} \times 2^2 \times 4 = \frac{-8}{EI}$$

$$\delta_{11} = \frac{1}{EI} \times \frac{1}{2} \times 2^2 \times \frac{2}{3} \times 2 = \frac{8}{3EI}$$

4) 求多余的未知力。将 δ_{11} 和 Δ_{1P} 代入力法方程，得

$$X_1 = -\frac{\Delta_{1P}}{\delta_{11}} = 3\text{kN}$$

5）作弯矩图（图 5-10e）

$$M = \overline{M}_1 X_1 + M_P$$

因此，将 $X_1 = -\dfrac{\Delta_{1P}}{\delta_{11}} = 3\mathrm{kN}$ 乘以 $\overline{M}_1$ 图后，再与 $\overline{M}_P$ 图相加，即得出 M 图。

【例 5-3】 绘制图 5-11a 所示超静定刚架的弯矩图。

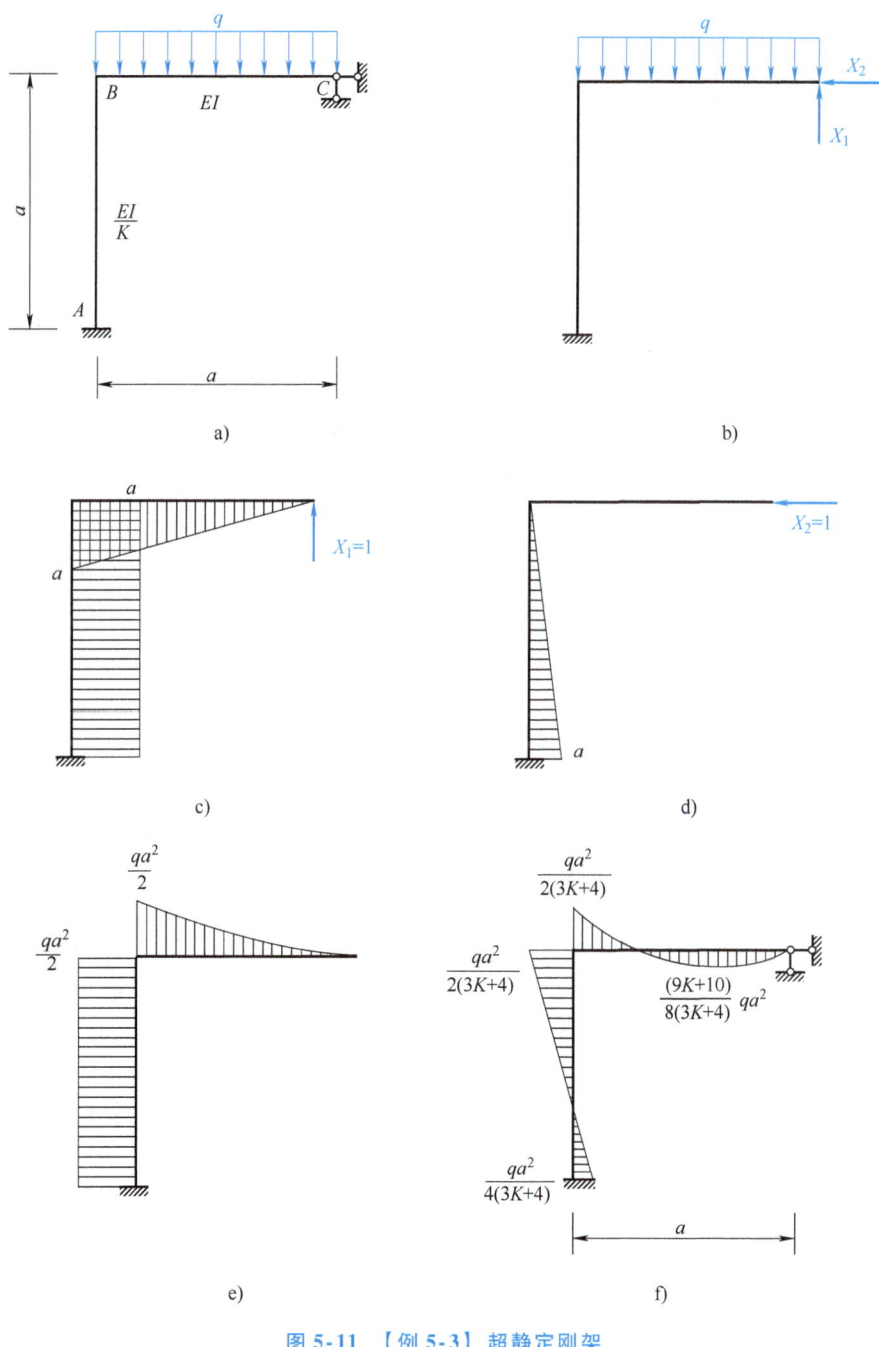

图 5-11 【例 5-3】超静定刚架

a）原结构 b）基本体系 c）$\overline{M}_1$ 图 d）$\overline{M}_2$ 图 e）M_P 图 f）M 图

【解】 1）基本体系（图 5-11b）。刚架是二次超静定结构。可以取 C 处的水平反力和竖向反力为多余未知力，撤去 C 点的铰支座而代之以未知力 X_1 和 X_2 后，得到图 5-11b 所示的基本体系。

2）力法方程。基本体系应满足 C 点无水平位移和竖向位移的变形条件。力法方程为

二次超静定刚架

$$\delta_{11}X_1 + \delta_{12}X_2 + \Delta_{1P} = 0$$
$$\delta_{21}X_1 + \delta_{22}X_2 + \Delta_{2P} = 0$$

3）计算系数和自由项。分别画出实际荷载及单位荷载 $X_1 = 1$ 和 $X_2 = 1$ 的作用的弯矩图（图 5-11c、d、e），利用图乘法计算系数。

$$\Delta_{1P} = -\frac{K}{EI} \times a^2 \times \frac{1}{2}qa^2 - \frac{1}{EI} \times \frac{1}{3} \times \frac{1}{2}qa^2 \times a \times \frac{3}{4}a = -\frac{4K+1}{8EI}qa^4$$

$$\Delta_{2P} = -\frac{K}{EI} \times \frac{1}{2}a^2 \times \frac{1}{2}qa^2 = -\frac{K}{4EI}qa^4$$

$$\delta_{11} = \frac{K}{EI}a^3 + \frac{1}{EI} \times \frac{1}{2}a^2 \times \frac{2}{3}a = \frac{3K+1}{3EI}a^3$$

$$\delta_{22} = \frac{K}{EI} \times \frac{1}{2}a^2 \times \frac{2}{3}a = \frac{Ka^3}{3EI}$$

$$\delta_{12} = \delta_{21} = \frac{K}{EI} \times \frac{1}{2}a^2 \times a = \frac{Ka^3}{2EI}$$

4）求多余的未知力。将 δ_{11}、δ_{12}、δ_{21}、δ_{22} 和 Δ_{1P}、Δ_{2P} 代入力法方程，解得

$$X_1 = \frac{3(K+1)}{2(3K+4)}qa; \quad X_2 = \frac{3(K+1)}{4(3K+4)}qa$$

5）作弯矩图，见图 5-11f。

$$M = \overline{M}_1 X_1 + \overline{M}_2 X_2 + M_P$$

5.3.2 超静定排架

【例 5-4】 已知图 5-12a 所示柱的上部抗弯刚度为 EI_1，下部抗弯刚度为 EI_2，且 $I_2/I_1 = 5$，柱承受吊车制动力为 15kN，试作 M 图。

【解】 1）确定基本体系。选基本未知量，确定基本体系，见图 5-12b。

2）列力法方程。在切口处的相对线位移为零，力法方程为

超静定排架

$$\delta_{11}X_1 + \Delta_{1P} = 0$$

3）求系数和自由项，得

$$\delta_{11} = \frac{2}{EI_2}\left[\frac{1}{2} \times 3 \times 7 \times \left(\frac{1}{3} \times 10 + \frac{2}{3} \times 3\right) + \frac{1}{2} \times 10 \times 7 \times \left(\frac{1}{3} \times 3 + \frac{2}{3} \times 10\right)\right] +$$

$$\frac{2}{EI_1}\left(\frac{1}{2} \times 3 \times 3 \times \frac{2}{3} \times 3\right)$$

$$= \frac{1946}{3EI_2} + \frac{18}{EI_1} = \frac{2216}{15EI_1}$$

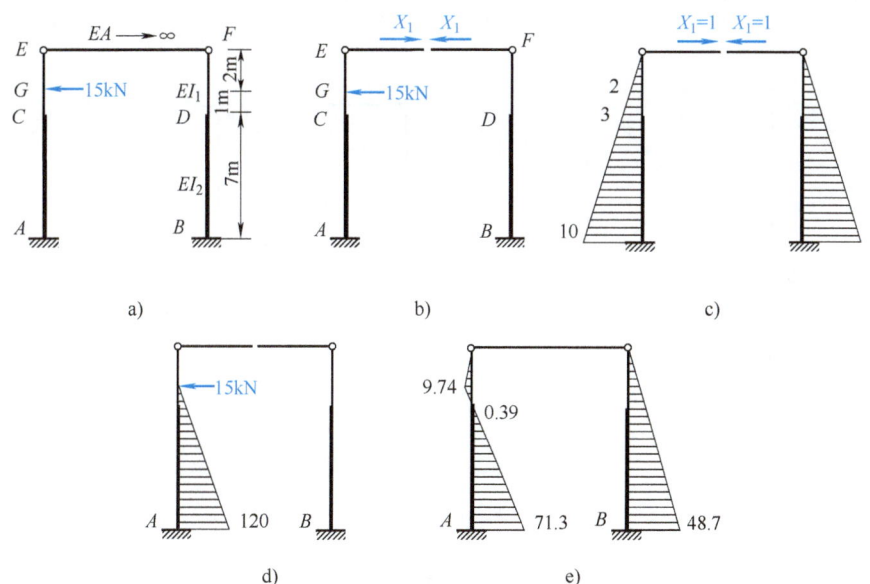

图 5-12 超静定排架

a) 原结构　b) 基本体系　c) $\overline{M}_1$ 图　d) M_P 图（kN·m）　e) M 图（kN·m）

$$\Delta_{1P} = \frac{-1}{EI_1}\left[\frac{1}{2} \times 1 \times 15 \times \left(\frac{1}{3} \times 2 + \frac{2}{3} \times 3\right)\right] - $$

$$\frac{1}{EI_2}\left[\frac{1}{2} \times 3 \times 7 \times \left(\frac{1}{3} \times 120 + \frac{2}{3} \times 15\right) + \frac{1}{2} \times 10 \times 7 \times \left(\frac{2}{3} \times 120 + \frac{1}{3} \times 15\right)\right]$$

$$= -\frac{20}{EI_1} - \frac{3500}{EI_2} = -\frac{720}{EI_1}$$

4）解方程，得

$$X_1 = \frac{-\Delta_{1P}}{\delta_{11}} = \frac{\dfrac{720}{EI_1}}{\dfrac{2216}{15EI_1}} = 4.87 \text{kN}$$

5）作 M 图，见图 5-12e。

$$M = \overline{M}_1 X_1 + M_P$$

5.3.3　超静定桁架

桁架是链杆体系，所有杆件的内力均只有轴力，计算力法方程的系数和自由项时，只考虑轴力的影响。

解决桁架问题，同样要先判定超静定的次数，并选取基本体系。选取基本体系时，根据结构几何组成特点除了可以去除多余支座约束外，也可以选择切开或者撤去多余链杆。一般来说如果选择切开杆件，则位移协调条件是切口处相邻两截面相对轴向位移等于 0；如果选择撤去杆件，则位移协调条件是原结构被撤杆件两端点沿该杆方向的相对线位移等于该杆件的伸缩变形量。两种做法所建立的力法方程形式不同，但经一定的变换后将归为一致，从这个意义上说，二者具有等价性。

【例 5-5】 计算图 5-13a 所示超静定桁架的各杆内力。各杆 EA 相同，且为常数。

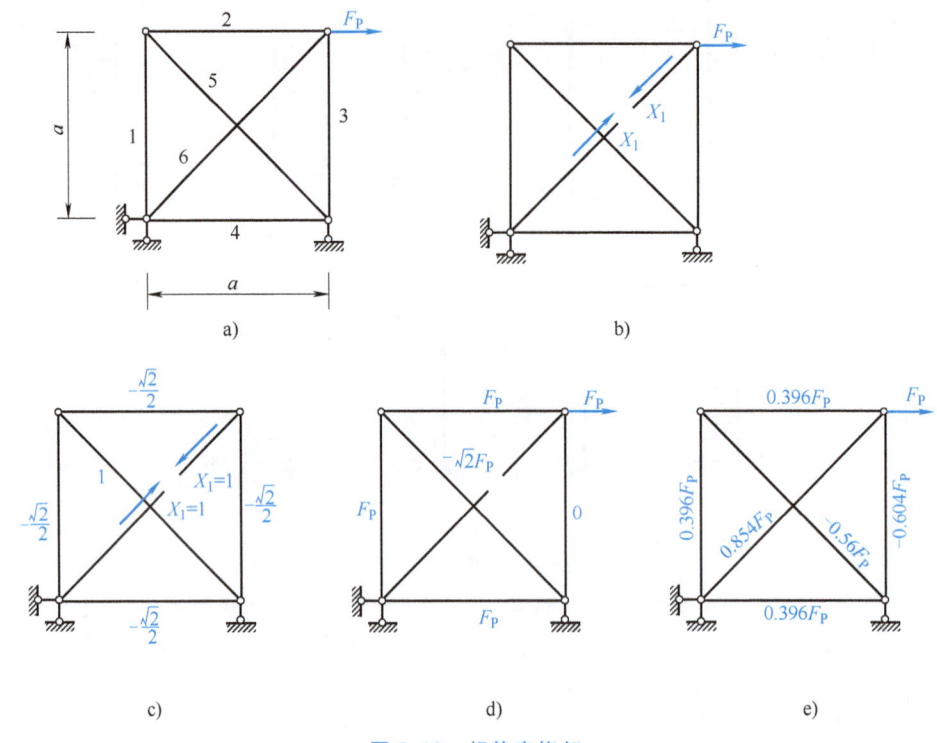

图 5-13 超静定桁架

a) 原结构　b) 基本体系　c) $\overline{F_{N1}}$　d) F_{NP}　e) F_N

【解】 1) 基本体系（图 5-13b）。桁架是一次超静定，可以取其链杆 6 处的轴力 X_1 为多余未知力，得到图 5-13b 所示的基本体系。

2) 力法方程。基本体系应满足原结构任一截面两侧没有相对位移的变形条件。力法方程为

$$\delta_{11}X_1 + \Delta_{1P} = 0$$

3) 计算系数和自由项。分别画出单位未知力 $X_1 = 1$ 及实际荷载的作用的各杆的轴力（图 5-13c、d），利用图乘法计算系数。

$$\Delta_{1P} = \sum \frac{\overline{F_{N1}} F_{NP} l}{EA} = \frac{1}{EA}\left[-\frac{F_P a}{\sqrt{2}}(3 + 2\sqrt{2})\right]$$

$$\delta_{11} = \sum \frac{\overline{F_{N1}}^2 L}{EA} = \frac{1}{EA}(2 + 2\sqrt{2})a$$

4) 求多余的未知力。将 δ_{11} 和 Δ_{1P} 代入力法方程，得

$$X_1 = -\frac{\Delta_{1P}}{\delta_{11}} = 0.854F_P$$

5) 作轴力图，见图 5-13e。

$$F_N = \overline{F_{N1}}X_1 + F_{NP}$$

超静定桁架

本题选取的是截断 6 杆作为基本体系，读者自己可以选取去除 6 杆或者其他杆的基本体系的方式来解题，比较二者的异同。

5.3.4 超静定组合结构

组合结构中既有链杆也有梁式杆,计算系数和自由项时,链杆只考虑轴力的影响,而梁式杆则只考虑弯矩的影响。

【例 5-6】 计算图 5-14a 所示超静定组合结构。$EI = 16EA$,且 EI 为常数。

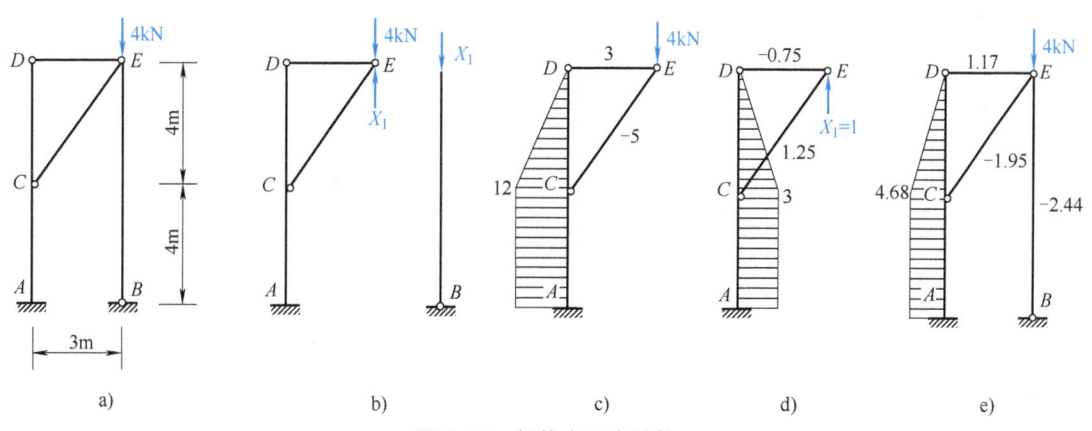

图 5-14 超静定组合结构

a) 原结构 b) 基本体系 c) M_P 图 (kN·m) 和 F_{NP} (kN) d) $\overline{M_1}$ 图 (kN·m) 和 $\overline{F_{N1}}$ (kN)
e) M 图 (kN·m) 和 F_N (kN)

【解】 1) 选择基本体系。去掉杆 BE,用未知力 X_1 代替,见图 5-14b。

2) 建立力法方程,得

$$\delta_{11} X_1 + \Delta_{1P} = -\frac{8X_1}{EA}$$

3) 计算系数和自由项。分别画出荷载和单位未知力的内力图(图 5-14c、d),计算出

$$\delta_{11} = \frac{1}{EI}\left(\frac{1}{2} \times 4 \times 3 \times \frac{2}{3} \times 3 + 4 \times 3 \times 3\right) + \frac{1}{EA}(0.75^2 \times 3 + 1.25^2 \times 5) = \frac{200}{EI}$$

$$\Delta_{1P} = \frac{-1}{EI}\left(\frac{1}{2} \times 4 \times 12 \times \frac{2}{3} \times 3 + 12 \times 3 \times 4\right) + \frac{-1}{EA}(3 \times 0.75 \times 3 + 5 \times 1.25 \times 5) = \frac{-800}{EI}$$

4) 求多余的未知力,得

$$X_1 = 2.44 \text{kN}$$

5) 作内力图。按静定结构,用平衡条件或叠加原理计算结构特殊截面的内力,然后画出内力图,见图 5-14e。

5.4 力法计算其他条件下超静定结构

超静定结构由于多余约束的存在,在支座移动、温度变化、制造误差等情况下,通常将使结构产生内力,这是超静定结构的特性之一。

超静定结构在支座移动、温度变化、制造误差等因素作用下产生的内力,称为自内力。用力法计算自内力时,计算步骤与荷载作用的情形基本相同。下面将分别介绍超静定结构支座移动和温度变化情况下的内力计算方法。

5.4.1 支座移动

对于支座移动时的计算，应首先确定基本未知量，选定基本体系，然后列出力法的基本方程。以图 5-15 所示几种结构为例，它们的力法基本方程分别为

图 5-15a $\qquad \delta_{11}X_1 = -a$

图 5-15b $\qquad \delta_{11}X_1 + \Delta_{1C} = -a \qquad \Delta_{1C} = -l\alpha$

图 5-15c $\quad \delta_{11}X_1 + \Delta_{1C} = 0 \quad \Delta_{1C} = -\sum \overline{F_R}c = -(b \times 1 + l \times \alpha)$

图 5-15d $\quad \delta_{11}X_1 + \Delta_{1C} = 0 \quad \Delta_{1C} = -\sum \overline{F_R}c = -(a \times 1 + l \times \alpha)$

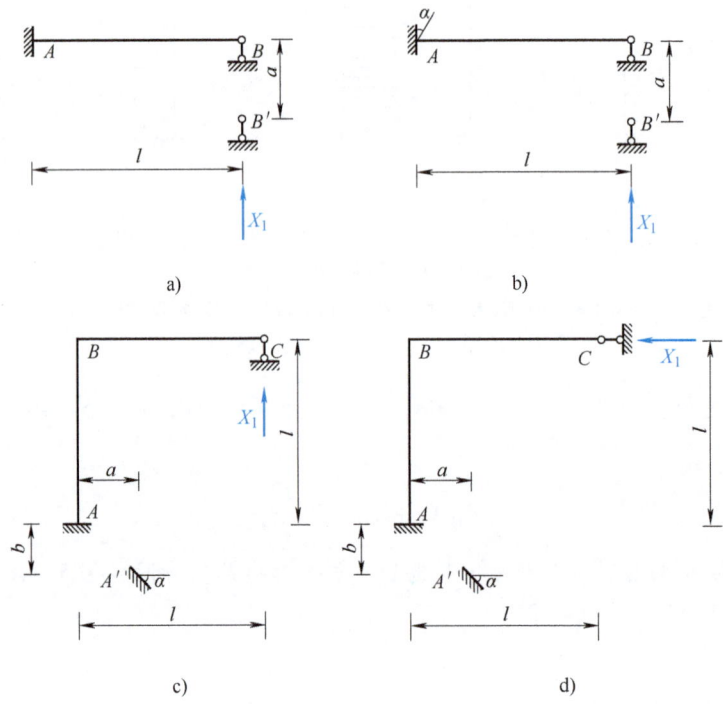

图 5-15 支座移动

a) 梁（支座有竖向位移） b) 梁（支座有转角、竖向位移） c) 刚架（支座有转角、线位移）
d) 刚架（与图 c 相比，支座 C 不同）

【例 5-7】 图 5-16a 所示梁在支座 A 处发生转角 θ，$EI = $ 常数，作内力图。

【解】 1）确定基本未知量，选基本体系，见图 5-22b。

2）列力法方程，即

$$\delta_{11}X_1 + \Delta_{1C} = 0$$

3）求系数和自由项。将 $X_1 = 1$ 及支座位移分别单独作用在基本体系上，见图 5-16c、d，计算出

$$\delta_{11} = \int \frac{\overline{M_1}^2}{EI}ds = \frac{1}{EI}\left(\frac{1}{2} \times l \times l \times \frac{2}{3}l\right) = \frac{l^3}{3EI}$$

$$\Delta_{1C} = -\sum \overline{F_R}c = -(\theta \times l) = -\theta l$$

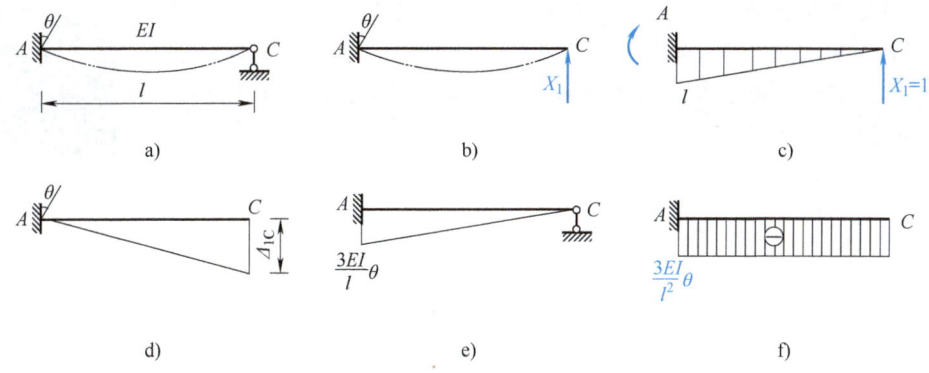

图 5-16 一次超静定结构

a) 原结构 b) 基本体系 c) $\overline{M}_1$图 d) 支座位移 Δ_{1C} e) M图 f) F_Q图

4) 解方程，得

$$X_1 = \frac{-\Delta_{1C}}{\delta_{11}} = \frac{\theta l}{\dfrac{l^3}{3EI}} = \frac{3EI}{l^2}\theta$$

5) 作弯矩图，见图 5-16e，$M = \overline{M}_1 X_1$。

6) 作剪力图，见图 5-16f。将 $X_1 = \dfrac{3EI}{l^2}\theta$ 作用在基本结构上，基本结构为静定结构。

【例 5-8】 作图 5-17a 所示结构的弯矩图。EI = 常数，B 端弹簧支座的弹性刚度为 k。

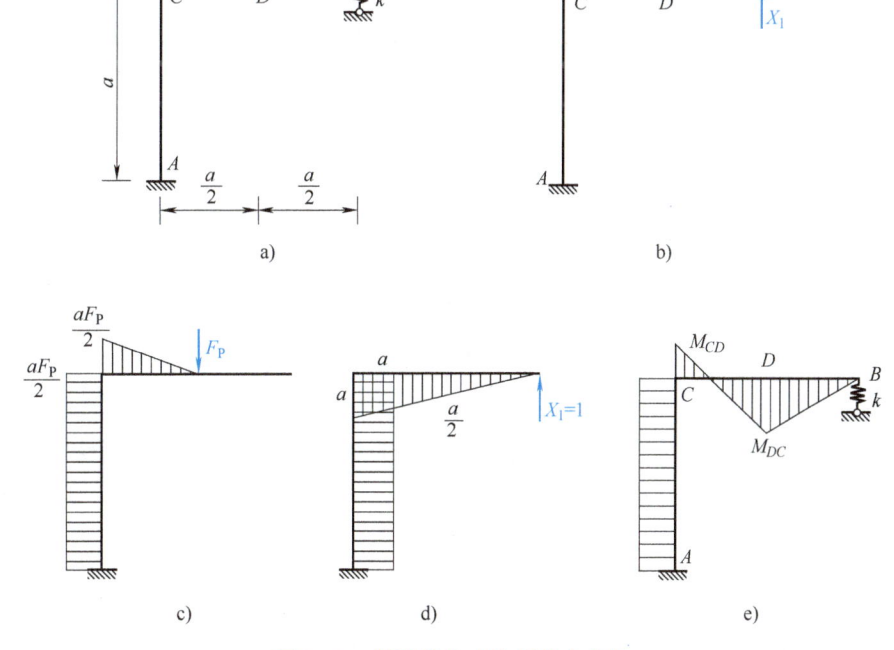

图 5-17 带弹簧支座的超静定结构

a) 原结构 b) 基本体系 c) M_P图 d) $\overline{M}_1$图 e) M图

【解】 1) 确定基本未知量,取基本体系。去掉 B 支座的弹簧联系,由未知力 X_1 代替,基本体系见图 5-17b。

2) 列力法方程。由于 B 支座为弹簧,在荷载作用下,B 支座的支座反力会使弹簧压缩,压缩值为

$$\Delta_1 = -\frac{1}{k}X_1 \quad (\text{由于 } \Delta_1 \text{ 与 } X_1 \text{ 的方向总是相反,取负值})$$

有弹簧支座力法的基本方程

力法方程为

$$\delta_{11}X_1 + \Delta_{1P} = -\frac{1}{k}X_1$$

移项后得

$$\left(\delta_{11} + \frac{1}{k}\right)X_1 + \Delta_{1P} = 0$$

3) 求系数及自由项,得

$$\delta_{11} = \frac{1}{EI}\left(\frac{1}{2}a \times a \times \frac{2}{3}a + a \times a \times a\right) = \frac{4a^3}{3EI}$$

$$\Delta_{1P} = \frac{1}{EI}\left(-\frac{1}{2} \times \frac{a}{2} \times \frac{a}{2} \times \frac{2}{3} \times \frac{aF_P}{2} - \frac{a}{2} \times \frac{a}{2} \times \frac{1}{2} \times \frac{aF_P}{2} - a \times a \times \frac{aF_P}{2}\right)$$

$$= -\frac{29F_P a^3}{48EI}$$

4) 解方程,得

$$X_1 = -\frac{\Delta_{1P}}{\delta_{11} + \frac{1}{k}} = -\frac{29F_P a^3}{64a^3 + \frac{48EI}{k}}$$

X_1 的值与 F_P、a、EI 及 k 有关,当 $k \to \infty$ 时,B 支座相当于链杆,$X_1 = \frac{29}{64}F_P$;当 $k = 0$ 时,B 处相当于自由端,$X_1 = 0$。

5) 根据叠加原理,$M = \overline{M_1}X_1 + M_P$,作 M 图。

$$M_{DC} = \frac{29F_P a^4}{2 \times \left(64a^3 + \frac{48EI}{k}\right)} \quad (\text{下部受拉})$$

$$M_{CD} = \frac{1}{2}F_P a - \frac{29F_P a^4}{2 \times \left(64a^3 + \frac{48EI}{k}\right)} \quad (\text{上部受拉})$$

有弹簧支座的问题,一般情况有两种思路,一种是像【例 5-8】一样去掉弹簧约束,这时基本结构已经没有弹簧了;还有一种思路是去掉非弹簧约束,此时基本结构中含有弹簧,求位移系数时应加上弹簧引起的位移。读者可以尝试第二种思路,自行比较两种方法的不同。

5.4.2 温度变化

【例 5-9】 图 5-18 所示刚架外侧温度为 $0°C$,内侧温度为 $20°C$,求由于温度变化在刚架中引起的弯矩和轴力。各杆 EI 为常数,线膨胀系数为 α,梁柱截面均匀矩形,高度

均为 $h = 0.5\mathrm{m}$。

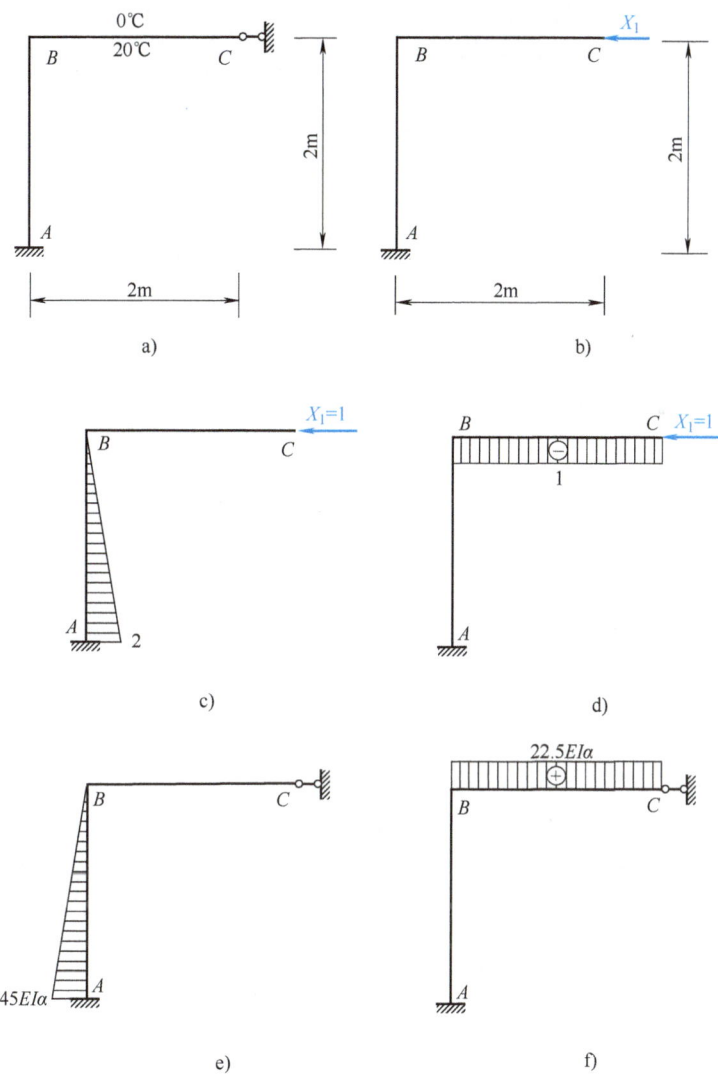

图 5-18 超静定刚架

a) 原结构　b) 基本体系　c) $\overline{M_1}$图　d) $\overline{F_{N1}}$图　e) M图　f) F_N图

【解】 1) 基本体系。此刚架为一次超静定，基本体系见图5-18b。

2) 力法方程。变形条件为基本体系在铰 C 处水平位移等于零。这个位移是由温度变化和未知力 X_1 共同产生的，即

$$\delta_{11}X_1 + \Delta_{1t} = 0$$

这里，自由项 Δ_{1t} 是由于温度变化在基本结构中沿 X_1 方向产生的位移。

3) 计算系数和自由项。

$$\Delta_{1t} = \sum \alpha \frac{\Delta t}{h} \int \overline{M_1} \mathrm{d}s + \sum \alpha t_0 \int \overline{F_{N1}} \mathrm{d}s$$

温度变化力法
的基本方程

式中，两个积分就是$\overline{M}_1$图和$\overline{F}_{N1}$图的面积。

作$\overline{M}_1$和$\overline{F}_{N1}$图（图5-18c、d），利用位移公式求得

$$\delta_{11} = \frac{1}{EI} \times \frac{1}{2} \times 2^2 \times \frac{2}{3} \times 2 = \frac{8}{3EI}$$

$$\Delta_{1t} = \alpha \times \frac{20}{0.5} \times \frac{1}{2} \times 2^2 - \alpha \times 10 \times 1 \times 2 = 80\alpha - 20\alpha = 60\alpha$$

在$\overline{M}_1$图中，杆内部纤维受拉，温差Δt也是内部温度较高，故上式第一项取正号。在$\overline{F}_{N1}$图中，横梁受压，温度变化t_0为正，故上式第二项取负号。

4）解力法方程。由力法方程，得

$$X_1 = -\frac{\Delta_{1t}}{\delta_{11}} = -22.5EI\alpha$$

5）作内力图。基本结构是静定结构，温度变化不引起内力，故内力都是由多余未知力引起的，即

$$\begin{cases} M = \overline{M}_1 X_1 \\ F_N = \overline{F}_{N1} X_1 \end{cases}$$

内力图见图5-18e、f。

5.5 力法计算对称结构

对于超静定结构来说，对称结构（symmetrical structure）是几何形状、支承和刚度分布都对称的结构。

用力法分析超静定结构时，力法方程是多余未知力的线性代数方程组，需要计算方程的系数和解联立方程。结构的超静定次数越高，方程数量越多，计算工作量就越大。利用对称性计算超静定结构，其目的就是要简化计算过程。在典型方程中若能使一些系数和自由项等于零，则计算可得到一定程度的简化。通过对典型方程中系数的物理意义的分析可知，主系数恒为正数，因此只能从副系数、自由项和基本未知量这三个方面考虑。力法简化的原则是：使尽可能多的副系数和自由项等于零。这样不仅简化了系数的计算工作，也简化了联立方程的求解。为达到这一目的，本节讨论利用结构的对称、荷载的对称和反对称以及结构的中心对称来简化计算。

实际工程中很多结构是对称的，利用对称性即可简化计算过程。

5.5.1 对称的基本结构

对称结构有一个对称轴，见图5-19a。对称包含两方面的含义：

1）结构的轴线形状、几何形状和支承情况对称。
2）各杆的刚度（EI和EA等）对称。

取对称的基本结构，见图5-19b，此时，多余未知力有3对，其中一对弯矩X_1和一对轴力X_2是正对称的，还有一对剪力X_3是反对称的。所谓正对称是指绕对称轴折叠后其两个力的大小、方向和作用线均重合；所谓反对称是指绕对称轴折叠后两个力的大小、作用点相同，而方向相反，作用线重叠。

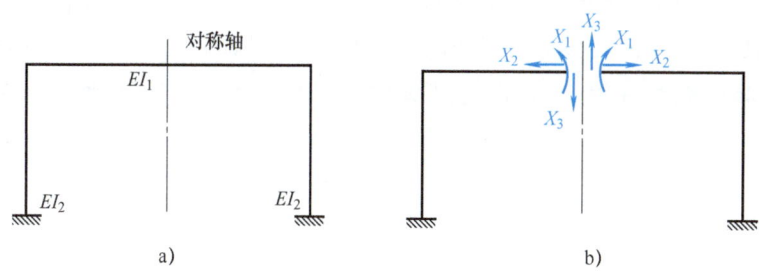

图 5-19 对称超静定结构
a）原结构 b）对称截面内力

绘出基本结构在各多余未知力单位力作用下的弯矩图，见图 5-20。可以看出，$\overline{M_1}$ 图和 $\overline{M_2}$ 图是正对称的，而 $\overline{M_3}$ 图是反对称的。由于正对称和反对称的图形图乘时恰好正负抵消，使结果为零，所以可得典型方程中的副系数 $\delta_{13}=\delta_{31}=0$，$\delta_{23}=\delta_{32}=0$。于是，典型方程便简化为

$$\begin{cases} \delta_{11}X_1 + \delta_{12}X_2 + \Delta_{1P} = 0 \\ \delta_{21}X_1 + \delta_{22}X_2 + \Delta_{2P} = 0 \\ \delta_{33}X_3 + \Delta_{3P} = 0 \end{cases}$$

由此可见，典型方程已分为两组，一组只含正对称的多余未知力 X_1 和 X_2，而另一组只含反对称的多余未知力 X_3。

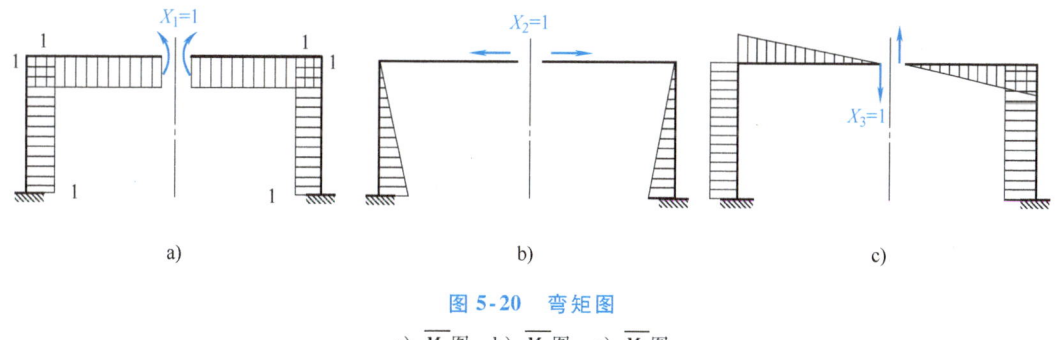

图 5-20 弯矩图
a）$\overline{M_1}$ 图 b）$\overline{M_2}$ 图 c）$\overline{M_3}$ 图

5.5.2 对称或反对称的荷载

如果作用在对称结构上的荷载也是正对称的（图 5-21a），则 M_P 图也是正对称的（图 5-21b），于是有 $\Delta_{3P}=0$。由典型方程的第 3 式可知反对称的多余未知力 $X_3=0$，因此只需计算正对称的多余未知力 X_1 和 X_2。最后的弯矩图为 $M=\overline{M_1}X_1+\overline{M_2}X_2+M_P$，它也是正对称的，其形状见图 5-21c。由此可推知：对称结构在正对称荷载作用下，结构上所有的反力、内力及位移（图 5-21a 中双点画线所示）都是正对称的。同时必须注意，此时剪力图是反对称的，这时由于剪力的正负号规定所致，而剪力的实际方向则是正对称的。

如果作用在对称结构上的荷载是反对称的，见图 5-22a，作出 M_P 图，见图 5-22b，则同理可证，此时正对称的多余未知力 $X_1 = X_2 = 0$，只剩下反对称的多余未知力 X_3。最后弯矩图为 $M = \overline{M_3} X_3 + M_P$，它也是反对称的，见图 5-22c，且此时，结构上所有反力、内力和位移是反对称的。但必须注意，剪力图是正对称的，剪力的实际方向则是反对称的。

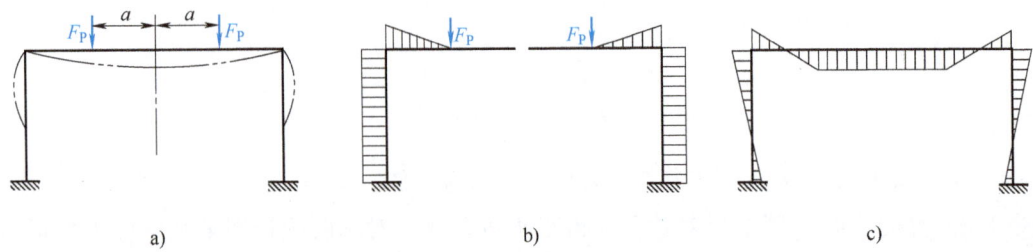

图 5-21 正对称荷载

a）正对称荷载作用 b）M_P 图 c）M 图

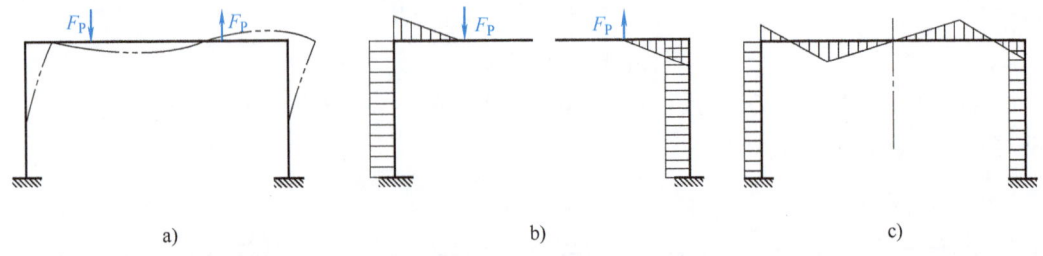

图 5-22 反对称荷载

a）反对称荷载作用 b）M_P 图 c）M 图

通过前面的分析可得出如下结论：

1）对称结构在正对称荷载作用下，其内力和位移是正对称的。

2）对称结构在反对称荷载作用下，其内力和位移是反对称的。

也就是说，对称结构在正对称荷载作用下，对称截面反对称多余未知力必等于零；在反对称荷载作用下，正对称的多余未知力必等于零。

【例 5-10】 求作如图 5-23a 所示刚架在荷载作用下的弯矩图，各杆 EI 相同且为常数。

【解】 根据荷载对称性的特点，取半结构（图 5-23b），按照前面所讲的一次超静定求解。

1）基本体系（图 5-23b）。刚架是一次超静定，可以取 C 处的水平反力为多余未知力，撤去 C 点的水平支杆而代之以未知力 X_1 后，得到图 5-23c 所示的基本体系。

选取半结构

2）力法方程。基本体系应满足 C 点无水平位移的变形条件，力法方程为

$$\delta_{11} X_1 + \Delta_{1P} = 0$$

3）计算系数和自由项。分别画出实际荷载及单位未知力 $X_1 = 1$ 的作用的弯矩图（图5-23d、e），利用图乘法计算系数。

$$\Delta_{1P} = \frac{-1}{EI} \times \frac{1}{3} \times 2 \times 4 \times \frac{3}{4} \times 2 = \frac{-4}{EI}$$

$$\delta_{11} = \frac{1}{EI} \times \frac{1}{2} \times 2^2 \times \frac{2}{3} \times 2 = \frac{8}{3EI}$$

4）求多余的未知力。将 δ_{11} 和 Δ_{1P} 代入力法方程，得

$$X_1 = -\frac{\Delta_{1P}}{\delta_{11}} = 1.5 \text{kN}$$

5）作弯矩图，见图5-23f。

$$M = \overline{M_1} X_1 + M_P$$

将 $X_1 = 1.5\text{kN}$ 乘以 $\overline{M_1}$ 图后，再与 M_P 图相加，即得出 M 图。

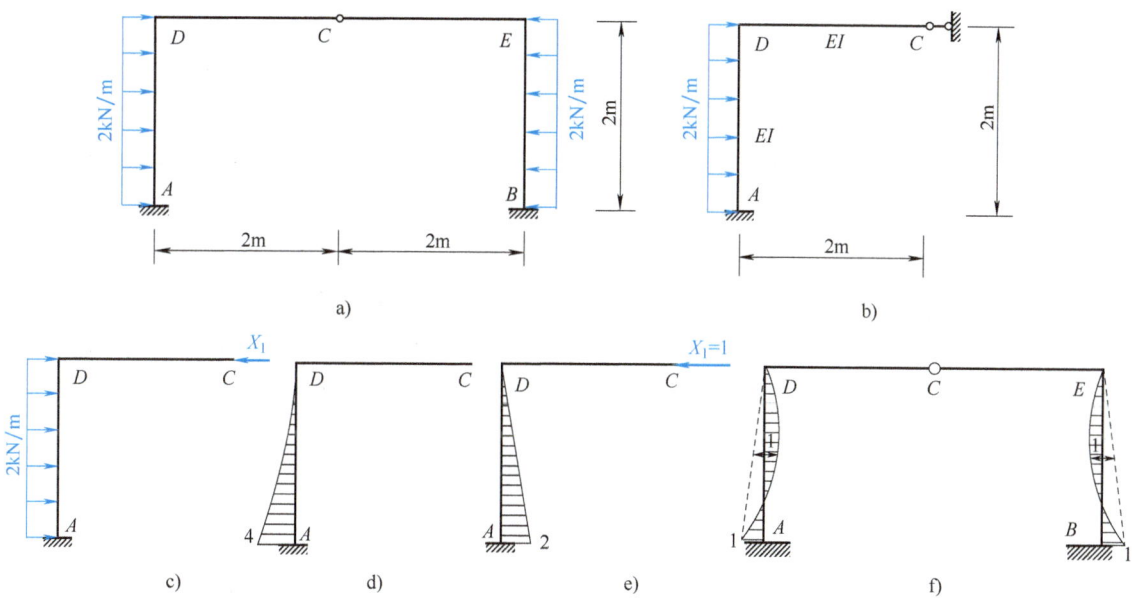

图5-23 超静定刚架

a）原结构 b）半结构 c）基本体系 d）M_P图（kN·m）

e）$\overline{M_1}$图（kN·m） f）M图（kN·m）

5.5.3 中心对称结构

中心对称结构是指结构的一半绕对称中心旋转180°后与另一半完全重合，见图5-24a，O点为对称中心。中心对称结构的荷载也分为正对称和反对称，正对称荷载是指对称中心一侧的荷载绕中心旋转180°后与另一侧的荷载完全重合，见图5-24b；反对称荷载是指对称中心一侧的荷载绕中心旋转180°后与另一侧荷载位置重合，大小相等，但方向相反，见图5-24c。

同样用上文所述方法分析，若取中心对称结构的基本结构，则在正对称荷载作用下，反对称的未知力为零（对称中心处弯矩是反对称的未知力，而剪力及轴力是正对称的未知力，见图 5-24d；中心对称结构在反对称荷载作用下，正对称的未知力为零，见图 5-24e。

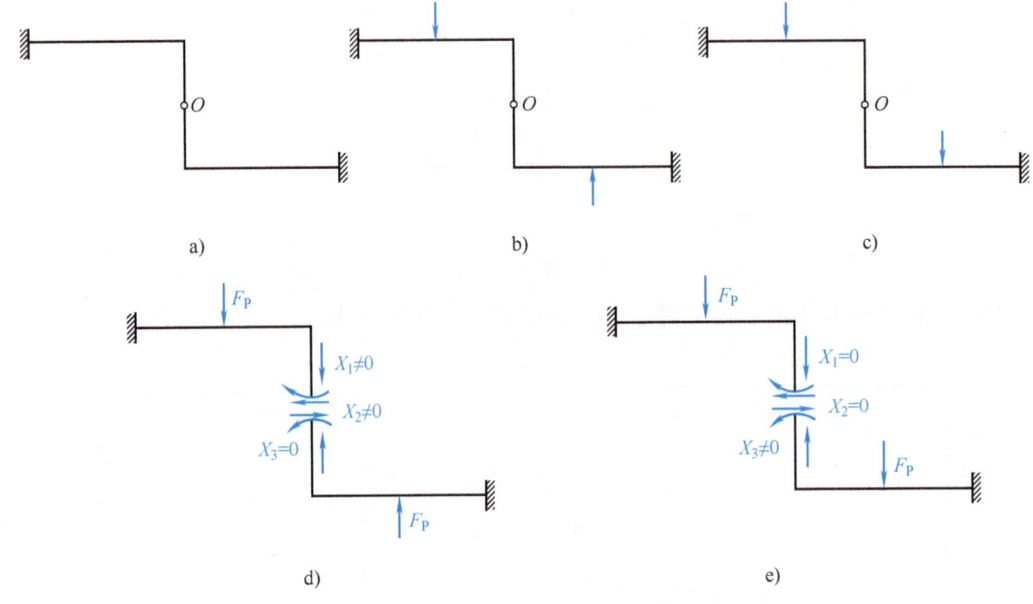

图 5-24　中心对称结构

a）原结构　b）正对称荷载　c）反对称荷载
d）正对称荷载作用下的基本体系　e）反对称荷载作用下的基本体系

【例 5-11】　求作图 5-25a 所示刚架在集中力与集中力偶作用下的弯矩图。

【解】　观察可知此结构为中心对称结构，故而可考虑用对称性求解，荷载可分解为正对称荷载（图 5-25b）和反对称荷载（图 5-25c）。

在正对称荷载作用下（图 5-25b），由于忽略横杆的轴向变形，故只有横杆承受拉力，其他杆件无内力更无弯矩。故而要作图 5-25a 所示的弯矩图，只需作图 5-25c 所示刚架在反对称荷载作用下的弯矩图即可。

在反对称荷载作用下，基本体系见图 5-25d。此时对称中心处的轴力为正对称的未知力，故为零，只有反对称未知力 X_1 存在。可作基本结构在未知力方向的单位力和荷载作用下的弯矩图，见图 5-25e、f 所示。

可列出力法方程为

$$\delta_{11} X_1 + \Delta_{1P} = 0$$

易得

$$\delta_{11} = \frac{3a}{EI}, \quad \Delta_{1P} = \frac{7a^2 F_P}{2EI}, \quad X_1 = -\frac{7}{6} a F_P。$$

最后弯矩图见图 5-26。

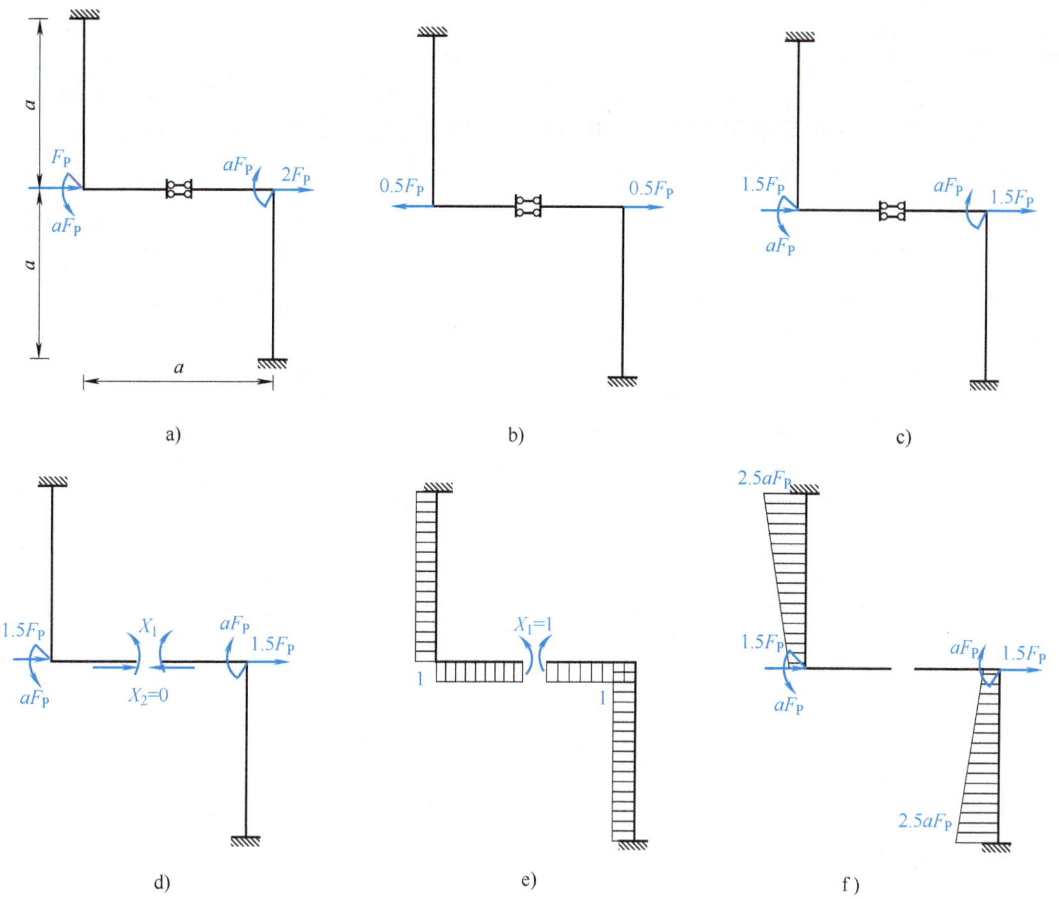

图 5-25 超静定刚架

a）原结构　b）正对称荷载　c）反对称荷载　d）基本体系　e）$\overline{M}$ 图　f）M_P 图

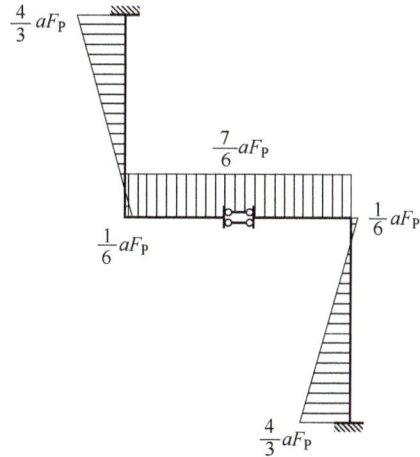

图 5-26 弯矩 M 图

5.6 超静结构的位移计算

以图 5-27a 所示的超静定梁为例,求均布荷载作用下梁的中点 C 的挠度 f。

力法的基本思路是取静定结构作为基本体系,利用基本体系来求原结构的内力。例如,可取图 5-27b 的静定梁作为基本体系,得出弯矩图,见图 5-27c。现在要计算超静定结构的位移。

基本体系与原结构的唯一区别是把多余未知力由原来的被动力换成主动力。因此,只要多余未知力满足力法方程,则基本体系的受力与变形状态就与原结构相同,因而求原结构位移的问题就归结为求基本体系这个静定结构的位移问题。

超静定结构位移计算的基本原理

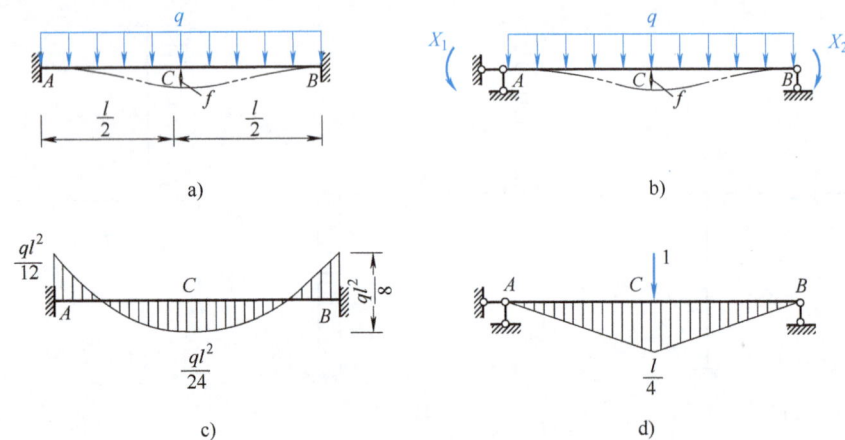

图 5-27 超静定梁

a) 原结构 b) 基本体系 c) M 图 d) $\overline{M}$ 图

为此,在基本结构的 C 点施加单位竖向荷载,作出单位弯矩图(图 5-27d)。利用 $\overline{M}$ 图和 M 图,进行图乘,得

$$f = \int \frac{\overline{M}M}{EI}ds = \frac{2}{EI} \times \left[-\left(\frac{ql^2}{12} \times \frac{l}{2}\right) \times \left(\frac{1}{2} \times \frac{l}{4}\right) + \left(\frac{2}{3} \times \frac{ql^2}{8} \times \frac{l}{2}\right) \times \left(\frac{5}{8} \times \frac{l}{4}\right) \right]$$

$$= \frac{ql^4}{384EI}(\downarrow)$$

这就是利用基本体系求得的原结构 C 点的挠度 f。

由此可见,计算超静定结构的位移时,单位荷载可加在基本结构上。这样,单位内力图是静定的,绘制也非常简便。

平面结构位移计算的一般公式为

$$\Delta = \sum \int (\overline{M}\kappa + \overline{F}_N \varepsilon + \overline{F}_Q \gamma_0) ds - \sum \overline{F}_{RK} c_K$$

该式对于静定和超静定结构都同样适用。超静定梁和刚架位移计算具体步骤如下:

1)先用力法计算,画出结构弯矩图 M。

2)在任意的静定基本结构上施加单位荷载,画出 $\overline{M}$ 图。值得注意的是,可以选择任意静定的基本结构，计算结果都是相同的，所以尽量选取图乘或者画 $\overline{M}$ 图方便的基本结构。

下面专门给出超静定结构在荷载、支座移动和温度变化等因素作用下的位移公式。

1. 荷载作用

设超静定结构在荷载作用下的内力为 M、F_N、F_Q，这时杆件微段的变形为

$$\kappa = \frac{M}{EI}$$

$$\varepsilon = \frac{F_N}{EA}$$

$$\gamma_0 = \frac{kF_Q}{GA}$$

因此，位移公式为

$$\Delta = \sum \int \frac{\overline{M}M}{EI}ds + \sum \int \frac{\overline{F_N}F_N}{EA}ds + \sum \int \frac{k\overline{F_Q}F_Q}{GA}ds$$

这个公式与静定结构的公式形式上完全相同。但需注意，这里的 $\overline{M}$、$\overline{F_N}$、$\overline{F_Q}$ 可以是任一基本结构（也可以是原计算超静定结构内力时取用的基本结构）在单位荷载作用下的内力。

2. 支座移动

设支座移动时超静定结构的内力为 M、F_N、F_Q，这时杆件微段的变形仍为

$$\kappa = \frac{M}{EI}$$

$$\varepsilon = \frac{F_N}{EA}$$

$$\gamma_0 = \frac{kF_Q}{GA}$$

因此，位移公式为

$$\Delta = \sum \int \frac{\overline{M}M}{EI}ds + \sum \int \frac{\overline{F_N}F_N}{EA}ds + \sum \int \frac{k\overline{F_Q}F_Q}{GA}ds - \sum \overline{F_{RK}}c_K$$

3. 温度变化

设温度变化时超静定结构的内力为 M、F_N、F_Q。除内力引起弹性变形外，还有微段在自由膨胀的条件下由温度引起的变形，即

$$\kappa = \frac{M}{EI} + \frac{\alpha \Delta t}{h}$$

$$\varepsilon = \frac{F_N}{EA} + \alpha t_0$$

$$\gamma_0 = k\frac{F_Q}{GA}$$

因此，位移公式为

$$\Delta = \sum \int \frac{\overline{M}M}{EI}ds + \sum \int \frac{\overline{F_N}F_N}{EA}ds + \sum \int \frac{k\overline{F_Q}F_Q}{GA}ds + \sum \int \overline{M}\frac{\alpha \Delta t}{h}ds + \sum \int \overline{F_N}\alpha t_0 ds$$

4. 综合影响下的位移公式

如果超静定结构是在荷载作用、支座移动、温度变化等因素的共同作用下，则位移公式为

$$\Delta = \sum \int \frac{\overline{M}M}{EI}ds + \sum \int \frac{\overline{F_N}F_N}{EA}ds + \sum \int \frac{k\overline{F_Q}F_Q}{GA}ds + \sum \int \overline{M}\frac{\alpha\Delta t}{h}ds + \sum \int \overline{F_N}\alpha t_0 ds - \sum \overline{F_{RK}}c_K$$

式中，M、F_N、F_Q 是超静定结构在全部因素影响下的内力，而 $\overline{M}$、$\overline{F_N}$、$\overline{F_Q}$ 和 $\overline{F_{RK}}$ 则是基本结构在单位力作用下的内力和支座反力。

本章小结

超静定结构的特点：①超静定结构的内力需要由静力平衡条件、变形条件和物理条件共同确定，在超静定结构中，支座移动、温度变化、材料收缩、制造误差等因素都可以引起内力；②在荷载作用下，超静定结构的内力分布与各杆刚度的比值有关，而与其绝对值无关。在温度变化、支座移动和制造误差等因素作用下，超静定结构的内力分布与各杆刚度的绝对值有关。

超静定结构的次数＝多余约束的个数＝多余未知力个数＝未知力个数－平衡方程个数。

力法的三个基本概念：基本未知量、基本结构和基本方程。

力法的基本思路：通过撤除多余约束，代之以多余约束力，把多余约束力作为基本未知量，将超静定结构的受力分析转化为对相应的基本结构的受力分析和相应的位移协调条件（变形条件）。

力法的典型方程为

$$\begin{cases} \delta_{11}X_1 + \delta_{12}X_2 + \cdots + \delta_{1n}X_n + \Delta_{1P} = \Delta_1 \\ \delta_{21}X_1 + \delta_{22}X_2 + \cdots + \delta_{2n}X_n + \Delta_{2P} = \Delta_2 \\ \quad\quad\quad\quad\quad\quad \vdots \\ \delta_{n1}X_1 + \delta_{n2}X_2 + \cdots + \delta_{nn}X_n + \Delta_{nP} = \Delta_n \end{cases}$$

(1) 超静定梁和超静定刚架在荷载下的计算

$$\delta_{ii} = \sum \int \frac{\overline{M_i}^2}{EI}ds \quad \delta_{ij} = \sum \int \frac{\overline{M_i}\,\overline{M_j}}{EI}ds \quad \Delta_{iP} = \sum \int \frac{\overline{M_i}M_P}{EI}ds$$

(2) 超静定桁架在荷载下的计算

$$\delta_{ii} = \sum \frac{\overline{F_{Ni}}^2 l}{EA} \quad \delta_{ij} = \sum \frac{\overline{F_{Ni}}\,\overline{F_{Nj}}\,l}{EA} \quad \Delta_{iP} = \sum \frac{\overline{F_{Ni}}F_{NP}l}{EA}$$

(3) 超静定组合结构在荷载下的计算

$$\delta_{ii} = \sum \int \frac{\overline{M_i}^2}{EI}ds + \sum \frac{\overline{F_{Ni}}^2 l}{EA} \quad \delta_{ij} = \sum \int \frac{\overline{M_i}\,\overline{M_j}}{EI}ds + \sum \frac{\overline{F_{Ni}}\,\overline{F_{Nj}}\,l}{EA}$$

$$\Delta_{iP} = \sum \int \frac{\overline{M_i}M_P}{EI}ds + \sum \frac{\overline{F_{Ni}}F_{NP}l}{EA}$$

（4）温度变化时超静定结构的计算

$$\Delta_{it} = \sum \overline{F_{Ni}}\alpha t_0 l + \sum \frac{\alpha \Delta t}{h}\int \overline{M_i}\mathrm{d}s$$

（5）支座位移时超静定结构的计算

$$\Delta_{iC} = \sum \overline{F_{Ri}}c_i$$

（6）制造误差时超静定结构的计算

$$\Delta_{iz} = \sum \overline{F_N}\lambda$$

取对称结构的基本结构时，在对称荷载下只考虑对称截面对称未知力（反对称未知力等于零）；在反对称荷载下只考虑反对称未知力（对称未知力等于零）。

超静定结构的位移计算原理：在荷载及多余未知力共同作用下，基本结构的受力和位移与原结构完全一致，因而求超静定结构位移，可用求基本结构位移来代替。

习　题

一、单项选择题

1. 力法基本方程的使用条件是（　　）构成的超静定结构。
   A. 弹塑性材料　　　　　　　　　　B. 任意变形的任何材料
   C. 微小变形且线弹性材料　　　　　D. 任意变形的线弹性材料

2. 有关力法求解超静定结构的问题，下列说法正确的是（　　）。
   A. 力法基本体系可以是瞬变体系
   B. 静定结构可以用力法进行求解
   C. 超静定结构可以作为力法的基本体系
   D. 结构的超静定次数不一定等于多余联系个数

3. 图5-28所示体系的超静定次数为（　　）。
   A. 5　　　　　B. 6　　　　　C. 7　　　　　D. 8

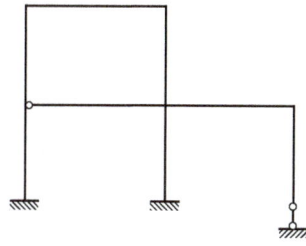

图5-28　习题3图

4. 图5-29所示结构支座下沉b，结构内力为（　　）。
   A. 有弯矩、有剪力、有轴力　　　　B. 无弯矩、无剪力、无轴力
   C. 有弯矩、无剪力、有轴力　　　　D. 无弯矩、无剪力、有轴力

5. 图5-30所示为一超静定的力法基本体系，$EI=$ 常数，其 Δ_{1P} 为（　　）。
   A. $\dfrac{-1296}{EI}$　　　B. $\dfrac{-2176}{3EI}$　　　C. $\dfrac{-640}{EI}$　　　D. $\dfrac{-250}{EI}$

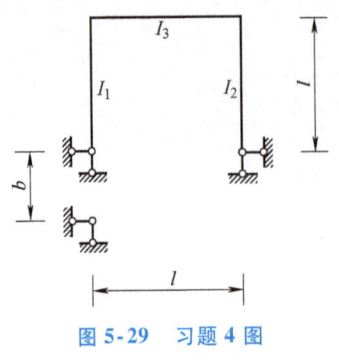

图 5-29　习题 4 图

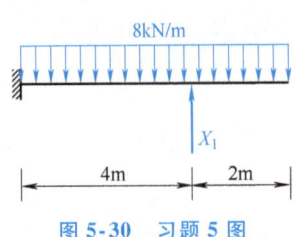

图 5-30　习题 5 图

6. 图 5-31 所示（i_1、i_2 为有限值，E 为常数），在荷载作用下，A 点水平位移（　　）。

A. 向右

B. 向左

C. 为零

D. A、B、C 选项均有可能，取决于 i_1 与 i_2 的比值

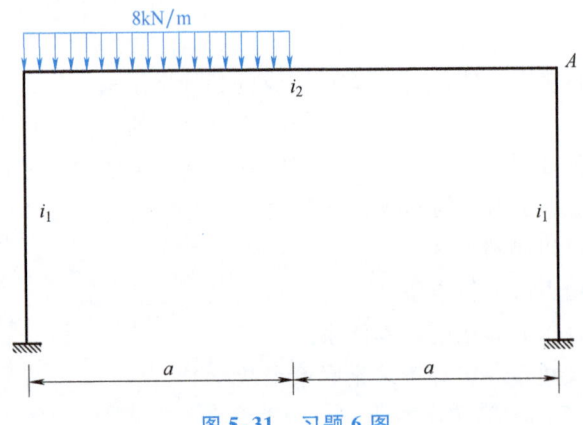

图 5-31　习题 6 图

7. 图 5-32 所示结构中，CD 杆轴力为（　　）。

A. 压力　　　　　B. 拉力　　　　　C. 等于零　　　　　D. $2ql$（压力）

8. 图 5-33 所示对称结构 EI = 常数，中点截面 C 及 AB 杆内力应满足（　　）。

A. $M \neq 0$, $F_Q = 0$, $F_N = 0$, $F_{NAB} \neq 0$　　　　B. $M = 0$, $F_Q \neq 0$, $F_N = 0$, $F_{NAB} \neq 0$

C. $M = 0$, $F_Q \neq 0$, $F_N = 0$, $F_{NAB} = 0$　　　　D. $M \neq 0$, $F_Q = 0$, $F_N = 0$, $F_{NAB} = 0$

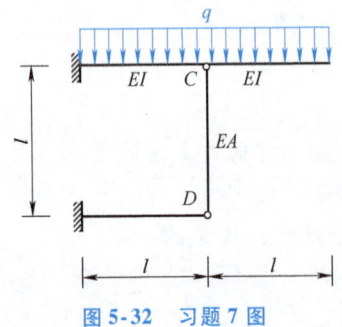

图 5-32　习题 7 图

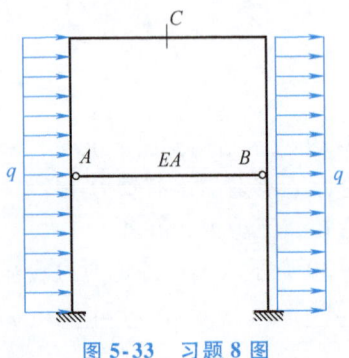

图 5-33　习题 8 图

9. 图 5-34 所示对称结构 $M_{AD} = \dfrac{ql^2}{36}$（左拉），$F_{NAD} = \dfrac{-5ql}{12}$（压），则 M_{BC} 为（以下侧受拉为正）（   ）。

A. $-\dfrac{ql^2}{6}$ B. $\dfrac{ql^2}{6}$ C. $\dfrac{-ql^2}{9}$ D. $\dfrac{ql^2}{9}$

10. 图 5-35 所示刚架 M_{CD}（下侧受拉为正）最为接近的数值是（   ）。

A. $-20\text{kN} \cdot \text{m}$ B. $-40\text{kN} \cdot \text{m}$ C. $-60\text{kN} \cdot \text{m}$ D. 0

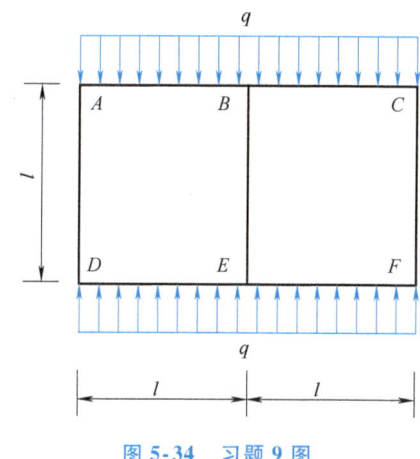

图 5-34 习题 9 图

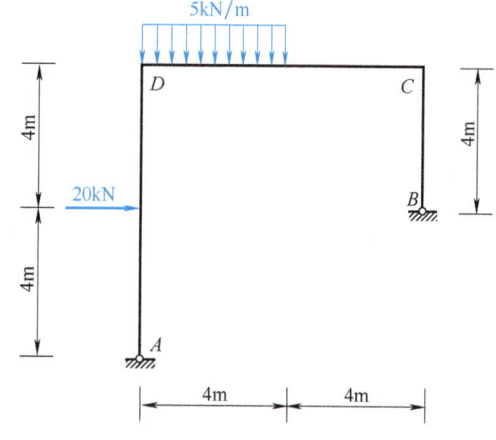

图 5-35 习题 10 图

11. 图 5-36 所示刚架内侧温度升高 t_1，而外侧温度降低 t_2，已知 $t_1 > t_2$，杆件均为矩形截面，若规定弯矩内侧受拉为正，则有（   ）。

A. $M_{AB} = M_{BA} = M_{BC} > 0$

B. $M_{AB} = M_{BA} = M_{BC} < 0$

C. $M_{AB} > M_{BA} = M_{BC} > 0$

D. $M_{AB} < M_{BA} = M_{BC} < 0$

二、计算题

12. 求图 5-37 所示桁架中杆轴力 F_{N1} 和 F_{N2}。

13. 列出图 5-38 所示结构在给定基本体系下的力法方程并求出方程中的所有系数。各杆 EI 为常数，两个弹簧刚度系数相同。

14. 用力法求解图 5-39 所示结构弯矩图，各杆 EI 为常数。

（注：本题可能用到的几个重要结论：①集中力 F_P 沿某杆的轴线作用，若该杆沿轴线方向无线位移，则只有该杆承受轴向力，其余杆件无内力；②集中力作用在无线位移的结点上时，汇交于该结点的各杆无弯矩，也无剪力，只有轴力；③集中力偶作用在不动的结点上，与该结点相连的各杆无弯矩，无剪力。）

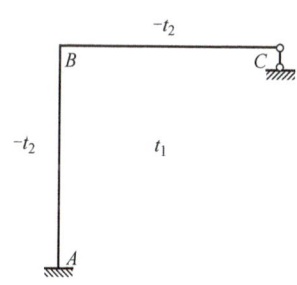

图 5-36 习题 11 图

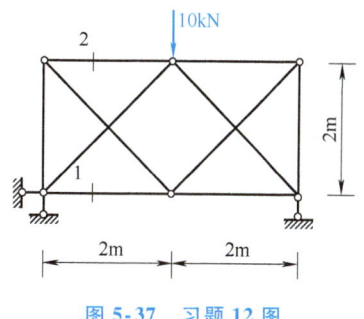

图 5-37 习题 12 图

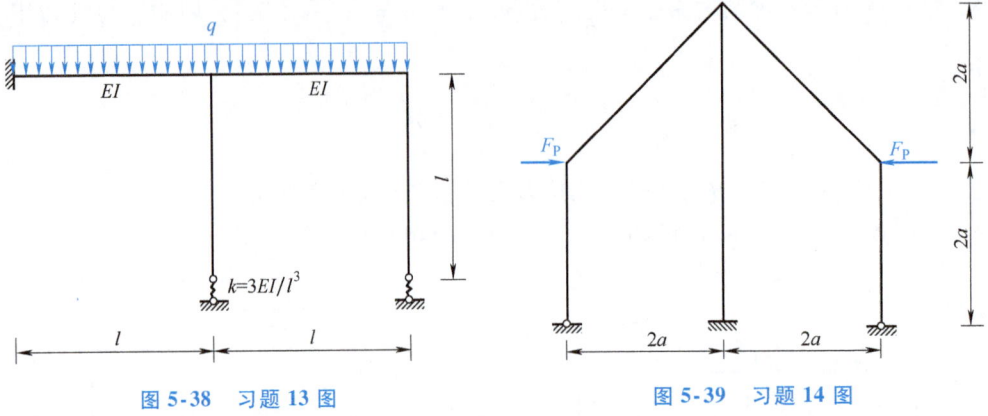

图 5-38 习题 13 图　　　　　　图 5-39 习题 14 图

15. 用力法做出图 5-40 所示结构的弯矩图，各杆刚度均为 EI。

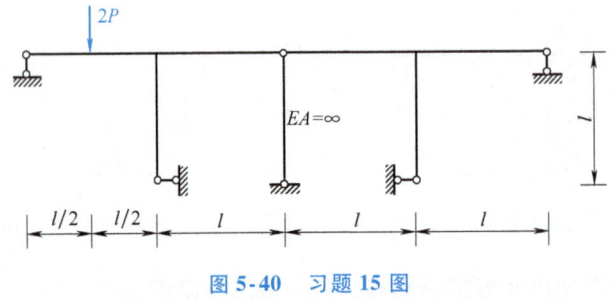

图 5-40 习题 15 图

16. 图 5-41 所示结构杆 AB、BC 的抗弯刚度 EI 为常数，CD 杆拉压截面刚度为 EA，且 $EA=\dfrac{\sqrt{2}EI}{a^2}$。设 CD 杆因制造误差缩短了 Δ，试求解 CD 杆的轴力，并画出结构的弯矩图。

17. 图 5-42 所示刚架结构，各杆 $EI=$ 常数。已知结点 C 处作用一外力偶 M，支座 A 发生了 $\theta=Ml/EI$ 的逆时针转动，支座 B 发生了 $\Delta=2l\theta$ 的竖向位移。试用力法作结构的弯矩图。

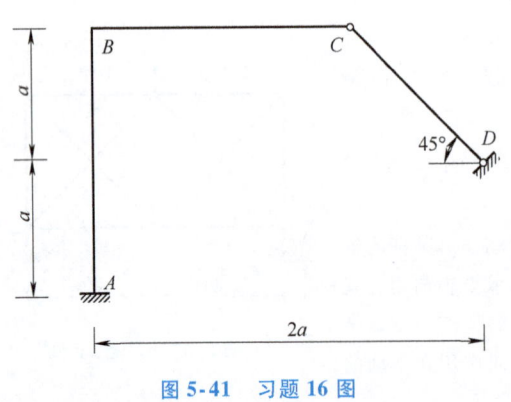 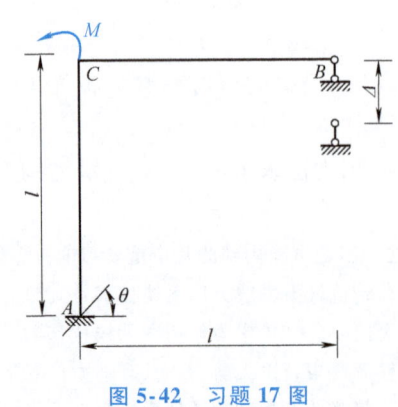

图 5-41 习题 16 图　　　　　　图 5-42 习题 17 图

18. 图 5-43 所示结构中，EI = 常数，试用力法作其 M 图（利用对称性）。

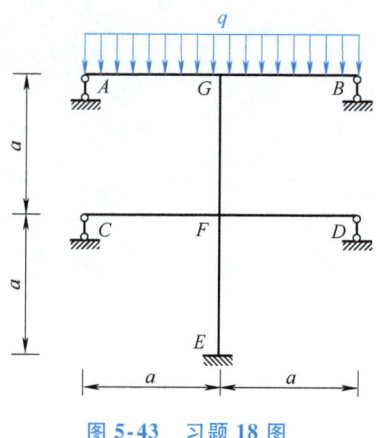

图 5-43 习题 18 图

第 6 章 位 移 法

上一章介绍了力法，本章将介绍另一种求解超静定结构的基本方法——位移法（displacement method）。

力法是以多余的约束力作为基本未知量，通过变形协调条件建立力法方程。一般而言，当结构的超静定次数越多，力法的基本未知量个数就越多，求解所需计算量也就越大。我们注意到超静定次数越多时，可发生结点位移的结点个数相对越少。因此，可以用结点位移作为基本未知量，通过平衡条件建立位移法方程。

■ 6.1 位移法的基本概念

以图 6-1a 所示的超静定连续梁为例，说明位移法的基本思路。该连续梁在给定荷载作用下将发生图 6-1a 中双点画线所示的变形。由于不考虑受弯杆件的轴向变形，且结点 B 有竖向链杆支承，结点 B 没有水平线位移和竖向线位移，只有角位移。用 θ 表示结点 B 的角位移，则汇交于该结点的两杆的杆端在变形后将发生与结点相同的转角，即 AB 杆的 B 端和 BC 杆的 B 端均发生转角 θ。

位移法的基本概念

分别考察 AB 和 BC 两杆，它们的变形情况与图 6-1b 所示相同：其中 AB 杆相当于两端固定的梁，其在固定端 B 处发生转角 θ；BC 杆相当于左端固定右端铰支的单跨梁，其受荷载 F_P 作用，且在固定端 B 处发生大小为 θ 的转角。根据叠加原理，图 6-1b 又可分解为仅受荷载作用（图 6-1c）和仅在固定端 B 处发生转角（图 6-1d）两种情况来考虑。在图 6-1c 所示荷载作用下，BC 杆的 B 结点处会产生弯矩，称之为"固端弯矩"，由力法可算得 B 结点处的固端弯矩为

$$M_{BC}^{F} = -\frac{3}{16}F_P l \tag{6-1}$$

再叠加上图 6-1d 所示 B 处发生转角导致的弯矩（同样可以由力法求得），可分别写出 AB、BC 两杆的杆端弯矩（顺时针转动为正），即

$$M_{AB} = \frac{2EI}{l}\theta, \quad M_{BA} = \frac{4EI}{l}\theta$$
$$M_{BC} = \frac{3EI}{l}\theta - \frac{3}{16}F_P l, \quad M_{CB} = 0 \tag{6-2}$$

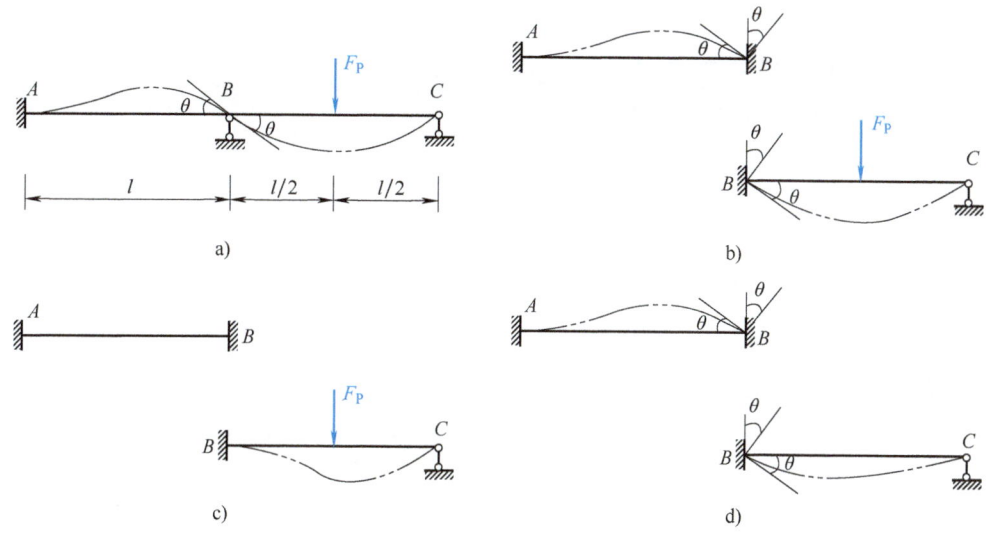

图 6-1 超静定连续梁

a) 原结构 b) 拆分原结构 c) 仅受荷载作用 d) 仅在固定端发生转角

为了与图 6-1a 所示原结构等效，上述杆端弯矩还需满足结点 B 的力矩平衡条件。结点 B 的力矩平衡条件（图 6-2）为

$$M_{BA} + M_{BC} = 0 \tag{6-3}$$

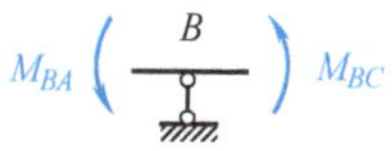

将杆端弯矩值代入上式后，得

$$\left(\frac{4EI}{l} + \frac{3EI}{l}\right)\theta - \frac{3}{16}F_P l = 0 \tag{6-4}$$

图 6-2 力矩平衡条件

所以

$$\theta = \frac{3F_P l^2}{112EI}$$

求得结点 B 的转角 θ 后，再代回原杆端弯矩的表达式中，即可求得各杆的杆端弯矩为

$$\begin{aligned}
M_{AB} &= \frac{2EI}{l} \times \frac{3F_P l^2}{112EI} = \frac{3}{56}F_P l \\
M_{BA} &= \frac{4EI}{l} \times \frac{3F_P l^2}{112EI} = \frac{3}{28}F_P l \\
M_{BC} &= \frac{3EI}{l} \times \frac{3F_P l^2}{112EI} - \frac{3}{16}F_P l = -\frac{3}{28}F_P l \\
M_{CB} &= 0
\end{aligned} \tag{6-5}$$

求得杆端弯矩后，即可利用图 6-3a 所示隔离体由平衡条件求出杆端剪力。原结构的弯矩图和剪力图分别见图 6-3b、c。

上述以结点位移作为基本未知量，通过平衡方程求解获得结构内力的方法即为位移法。位移法的要点如下：

1）位移法的基本未知量是结点位移（图 6-1a 中的结点 B 角位移 θ）。

2）位移法的基本方程是平衡方程（结点 B 的力矩平衡方程）。

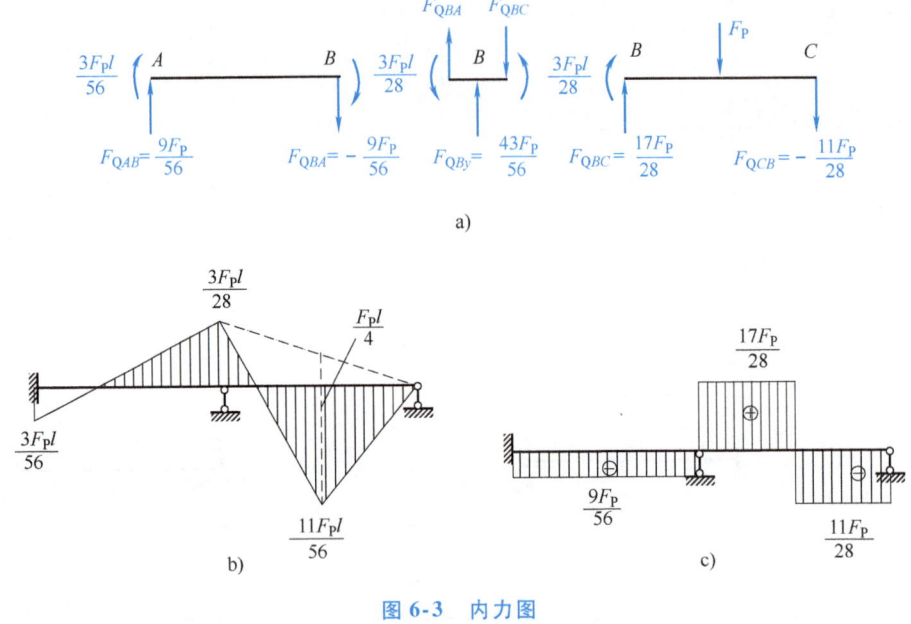

图 6-3 内力图
a) 隔离体　b) 弯矩图　c) 剪力图

3）建立基本方程，方法如下：

第一步，将结点位移锁住并将结构拆成杆件，写出各超静定杆在结点位移和荷载作用下的内力表达式。求解超静定杆的内力（杆端弯矩）时，可采用力法。实际上，单根杆件的边界条件和可能承受的荷载类型都是有限的，可总结常见的边界条件和荷载作用下的杆件内力（见 6.2 节），便于计算。

第二步，再把杆件重新组装成结构，对各杆内力进行叠加，进行整体分析，由平衡条件得到位移法的基本方程。

4）求解位移法基本方程，得到基本未知量，从而求出各杆内力。

6.2　等截面直杆的转角位移方程

6.1 节提到，位移法的第一步是将结构拆成杆件，并求解各超静定杆在结点位移和荷载作用下的内力。因此，如何获得单根杆件的内力是位移法的关键内容之一，本节将研究单跨超静定杆件的杆端力和杆端位移、荷载之间的关系。

6.2.1　等截面直杆的形常数

图 6-4 所示为一等截面直杆 AB 的隔离体，其截面抗弯刚度 EI 为常数，杆长为 l。已知端点 A 和 B 的角位移分别为 θ_A 和 θ_B，B 点相对于 A 点的竖向位移（垂直于杆轴 AB 方向的相对位移）为 Δ，杆件的弦转角为 $\varphi = \dfrac{\Delta}{l}$，杆端弯矩为 M_{AB}、M_{BA}，杆端剪力为 F_{QAB}、F_{QBA}。

在位移法中，我们采用如下正负号规则：结点角位移 θ_A、θ_B，弦转角 φ，杆端弯矩

M_{AB}、M_{BA} 以顺时针方向为正，杆端剪力 F_{QAB}、F_{QBA} 以绕杆端顺时针转动为正。注意这里关于杆端弯矩的正负号规则与通常关于截面弯矩的正负号规则不同。这是因为，当取杆件（或结点）为隔离体时，杆端弯矩是隔离体上的外力，与之前所学的截面弯矩（属于内力）不同。为了便于建立平衡方程（位移法的基本方程），本章涉及的所有外力矩（包括杆端弯矩）一律以顺时针方向为正。而在作弯矩图时，截面弯矩是杆件的内力，此时仍遵循通常的正负号规则。

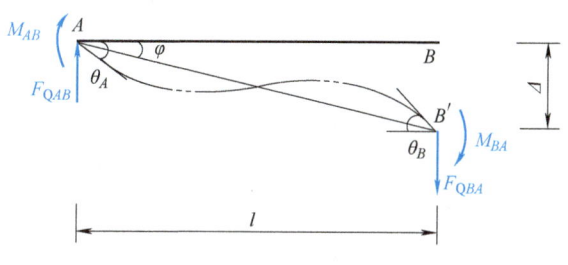

图 6-4 等截面直杆 AB 的隔离体

首先计算杆端力作用下的结点角位移。计算 AB 杆在两端弯矩 M_{AB}、M_{BA} 作用下产生的杆端转角（图 6-5a）。由单位荷载法可得

$$\begin{cases} \theta'_A = \dfrac{1}{3i}M_{AB} - \dfrac{1}{6i}M_{BA} \\ \theta'_B = -\dfrac{1}{6i}M_{AB} + \dfrac{1}{3i}M_{BA} \end{cases} \quad (6\text{-}6)$$

式中，$i = \dfrac{EI}{l}$，称为杆件的线刚度。

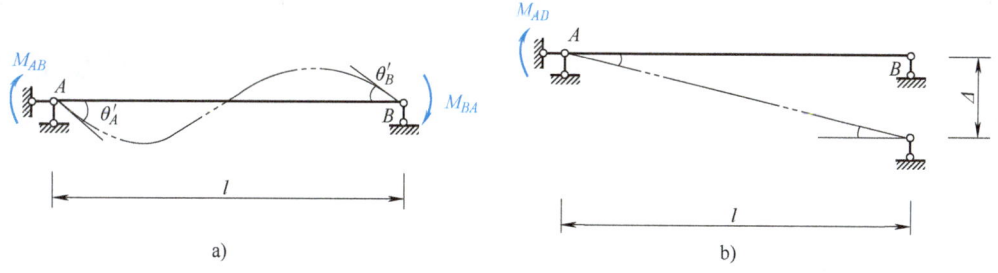

图 6-5 结点角位移的计算
a）杆端转角　b）相对竖向位移

然后，再计算简支梁两端有相对竖向位移 Δ 时（图 6-5b）时的杆端转角，即 $\dfrac{\Delta}{l}$。

综合起来，当两端有力偶 M_{AB}、M_{BA} 作用，且有相对竖向位移 Δ 时，杆端转角为

$$\begin{cases} \theta_A = \dfrac{1}{3i}M_{AB} - \dfrac{1}{6i}M_{BA} + \dfrac{\Delta}{l} \\ \theta_B = -\dfrac{1}{6i}M_{AB} + \dfrac{1}{3i}M_{BA} + \dfrac{\Delta}{l} \end{cases} \quad (6\text{-}7)$$

解联立方程（6-7）得

$$\begin{cases} M_{AB} = 4i\theta_A + 2i\theta_B - 6i\dfrac{\Delta}{l} \\ M_{BA} = 2i\theta_A + 4i\theta_B - 6i\dfrac{\Delta}{l} \end{cases} \tag{6-8}$$

式（6-8）就是由结点位移 θ_A、θ_B、Δ 求杆端弯矩的公式，称为转角位移方程。此外，由平衡条件还可求出杆端剪力为

$$F_{QAB} = F_{QBA} = -\frac{1}{l}(M_{AB} + M_{BA}) = -\frac{6i}{l}\theta_A - \frac{6i}{l}\theta_B + \frac{12i}{l^2}\Delta \tag{6-9}$$

将式（6-8）和式（6-9）写成矩阵形式，即

$$\begin{pmatrix} M_{AB} \\ M_{BA} \\ F_{QAB} \end{pmatrix} = \begin{pmatrix} 4i & 2i & -\dfrac{6i}{l} \\ 2i & 4i & -\dfrac{6i}{l} \\ -\dfrac{6i}{l} & -\dfrac{6i}{l} & \dfrac{12i}{l^2} \end{pmatrix} \begin{pmatrix} \theta_A \\ \theta_B \\ \Delta \end{pmatrix} \tag{6-10}$$

式（6-10）称为弯曲杆件的刚度方程。其中

$$\begin{pmatrix} 4i & 2i & -\dfrac{6i}{l} \\ 2i & 4i & -\dfrac{6i}{l} \\ -\dfrac{6i}{l} & -\dfrac{6i}{l} & \dfrac{12i}{l^2} \end{pmatrix}$$

称为弯曲杆件的刚度矩阵，其中的元素称为刚度系数。

刚度系数是只与杆件的截面尺寸和材料性质有关的常数，也称为形常数。上述刚度系数是两端固定支承等截面杆的形常数，对于一端固定、另一端可动铰支的杆，以及一端固定另一端为滑动支承的杆，可分别利用可动铰支端弯矩为0和滑动支承端剪力为0的条件，从转角位移方程中导出其形常数。3 种两端不同支承杆的形常数见表6-1。

等截面直杆的
形常数

表 6-1 等截面直杆的形常数

编号		简 图	弯 矩		剪 力	
			$\overline{M_{AB}}$	$\overline{M_{BA}}$	$\overline{F_{QAB}}$	$\overline{F_{QBA}}$
两端固定	1	$\theta_A=1$ 图	$4i$	$2i$	$-\dfrac{6i}{l}$	$-\dfrac{6i}{l}$
	2	图	$-\dfrac{6i}{l}$	$-\dfrac{6i}{l}$	$\dfrac{12i}{l^2}$	$\dfrac{12i}{l^2}$

(续)

编号		简 图	弯矩		剪力	
			$\overline{M_{AB}}$	$\overline{M_{BA}}$	$\overline{F_{QAB}}$	$\overline{F_{QBA}}$
一端固定一端铰支	3		$3i$	0	$-\dfrac{3i}{l}$	$-\dfrac{3i}{l}$
	4		$-\dfrac{3i}{l}$	0	$\dfrac{3i}{l^2}$	$\dfrac{3i}{l^2}$
一端固定一端滑动	5		i	$-i$	0	0

6.2.2 等截面直杆的载常数

对于 3 种两端不同支承条件的杆，表 6-2 给出了几种常见荷载作用下的杆端弯矩和剪力，称为固端弯矩和固端剪力。它们都可以通过力法求出。因为它们是只与荷载有关的常数，所以又称为载常数。

等截面直杆的载常数

表 6-2 等截面直杆的载常数

编号		简 图	弯矩		剪力	
			M_{AB}^F	M_{BA}^F	F_{QAB}^F	F_{QBA}^F
两端固定	1		$-\dfrac{F_P l}{8}$	$\dfrac{F_P l}{8}$	$\dfrac{F_P}{2}$	$-\dfrac{F_P}{2}$
	2		$-\dfrac{F_P ab^2}{l^2}$	$+\dfrac{F_P a^2 b}{l^2}$	$\dfrac{F_P b^2}{l^2}\left(1+\dfrac{2a}{l}\right)$	$-\dfrac{F_P a^2}{l^2}\left(1+\dfrac{2b}{l}\right)$
	3		$-\dfrac{1}{12}ql^2$	$+\dfrac{1}{12}ql^2$	$+\dfrac{ql}{2}$	$-\dfrac{ql}{2}$
	4		$-\dfrac{1}{30}ql^2$	$+\dfrac{1}{20}ql^2$	$+\dfrac{3}{20}ql$	$-\dfrac{7}{20}ql$

（续）

编号		简 图	弯　矩		剪　力	
			M_{AB}^F	M_{BA}^F	F_{QAB}^F	F_{QBA}^F
一端固定一端铰支	5	A端固定，B端铰支，F_P作用于跨中，$l/2$，$l/2$	$-\dfrac{3}{16}F_P l$	0	$+\dfrac{11}{16}F_P$	$-\dfrac{5}{16}F_P$
	6	F_P作用于距A为a处，$a+b=l$	$-\dfrac{F_P b(l^2-b^2)}{2l^2}$	0	$+\dfrac{F_P b(3l^2-b^2)}{2l^3}$	$-\dfrac{F_P a^2(3l-a)}{2l^3}$
	7	均布荷载q，全跨l	$-\dfrac{1}{8}ql^2$	0	$+\dfrac{5}{8}ql$	$-\dfrac{3}{8}ql$
	8	三角形荷载，A端为q，B端为0	$-\dfrac{1}{15}ql^2$	0	$+\dfrac{2}{5}ql$	$-\dfrac{1}{10}ql$
	9	三角形荷载，A端为0，B端为q	$-\dfrac{7}{120}ql^2$	0	$+\dfrac{9}{40}ql$	$-\dfrac{11}{40}ql$
一端固定一端滑动	10	F_P作用于B端	$-\dfrac{1}{2}F_P l$	$-\dfrac{1}{2}F_P l$	$+F_P$	$B_{左}\ +F_P$ $B_{右}\ 0$
	11	F_P作用于距A为a处	$-\dfrac{F_P a}{2l}(2l-a)$	$-\dfrac{F_P a^2}{2l}$	$+F_P$	0
	12	均布荷载q，全跨l	$-\dfrac{1}{3}ql^2$	$-\dfrac{1}{6}ql^2$	$+ql$	0
	13	三角形荷载，A端为q，B端为0	$-\dfrac{1}{8}ql^2$	$-\dfrac{1}{24}ql^2$	$+\dfrac{1}{2}ql$	0
	14	三角形荷载，A端为0，B端为q	$-\dfrac{5}{24}ql^2$	$-\dfrac{1}{8}ql^2$	$+\dfrac{1}{2}ql$	0

根据叠加原理，即可求出超静定杆件在结点位移和荷载作用下的内力。如两端固定的杆件，其在结点位移（结点角位移 θ_A、θ_B 及相对竖向位移 Δ）和荷载作用下的杆端弯矩为

$$M_{AB} = 4i\theta_A + 2i\theta_B - 6i\frac{\Delta}{l} + M_{AB}^F$$

$$M_{BA} = 2i\theta_A + 4i\theta_B - 6i\frac{\Delta}{l} + M_{BA}^F$$
(6-11)

杆端剪力为

$$F_{QAB} = -\frac{6i}{l}\theta_A - \frac{6i}{l}\theta_B + \frac{12i}{l^2}\Delta + F_{QAB}^F$$

$$F_{QBA} = -\frac{6i}{l}\theta_A - \frac{6i}{l}\theta_B + \frac{12i}{l^2}\Delta + F_{QBA}^F$$
(6-12)

式中，M_{AB}^F 和 M_{BA}^F 是荷载引起的固端弯矩，F_{QAB}^F 和 F_{QBA}^F 是荷载引起的固端剪力。

本节解决了一个杆件的杆端力与杆端位移及荷载之间的关系问题，是位移法的基础。

■ 6.3 位移法计算荷载作用下超静定结构

无侧移结构是指结点（不包括支座）只有角位移而没有线位移的结构。连续梁和无侧移的刚架都属于这一类结构。本节分别讨论无侧移结构和有侧移结构的计算。

6.3.1 连续梁（continuous beam）

图 6-6a 所示连续梁，其在荷载作用下，结点 B 只有角位移 θ_B，没有线位移，属于无侧移结构。采用位移法计算连续梁的杆端弯矩，基本未知量为结点角位移 θ_B。

位移法计算连续梁

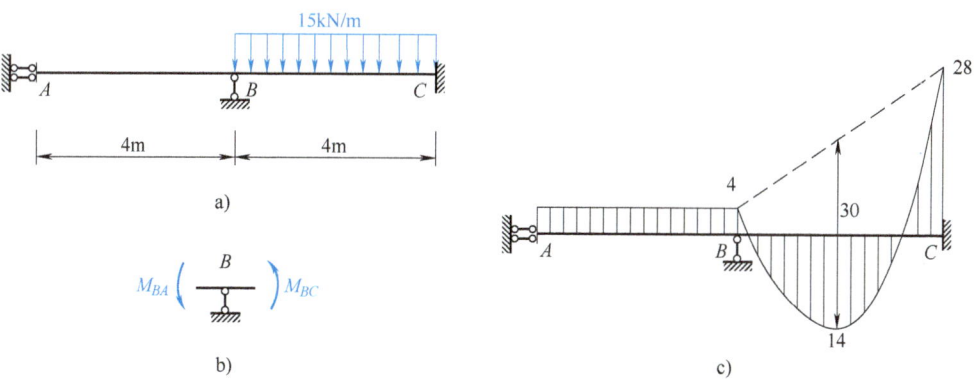

图 6-6 连续梁

a）原结构 b）结点力矩平衡 c）弯矩图 M 图（kN·m）

首先查表 6-2 的载常数可分别求出 AB、BC 杆的固端弯矩为

$$M_{AB}^F = M_{BA}^F = 0$$

$$M_{BC}^F = -\frac{15\text{kN/m} \times (4\text{m})^2}{12} = -20\text{kN} \cdot \text{m}, \quad M_{CB}^F = -M_{BC}^F = 20\text{kN} \cdot \text{m}$$
(6-13)

再查表 6-1 的形常数，可分别列出 AB、BC 杆的杆端弯矩为（设各杆件的线刚度相等且均为 i）

$$M_{BA} = i\theta_B, \quad M_{AB} = -i\theta_B, \quad i = \frac{EI}{4} \tag{6-14}$$

$$M_{BC} = 4i\theta_B - 20\text{kN} \cdot \text{m}, \quad M_{CB} = 2i\theta_B + 20\text{kN} \cdot \text{m}$$

取结点 B 为隔离体（图 6-6b），列出力矩平衡方程为

$$\sum M_B = 0 \tag{6-15}$$
$$M_{BA} + M_{BC} = 0$$

将式（6-14）代入式（6-15）得

$$5i\theta_B - 20\text{kN} \cdot \text{m} = 0 \tag{6-16}$$

式（6-16）即为用结点角位移 θ_B 表示的位移法的基本方程，由此可求出基本未知量，即

$$i\theta_B = 4\text{kN} \cdot \text{m} \tag{6-17}$$

将 θ_B 的表达式代入式（6-14），即可求出各杆杆端弯矩为

$$\begin{aligned} M_{AB} &= -4\text{kN} \cdot \text{m} \\ M_{BA} &= 4\text{kN} \cdot \text{m} \\ M_{BC} &= 4 \times 4\text{kN} \cdot \text{m} - 20\text{kN} \cdot \text{m} = -4\text{kN} \cdot \text{m} \\ M_{CB} &= 2 \times 4\text{kN} \cdot \text{m} + 20\text{kN} \cdot \text{m} = 28\text{kN} \cdot \text{m} \end{aligned} \tag{6-18}$$

由此可作弯矩图，见图 6-6c。

该结构也可采用力法来求解，由于其超静定次数为 3，所以力法的基本未知量有 3 个（3 个多余约束力）。而按上述位移法来求解时，基本未知量只有 1 个（B 结点角位移 θ_B）。此外，形常数和载常数的应用也减少了计算量。

6.3.2 无侧移刚架（no sway rigid frame）

图 6-7a 所示刚架，在荷载作用下，结点 B 和 C 只有角位移而没有线位移，属于无侧移刚架。利用位移法作刚架的弯矩图。

(1) **基本未知量** 共有两个基本未知量：结点角位移 θ_B 和 θ_C。

(2) **杆端弯矩** 查表 6-2 求得各杆的固端弯矩为

$$M_{BC}^{\text{F}} = -\frac{ql^2}{12} = -\frac{10\text{kN/m} \times (4\text{m})^2}{12} = -\frac{40}{3}\text{kN} \cdot \text{m}$$

$$M_{CB}^{\text{F}} = -M_{BC}^{\text{F}} = \frac{40}{3}\text{kN} \cdot \text{m} \tag{6-19}$$

$$M_{CD}^{\text{F}} = -\frac{ql^2}{8} = -\frac{10\text{kN/m} \times (4\text{m})^2}{8} = -20\text{kN} \cdot \text{m}$$

超静定结构的内力只与各杆的线刚度比值有关，故可设 $EI_0 = 1$，计算各杆线刚度

$$i_{BA} = \frac{4EI_0}{4} = 1, \quad i_{BC} = \frac{4EI_0}{4} = 1, \quad i_{CD} = \frac{4EI_0}{4} = 1,$$
$$i_{BE} = \frac{2EI_0}{4} = \frac{1}{2}, \quad i_{CF} = \frac{2EI_0}{4} = \frac{1}{2} \tag{6-20}$$

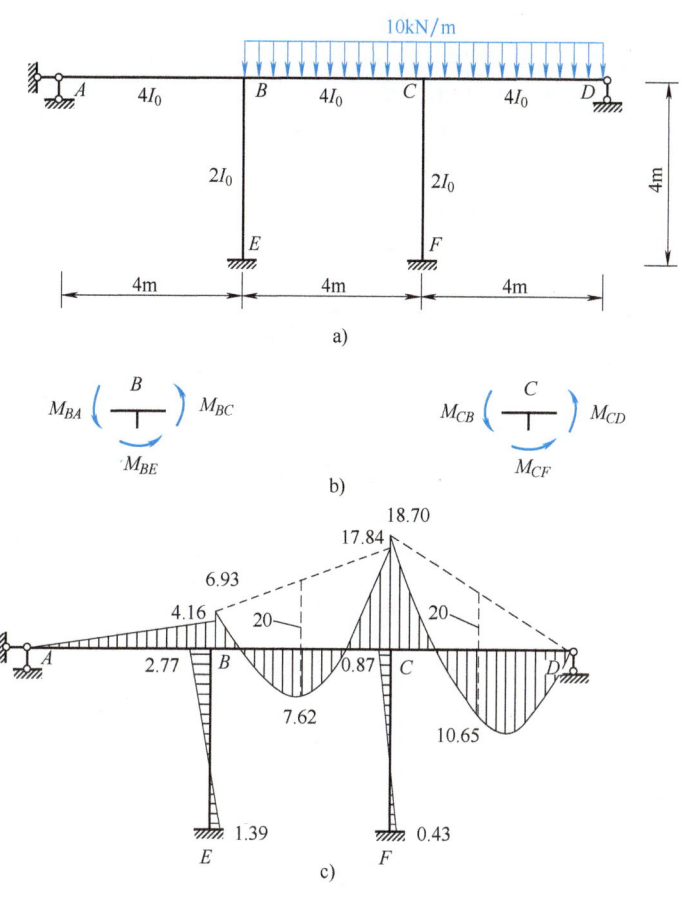

图 6-7 无侧移刚架
a）原结构 b）节点力矩平衡 c）M 图（kN·m）

查表 6-1 求得结点角位移 θ_B 和 θ_C 作用下的杆端弯矩，再叠加式（6-19）的固端弯矩，可列出各杆杆端弯矩为

$$M_{BA} = 3i_{BA}\theta_B = 3\theta_B$$

$$M_{BC} = 4i_{BC}\theta_B + 2i_{BC}\theta_C + M_{BC}^F = 4\theta_B + 2\theta_C - \frac{40}{3}$$

$$M_{CB} = 2i_{BC}\theta_B + 4i_{BC}\theta_C + M_{CB}^F = 2\theta_B + 4\theta_C + \frac{40}{3}$$

$$M_{CD} = 3i_{CD}\theta_C + M_{CD}^F = 3\theta_C - 20 \tag{6-21}$$

$$M_{BE} = 4i_{BE}\theta_B = 2\theta_B$$

$$M_{EB} = 2i_{BE}\theta_B = \theta_B$$

$$M_{CF} = 4i_{CF}\theta_C = 2\theta_C$$

$$M_{FC} = 2i_{CF}\theta_C = \theta_C$$

（3）位移法的基本方程　列结点 B 的力矩平衡方程（图 6-7b）

$$\sum M_B = 0$$
$$M_{BA} + M_{BC} + M_{BE} = 0 \quad (6\text{-}22)$$

将式（6-21）结果代入式（6-22），得
$$9\theta_B + 2\theta_C - \frac{40}{3} = 0 \quad (6\text{-}23)$$

再列结点 C 的力矩平衡方程（图6-7b）
$$\sum M_C = 0$$
$$M_{CB} + M_{CD} + M_{CF} = 0 \quad (6\text{-}24)$$

同样将式（6-21）代入式（6-24），得
$$2\theta_B + 9\theta_C - \frac{20}{3} = 0 \quad (6\text{-}25)$$

联立方程式（6-23）和式（6-25），求得基本未知量
$$\theta_B = 1.385, \quad \theta_C = 0.433 \quad (6\text{-}26)$$

(4) 求杆端弯矩　将求得的基本未知量代入上述各杆件杆端弯矩公式（6-21），得

$$\begin{aligned}
M_{BA} &= 4.16\text{kN} \cdot \text{m} \\
M_{BC} &= -6.93\text{kN} \cdot \text{m} \\
M_{CB} &= 17.84\text{kN} \cdot \text{m} \\
M_{CD} &= -18.70\text{kN} \cdot \text{m} \\
M_{BE} &= 2.77\text{kN} \cdot \text{m} \\
M_{EB} &= 1.39\text{kN} \cdot \text{m} \\
M_{CF} &= 0.87\text{kN} \cdot \text{m} \\
M_{FC} &= 0.43\text{kN} \cdot \text{m}
\end{aligned} \quad (6\text{-}27)$$

画弯矩图，见图6-7c。

需要指出的是，因为各杆用的是相对线刚度，所以本例中求出的位移并不是真值。如果要求位移的真值，则线刚度也应采用真值。但采用相对线刚度不影响超静定结构的内力计算结果。

对于无侧移结构，如连续梁和无侧移刚架，基本未知量一般为刚结点处的结点转角，位移法的基本方程则为对应刚结点处的力矩平衡方程。

6.3.3　有侧移刚架（sway frame）

图6-8a所示的刚架，除了结点 C 有角位移外，还有 C 和 D 结点的线位移，属于有侧移刚架。用位移法计算有侧移刚架时，基本思路与无侧移刚架相同。

(1) 基本未知量　在判断刚架的位移法基本未知量时，需要引入两个假定：①忽略杆件的轴向变形；②结点的角位移和各杆的弦转角都是微小位移。实际上，在之前无侧移刚架的计算中，也采用了这两个假定。

位移法计算
有侧移刚架

根据上述假定,可以认为杆件变形前的直线长度与变形后的曲线长度相等,杆件两端结点之间的距离在变形前后保持不变。

对于图 6-8a 所示刚架,由于各杆两端距离不变,因此在微小位移的情况下,结点 C 和 D 都没有竖向位移,而且结点 C 和 D 的水平位移也相等,可用符号 Δ 来表示。因此,该结构有两个基本未知量,即结点 C 的角位移 θ_C 和横梁水平位移 Δ(假定方向向右)。

(2) 杆端弯矩 杆端弯矩的求法与无侧移刚架相同,只需注意叠加结点线位移产生的弯矩。令 $\frac{EI}{4} = i$,则各杆的线刚度为

$$i_{AC} = i_{BD} = \frac{EI}{4} = i, \quad i_{CD} = \frac{3EI}{6} = 2i \tag{6-28}$$

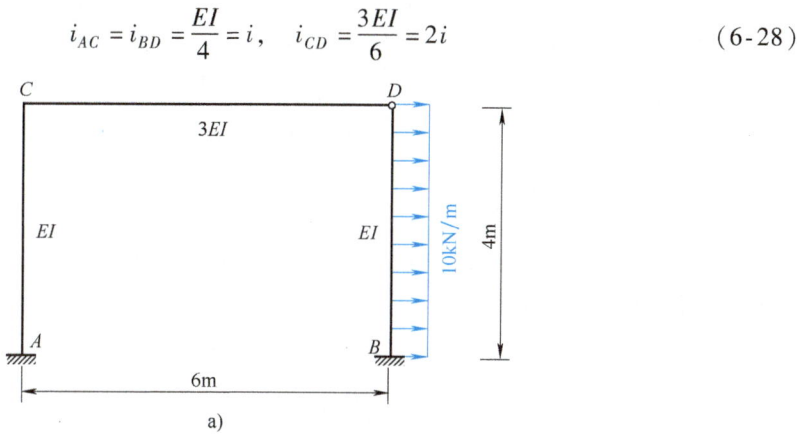

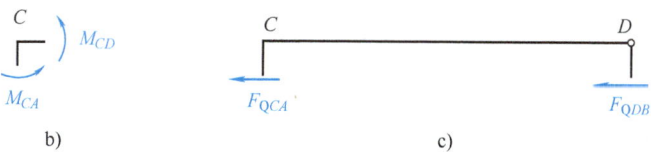

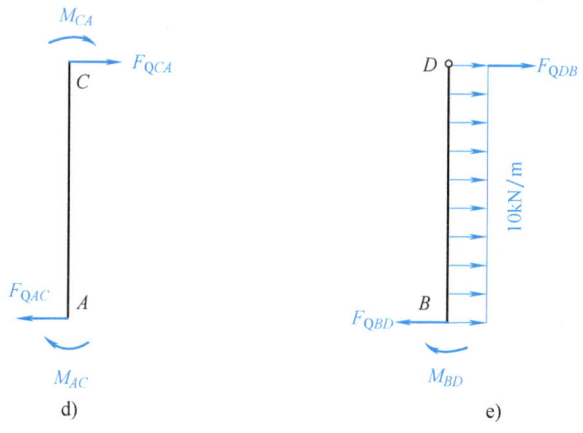

图 6-8 有侧移刚架

a) 原结构 b) 结点力矩平衡 c) 水平方向力平衡
d) 隔离体 AC e) 隔离体 BD

叠加结点线位移、角位移以及荷载作用产生的弯矩，可列出各杆的杆端弯矩，即

$$M_{CA} = 4i\theta_C - 6i\frac{\Delta}{4}$$

$$M_{AC} = 2i\theta_C - 6i\frac{\Delta}{4}$$

$$M_{CD} = 3 \times 2i\theta_C = 6i\theta_C$$

$$M_{BD} = -3i\frac{\Delta}{4} - \frac{1}{8} \times 10 \times 4^2 = -3i\frac{\Delta}{4} - 20 \qquad (6\text{-}29)$$

(3) **位移法的基本方程**　基本未知量分为刚结点角位移和独立结点线位移两类，与此对应，基本方程也分为两类。下面举例说明位移法的基本方程是如何建立的。

首先，与结点 C 的角位移 θ_C 对应，取结点 C 为隔离体（图 6-8b），可列出力矩平衡方程

$$\sum M_C = 0$$
$$M_{CA} + M_{CD} = 0 \qquad (6\text{-}30)$$

将式（6-29）代入式（6-30）得

$$10i\theta_C - 1.5i\Delta = 0 \qquad (6\text{-}31)$$

其次，与横梁水平位移 Δ 对应，取柱顶以上横梁 CD 部分为隔离体（图 6-8c），可列出水平方向上力的平衡方程

$$\sum F_x = 0$$
$$F_{QCA} + F_{QDB} = 0 \qquad (6\text{-}32)$$

式（6-32）中的杆端剪力，可以通过查形常数表和载常数表列出其表达式，也可以通过取柱 AC、BD 为隔离体（图 6-8d、e），列力矩平衡方程解出：

由 $\sum M_A = 0$ 得

$$F_{QCA} = -\frac{1}{4}(M_{AC} + M_{CA}) \qquad (6\text{-}33)$$

由 $\sum M_B = 0$ 得

$$F_{QDB} = -\frac{1}{4}\left(M_{BD} + \frac{1}{2} \times 10 \times 4^2\right) = -\frac{1}{4}(M_{BD} + 80) \qquad (6\text{-}34)$$

将以上两剪力的表达式代入式（6-32）得

$$M_{AC} + M_{CA} + M_{BD} + 80 = 0 \qquad (6\text{-}35)$$

再利用式（6-29）得

$$6i\theta_C - \frac{15}{4}i\Delta + 60 = 0 \qquad (6\text{-}36)$$

解联立方程式（6-31）、式（6-36）得

$$\theta_C = \frac{3.158}{i}, \quad \Delta = \frac{21.05}{i} \qquad (6\text{-}37)$$

(4) **求杆端弯矩**　将求得的基本未知量代入上述各杆件杆端弯矩公式（6-29），得

$$\begin{aligned}M_{CA} &= -18.95\text{kN}\cdot\text{m} \\ M_{AC} &= -25.26\text{kN}\cdot\text{m} \\ M_{CD} &= 18.95\text{kN}\cdot\text{m} \\ M_{BD} &= -35.79\text{kN}\cdot\text{m}\end{aligned} \qquad (6\text{-}38)$$

画弯矩图，见图6-9。

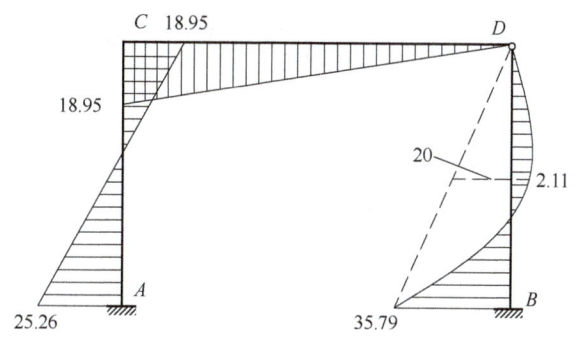

图6-9 M图（kN·m）

位移法的基本方程都是根据平衡方程得出的。基本未知量中每一个结点转角有一个相应的结点力矩平衡方程，每一个独立结点线位移有一个相应的力的平衡方程。平衡方程的个数与基本未知量的个数彼此相等，正好解出全部基本未知量。

6.4 位移法计算在广义荷载下的超静定结构

6.4.1 支座移动（support motion）

当超静定结构发生支座位移（移动或转动）时，一般会引起结构内力的变化。采用位移法计算支座移动引起的结构内力，其基本步骤与计算荷载作用下的结构内力相同，只需注意将由荷载产生的固端弯矩改变成由支座位移产生的固端弯矩。具体计算过程通过下面的例题说明。

【例6-1】 图6-10a所示连续梁，AB、BC两杆的线刚度相等且均为i。当支座C下沉Δ_C时，试作连续梁的弯矩图。

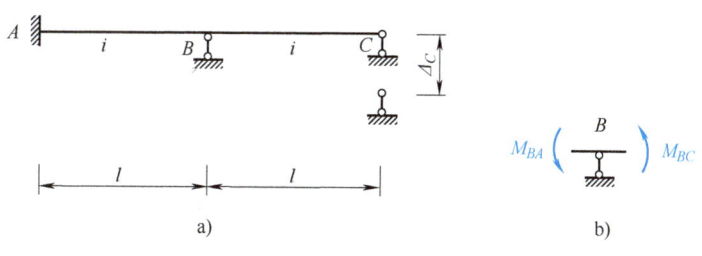

图6-10 连续梁
a) 支座移动 b) 结点力矩平衡

【解】 1) 基本未知量。基本未知量为结点B的角位移θ_B。

2) 杆端弯矩。由基本未知量θ_B引起的弯矩，再叠加上由已知的支座位移Δ_C引起的固端弯矩，可得各结点杆端弯矩为

$$M_{BA} = 4i\theta_B$$
$$M_{AB} = 2i\theta_B$$
$$M_{BC} = 3i\theta_B - 3i\frac{\Delta_C}{l} \quad \text{(a)}$$

3）位移法的基本方程。取结点 B 为隔离体（图6-10b），列出力矩平衡方程

$$\sum M_B = 0$$
$$M_{BA} + M_{BC} = 0 \quad \text{(b)}$$

将式（a）代入式（b），解出基本未知量

$$\theta_B = \frac{3\Delta_C}{7l} \quad \text{(c)}$$

4）求杆端弯矩。将式（c）代回到式（a），求得杆端弯矩为

$$M_{BA} = \frac{12i\Delta_C}{7l}$$
$$M_{AB} = \frac{6i\Delta_C}{7l}$$
$$M_{BC} = -\frac{12i\Delta_C}{7l}$$

画弯矩图，见图6-11。

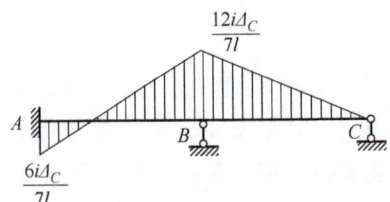

图6-11　弯矩图 M

6.4.2　温度改变（temperature changes）

当超静定结构发生温度变化时，同样会引起结构内力的变化。采用位移法计算温度改变引起的结构内力，其基本步骤仍与计算荷载作用下的结构内力相同。温度改变引起的固端弯矩包括两部分：一是由于杆件内外温差引起的杆件弯曲，会产生一部分固端弯矩；二是温度改变时杆件会发生轴向变形，这种轴向变形会使结点产生位移，从而可能导致其他杆件发生相对位移，产生另一部分固端弯矩。

【例6-2】　试求图6-12a所示排架由于温度均匀升高 t 所产生的弯矩。各立柱的线刚度均为 i，横梁和立柱的温度膨胀系数均为 α。

【解】　排架的温度均匀升高 t 后，变形见图6-12b。立柱 AC、BD 伸长时，由于不受约束，故不产生内力。横梁 CD 伸长时，柱顶各点产生水平线位移。根据对称性，C、D 两点的线位移大小相等，方向相反，均为

$$\Delta = \frac{\alpha t l}{2}$$

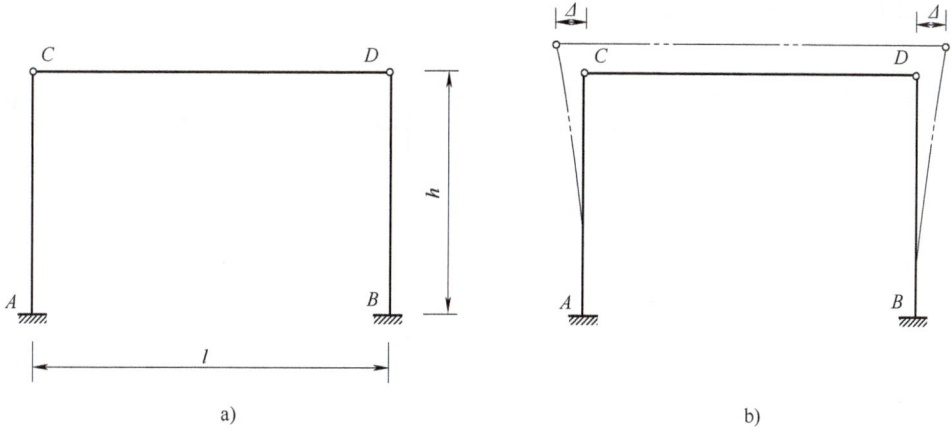

图 6-12 排架结构
a) 原结构 b) 变形图

根据结点位移，可求出柱底弯矩为

$$M_{AC} = -3i\frac{1}{h}(-\Delta) = \frac{3i\alpha tl}{2h}$$

$$M_{BD} = -3i\frac{1}{h}\Delta = -\frac{3i\alpha tl}{2h}$$

画弯矩图，见图 6-13。

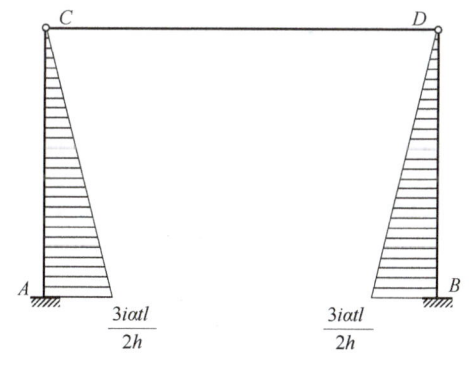

图 6-13 弯矩 M 图

6.5 位移法计算对称结构

作用于对称结构上的任意荷载，可以分成正对称荷载和反对称荷载两部分，分别计算后再进行叠加。在正对称荷载作用下的对称结构，其变形是对称的，弯矩图和轴力图是对称的，而剪力图则是反对称的。类似地，在反对称荷载作用下，其变形是反对称的，弯矩图和轴力图是反对称的，而剪力图则是对称的。利用这些规则，计算对称结构时，只需选取半边结构来进行计算。

关于对称结构的简化方法已在第 5 章力法中进行了详细说明，这里直接通过例子来说明位移法解对称结构的基本步骤。

【例 6-3】 试作图 6-14a 所示刚架的内力图。

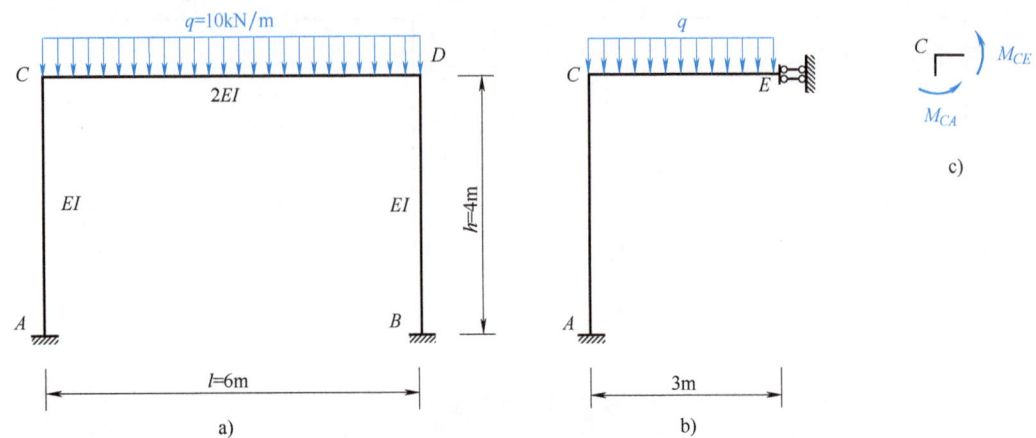

图 6-14 对称刚架
a) 对称均布荷载作用 b) 半边结构 c) 结点 C

【解】 1) 基本未知量。图 6-14a 所示为一个受对称荷载作用的对称结构,在对称轴上的截面没有转角和水平位移,仅有竖向位移,且剪力为 0,计算时取半边结构,见图 6-14b。半边结构的基本未知量为结点 C 处的角位移 θ_C。

2) 杆端弯矩。由基本未知量 θ_C 引起的弯矩,再叠加上由荷载作用引起的固端弯矩,可得各结点杆端弯矩为

$$M_{CA} = 4 \times \frac{EI}{4} \theta_C = EI\theta_C$$

$$M_{AC} = 2 \times \frac{EI}{4} \theta_C = \frac{EI}{2} \theta_C$$

$$M_{CE} = \frac{2EI}{3} \theta_C - \frac{1}{3} \times 10 \times 3^2 = \frac{2EI}{3} \theta_C - 30$$

$$M_{EC} = -\frac{2EI}{3} \theta_C - \frac{1}{6} \times 10 \times 3^2 = -\frac{2EI}{3} \theta_C - 15$$

(a)

3) 位移法方程。取结点 C 为隔离体(图 6-14c),列出力矩平衡方程为

$$\sum M_C = 0$$

$$M_{CA} + M_{CE} = 0$$

(b)

将式 (a) 代入式 (b),解出基本未知量

$$\theta_C = \frac{18}{EI}$$

(c)

4) 求杆端弯矩
将式 (c) 代回到式 (a),求得杆端弯矩为

$$M_{CA} = 18 \text{kN} \cdot \text{m}$$

$$M_{AC} = 9 \text{kN} \cdot \text{m}$$

$$M_{CE} = -18 \text{kN} \cdot \text{m}$$

$$M_{EC} = -27 \text{kN} \cdot \text{m}$$

画弯矩图，见图 6-15。

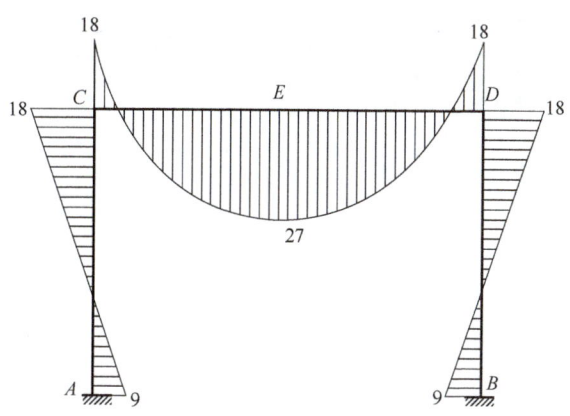

图 6-15　弯矩 M 图（kN·m）

6.6　位移法的基本体系

在前面几节关于位移法的介绍中，首先是找出基本未知量（结点位移），然后建立平衡方程，再把平衡方程中的杆端内力用结点位移来表示，于是得到用结点位移表示的平衡方程，这就是位移法的基本方程。

为了与力法中的基本体系呼应，本节将介绍推导位移法基本方程的另一种方式：首先建立位移法的基本体系的概念，然后通过位移法的基本体系，建立位移法基本方程。

下面结合图 6-16a 所示刚架说明如何建立位移法基本体系和基本方程。本例与图 6-8a 所示系统相同。该体系有两个位移法的基本未知量：结点 C 的角位移 Δ_1 和 CD 杆的水平位移 Δ_2。这里将位移法的基本未知量，不管是角位移还是线位移，统一用 Δ 表示，以便与力法中使用的基本未知量 X 相对应。

1. 位移法的基本体系

在原结构上附加约束，用以控制基本未知量，这样形成的体系称为原结构的位移法基本体系。

对于图 6-16a 所示刚架，在刚结点 C 附加一个控制其转角的约束（不约束结点的线位移），在结点 D 处附加一个控制 CD 杆的水平位移的链杆，这样形成的体系就是位移法的基本体系，见图 6-16b。

在位移法的基本体系中，去掉其中的荷载，这样形成的无结点位移的结构，称为原结构的位移法基本结构，见图 6-16c。

在位移法的基本体系中，通过在原结构的基本未知量处附加约束，使得原结构可分解为多个杆件。这些杆件可分别计算，但在基本未知量处又需保证附加约束的位移相同。这一做法实际体现的是附加约束处的变形协调条件。

2. 位移法的基本方程

在位移法的基本体系中，在基本未知量处附加了约束。如果附加约束处的约束力为零，则基本体系可以转化成原结构。根据附加约束力为零的条件就可以列出位移法的基本方程。位移法的基本方程实际体现的是附加约束处的力的平衡条件。

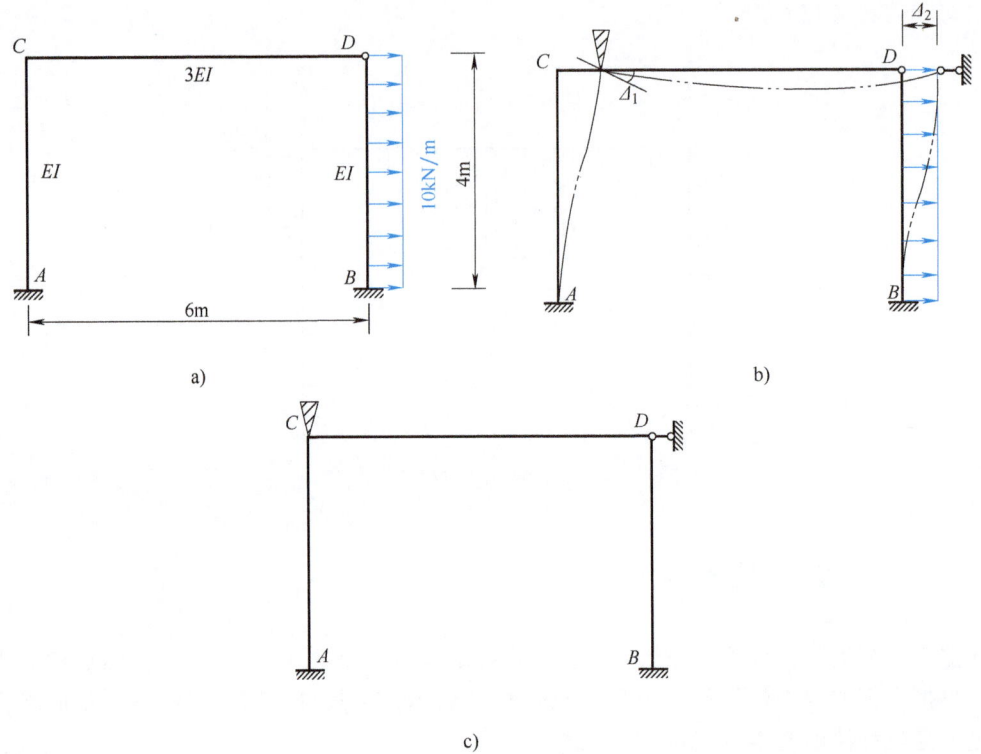

图 6-16 刚架

a) 原结构　b) 位移法基本体系　c) 位移法基本结构

对于图 6-16 所示刚架，基本体系转化为原结构的条件是：基本结构在给定荷载及真实结点位移 Δ_1 和 Δ_2 共同作用下，在附加约束处产生的约束力 F_1 和 F_2 均为零。这个转化条件就是位移法的基本方程。

为了建立位移法的基本方程，需要写出附加约束力的表达式。下面利用叠加原理，把附加约束力 F_1 和 F_2 分成三种情况的叠加：

1) 基本结构在荷载单独作用下的计算，相应的约束力为 F_{1P} 和 F_{2P}；
2) 基本结构在单位位移 $\Delta_1 = 1$ 单独作用下的计算，相应的约束力为 k_{11} 和 k_{21}；
3) 基本结构在单位位移 $\Delta_2 = 1$ 单独作用下的计算，相应的约束力为 k_{12} 和 k_{22}。

叠加以上结果，则总约束力为

$$\begin{cases} F_1 = k_{11}\Delta_1 + k_{12}\Delta_2 + F_{1P} \\ F_2 = k_{21}\Delta_1 + k_{22}\Delta_2 + F_{2P} \end{cases}$$

根据约束力 $F_1 = 0$，$F_2 = 0$，则

$$\begin{cases} k_{11}\Delta_1 + k_{12}\Delta_2 + F_{1P} = 0 \\ k_{21}\Delta_1 + k_{22}\Delta_2 + F_{2P} = 0 \end{cases} \tag{6-39}$$

式 (6-39) 即为该体系的位移法基本方程。由基本方程即可求出基本未知量 Δ_1 和 Δ_2。

3. 建立位移法基本方程的具体步骤

下面按照上述步骤对图 6-16 所示刚架进行计算。

(1) **基本结构在荷载单独作用下的计算**　基本结构在荷载单独作用下，在 C 结点处产

生的附加弯矩为 F_{1P}，D 结点处的附加水平力为 F_{2P}。先分别求各杆的固端弯矩，作出弯矩图，见图 6-17a。基本结构在荷载单独作用下的弯矩图称为 M_P 图。

取结点 C 为隔离体（图 6-17b），列力矩平衡方程，求得

$$F_{1P} = 0$$

取柱顶以上横梁 CD 部分为隔离体（图 6-17c），列出水平方向上力的平衡方程

$$F_{2P} = F_{QCA}^F + F_{QDB}^F$$

其中立柱 CA 的固端剪力 $F_{QCA}^F = 0$，DB 的固端剪力 $F_{QDB}^F = -\dfrac{3}{8} \times 10 \times 4 \text{kN} = -15 \text{kN}$。

$$F_{2P} = 0 - 15 \text{kN} = -15 \text{kN}$$

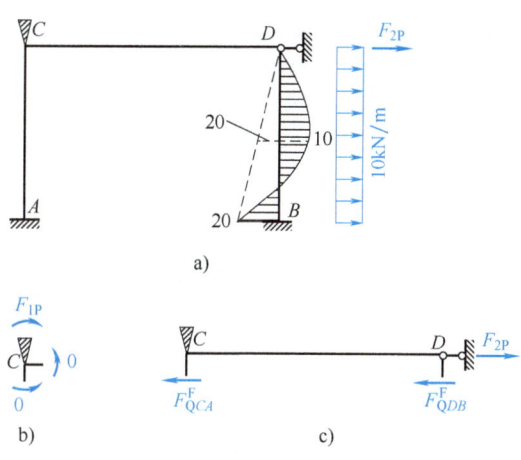

图 6-17 荷载单独作用

a) M_P 图　b) 隔离体结点 C　c) 隔离体横梁 CD

（2）**基本结构在单位位移 $\Delta_1 = 1$ 单独作用下的计算**　基本体系在 $\Delta_1 = 1$ 作用下，在 C 结点处产生的附加弯矩为 k_{11}，D 结点处的附加水平力为 k_{21}，其弯矩图称为 $\overline{M}_1$ 图，见图 6-18a。

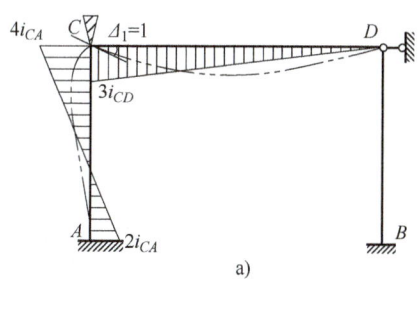

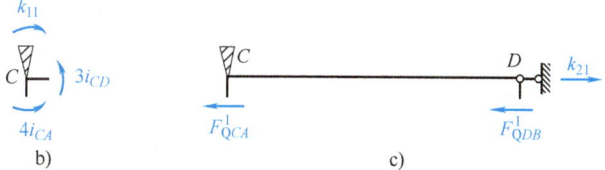

图 6-18 单位位移 $\Delta_1 = 1$ 单独作用

a) $\overline{M}_1$ 图　b) 隔离体结点 C　c) 隔离体横梁 CD

同样分别取结点 C（图 6-18b）和横梁 CD 部分为隔离体（图 6-18c），求得

$$k_{11} = 4i_{CA} + 3i_{CD} = 4 \times \frac{EI}{4} + 3 \times \frac{3EI}{6} = 2.5EI$$

$$k_{21} = F_{QCA}^1 + F_{QDB}^1 = -6 \times \frac{i_{CA}}{4} + 0 = -6 \times \frac{EI}{4^2} = -0.375EI$$

(3) **基本结构在单位位移 $\Delta_2 = 1$ 单独作用下的计算**　基本体系在 $\Delta_2 = 1$ 作用下，在 C 结点处产生的附加弯矩为 k_{12}，D 结点处的附加水平力为 k_{22}，其弯矩图称为 $\overline{M_2}$ 图，见图 6-19a。

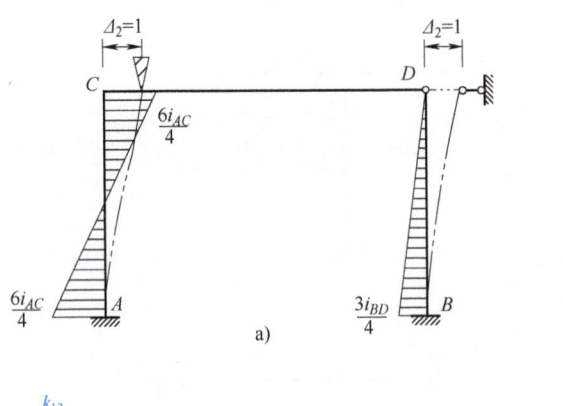
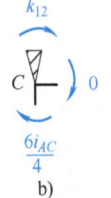
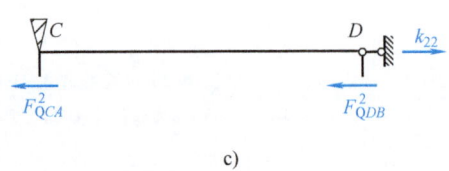

图 6-19　单位位移 $\Delta_2 = 1$ 单独作用

a）$\overline{M_2}$ 图　b）隔离体结点 C　c）隔离体横梁 CD

由隔离体结点 C（图 6-19b）和隔离体横梁 CD（图 6-19c）可求得

$$k_{12} = -\frac{6i_{CA}}{4} = -6 \times \frac{EI}{4^2} = -0.375EI$$

$$k_{22} = F_{QCA}^2 + F_{QDB}^2 = \frac{12i_{CA}}{4^2} + \frac{3i_{DB}}{4^2} = 12 \times \frac{EI}{4^3} + 3 \times \frac{EI}{4^3} = \frac{15}{64}EI$$

(4) **基本方程**　由式 (6-39)，叠加 (1)~(3) 步的计算结果，得到基本方程为

$$F_1 = 0$$
$$2.5EI\Delta_1 - 0.375EI\Delta_2 = 0$$
$$F_2 = 0 \tag{6-40}$$
$$-0.375EI\Delta_1 + \frac{15}{64}EI\Delta_2 - 15 = 0$$

令 $i = \dfrac{EI}{4}$，则式 (6-40) 与 6.3 节中的基本方程式 (6-31) 和式 (6-36) 相同，解得基本未知量

$$\Delta_1 = \frac{3.158}{i}, \quad \Delta_2 = \frac{21.053}{i}$$

(5) 作弯矩图　根据叠加原理，刚架的各截面弯矩可用表示为

$$M = \overline{M}_1 \Delta_1 + \overline{M}_2 \Delta_2 + M_P$$

求得各杆端弯矩为

$$M_{CA} = 4i_{CA}\Delta_1 - \frac{6i_{CA}}{4}\Delta_2 = -18.95 \text{kN} \cdot \text{m}$$

$$M_{AC} = 2i_{CA}\Delta_1 - \frac{6i_{CA}}{4}\Delta_2 = -25.26 \text{kN} \cdot \text{m}$$

$$M_{CD} = 3i_{CD}\Delta_1 = 18.95 \text{kN} \cdot \text{m}$$

$$M_{BD} = -\frac{3i_{BD}}{4}\Delta_2 + M_{BD,P} = -35.79 \text{kN} \cdot \text{m}$$

根据杆端弯矩作出刚架的 M 图，见图 6-20。

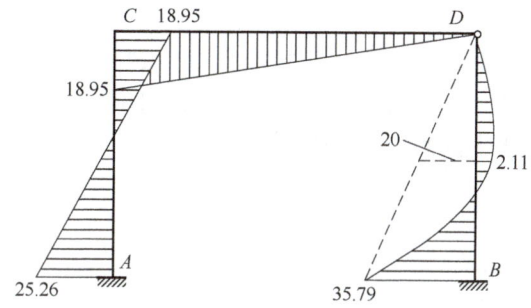

图 6-20　弯矩图 M（kN·m）

4. 位移法典型方程

上面对具有两个基本未知量的结构，说明了如何建立位移法的基本体系和基本方程。对于具有 n 个基本未知量的结构，位移法的基本方程可参照式（6-39）写成如下形式：

$$\begin{cases} k_{11}\Delta_1 + k_{12}\Delta_2 + \cdots + k_{1n}\Delta_n + F_{1P} = 0 \\ k_{21}\Delta_2 + k_{22}\Delta_2 + \cdots + k_{2n}\Delta_n + F_{2P} = 0 \\ \quad\quad\quad\quad\quad\quad \vdots \\ k_{n1}\Delta_1 + k_{n2}\Delta_2 + \cdots + k_{nn}\Delta_n + F_{nP} = 0 \end{cases} \quad (6\text{-}41)$$

式中，k_{ij} 表示基本结构在单位结点位移 $\Delta_j = 1$ 单独作用下（其他结点位移均为 0），在附加约束 i 中产生的约束力（$i = 1,2,\cdots,n$；$j = 1,2,\cdots,n$），可由杆件的形常数求得；F_{iP} 表示基本结构在荷载单独作用下（所有结点位移均为 0），在附加约束 i 中产生的约束力（$i = 1,2,\cdots,n$），可由杆件的载常数求得。

式（6-41）与力法的典型方程是对应的，称为位移法典型方程，这里

$$\begin{pmatrix} k_{11} & k_{12} & \cdots & k_{1n} \\ k_{21} & k_{22} & \cdots & k_{2n} \\ \vdots & \vdots & & \vdots \\ k_{n1} & k_{n2} & \cdots & k_{nn} \end{pmatrix}$$

称为结构的刚度矩阵，其中的系数 k_{ij}（$i = 1, 2, \cdots, n$；$j = 1, 2, \cdots, n$）称为结构的刚度系数。由反力互等定理可知

$$k_{ij} = k_{ji} \tag{6-42}$$

因此，结构的刚度矩阵是一个对称矩阵，其主对角线上的系数 k_{ii} 称为主系数，其值恒大于零；其他系数称为副系数，其值可为正，也可为负，也可为零。

本章小结

力法和位移法是求解超静定结构的两种基本方法。

位移法的基本未知量包括刚结点的角位移、独立的结点线位移，位移法的基本方程是平衡方程。

位移法的基本体系是指在原结构上附加约束，用以控制基本未知量而形成的体系。利用位移法的基本体系可以建立起位移法的基本方程。此时附加约束处力的平衡方程即为位移法的基本方程。

位移法的形常数和载常数是位移法可以方便求解多次超静定结构的关键所在。有了形常数和载常数，可以容易地获得等截面直杆的杆端内力，用于位移法的计算。而等截面直杆的形常数和载常数正是来源于力法的计算结果。

习 题

一、单项选择题

1. 图 6-21 所示结构 EI 为常数，当支座 A 发生转角 θ 时，支座 B 处截面的转角（以顺时针为正）为（　　）。

A. $\dfrac{1}{3}\theta$　　　　B. $\dfrac{2}{5}\theta$　　　　C. $-\dfrac{1}{3}\theta$　　　　D. $-\dfrac{2}{5}\theta$

2. 图 6-22 所示结构 EI 为常数，当支座 B 发生沉降 Δ 时，支座 B 处梁截面的转角（以顺时针为正）为（　　）。

A. $\dfrac{\Delta}{l}$　　　　B. $1.2\dfrac{\Delta}{l}$　　　　C. $1.5\dfrac{\Delta}{l}$　　　　D. $\dfrac{\Delta}{2l}$

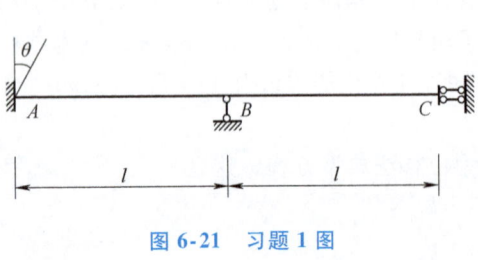

图 6-21　习题 1 图　　　　　　图 6-22　习题 2 图

3. 图 6-23 所示梁刚度为 i，长度为 l，当 A 端发生微小转角 α，B 端发生微小位移 $\Delta = l\alpha$ 时，梁两端的弯矩（对杆端顺时针为正）为（　　）。

A. $M_{AB} = 2i\alpha$, $M_{BA} = 4i\alpha$ B. $M_{AB} = -2i\alpha$, $M_{BA} = -4i\alpha$
C. $M_{AB} = 10i\alpha$, $M_{BA} = 8i\alpha$ D. $M_{AB} = -10i\alpha$, $M_{BA} = -8i\alpha$

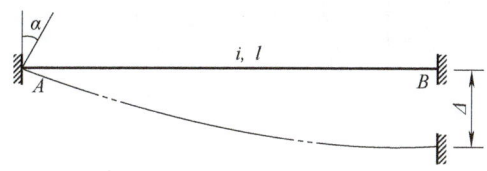

图 6-23 习题 3 图

二、计算题

4. 作图 6-24 所示刚架的弯矩图，各杆 EI 为常数。

5. 作图 6-25 所示连续梁的弯矩图，各杆 EI 为常数。

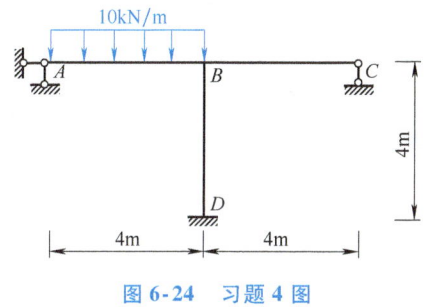

图 6-24 习题 4 图

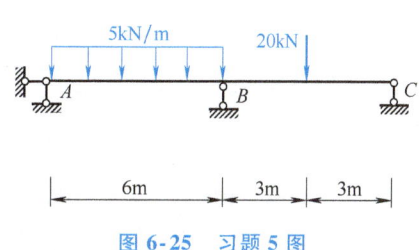

图 6-25 习题 5 图

6. 作图 6-26 所示刚架的弯矩图，各杆 EI 为常数。

7. 作图 6-27 所示刚架的弯矩图，各杆 EI 为常数。

8. 作图 6-28 所示刚架的弯矩图，各杆为 EI 常数。

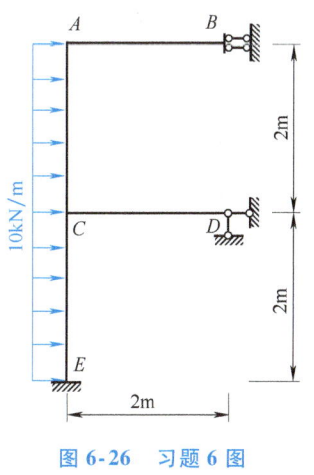

图 6-26 习题 6 图

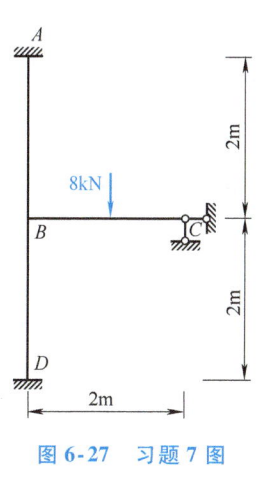

图 6-27 习题 7 图

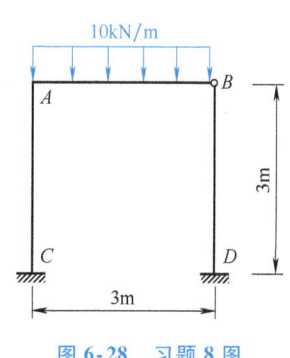

图 6-28 习题 8 图

9. 作图 6-29 所示刚架的弯矩、剪力、轴力图。

10. 作图 6-30 所示排架的弯矩图，各杆为 EI 常数。

11. 利用对称性，作图 6-31 所示刚架的弯矩图，各杆 EI 为常数。

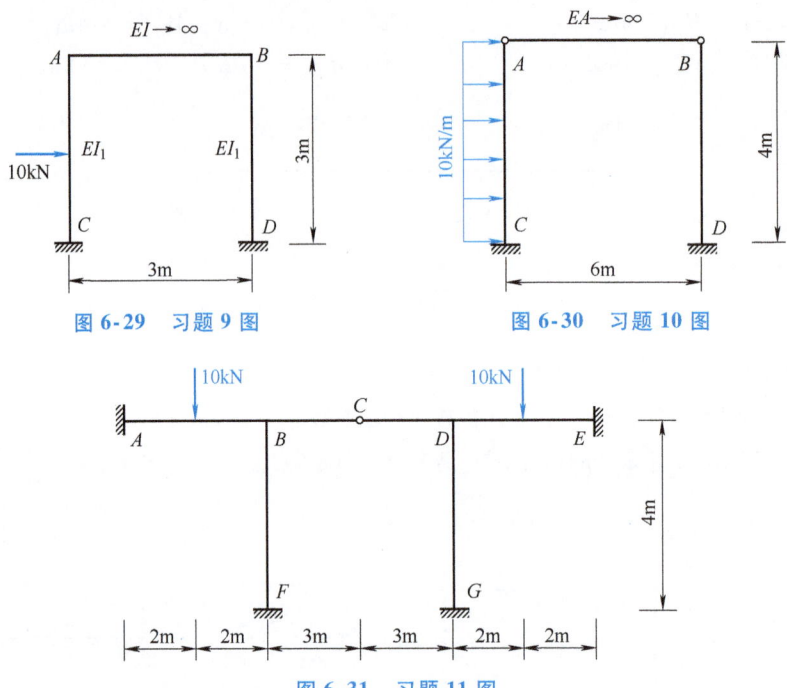

图 6-29 习题 9 图　　　　图 6-30 习题 10 图

图 6-31 习题 11 图

12. 利用对称性，作图 6-32 所示刚架的弯矩图。

13. 利用对称性，作图 6-33 所示刚架的弯矩图，各杆 EI 为常数。

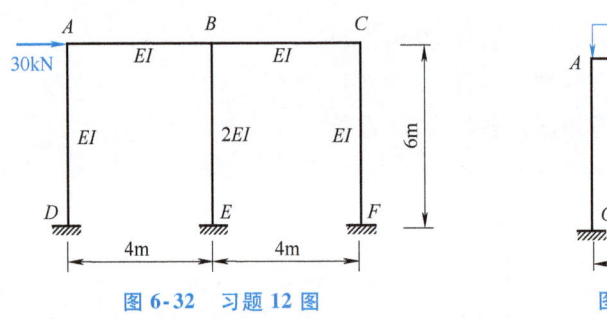
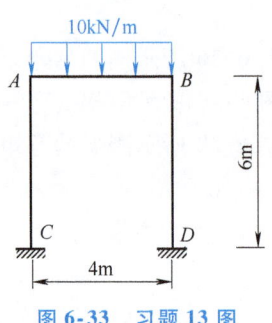

图 6-32 习题 12 图　　　　图 6-33 习题 13 图

14. 作图 6-34 所示刚架的弯矩图，各杆 EI 为常数。

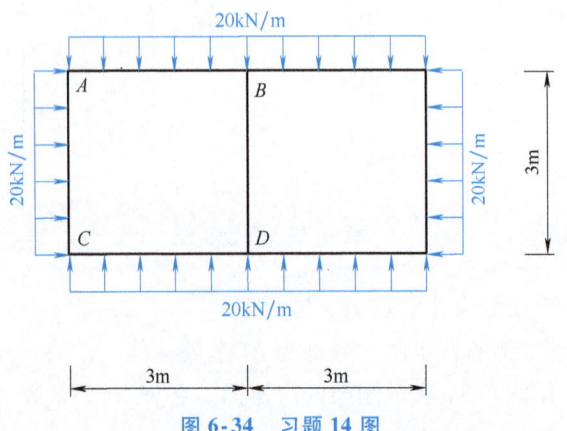

图 6-34 习题 14 图

15. 图 6-35 所示刚架，各杆 $EI = 2 \times 10^5 \mathrm{kN \cdot m^2}$。当支座 B 发生沉降 $\Delta_B = 1\mathrm{cm}$ 时，作图示刚架的弯矩图。

16. 图 6-36 所示连续梁，各杆 $EI = 1.4 \times 10^5 \mathrm{kN \cdot m^2}$。当支座 B 发生沉降 $\Delta_B = 1\mathrm{cm}$ 时，作图示连续梁的弯矩图。

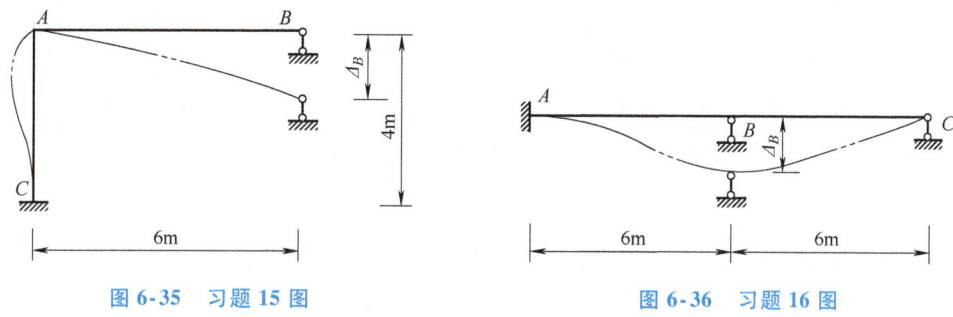

图 6-35　习题 15 图　　　　　　图 6-36　习题 16 图

17. 图 6-37 所示刚架，各杆截面尺寸均为 $200\mathrm{mm} \times 400\mathrm{mm}$，$E = 2 \times 10^3 \mathrm{MPa}$，$\alpha = 1 \times 10^{-5} \mathrm{℃}^{-1}$。作图示刚架温度变化时的弯矩图。

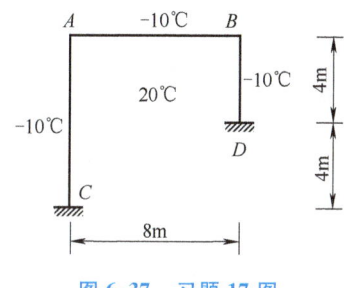

图 6-37　习题 17 图

18. 图 6-38 所示结构，各杆截面尺寸均为 $500\mathrm{mm} \times 600\mathrm{mm}$，$E = 1.5 \times 10^3 \mathrm{MPa}$，$\alpha = 1 \times 10^{-5} \mathrm{℃}^{-1}$。作图示刚架温度变化时的弯矩图。

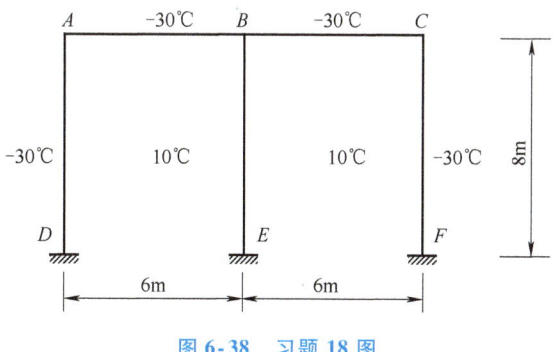

图 6-38　习题 18 图

第 7 章　其他计算方法

用力法和位移法计算结构内力需要求解联立方程。本章介绍的力矩分配法（moment distribution method）属于位移法类型的渐近解法，适用于连续梁和无结点线位移的刚架。力矩分配法基于结构的受力和变形状态，根据位移法基本原理，建立初始的近似状态，通过逐步调整荷载增量来修正结构内力，最后使得结构内力分布收敛于真实状态。渐近法无须求解联立方程，计算步骤比较简单和规格化，且能够直接求得杆端弯矩，精度可以满足工程要求，因而在工程中应用很广泛。

■ 7.1　力矩分配法的概念

7.1.1　符号规定

力矩分配法中包含的物理量有结构变形量（如杆端转角）和结构内力（如杆端弯矩和固端弯矩）。结构变形量和结构内力的正负号规定与位移法相同，即以杆端顺时针旋转为正，作用于结点的力偶荷载和作用于转动约束的约束力矩，也假设以对结点或约束顺时针旋转为正。

7.1.2　基本概念

1. 转动刚度

转动刚度是指使杆端产生单位转角所需要施加的力矩，表征杆端抵抗转动的能力。如果杆件用 AB 表示，则 AB 杆在 A 端的转动刚度用 S_{AB} 表示，同理，AB 杆在 B 端的转动刚度用 S_{BA} 表示。图 7-1 给出了等截面杆件 AB 在 A 端的转动刚度 S_{AB}。关于转动刚度 S_{AB} 做如下说明：

1）转动刚度 S_{AB} 中 A 点为施力端，B 点为远端。
2）转动刚度 S_{AB} 是指施力端 A 点在没有线位移条件下的转动刚度。
3）转动刚度 S_{AB} 和远端 B 点约束情况有关，远端约束不同，转动刚度 S_{AB} 也不同，远端约束越强，则转动刚度 S_{AB} 值越大，表示施力端产生单位转角越困难。

三个基本概念

图 7-1 所示的远端约束情况下转动刚度 S_{AB} 值如下$\left(令\ i=\dfrac{EI}{l}\right)$：

远端固定　　　　　　　　　　　$S_{AB}=4i$　　　　　　　　　　　(7-1)

远端铰支	$S_{AB} = 3i$	(7-2)
远端滑动	$S_{AB} = i$	(7-3)
远端自由	$S_{AB} = 0$	(7-4)

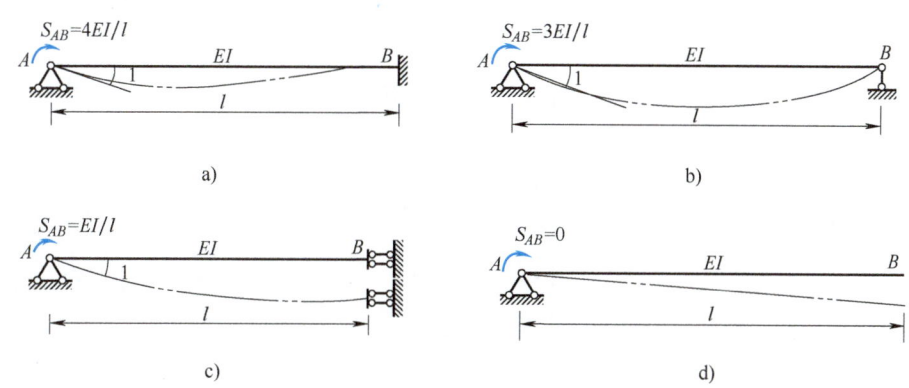

图 7-1　不同远端约束转动刚度示意图

a）远端固定　b）远端铰支　c）远端滑动　d）远端自由

2. 分配系数

如果一个结点是几根杆件交汇点，见图 7-2a，结点 A 是杆件 AB、AC 和 AD 的交汇点，该结点产生单位转角时，每根杆件均会产生抵抗力矩。那么，若在该结点施加一力偶 M，杆件 AB、AC 和 AD 分别承担多少力矩？

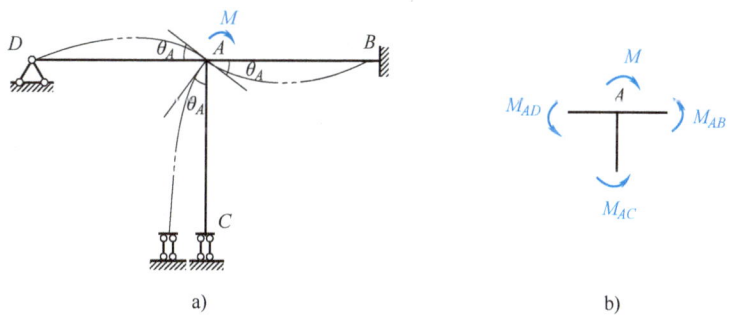

图 7-2　分配系数示意图

a）整体变形示意图　b）节点 A 受力示意图

假定 A 结点在力偶 M 作用下达到平衡后，结点 A 产生 θ_A 的转角，由转动刚度定义，可分别计算出杆件 AB、AC 和 AD 在 A 端的杆端弯矩 M_{AB}、M_{AC} 和 M_{AD} 为

$$\begin{cases} M_{AB} = S_{AB}\theta_A = 4i_{AB}\theta_A \\ M_{AC} = S_{AC}\theta_A = i_{AC}\theta_A \\ M_{AD} = S_{AD}\theta_A = 3i_{AD}\theta_A \end{cases} \quad (a)$$

因 A 结点已到达平衡，A 点内力和外力之和满足 $\sum M = 0$，即

$$M - (S_{AB}\theta_A + S_{AC}\theta_A + S_{AD}\theta_A) = 0$$

$$\theta_A = \frac{M}{S_{AB} + S_{AC} + S_{AD}} = \frac{M}{\sum S}$$

式中，$\sum S$ 表示 A 点转动刚度之和。

将 θ_A 值代入式（a）有

$$\begin{cases} M_{AB} = \dfrac{S_{AB}}{\sum S} M \\ M_{AC} = \dfrac{S_{AC}}{\sum S} M \\ M_{AD} = \dfrac{S_{AD}}{\sum S} M \end{cases} \quad (b)$$

杆端弯矩可通过下式计算：

$$M_{Aj} = \mu_{Aj} M \quad (7\text{-}5)$$

$$\mu_{Aj} = \frac{S_{Aj}}{\sum S} \quad (7\text{-}6)$$

式中，μ_{Aj} 为杆 Aj 在 A 端的分配系数，j 为 B、C 和 D；分配系数 μ_{Aj} 表示将结点 A 外力偶 M 分配到结点处杆端弯矩 M_{AB}、M_{AC} 和 M_{AD} 的比例。杆端弯矩 M_{AB}、M_{AC} 和 M_{AD} 值是按各杆在 A 端的转动刚度的权重分配。

同一结点各杆分配系数之间存在如下关系：

$$\sum_j \mu_{Aj} = \mu_{AB} + \mu_{AC} + \mu_{AD} = 1$$

3. 传递系数

结点 A 处各杆端弯矩值 M_{AB}、M_{AC} 和 M_{AD} 可通过分配系数求出，各杆远端弯矩可通过位移法中刚度方程求得。

$$M_{AB} = 4i_{AB}\theta_A, \quad M_{BA} = 2i_{AB}\theta_A, \quad \frac{M_{BA}}{M_{AB}} = C_{AB} = \frac{1}{2}$$

$$M_{AC} = i_{AC}\theta_A, \quad M_{CA} = -i_{AC}\theta_A, \quad \frac{M_{CA}}{M_{AC}} = C_{AC} = -1$$

$$M_{AD} = 3i_{AD}\theta_A, \quad M_{DA} = 0, \quad \frac{M_{DA}}{M_{AD}} = C_{AD} = 0$$

杆两端弯矩比值 C_{AB}、C_{AC} 和 C_{AD} 称为传递系数。传递系数表示近端有转角时，远端弯矩与近端弯矩的比值。对等截面杆件，传递系数随远端约束情况而异。远端常见的三种约束——远端固定、远端铰支、远端滑动，其传递系数值如下：

远端固定 $\qquad\qquad\qquad\qquad C = \dfrac{1}{2} \qquad\qquad\qquad\qquad (7\text{-}7)$

远端铰支 $\qquad\qquad\qquad\qquad C = 0 \qquad\qquad\qquad\qquad (7\text{-}8)$

远端滑动 $\qquad\qquad\qquad\qquad C = -1 \qquad\qquad\qquad\qquad (7\text{-}9)$

杆件远端和近端弯矩关系为

$$M_{jA} = C_{Aj}M_{Aj} \qquad (7-10)$$

式中，M_{jA} 表示远端弯矩，M_{Aj} 表示近端弯矩，C_{Aj} 表示由近端到远端的传递系数。

转动刚度、分配系数和传递系数是力矩分配法中三个基本概念。结点上外力偶乘以结点处各杆分配系数得到各杆近端弯矩，也称为分配弯矩；各杆远端弯矩等于分配弯矩乘以传递系数，远端弯矩也称为传递弯矩。

【例 7-1】 用力矩分配法计算图 7-3 所示刚架各杆杆端弯矩，假定结点无线位移，在结点 A 有力偶 $M=100\text{kN}\cdot\text{m}$ 的作用。

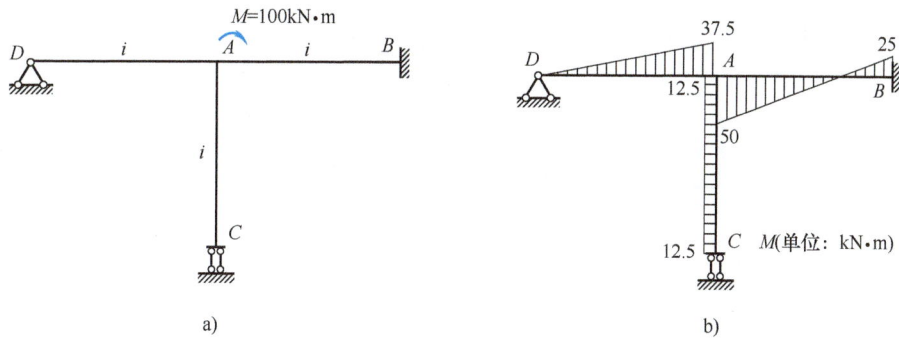

图 7-3 【例 7-1】图
a）原结构及荷载 b）弯矩图

【解】（1）计算各杆转动刚度及分配系数
由式（7-1）~式（7-4），各杆的转动刚度为

$$S_{AB} = 4i_{AB} = 4i$$
$$S_{AD} = 3i_{AD} = 3i$$
$$S_{AC} = i_{AC} = i$$

各杆的分配系数为

$$\mu_{AB} = \frac{S_{AB}}{\sum_A S} = \frac{4i}{4i+3i+i} = 0.5$$

$$\mu_{AD} = \frac{S_{AD}}{\sum_A S} = \frac{3i}{4i+3i+i} = 0.375$$

$$\mu_{AC} = \frac{S_{AC}}{\sum_A S} = \frac{i}{4i+3i+i} = 0.125$$

结点力矩下单结点力矩分配

（2）计算各杆杆端弯矩

$$M_{AB} = \mu_{AB}M = 0.5 \times 100\text{kN}\cdot\text{m} = 50\text{kN}\cdot\text{m}$$
$$M_{AD} = \mu_{AD}M = 0.375 \times 100\text{kN}\cdot\text{m} = 37.5\text{kN}\cdot\text{m}$$
$$M_{AC} = \mu_{AC}M = 0.125 \times 100\text{kN}\cdot\text{m} = 12.5\text{kN}\cdot\text{m}$$

由式（7-7）~式（7-9）求得各杆传递弯矩：

$$M_{BA} = C_{AB}M_{AB} = \frac{1}{2} \times 50\text{kN}\cdot\text{m} = 25\text{kN}\cdot\text{m}$$

$$M_{DA} = C_{AD}M_{AD} = 0 \times 37.5 \text{kN} \cdot \text{m} = 0$$
$$M_{CA} = C_{AC}M_{AC} = -1 \times 12.5 \text{kN} \cdot \text{m} = -12.5 \text{kN} \cdot \text{m}$$

根据杆端弯矩，画出结构弯矩图，见图 7-3b 所示。

7.2 单结点的力矩分配法

单结点力矩分配法的基本思想及基本运算通过图 7-4a 所示的连续梁模型进行说明。在梁 AB 段内施加重物 F_P，连续梁变形如图 7-4a 双点画线所示，下面分析连续梁在重物 F_P 作用下杆端弯矩的计算。

非结点荷载下单结点力矩分配的基本思路

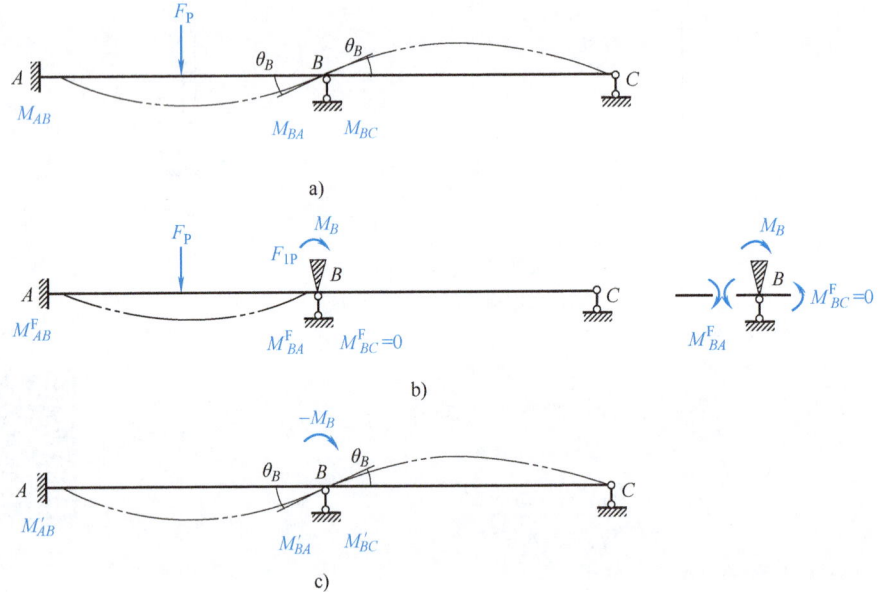

图 7-4 单结点力矩分配法概念

a) 原结构　b) 结点 B 施加约束　c) 释放结点 B 约束

先假想在结点 B 施加控制转角的约束，使 B 结点完全不能转动（即 $\theta_B = 0$），则连续梁分成两个相互独立，互不干扰的单跨梁 AB 和 BC。在重物 F_P 作用下，梁 AB 跨发生变形，BC 跨不受影响，见图 7-4b 中双点画线。梁 AB 在 A 端弯矩为 M_{AB}^F；B 端的固端弯矩 M_{BA}^F 和结点 B 的约束力矩 M_B 平衡，且结点 B 应满足力矩平衡。梁 BC 在 B 端固端弯矩 $M_{BC}^F = 0$。对结点 B 进行受力分析，见图 7-4b，约束力矩等于结点 B 两端固端弯矩之和，即 $M_B = M_{BC}^F + M_{BA}^F = M_{BA}^F$。

结点 B 实际无约束力矩 M_B，连续梁撤去假想约束及重物 F_P，在 B 结点处施加一力偶 $-M_B$，连续梁在力偶 $-M_B$ 作用下发生变形，见图 7-4c。结点 B 在力偶 $-M_B$ 作用下，结点 B 左右两端分别有分配弯矩 M'_{BA} 和 M'_{BC}，同时在远端 A 端有传递弯矩 M'_{AB}，C 端弯矩为 0。

图 7-4b 状态和图 7-4c 状态叠加在一起就等于图 7-4a 状态，因此，把图 7-4b 和图 7-4c 杆端弯矩叠加，就得到实际的杆端弯矩，如 $M_{BA} = M_{BA}^F + M'_{BA}$。

现在总结一下单结点力矩分配法计算步骤：

第一步，在结点 B 施加转角约束，连续梁分解为两个独立单跨梁，按单跨梁计算出杆端弯矩，结点 B 约束力矩 M_B 为 B 端固端弯矩之和。

第二步，去掉结点 B 约束，同时在结点 B 施加力偶 $-M_B$，求出各杆在 B 端的分配弯矩和远端弯矩。

第三步，将第一步和第二步求出的各杆杆端弯矩叠加，得到各杆实际杆端弯矩。

【例 7-2】 用力矩分配法计算图 7-5a 所示连续梁的弯矩并作图，EI = 常数。

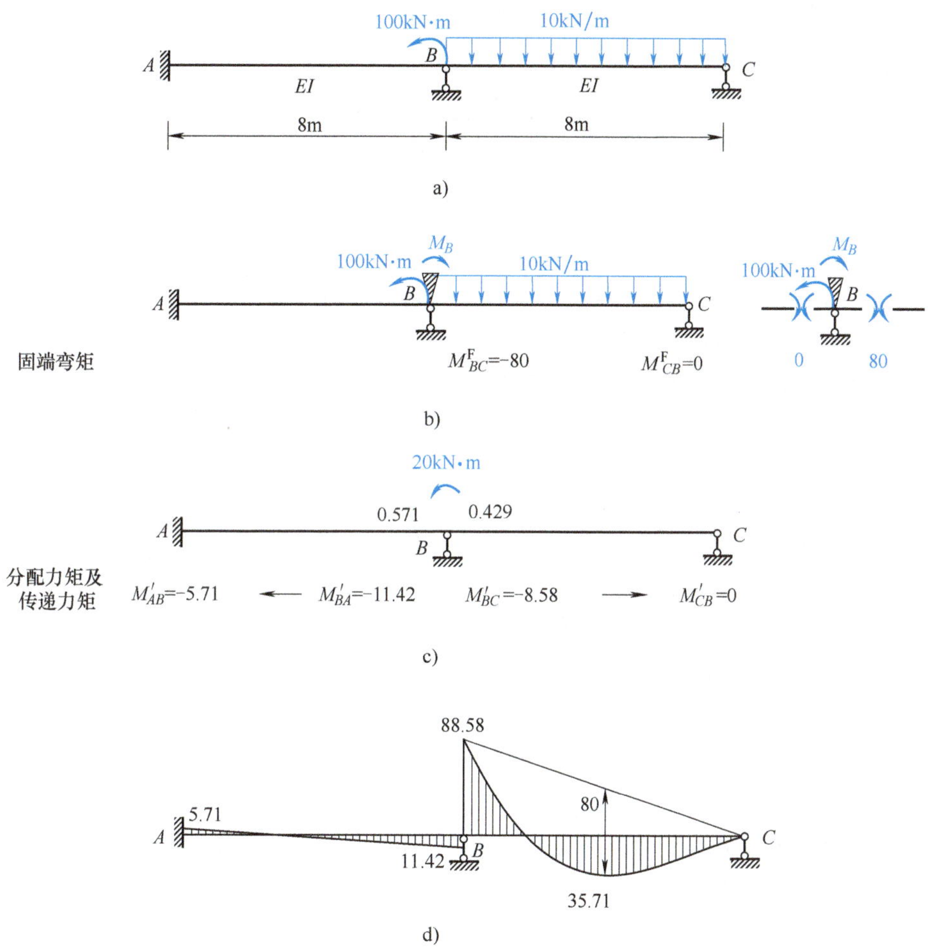

图 7-5 【例 7-2】图
a）原结构及荷载　b）结点 B 上施加转动约束，求固端弯矩和约束力矩
c）放松结点 B 上的转动约束，求分配弯矩和传递弯矩　d）M 图（单位：kN·m）

【解】 1）在结点 B 上施加转动约束（图 7-5b）。结点 B 施加约束后，连续梁分解为两根梁，分别计算梁的杆端弯矩：

$$M_{BC}^F = -\frac{10\text{kN/m} \times (8\text{m})^2}{8} = -80\text{kN} \cdot \text{m}$$

$$M_{CB}^F = 0$$

结点 B 约束力矩

$$M_B = 100\text{kN} \cdot \text{m} - 80\text{kN} \cdot \text{m} = 20\text{kN} \cdot \text{m}$$

2）释放结点 B 约束。在结点 B 施加力矩 $-20\text{kN} \cdot \text{m}$，杆 AB 和 BC 的线刚度 $i = \dfrac{EI}{l}$ 相等。

转动刚度计算：

$$S_{BA} = 4i$$
$$S_{BC} = 3i$$

分配系数计算：

$$\mu_{BA} = \frac{4i}{4i + 3i} = 0.571$$

$$\mu_{BC} = \frac{3i}{4i + 3i} = 0.429$$

分配力矩计算：

$$M'_{BA} = 0.571 \times (-20\text{kN} \cdot \text{m}) = -11.42\text{kN} \cdot \text{m}$$
$$M'_{BC} = 0.429 \times (-20\text{kN} \cdot \text{m}) = -8.58\text{kN} \cdot \text{m}$$

传递力矩计算（A 端为固定端，传递系数为 $1/2$；C 端为铰支端，传递系数为 0）：

$$M'_{AB} = \frac{1}{2} M'_{BA} = -5.71\text{kN} \cdot \text{m}$$

$$M'_{CB} = 0$$

将结果在图 7-5c 上表示，并用箭头表示力矩传递方向。

3）将以上两步计算的杆端弯矩叠加，得到杆端实际弯矩，即

$$M_{AB} = M'_{AB} = -5.71\text{kN} \cdot \text{m}$$
$$M_{BA} = M'_{BA} = -11.42\text{kN} \cdot \text{m}$$
$$M_{BC} = M_{BC}^F + M'_{BC} = -80\text{kN} \cdot \text{m} - 8.58\text{kN} \cdot \text{m} = -88.58\text{kN} \cdot \text{m}$$
$$M_{CB} = M_{CB}^F + M'_{CB} = 0$$

作结构弯矩图，见图 7-5d。

【例 7-3】 用力矩分配法计算图 7-6a 所示刚架弯矩并绘制弯矩图，各杆线刚度为 i。

【解】 1）结点 A 施加约束，固端弯矩计算如下：

$$M_{DA}^F = 0$$

$$M_{AD}^F = \frac{10\text{kN/m} \times (4\text{m})^2}{8} = 20\text{kN} \cdot \text{m}$$

$$M_{AB}^F = -\frac{100\text{kN} \times 4\text{m}}{8} = -50\text{kN} \cdot \text{m}$$

$$M_{BA}^F = \frac{100\text{kN} \times 4\text{m}}{8} = 50\text{kN} \cdot \text{m}$$

结点 A 约束力矩

$$M_A = -50\text{kN} \cdot \text{m} + 20\text{kN} \cdot \text{m} = -30\text{kN} \cdot \text{m}$$

2）计算转动刚度和分配系数。

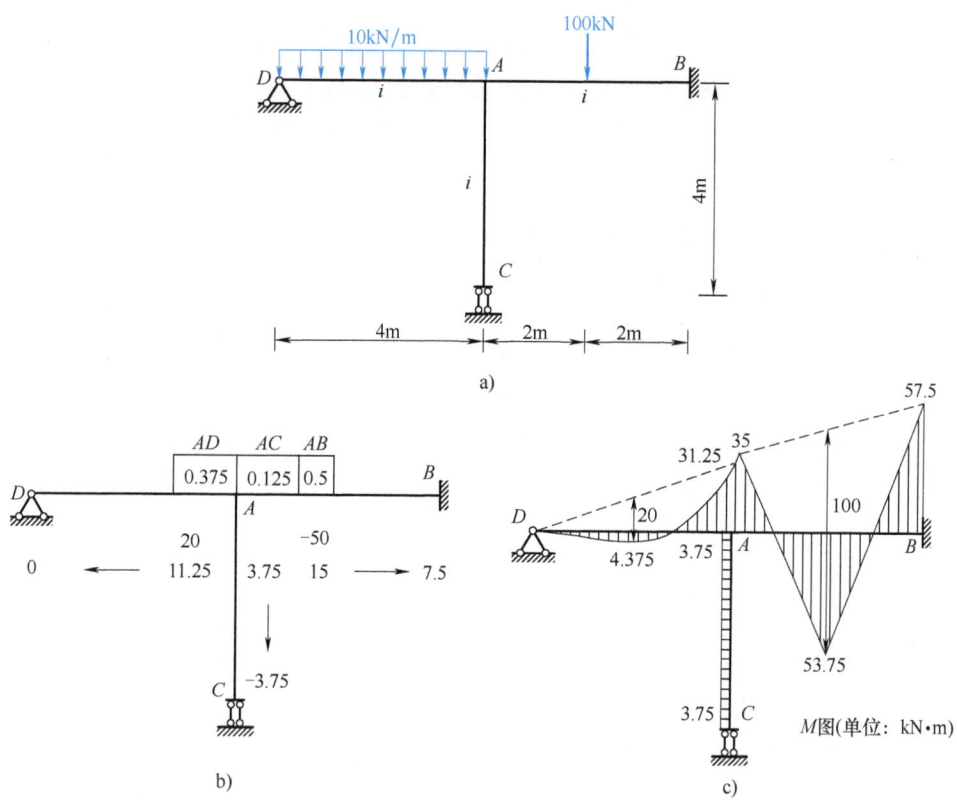

图 7-6 【例 7-3】图

a) 刚架及荷载   b) 力矩分配及传递   c) 弯矩 M 图（单位：kN·m）

转动刚度计算：

$$S_{AD} = 3i_{AD} = 3i$$
$$S_{AB} = 4i_{AB} = 4i$$
$$S_{AC} = i_{AC} = i$$

分配系数计算：

$$\mu_{AD} = \frac{S_{AD}}{S_{AD} + S_{AB} + S_{AC}} = \frac{3i}{3i + 4i + i} = 0.375$$

$$\mu_{AB} = \frac{S_{AB}}{S_{AD} + S_{AB} + S_{AC}} = \frac{4i}{3i + 4i + i} = 0.5$$

$$\mu_{AC} = \frac{S_{AC}}{S_{AD} + S_{AB} + S_{AC}} = \frac{i}{3i + 4i + i} = 0.125$$

分配弯矩计算：

$$M'_{AD} = 0.375 \times 30 \text{kN} \cdot \text{m} = 11.25 \text{kN} \cdot \text{m}$$
$$M'_{AB} = 0.5 \times 30 \text{kN} \cdot \text{m} = 15 \text{kN} \cdot \text{m}$$
$$M'_{AC} = 0.125 \times 30 \text{kN} \cdot \text{m} = 3.75 \text{kN} \cdot \text{m}$$

传递弯矩计算（远端固定，传递系数为 1/2；远端铰支，传递系数为 0；远端滑动，传递系数为 -1）：

$$M'_{DA} = 0$$
$$M'_{CA} = -1 \times 3.75 \text{kN} \cdot \text{m} = -3.75 \text{kN} \cdot \text{m}$$
$$M'_{BA} = 0.5 \times 15 \text{kN} \cdot \text{m} = 7.5 \text{kN} \cdot \text{m}$$

3）将上述两步计算结果叠加，得到各杆实际杆端弯矩：

$$M_{DA} = 0$$
$$M_{AD} = M^F_{AD} + M'_{AD} = 20 \text{kN} \cdot \text{m} + 11.25 \text{kN} \cdot \text{m} = 31.25 \text{kN} \cdot \text{m}$$
$$M_{AB} = M^F_{AB} + M'_{AB} = -50 \text{kN} \cdot \text{m} + 15 \text{kN} \cdot \text{m} = -35 \text{kN} \cdot \text{m}$$
$$M_{BA} = M^F_{BA} + M'_{BA} = 50 \text{kN} \cdot \text{m} + 7.5 \text{kN} \cdot \text{m} = 57.5 \text{kN} \cdot \text{m}$$
$$M_{AC} = M^F_{AC} + M'_{AC} = 3.75 \text{kN} \cdot \text{m}$$
$$M_{CA} = M^F_{CA} + M'_{CA} = -3.75 \text{kN} \cdot \text{m}$$

作结构弯矩图，见图 7-6c。

7.3 多结点的力矩分配法

用力矩分配法计算多结点连续梁和无侧移刚架，需在多个结点施加约束，计算时逐一放松结点约束，采用单结点力矩分配法基本运算步骤，以渐近方式求解杆端弯矩。

以一个三跨连续梁为例来说明多结点力矩分配法基本运算过程。连续梁 ABCD 在 BC 跨施加荷载后结构变形曲线见图 7-7a，在该状态下采用力矩分配法计算杆端弯矩的过程如下：

第一步，在结点 B、C 上施加约束限制结点转动，连续梁 ABCD 分解为三根独立梁。荷载仅作用在 BC 跨，故只有 BC 跨产生变形，见图 7-7b 中双点画线。杆 BC 两端有固端弯矩 M^F_{BC} 和 M^F_{CB}，结点 B、C 有约束力矩 M_B 和 M_C。

第二步，先只放松结点 B 的约束，结点 C 锁住不能变形。结点 B 约束释放后产生 θ'_B 转角，结构变形见图 7-7c 中双点画线。释放结点 B 约束相当于在结点 B 施加力偶荷载 $-M_B$，在结点 B 进行分配，得到结点 B 上各杆的第一次分配弯矩，结点 A、C 第一次传递弯矩。

第一步和第二步结构累计变形见图 7-7d 中双点画线，结点 B 已无约束力矩，结点 C 中约束力矩为 $M''_C = M_C + M'_C$。

第三步，放松结点 C 约束，同时将结点 B 加上约束（图 7-7e）。结点 C 产生 θ'_C 转角，结构变形见图 7-7e 中双点画线。释放结点 C 约束相当于在结点 C 施加力偶荷载 $-M''_C$，在结点 C 进行分配，得到结点 C 上各杆的第一次分配弯矩，结点 B 又产生约束力矩增量 M'_B。

第一步至第三步结构累计变形见图 7-7f 中双点画线，此时结点 C 无约束力矩，但结点 B 仍存在约束力矩 M'_B。

重复第二步和第三步，结点 B、C 的约束交替施加和放松，每步运算只有一个结点约束是放松的，相当于每步均为单结点力矩分配法计算，对各结点进行几次循环计算，约束力矩

非结点荷载下多结点力矩分配的基本思路

能很快收敛至 0 附近。最后,将所有步得到的杆端弯矩叠加,得到实际杆件杆端弯矩值的近似计算值。

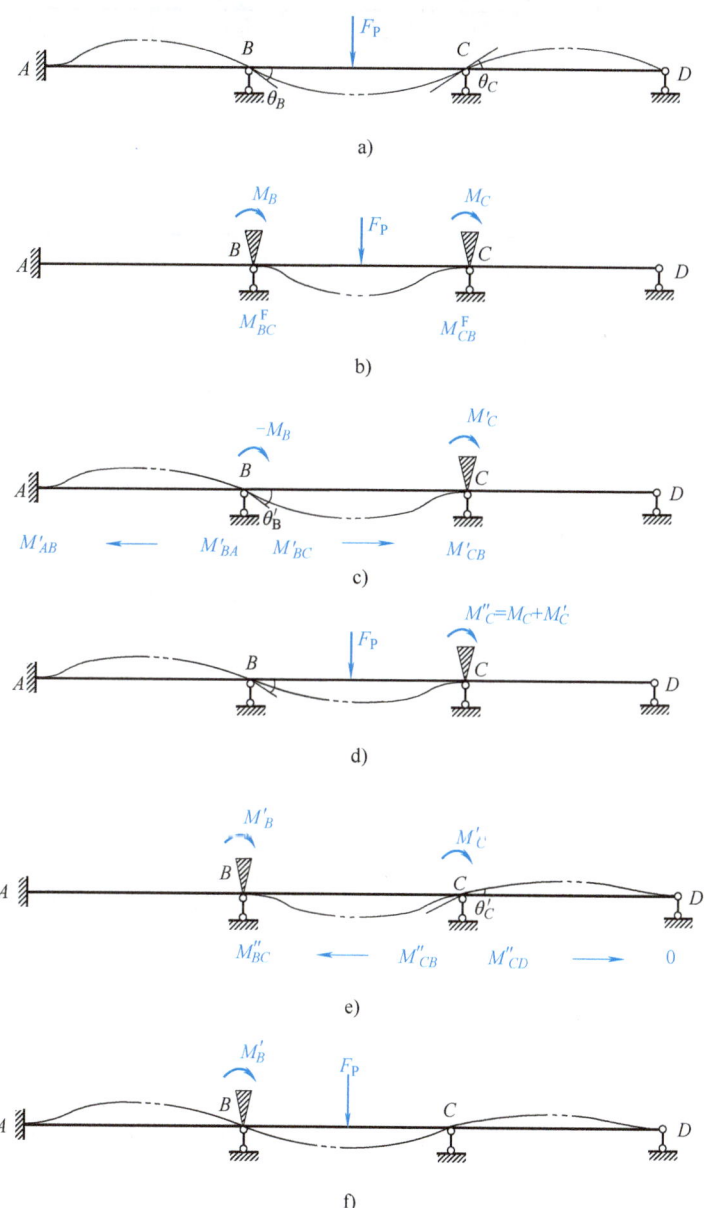

图 7-7 多结点力矩分配的渐近过程

a) 加载变形曲线 b) 约束结点 B、C 后的加载变形曲线 c) 放松结点 B
d) 图 b+图 c 累加曲线 e) 放松结点 C f) 图 b+图 c+图 e 累加曲线

下面通过例题说明多结点力矩分配法的计算步骤。

【例 7-4】 用力矩分配法计算图 7-8a 所示连续梁弯矩并作图。

【解】 1) 计算各结点分配系数。设 $i = \dfrac{EI}{4}$ 则有

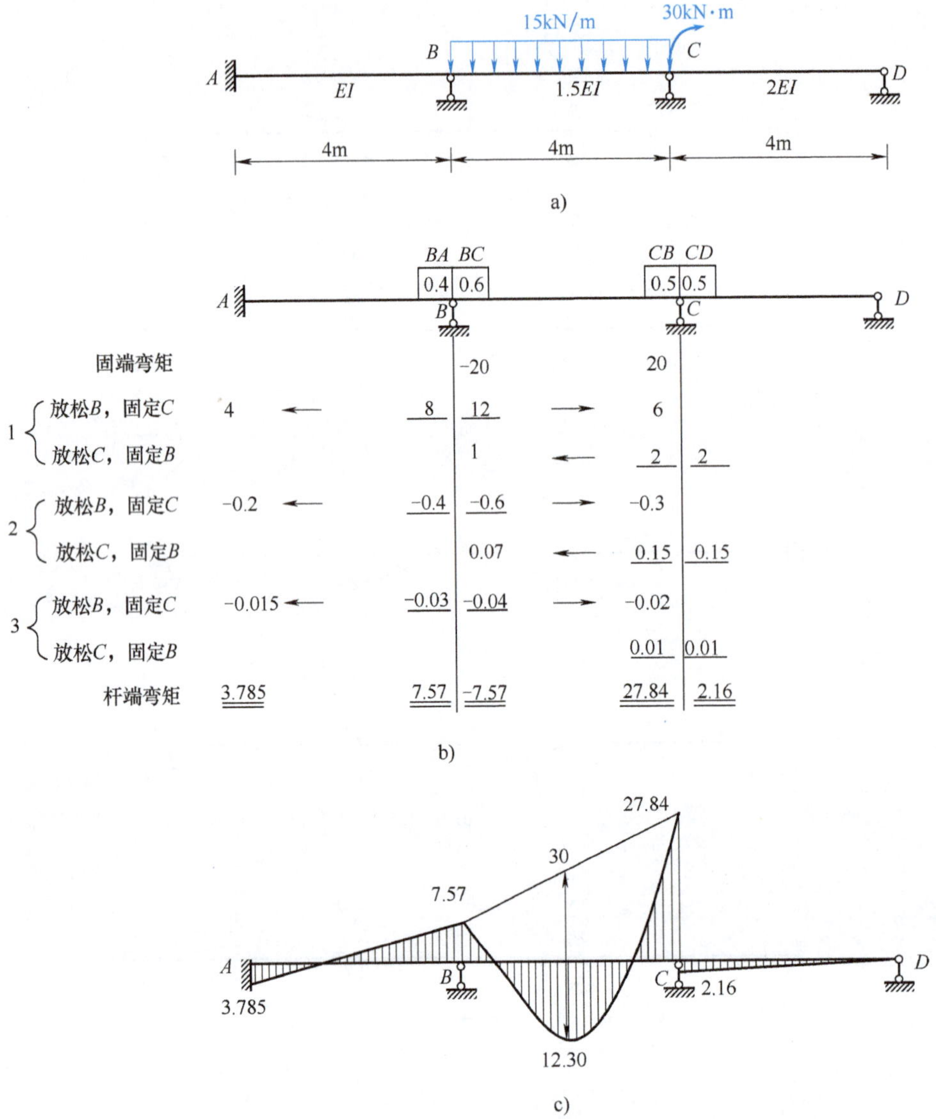

图 7-8 【例 7-4】图
a) 原结构及荷载   b) 分配、传递和叠加过程   c) 弯矩图 (单位: kN·m)

结点 B：

$$S_{BA} = 4i_{BA} = 4i$$

$$S_{BC} = 4i_{BC} = 4 \times \frac{1.5EI}{4} = 6i$$

$$\mu_{BA} = \frac{S_{BA}}{S_{BA} + S_{BC}} = \frac{4i}{4i + 6i} = 0.4$$

$$\mu_{BC} = \frac{S_{BC}}{S_{BA} + S_{BC}} = \frac{6i}{4i + 6i} = 0.6$$

结点 C：

$$S_{CB} = 4i_{CB} = 4 \times \frac{1.5EI}{4} = 6i$$

$$S_{CD} = 3i_{CD} = 3 \times \frac{2EI}{4} = 6i$$

$$\mu_{CB} = \frac{S_{CB}}{S_{CB} + S_{CD}} = \frac{6i}{6i + 6i} = 0.5$$

$$\mu_{CD} = \frac{S_{CD}}{S_{CB} + S_{CD}} = \frac{6i}{6i + 6i} = 0.5$$

2）约束结点 B、C，求出各杆的固端弯矩。

$$M_{BC}^{F} = -\frac{15\text{kN/m} \times (4\text{m})^2}{12} = -20\text{kN} \cdot \text{m}$$

$$M_{CB}^{F} = \frac{15\text{kN/m} \times (4\text{m})^2}{12} = 20\text{kN} \cdot \text{m}$$

3）放松结点 B，锁住结点 C，按单结点弯矩分配法进行弯矩分配和传递。结点 B 的约束力矩为 $-20\text{kN} \cdot \text{m}$，在结点 B 施加一个与约束反力反向的力偶荷载 $20\text{kN} \cdot \text{m}$。$BA$ 和 BC 杆端分配弯矩为

$$0.4 \times 20\text{kN} \cdot \text{m} = 8\text{kN} \cdot \text{m}$$

$$0.6 \times 20\text{kN} \cdot \text{m} = 12\text{kN} \cdot \text{m}$$

杆端 AB 的传递弯矩为

$$\frac{1}{2} \times 8\text{kN} \cdot \text{m} = 4\text{kN} \cdot \text{m}$$

杆端 CB 的传递弯矩为

$$\frac{1}{2} \times 12\text{kN} \cdot \text{m} = 6\text{kN} \cdot \text{m}$$

将分配弯矩和传递弯矩分别写在各杆端相应位置，见图 7-8b。经过分配和传递，结点 B 已平衡，在分配弯矩下画一横线，表示横线以上结点力矩总和已等于 0，同时，用箭线表示将分配弯矩传到结点各杆远端。

4）放松结点 C，锁住结点 B。

结点 C 的约束力矩为

$$20\text{kN} \cdot \text{m} + 6\text{kN} \cdot \text{m} - 30\text{kN} \cdot \text{m} = -4\text{kN} \cdot \text{m}$$

放松结点 C，在结点 C 施加一个与约束力矩反向的力偶荷载 $4\text{kN} \cdot \text{m}$，$CB$ 和 CD 杆端的分配弯矩均为

$$0.5 \times 4\text{kN} \cdot \text{m} = 2\text{kN} \cdot \text{m}$$

BC 杆端的传递弯矩为

$$\frac{1}{2} \times 2\text{kN} \cdot \text{m} = 1\text{kN} \cdot \text{m}$$

将分配弯矩和传递弯矩按步骤 3）类似方法表示在各杆端，见图 7-8b。此时，结点 C 已

平衡，但结点 B 又有新的约束力矩。通过上述步骤，结点 B 和结点 C 均分配过一次，分配过程第一次循环结束。

5）对结点 B 和结点 C 进行再次分配。同步骤 3）和步骤 4），依次放松结点 B 和结点 C，相应的结点约束力矩分别为 $1\text{kN}\cdot\text{m}$ 和 $-0.3\text{kN}\cdot\text{m}$。

6）进行第三次循环。结点 B 和结点 C 相应的结点约束力矩分别为 $0.075\text{kN}\cdot\text{m}$ 和 $-0.023\text{kN}\cdot\text{m}$。

通过三次循环计算，结点的约束力矩已经很小，结构基本接近实际状态，可以停止计算。

7）将各杆的固端弯矩与每次的分配弯矩和传递弯矩叠加，即得到最后的杆端弯矩。

8）根据杆端弯矩绘制结构弯矩图，见图 7-8c。

【例 7-5】 求解图 7-9a 所示刚架的弯矩图、剪力图和轴力图，并计算各支座反力。各杆 i 相同且为常数。

【解】 1）计算转动刚度。

$$S_{BA}=3i_{BA}=3i$$
$$S_{BC}=S_{CB}=4i_{BC}=4i$$

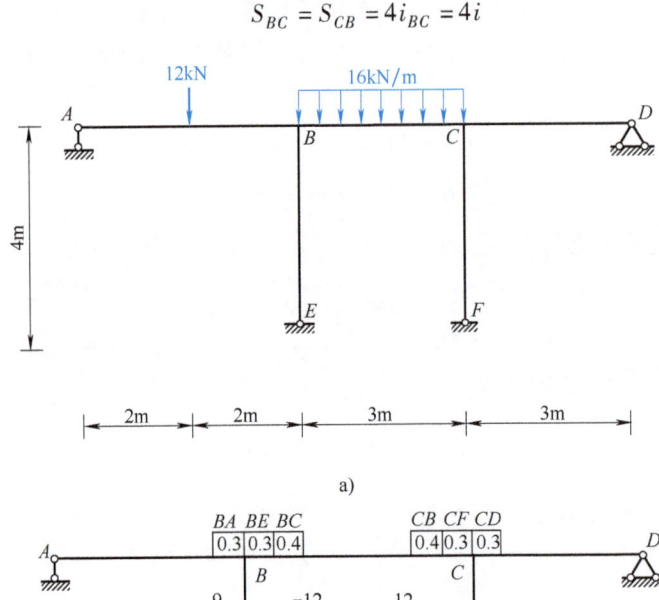

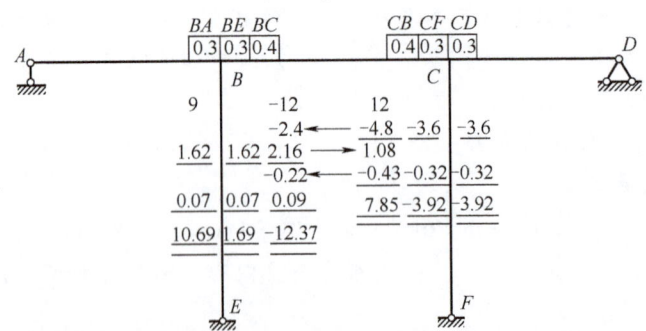

图 7-9 【例 7-5】图

a）原结构及荷载　b）分配、传递和叠加过程

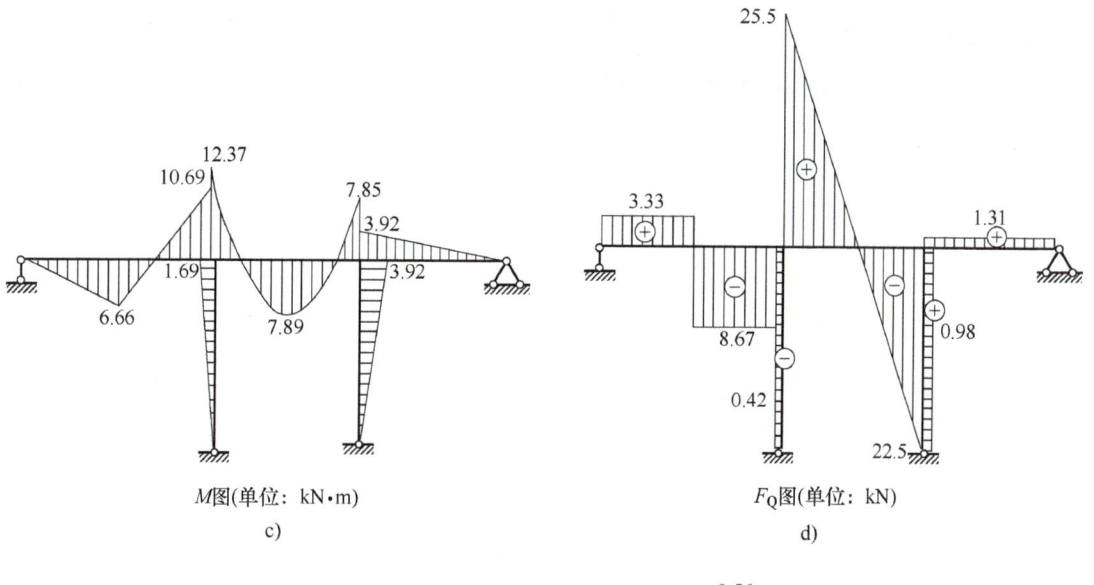

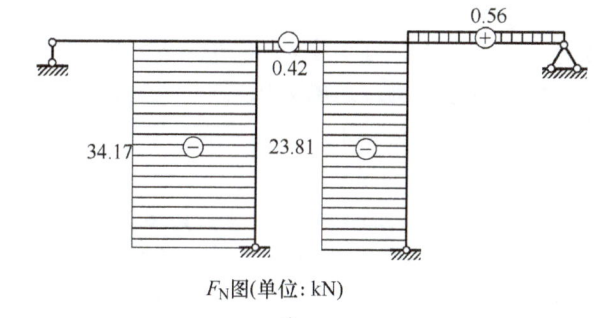

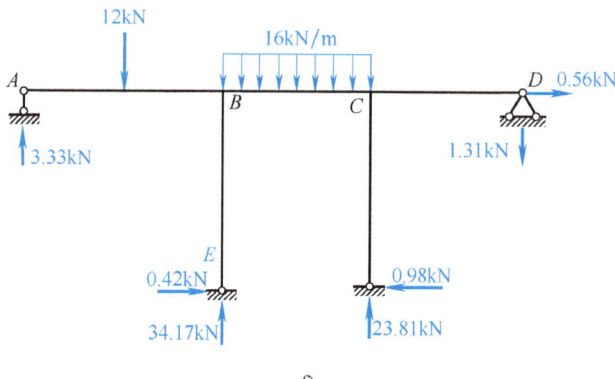

图 7-9 【例 7-5】图（续）
c）弯矩图 d）剪力图 e）轴力图 f）支座反力图

$$S_{CD} = 3i_{CD} = 3i$$
$$S_{BE} = 3i_{BE} = 3i$$
$$S_{CF} = 3i_{CF} = 3i$$

2）计算分配系数。

结点 B：

$$\sum S = S_{BA} + S_{BC} + S_{BE} = 3 + 4 + 3 = 10$$

$$\mu_{BA} = \frac{3}{10} = 0.3, \quad \mu_{BC} = \frac{4}{10} = 0.4, \quad \mu_{BE} = \frac{3}{10} = 0.3$$

结点 C：

$$\sum S = S_{CB} + S_{CD} + S_{CF} = 4 + 3 + 3 = 10$$

$$\mu_{CB} = \frac{4}{10} = 0.4, \quad \mu_{CD} = \frac{3}{10} = 0.3, \quad \mu_{CF} = \frac{3}{10} = 0.3$$

3）固端弯矩计算。

$$M_{BA}^F = \frac{3F_P l}{16} = \frac{3 \times 12 \times 4}{16} \text{kN} \cdot \text{m} = 9 \text{kN} \cdot \text{m}$$

$$M_{BC}^F = -\frac{q l^2}{12} = -\frac{16 \text{kN/m} \times (3\text{m})^2}{12} = -12 \text{kN} \cdot \text{m}$$

$$M_{CB}^F = 12 \text{kN} \cdot \text{m}$$

4）力矩分配和传递。依次放松和约束结点 C、B，分配及传递计算见图 7-9b。

5）叠加杆端弯矩，作结构弯矩图，见图 7-9c。

6）作剪力图。分别取各杆件为隔离体，利用杆端弯矩及杆件上荷载，建立力矩平衡方程，求出各杆剪力并作剪力图，见图 7-9d。

7）作轴力图。取结点为隔离体，利用各杆对结点的剪力，建立力的平衡方程，求出各杆对结点的轴力，从而求出各杆轴力并作轴力图，见图 7-9e。

8）计算各支座反力。根据支座处弯矩、剪力和轴力可求出支座反力，见图 7-9f。

【例 7-6】 计算图 7-10a 所示结构弯矩并作弯矩图。

【解】 该结构荷载及结构对称，可只取半结构计算，半结构见图 7-10b。

$$M_{AB}^F = -\frac{q l^2}{12} = -\frac{30 \text{kN/m} \times (4\text{m})^2}{12} = -40 \text{kN} \cdot \text{m}$$

1）计算转动刚度。

结点 A：

$$S_{AG} = i_{AG} = \frac{2EI}{2} = EI$$

$$S_{AC} = 4i_{AC} = 4 \times \frac{EI}{4} = EI$$

结点 C：

$$S_{CA} = 4i_{CA} = 4 \times \frac{EI}{4} = EI$$

$$S_{CE} = 3i_{CE} = 3 \times \frac{2EI}{4} = 1.5EI$$

$$S_{CH} = 0$$

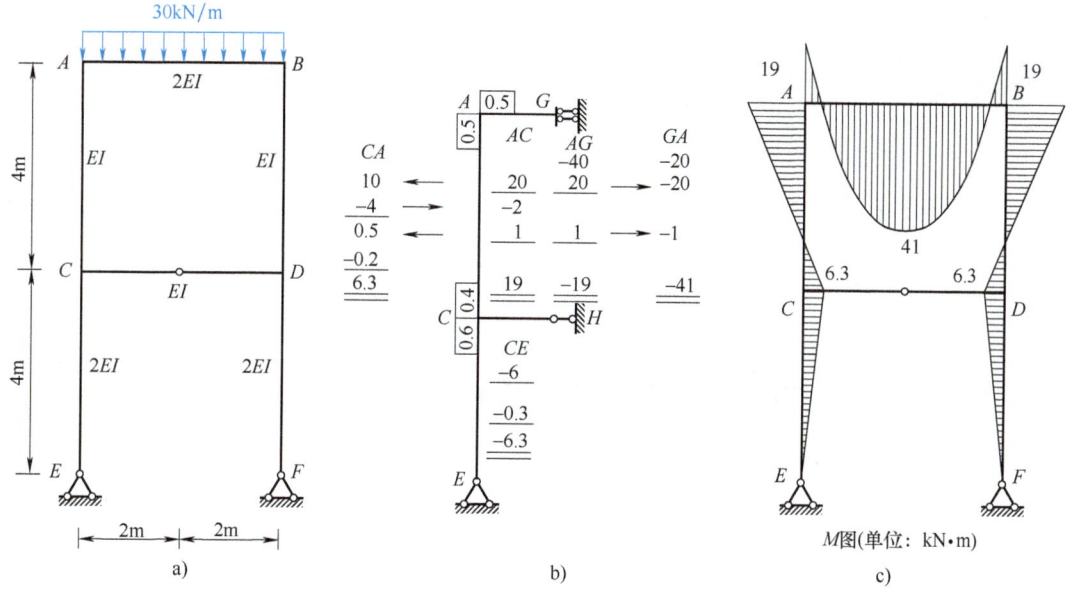

图 7-10 【例 7-6】图
a) 刚架及荷载　b) 半结构及计算过程　c) 弯矩图

2）计算分配系数。

结点 A：

$$\mu_{AG} = \frac{S_{AG}}{S_{AG} + S_{AC}} = \frac{EI}{EI + EI} = 0.5$$

$$\mu_{AC} = \frac{S_{AC}}{S_{AG} + S_{AC}} = \frac{EI}{EI + EI} = 0.5$$

结点 C：

$$\mu_{CA} = \frac{S_{CA}}{S_{CA} + S_{CE} + S_{CH}} = \frac{EI}{EI + 1.5EI} = 0.4$$

$$\mu_{CE} = \frac{S_{CE}}{S_{CA} + S_{CE} + S_{CH}} = \frac{1.5EI}{EI + 1.5EI} = 0.6$$

$$\mu_{CH} = \frac{S_{CH}}{S_{CA} + S_{CE} + S_{CH}} = 0$$

3）计算固端弯矩。据半结构，有

$$M_{AG}^F = -\frac{ql^2}{3} = -\frac{30\text{kN/m} \times (2\text{m})^2}{3} = -40\text{kN} \cdot \text{m}$$

$$M_{GA}^F = -\frac{ql^2}{6} = -\frac{30\text{kN/m} \times (2\text{m})^2}{6} = -20\text{kN} \cdot \text{m}$$

4）最开始结点 A 存在约束力矩，结点 C 无约束力矩，先放松结点 A，再放松结点 C，交替进行，见图 7-10b。

5) 作 M 图，见图 7-10c。

【例 7-7】 计算图 7-11a 所示对称刚架弯矩并作弯矩图，EI = 常数。

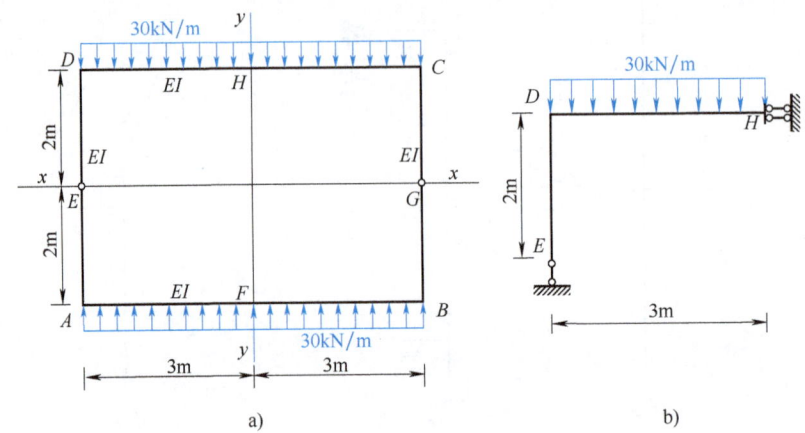

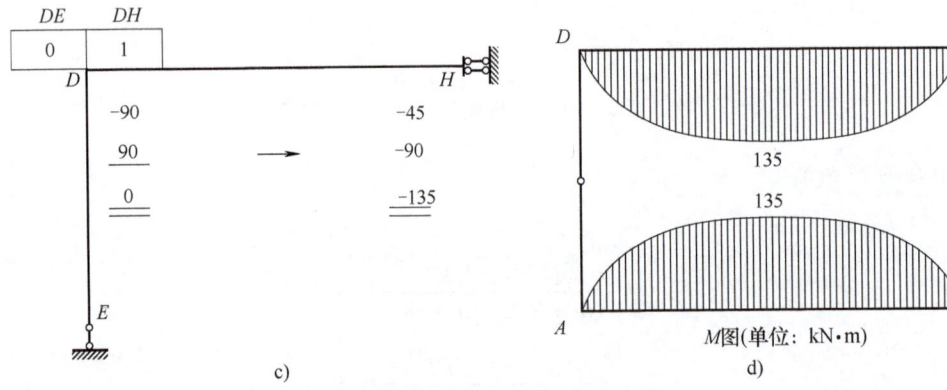

图 7-11 【例 7-7】图

a) 刚架及荷载 b) 1/4 刚架 c) 分配、传递和叠加过程 d) 弯矩图

【解】 图 7-11a 所示刚架结构与荷载关于 x 轴和 y 轴对称，因此，可取结构的 $\frac{1}{4}$ 进行计算，计算简图见图 7-11b。

1) 计算转动刚度和分配系数。简化后的结构只需约束结点 D，令 $EI = 6i$。

结点 D 转动刚度：
$$S_{DH} = i_{DH} = \frac{EI}{3} = 2i$$
$$S_{DE} = 0$$

结点 D 分配系数：
$$\mu_{DH} = \frac{S_{DH}}{S_{DH} + S_{DE}} = \frac{2i}{2i} = 1$$
$$\mu_{DE} = 0$$

2）计算固端弯矩

$$M_{DH}^{F} = -\frac{ql^2}{3} = -\frac{30\text{kN/m} \times (3\text{m})^2}{3} = -90\text{kN} \cdot \text{m}$$

$$M_{HD}^{F} = -\frac{ql^2}{6} = -\frac{30\text{kN/m} \times (3\text{m})^2}{6} = -45\text{kN} \cdot \text{m}$$

3）用力矩分配法进行分配和传递，过程见图 7-11c。

4）作 M 图，见图 7-11d。

7.4 无剪力分配法

在位移法中，刚架分为无侧移刚架与有侧移刚架两类。它们的区别是：在位移法的基本未知量中，前者只包含结点角位移，后者则还包含结点线位移。

力矩分配法是无侧移刚架的渐近法，不能直接用于有侧移刚架。但对某些特殊的有侧移刚架，可以用与力矩分配法类似的无剪力分配法（non-shear distribution method）进行计算。

7.4.1 无剪力分配法的应用条件

无剪力分配法不能直接用于有侧移的一般刚架，而只能用于某些特殊刚架。图 7-12a 所示有侧移的半刚架是一个典型例子（单跨对称刚架在反对称荷载下的计算可归结为这类问题）。

在图 7-12a 中，各梁轴向无约束，梁不产生轴向变形，这种杆件称为两端无相对线位移的杆件。各柱的两端结点虽然有侧移，但剪力是静定的，图 7-12b 为各柱的剪力图，可根据平衡条件直接求出，这种杆件称为剪力静定杆件。

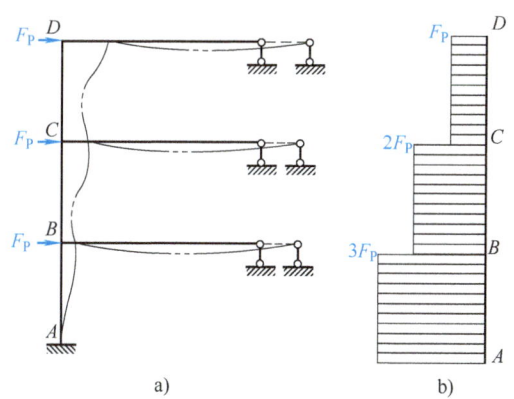

图 7-12 能用无剪力分配法的刚架
a）半刚架　b）柱剪力图

无剪力分配法的应用条件是：刚架中除两端无相对线位移的杆件外，其余杆件都是剪力静定杆件。

在图 7-13 所示有侧移的刚架中，竖柱 AB 和 CD 既不是两端无相对线位移的杆件，也不是剪力静定杆件，所以，这种刚架不能直接用无剪力分配法求解。

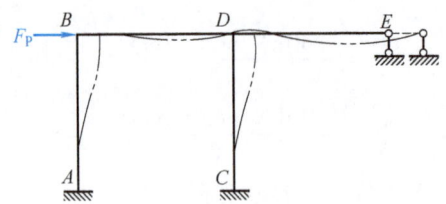

图 7-13 不能用无剪力分配法的刚架

7.4.2 剪力静定杆件的固端弯矩

采用无剪力分配法计算图 7-14a 所示刚架，计算过程分为两步：第一步是锁住结点（只阻止结点的角位移，但不阻止线位移），求各杆的固端弯矩（图 7-14b）。第二步是放松结点（结点产生角位移，同时也产生线位移），求各杆的固端弯矩（图 7-14c）。将两步所得的结果叠加，即得出原刚架的杆端弯矩。

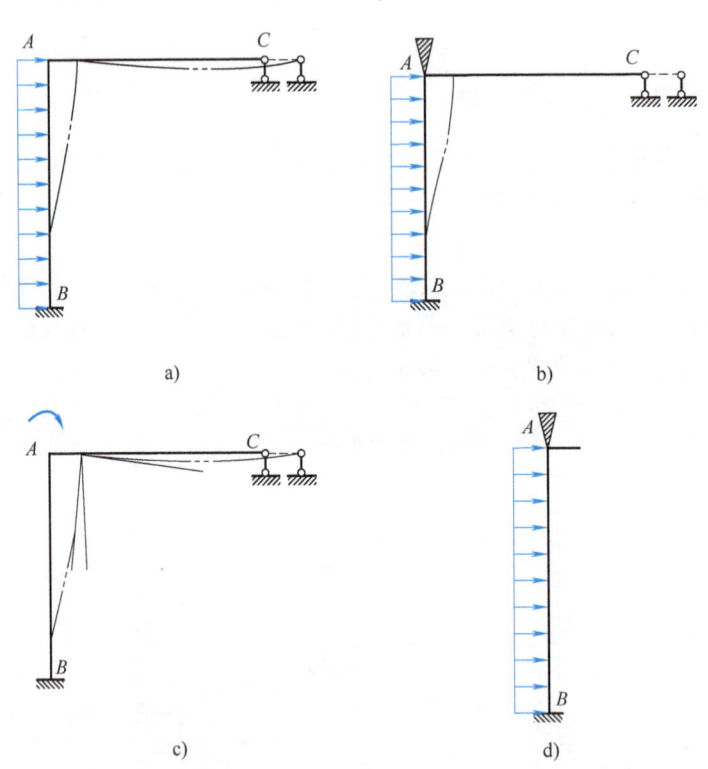

图 7-14 单层刚架的计算过程
a）单层半边刚架 b）锁住结点 c）放松结点 d）下端固定、上端滑动的杆

在 A 结点处附加一个对转角的约束，形成如图 7-14b 所示的锁住状态，现在求图 7-14b 中杆 AB 的固端弯矩。AB 杆两端没有转角，但有相对侧移，整根杆件的剪力是静定的，即杆 AB 在顶点 A 处的剪力为零。因此，图 7-14b 中杆 AB 的受力状态与图 7-14d 所示下端固定、上端滑动的杆 AB 相同。它的固端弯矩可根据表 6-2 查出。

图 7-15a 所示为一个两层刚架处于锁住状态，在 A、B 节点处附加了对转角的约束。其中杆 AB，BC 为剪力静定杆，其受力状态可用图 7-15b 表示。根据平衡条件可知，A 点下边截面的剪力为 F_{P1}，B 点下边截面的剪力为 $F_{P1}+F_{P2}$。因此，杆 AB 和 BC 的固端弯矩，可分别由图 7-15c 和图 7-15d 所示情况求出。

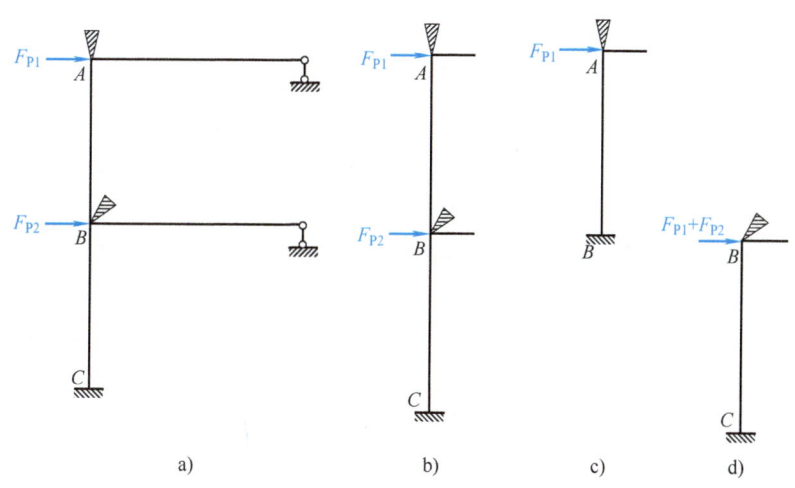

图 7-15 两层刚架剪力静定杆受力状态

a) 锁住结点 A、B b) 柱 ABC 的受力状态 c) AB 的受力状态 d) BC 的受力状态

总之，对于刚架中任何形式的剪力静定杆件，求固端弯矩的步骤是：先根据静力条件求出杆端剪力，然后将杆端剪力看作杆端荷载，按该端滑动、另一端固定的杆件进行计算。

7.4.3 零剪力杆件的转动刚度和传递系数

现讨论图 7-14c 所示刚架在放松结点 A 时所引起的附加内力。放松结点 A 的约束，相当于在结点 A 施加一个与图 7-14b 中 A 结点处约束力偶相反的力偶荷载（图 7-16a）。

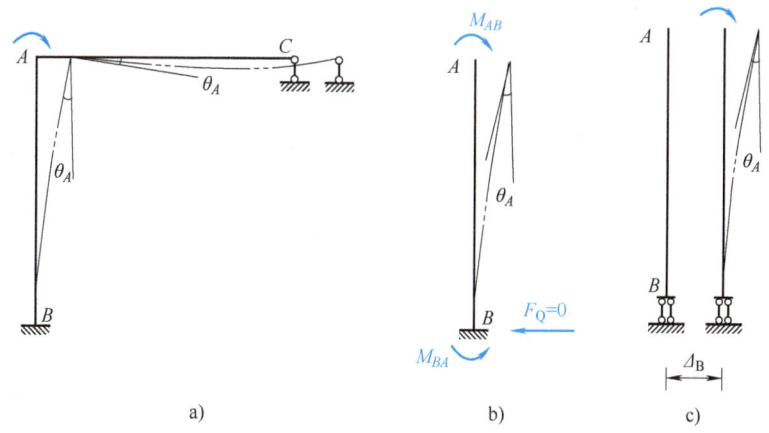

图 7-16 放松结点 A

a) 柱 AB 受力及变形 b) 柱 AB 等效为悬臂杆 c) 柱 AB 的固定支座等效为滑动支座

在图 7-16a 中，结点 A 既有转角，也有侧移，因杆 AC 轴向无约束，故杆 AB 各截面剪力都为零，因而各截面的弯矩为一常数。这种杆件叫作零剪力杆件。因此，图 7-16a 所示杆 AB 受力状态与图 7-16b 所示悬臂杆相同。当 A 端转动 θ_A 时，杆端力偶为

$$M_{AB} = i_{AB}\theta_A, \quad M_{BA} = -M_{AB}$$

由此可知，零剪力杆件的转动刚度为

$$S_{AB} = i_{AB} \tag{7-11}$$

传递系数为

$$C_{AB} = -1 \tag{7-12}$$

在图 7-16b 中，固定端 B 的水平反力为零，因此，可以把固定端 B 换成滑动支座，见图 7-16c。图 7-16b 和图 7-16c 两个状态相比较，内力状态、杆轴的弯曲形状和端点转角都彼此相同，只是水平位移可能相差一个常数 Δ_B。因此，两者的转动刚度和传递系数也是彼此相同的。

下面再考虑图 7-15 所示刚架在放松结点 B 时的情形。此情形相当于在结点 B 施加力偶荷载，见图 7-17a。

现在讨论图 7-17a 中杆 AB 的变形状态，它可用图 7-17b 来表示。由于杆 ABC 为零剪力杆件，因此其中 BC 段的受力情况见图 7-17c，即

$$S_{BC} = i_{BC}, \quad C_{BC} = -1$$

同时，杆 ABC 中的 AB 段的受力状态见图 7-17d，即

$$S_{BA} = i_{BA}, \quad C_{BA} = -1$$

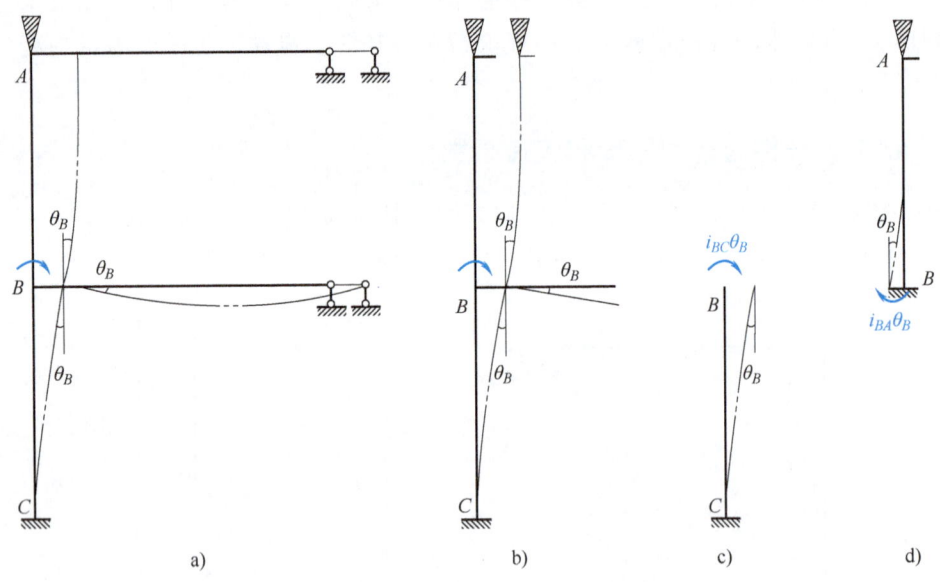

图 7-17 放松结点 B

a) 刚架受力及变形 b) 柱 ABC 的受力及变形 c) BC 的等效受力状态 d) AB 的等效受力状态

总之，在结点力偶作用下，刚架中的剪力静定杆件都是零剪力杆件。因此，当放松结点时（结点既转动又侧移），这些杆件都是在零剪力的条件下得到分配弯矩和传递弯矩的，故称为无剪力分配。它们的转动刚度和传递系数都按式（7-11）和式（7-12）确定。

【**例 7-8**】 求作图 7-18a 所示刚架的弯矩图。各杆 EI 相同，为常数。

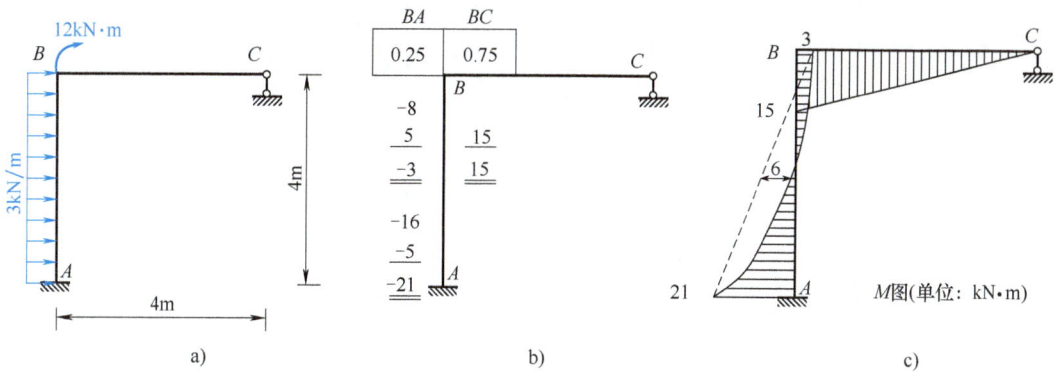

图 7-18 【例 7-8】图
a）刚架及荷载 b）计算过程 c）弯矩图

【**解**】 刚架杆 BC 两端无相对线位移，杆 AB 为剪力静定杆件，采用无剪力分配法计算。设将结点 B 锁住，约束其转角位移，计算固端弯矩：

$$M_{BA}^F = -\frac{ql^2}{6} = -\frac{3\text{kN/m} \times (4\text{m})^2}{6} = -8\text{kN} \cdot \text{m}$$

$$M_{AB}^F = -\frac{ql^2}{3} = -\frac{3\text{kN/m} \times (4\text{m})^2}{3} = -16\text{kN} \cdot \text{m}$$

计算转动刚度和分配系数：

$$S_{BC} = \frac{3}{4}EI$$

$$S_{BA} = \frac{1}{4}EI$$

$$\mu_{BC} = \frac{S_{BC}}{S_{BC} + S_{BA}} = 0.75$$

$$\mu_{BA} = \frac{S_{BA}}{S_{BC} + S_{BA}} = 0.25$$

杆 BA 的传递系数为 -1。

无剪力分配的计算过程见图 7-18b，结构弯矩图见图 7-18c。（各杆 EI 相同，且为常数）

【**例 7-9**】 求图 7-19a 所示刚架在水平力作用下的弯矩图。

【**解**】 由于刚架为对称结构，在图 7-19b 所示反对称荷载作用下，取图 7-19c 所示半边刚架计算。其中横梁长度减半，线刚度应增大一倍。

1）固端弯矩。立柱 AB 和 BC 为剪力静定杆，由平衡方程求得杆件剪力为

$$F_{QAB} = 6\text{kN}, \quad F_{QBC} = 16\text{kN}$$

将杆件剪力看作杆端荷载，按图 7-19d 所示计算简图求固端弯矩，得

$$M_{AB}^F = M_{BA}^F = -\frac{1}{2} \times 6\text{kN} \times 4\text{m} = -12\text{kN} \cdot \text{m}$$

$$M_{BC}^F = M_{CB}^F = -\frac{1}{2} \times 16\text{kN} \times 4.5\text{m} = -36\text{kN} \cdot \text{m}$$

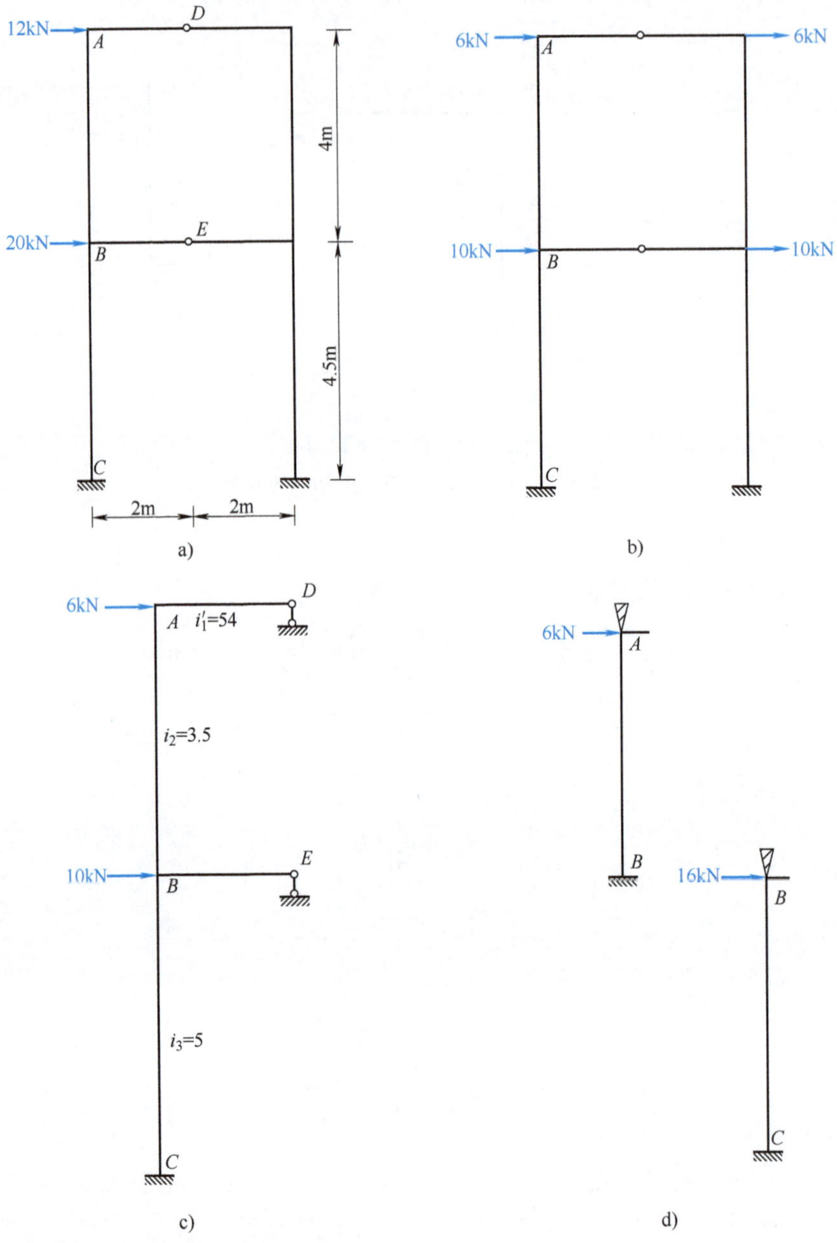

图 7-19 【例 7-9】图

a) 原刚架及荷载 b) 反对称荷载作用 c) 半刚架 d) 约束后柱受力状态

2) 计算转动刚度和分配系数。

结点 B 转动刚度：

$$S_{BA} = i_{BA} = 3.5$$
$$S_{BC} = i_{BC} = 5$$
$$S_{BE} = 3i_{BE} = 3 \times 54 = 162$$

结点 B 分配系数：

$$\mu_{BA} = \frac{3.5}{3.5+5+162} = 0.0206$$

$$\mu_{BC} = \frac{5}{3.5+5+162} = 0.0293$$

$$\mu_{BE} = \frac{162}{3.5+5+162} = 0.9501$$

结点 A 转动刚度：

$$S_{AD} = 3i_{AD} = 3 \times 54 = 162$$
$$S_{AB} = i_{AB} = 3.5$$

结点 A 分配系数：

$$\mu_{AD} = \frac{162}{3.5+162} = 0.9789$$

$$\mu_{AB} = \frac{3.5}{3.5+162} = 0.0211$$

3）分配力矩和传递。力矩分配传递过程见图 7-20a，最后结构弯矩图见 7-20b。

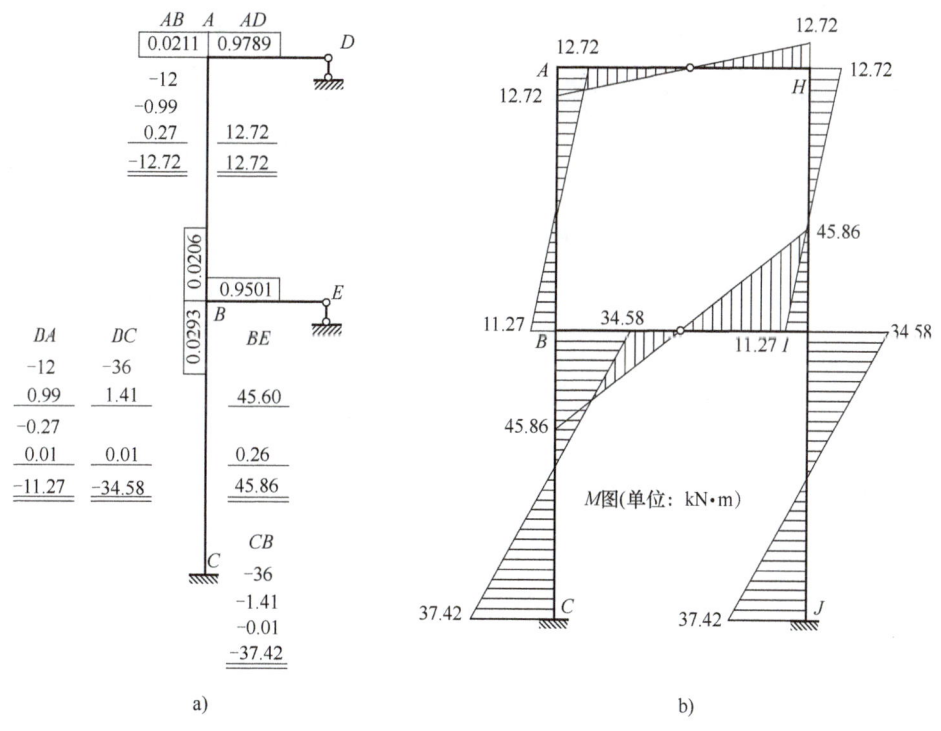

图 7-20 【例 7-9】图
a）计算过程　b）弯矩图

7.5　剪力分配法

剪力分配法（shear distribution method）特别适用于铰结排架和横梁刚度为无限大（无结点角位移）的有侧移刚架。

7.5.1 铰结排架的剪力分配

柱顶为铰、柱底固定的柱，在柱顶发生单位水平线位移 $\Delta = 1$ 时，排架柱的剪力形常数 $\overline{F_Q} = \dfrac{3i}{h^2}$，是柱的侧移刚度系数，即柱顶有单位侧移时所引起的剪力，记为 $d = \dfrac{3i}{h^2}$（图 7-21a）。

对图 7-21b 所示柱顶有水平荷载作用的铰结排架，由于各柱顶端侧移 Δ 相等，因此，各柱的剪力为

$$\begin{cases} F_{Q1} = \dfrac{3i_1}{h_1^2}\Delta = d_1\Delta \\ F_{Q2} = \dfrac{3i_2}{h_2^2}\Delta = d_2\Delta \\ F_{Q3} = \dfrac{3i_3}{h_3^2}\Delta = d_3\Delta \end{cases} \tag{a}$$

式中，$d_j = \dfrac{3i_j}{h_j^2}$ $(j=1,2,3)$。刚度系数中，i_j 是第 j 柱的线刚度，h_j 是第 j 柱的高。

由平衡条件，各柱剪力的和应等于 F_P，见图 7-21c，即

$$F_{Q1} + F_{Q2} + F_{Q3} = F_P \tag{b}$$

由式（a）和式（b）可求出

$$F_{Qj} = \dfrac{d_j}{\sum\limits_{i=1}^{3} d_i} F_P$$

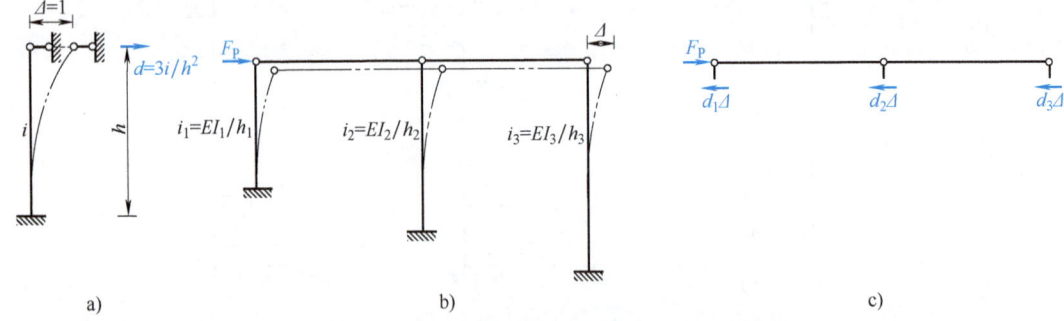

图 7-21 排架柱顶受水平荷载剪力分析
a）侧移刚度系数 b）铰结排架受力与变形 c）隔离体平衡

由此看出，各柱的剪力与该柱的剪力分配系数 d 成正比，$\dfrac{d_j}{\sum d_i}$ 称为剪力分配系数。

图 7-22a 所示铰结排架柱顶受集中荷载 F_P 作用时，此集中力 F_P 按各柱的侧移刚度系数之比，即剪力分配系数 $\mu_j = \dfrac{d_j}{\sum d_i}$ 进行分配，从而求得各柱顶的剪力。因弯矩零点在柱顶，进而可由剪力求出弯矩（图 7-22b），这种方法称为剪力分配法。

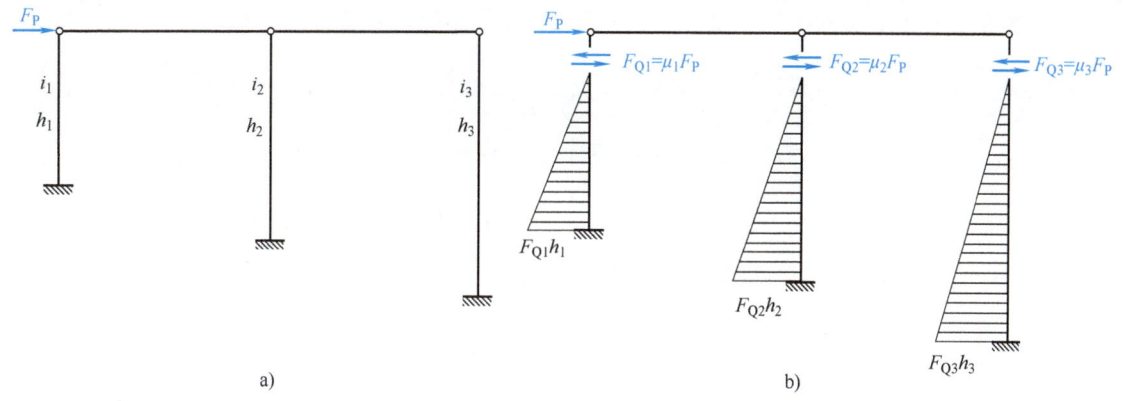

图 7-22 铰结排架的剪力分配法

a) 原排架　b) 剪力分配

7.5.2　横梁刚度无限大时刚架的剪力分配

对横梁刚度为无限大的刚架，当柱顶作用水平荷载时，也可用剪力分配法进行计算。

图 7-23a 所示刚架，因为横梁刚度无限大，用位移法计算时，结点角位移 θ 为零，只有结点线位移。两端无转角的柱，在柱顶发生单位水平线位移 $\Delta=1$ 时，柱的剪力形常数 $\overline{F_Q}=\dfrac{12i}{h^2}$，记为 $d=\dfrac{12i}{h^2}$，为两端无转动柱的侧移刚度系数（图 7-23b）。由于各柱侧移 Δ 相等，因此，各柱剪力为

$$F_{Qj} = d_j \Delta \tag{a}$$

式中，$d_j = \dfrac{12i_j}{h_j^2}$ 是两端无转动柱的侧移刚度系数。

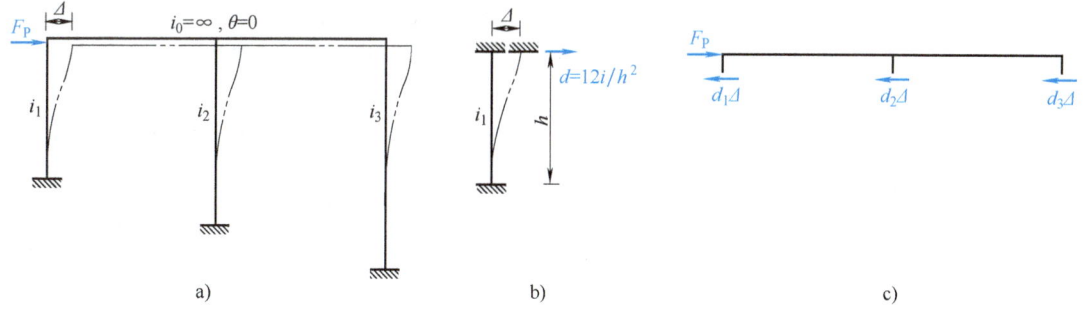

图 7-23　横梁刚度无限大时的剪力分析

a) 横梁刚度无限大刚架受力及变形　b) 侧移刚度系数　c) 隔离体平衡

由平衡条件，各柱剪力之和应等于 F_P（图 7-23b），即

$$F_{Q1} + F_{Q2} + F_{Q3} = F_P \tag{b}$$

由式（a）和式（b）可求出

$$F_{Qj} = \dfrac{d_j}{\sum\limits_{i=1}^{3} d_i} P = \mu_j F_P$$

对横梁刚度无限大的刚架，受柱顶集中荷载 F_P 作用时（图7-24），集中力 F_P 也按各柱的侧移刚度系数之比，即剪力分配系数 $\mu_j = \dfrac{d_j}{\sum d_i}$ 进行分配，从而求得各柱的剪力。由柱的剪力求柱的弯矩时，应注意：两端无转动的柱发生侧移 Δ 时，弯矩零点在柱高的中点。根据柱弯矩零点（即反弯点）在柱中点的条件，可由剪力求得各柱两端弯矩为 $M = \dfrac{F_Q h}{2}$，据此可画出立柱的弯矩图。最后，再根据结点的平衡条件，由柱端弯矩求出梁端弯矩，画出横梁的弯矩图。

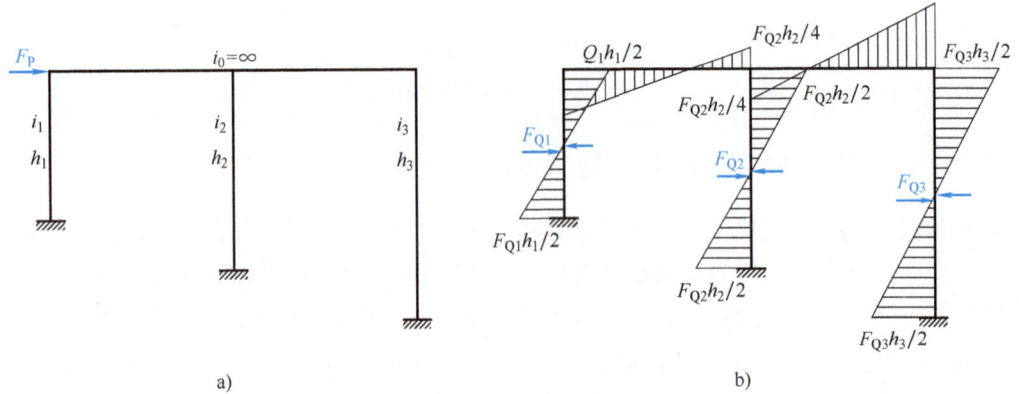

图 7-24　横梁刚度无限大时的剪力计算
a）原刚架　b）剪力分配及弯矩图

7.5.3　柱间有水平荷载作用时的计算

上述结构的柱间也会有水平荷载作用，如图 7-25a 中铰结排架吊车刹车力（集中力）和刚架中的风荷载（均布力），下面以此为例，说明用剪力分配法计算柱间荷载作用的过程。

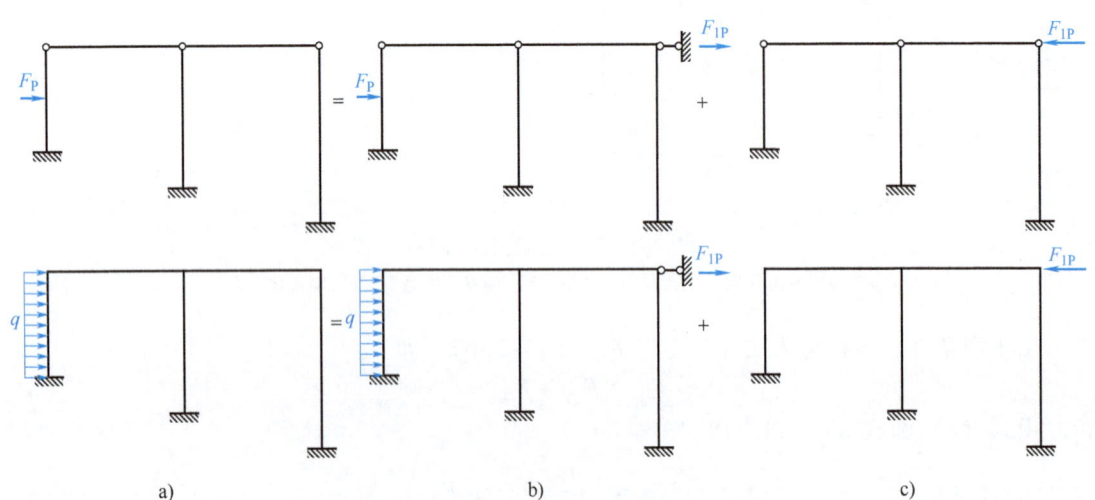

图 7-25　柱间水平荷载作用时的剪力分析
a）原结构　b）加支杆阻止线位移　c）剪力分配

1) 先在柱顶加一水平链杆，见图 7-25b，使结构不能产生水平位移。由第 6 章中的载常数表（表 6-2）可查出受载柱的杆端剪力 F_{Q1}，进而求出附加链杆的约束反力 F_{1P}，此即位移法基本结构中附加链杆的约束反力。

2) 将 F_{1P} 反方向加在原结构上，见图 7-25c。这一步可用剪力分配法进行计算。

3) 原结构图 7-25a 等于图 7-25b 和图 7-25c 两种情况的叠加，故将图 7-25b 和图 7-25c 这两步的结果叠加，就得到图 7-25a 的结果。

【例 7-10】 用剪力分配法作图 7-26a 所示刚架的弯矩图。

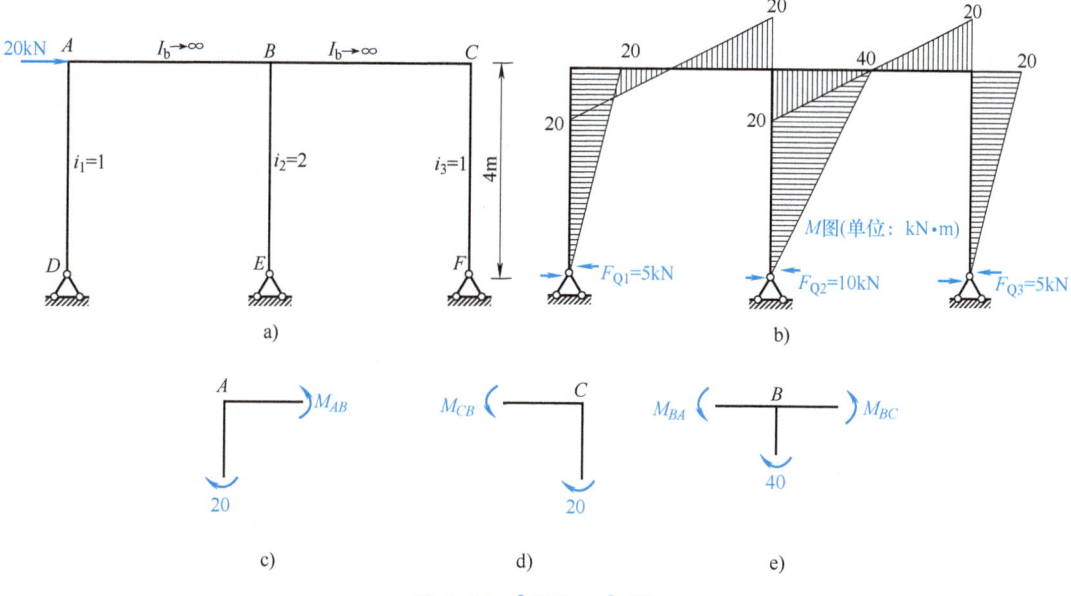

图 7-26 【例 7-10】图
a) 原刚架 b) 剪力分配及弯矩图 c) 结点 A d) 结点 C e) 结点力矩平衡

【解】 1) 求柱的剪力分配系数。

$$\mu_j = \frac{d_j}{\sum d_i}$$

$$\mu_2 = \frac{2}{2+1+1} = 0.5$$

$$\mu_1 = \mu_3 = \frac{1}{2+1+1} = 0.25$$

2) 计算各柱剪力（图 7-26b）。

$$F_{Q2} = 0.5 \times 20\text{kN} = 10\text{kN}$$

$$F_{Q1} = F_{Q3} = 0.25 \times 20\text{kN} = 5\text{kN}$$

3) 计算杆端弯矩。

柱端弯矩计算（图 7-26b）：

$$M_2 = -F_{Q2} \times 4\text{m} = -40\text{kN} \cdot \text{m}$$

$$M_1 = M_3 = -F_{Q1} \times 4\text{m} = -20\text{kN} \cdot \text{m}$$

梁端弯矩由结点力矩平衡条件计算得到。

边结点 A（图 7-26c）：

$$M_{AB} = M_1 = 20 \text{kN} \cdot \text{m}$$

边结点 C（图 7-26d）：
$$M_{CB} = M_3 = 20 \text{kN} \cdot \text{m}$$

中结点 B（图 7-26e）：中柱端弯矩按梁端刚度分配给两边梁，两梁刚度相同，故有
$$M_{BA} = M_{BC} = \frac{1}{2} \times 40 \text{kN} \cdot \text{m} = 20 \text{kN} \cdot \text{m}$$

4）画弯矩图，见图 7-26b。

【例 7-11】 用剪力分配法计算图 7-27a 所示刚架并作弯矩图。

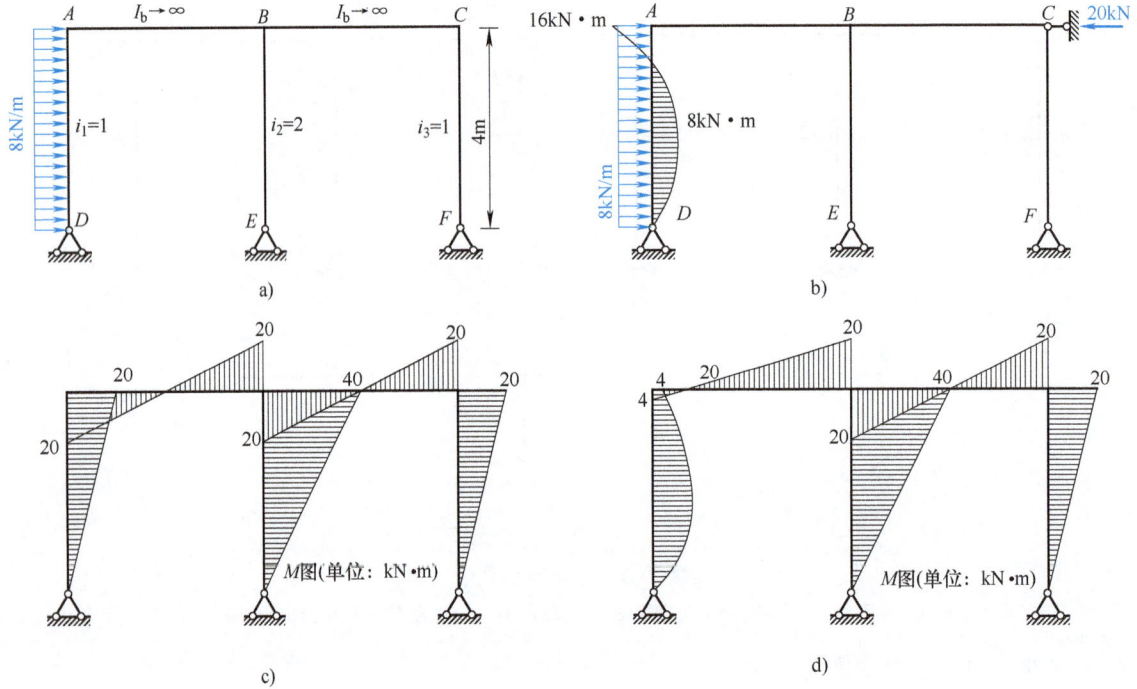

图 7-27 【例 7-11】图

a) 原结构 b) 位移法基本结构在荷载作用下的结果 c) 剪力分配及弯矩图 d) 最终弯矩图

【解】 1）在柱顶加水平支杆，求支杆约束反力。

图 7-27b 中，只有左边柱间受均布荷载。由载常数表 6-1 可查，$F_Q = -\frac{5qh}{8} = -\frac{5 \times 8 \text{kN/m} \times 4\text{m}}{8} = -20 \text{kN}$。由横梁平衡条件 $\sum X = 0$ 可求出 $F_{1P} = -20 \text{kN}$，此即附加支杆的约束反力。

2）将支杆约束反力反向加在原结构上，用剪力分配法进行计算，计算过程同【例 7-10】，计算结果见图 7-27c。

3）叠加图 7-27b 和图 7-27c，最后弯矩见图 7-27d。

本章小结

本章主要分析和讨论了力矩分配法、无剪力分配法、剪力分配法中涉及的物理概念、适

应条件及计算过程。

1）力矩分配法适用于计算连续梁和无结点线位移的刚架。力矩分配法的物理概念清楚，运算步骤简单，不需建立和求解联立方程，可直接得到杆端弯矩，作为一种手算方法在工程中得到广泛应用。

力矩分配法的基本运算是单结点的力矩分配，主要包含施加结点约束和放松结点约束两个环节。

（a）施加结点约束：对刚结点施加阻止转动的约束，结构分解为几根独立梁杆，根据结构上荷载，计算各梁杆的固端弯矩和结点的约束力矩。

（b）放松结点约束：根据各梁的转动刚度，计算分配系数，将结点的约束力矩反符号，乘以分配系数，得各梁端的分配弯矩；然后，将各梁端的分配弯矩乘以传递系数，得各梁远端的传递弯矩。

多结点的力矩分配法（连续梁和无侧移刚架计算），是先固定全部刚结点，然后每次只放松一个刚结点，逐个放松和约束刚结点，轮流进行单结点的力矩分配。

2）无剪力分配法是力矩分配法的一个特例，无剪力分配法的应用条件是刚架中除两端无相对线位移的杆件外，其余杆件都是剪力静定的。

对剪力静定的杆件，虽然有结点线位移，但可以不将结点线位移作为基本未知量，即可以直接求出相关各杆端分配系数及传递系数，从而找到与力矩分配法相同的办法进行单结点的力矩分配和多结点的力矩分配。

3）剪力分配法适用于无结点角位移的结构（铰结排架和横梁刚度无限大的刚架）在柱顶有水平荷载作用时的计算。根据各柱的侧移刚度，计算剪力分配系数，将水平荷载乘以剪力分配系数，得各柱的剪力，然后求柱端、梁端弯矩。

柱间荷载作用时，计算分以下两步：加支杆固定结点线位移，求出支杆约束力；将支杆约束反力反向作用，进行剪力分配；叠加以上两步得最后结果。

习 题

1. 用力矩分配法计算图 7-28 所示连续梁结构并作 M 图。
2. 用力矩分配法计算图 7-29 所示刚架结构并作 M 图。

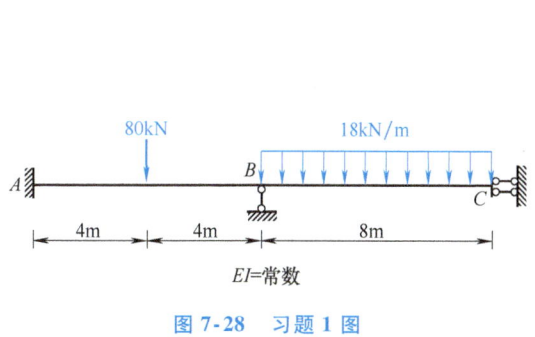

图 7-28 习题 1 图

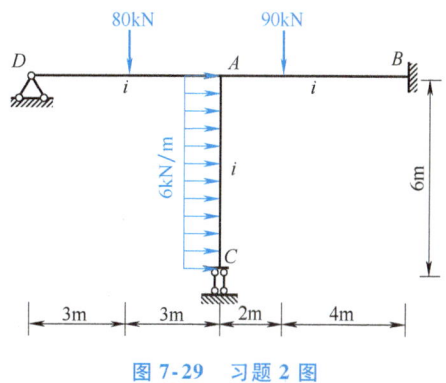

图 7-29 习题 2 图

3. 用力矩分配法分别计算图 7-30 所示各连续梁结构，作 M 图。

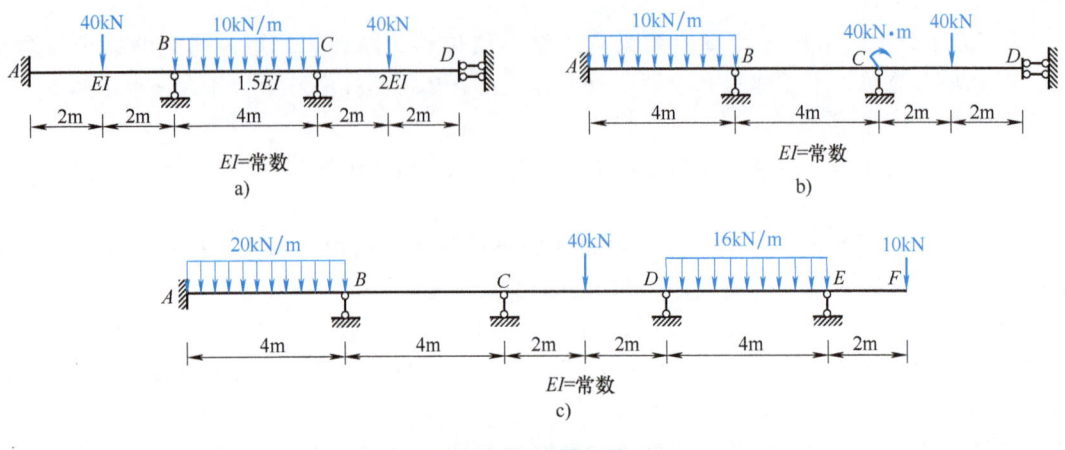

图 7-30 习题 3 图

4. 用力矩分配法分别计算图 7-31 所示各刚架结构，作 M 图。

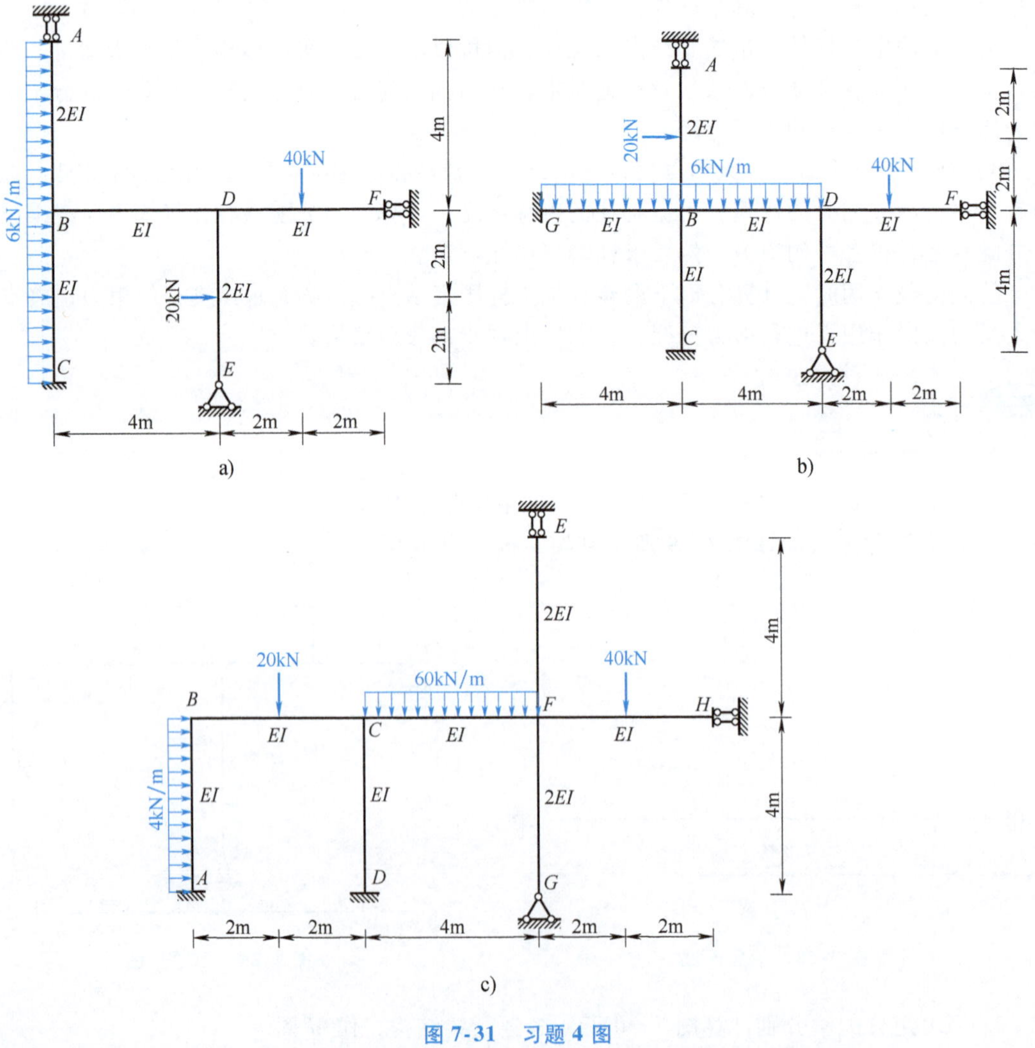

图 7-31 习题 4 图

5. 用力矩分配法分别计算图 7-32 所示各对称刚架结构并作 M 图。

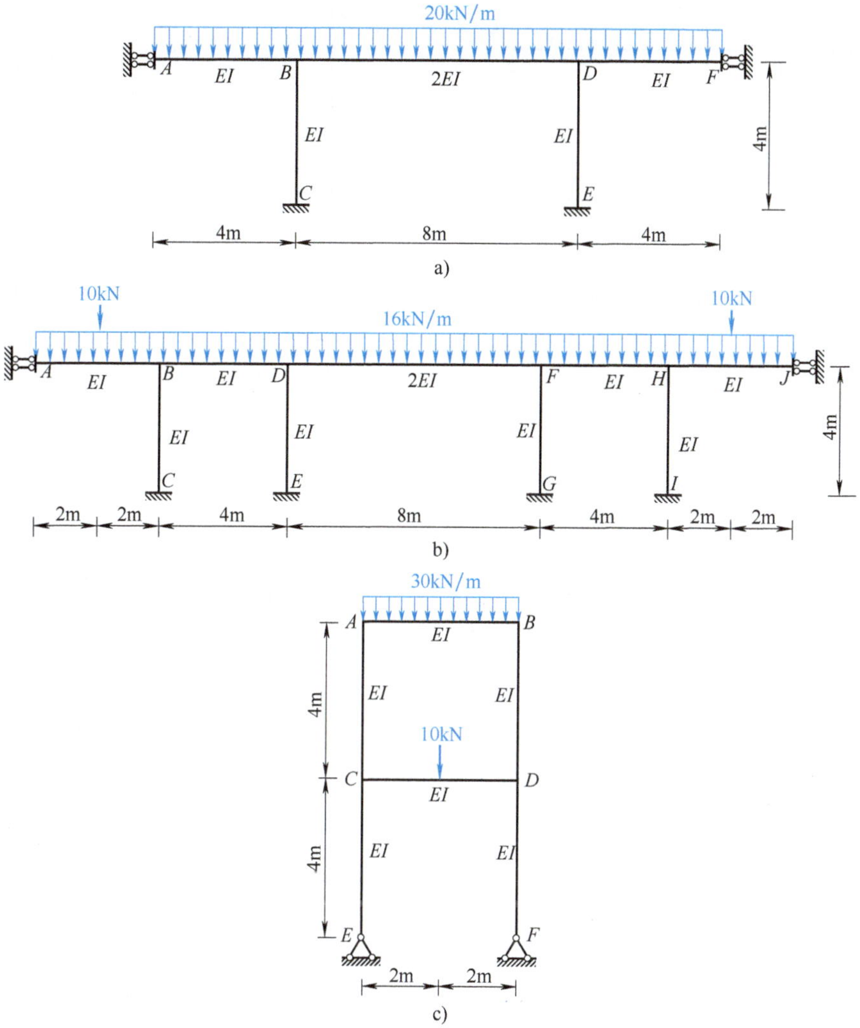

图 7-32 习题 5 图

6. 作图 7-33 所示各刚架结构的 M 图。

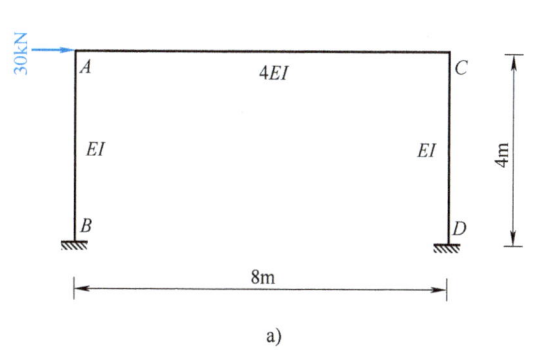

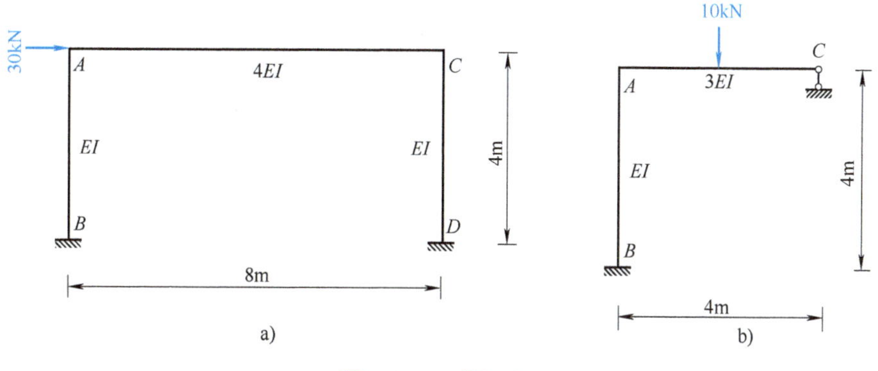

图 7-33 习题 6 图

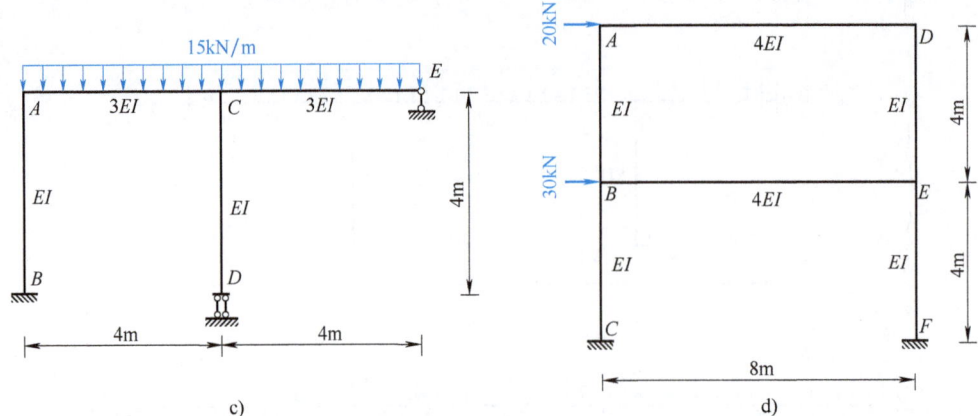

c) d)

图 7-33 习题 6 图（续）

7. 用剪力分配法计算图 7-34 所示结构的 M 图。

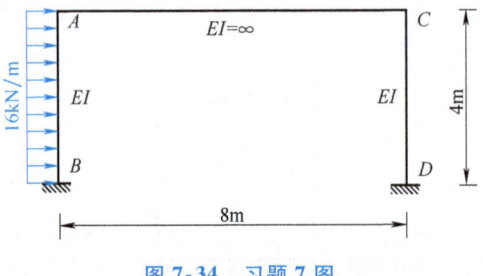

图 7-34 习题 7 图

第 8 章 影 响 线

前面各章所讨论的结构,其所受荷载的大小、方向和位置都是固定不变的。然而实际工程中,结构可能承受的荷载类型是多种多样的,即使荷载的大小和方向都是固定的,其作用位置也可能发生变化,比较典型的例子就是桥上行驶的汽车对桥梁的作用荷载。为了研究荷载作用位置对结构内力和变形的影响,确定内力和变形的变化范围及最大值,本章将介绍影响线的概念和作法,然后讨论其在结构设计中的应用。

■ 8.1 影响线的基本概念

移动荷载是指大小、方向不变,仅作用位置发生变化的荷载。如工业厂房中吊车对吊车梁的轮压作用、公路和桥梁上行驶的汽车和列车对桥梁的轮压作用。对工程结构而言,移动荷载仍被作为静力作用。但随着荷载作用点的变化,结构的内力、支座反力等都会随之变化。对结构设计而言,需要关心内力、支座反力的最大值及变化范围。

影响线的
基本概念

为此,先研究结构在一个最简单的移动荷载——单位移动荷载作用下的计算,然后可以利用叠加原理,进行其他较复杂移动荷载作用下的结构计算。

在单位移动荷载作用下,结构内力或支座反力变化规律的图形称为内力或支座反力的影响线。它在某点的竖标指单位荷载作用于该点时,内力或支座反力的大小;其绘制范围是从荷载移动的起点画至终点。下面举例说明影响线的概念。

图 8-1a 所示简支梁 AB,当竖向荷载 F_P 在梁上移动时,讨论支座 B 处反力 F_{RB} 的变化规律。

取 A 点作为坐标原点,荷载作用点的横坐标为 x。当荷载 F_P 的作用点由 A 点沿梁移动到 B 点时,x 的取值由 0 逐渐增大到 l。当荷载 F_P 作用在梁上任意位置 x($0 \leq x \leq l$)时,利用平衡方程可求出支座反力 F_{RB} 为

$$\sum M_A = 0, \quad F_{RB} = \frac{x}{l} F_P \quad (0 \leq x \leq l) \tag{8-1}$$

F_{RB} 与 F_P 成正比,这里将比例系数 $\frac{x}{l}$ 称为 F_{RB} 的影响系数,用 $\overline{F_{RB}}$ 表示,即

$$\overline{F_{RB}} = \frac{x}{l} \quad (0 \leq x \leq l) \tag{8-2}$$

显然,影响系数 $\overline{F_{RB}}$ 在数值上等于当 $F_P = 1$ 时引起的支座反力 F_{RB}。

式（8-2）表示影响系数 $\overline{F_{RB}}$ 与荷载作用点位置 x 之间的函数关系，以图形表示出来即为图 8-1b。图 8-1b 也称为支座反力 F_{RB} 的影响线。可以看出支座反力影响系数 $\overline{F_{RB}}$ 随荷载 F_P 的移动而线性变化：当荷载 F_P 的作用点由 A 点沿梁移动到 B 点时，$\overline{F_{RB}}$ 由 0 逐渐增大到最大值 1。

概括来说，对于结构某量 Z 的影响线，任一点的横坐标 x 表示荷载的作用位置，纵坐标 y 表示单位荷载 $F_P=1$ 作用于此点时 Z 的大小 $\overline{Z}$。注意 $\overline{Z}$ 与 Z 的量纲不同，它们相差一个荷载 F_P 的量纲。绘制影响线时，正值画在基线之上，负值画在基线以下。

研究影响线可以便于进行实际荷载作用下的结构计算。见图 8-1c，若梁上有两个竖向荷载 F_{P1} 和 F_{P2}，我们可以利用影响线求支座 B 处的反力。根据叠加原理，这时的支座反力 F_{RB} 应为

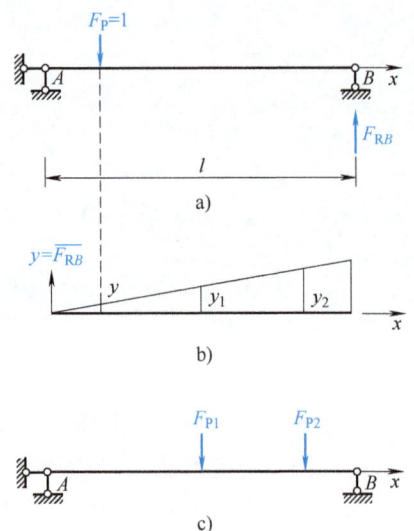

图 8-1 支座反力随竖向荷载移动变化规律图
a）简支梁 AB b）支座反力 F_{RB} 的影响线
c）实际荷载

$$F_{RB} = F_{P1} y_1 + F_{P2} y_2 \tag{8-3}$$

式中，y_1、y_2 分别为影响系数 $\overline{F_{RB}}$ 在荷载 F_{P1}、F_{P2} 作用位置处的取值，见图 8-1b。

■ 8.2 静力法作静定结构内力的影响线

研究静定结构的内力或支座反力的影响线有两种方法：静力法和机动法。本节将介绍静力法作静定结构内力和支座反力影响线的步骤。

静力法是根据平衡方程，写出结构内力（或支座反力）的函数表达式，其中自变量为荷载作用点位置。8.1 节中作图 8-1a 简支梁支座反力影响线的方法即为静力法。

8.2.1 简支梁

1. 支座反力影响线

仍然以图 8-1a 所示的简支梁为例，支座反力 F_{RB} 的影响线已在上节中讨论过，重绘于图 8-2b。下面作支座反力 F_{RA} 的影响线。

当荷载 $F_P=1$ 作用在梁上任意位置 x（$0 \leq x \leq l$）时，利用平衡方程可求出支座反力 F_{RA} 的影响系数 $\overline{F_{RA}}$，即

$$\sum M_B = 0, \quad \overline{F_{RA}} l - 1 \times (l-x) = 0 \quad (0 \leq x \leq l) \tag{8-4}$$

$$\overline{F_{RA}} = \frac{l-x}{l} \quad (0 \leq x \leq l) \tag{8-5}$$

由式（8-5）可知，F_{RA} 的影响线也是一条直线。在 A 点，$x=0$，影响系数 $\overline{F_{RA}}=1$；在 B 点，$x=l$，影响系数 $\overline{F_{RA}}=0$。利用这两个点的值即可画出 F_{RA} 的影响线，见图 8-2c。

第8章 影响线

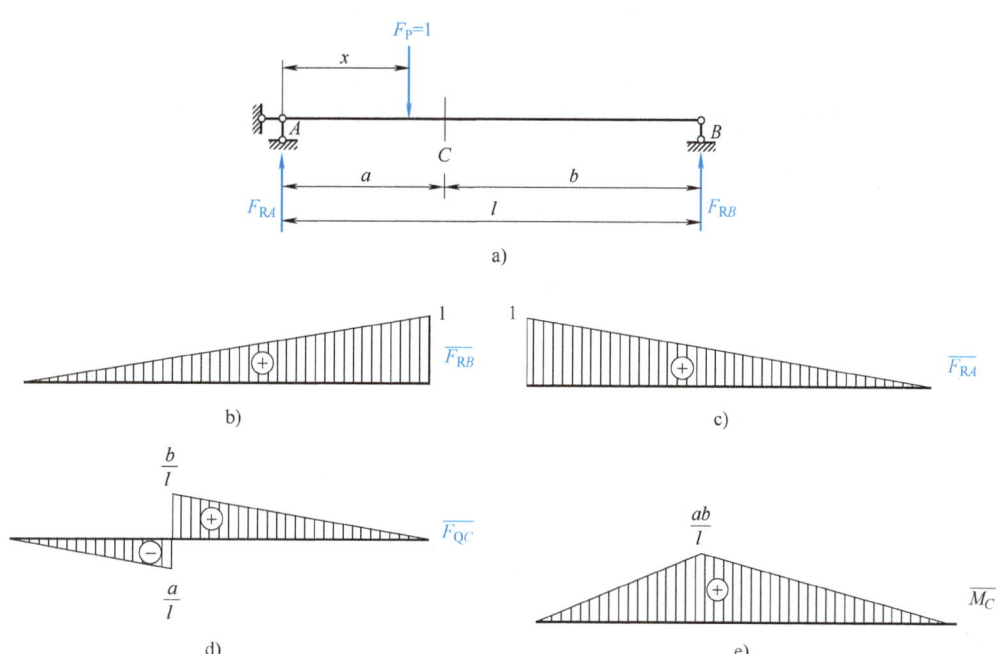

图 8-2 影响线图

a）简支梁 b）支座反力 F_{RB} 的影响线 c）支座反力 F_{RA} 的影响线
d）剪力 F_{QC} 的影响线 e）截面 C 处 M_C 的影响线

2. 剪力影响线

作指定截面 C（图 8-2a）剪力 F_{QC} 的影响线时，要分别考虑荷载 $F_P = 1$ 作用在 C 点以左和以右两种情况。

当荷载 $F_P = 1$ 作用在 AC 段时，取截面 C 的右边为隔离体，由 $\sum F_y = 0$ 得

简支梁剪力影响线

$$F_{QC} = -F_{RB} \quad (0 \leq x < a) \tag{8-6}$$

由此看出，在 AC 段内，F_{QC} 的影响线与 F_{RB} 的影响线相同，但正负号相反。

当荷载 $F_P = 1$ 作用在 CB 段时，取截面 C 的左边为隔离体，由 $\sum F_y = 0$ 得

$$F_{QC} = F_{RA} \quad (a < x \leq l) \tag{8-7}$$

由此看出，在 CB 段内，F_{QC} 的影响线与 F_{RA} 的影响线相同。

综合上述两种情况可绘制出 C 截面剪力 F_{QC} 的影响线，见图 8-2d。F_{QC} 的影响线分成 AC 和 CB 两段，在 C 点存在突变。当 $F_P = 1$ 作用在 AC 段时，剪力 F_{QC} 的影响系数 $\overline{F_{QC}}$ 为负；当 $F_P = 1$ 作用在 CB 段时，$\overline{F_{QC}}$ 为正。当 $F_P = 1$ 越过 C 点由左侧移到右侧时，$\overline{F_{QC}}$ 为由负突变为正。当 $F_P = 1$ 正好作用在 C 点时，$\overline{F_{QC}}$ 没有意义。

3. 弯矩影响线

作指定截面 C 的弯矩 M_C 的影响线时，仍然要分别考虑荷载 $F_P = 1$ 作用在 C 点以左和以右两种情况。

当荷载 $F_P = 1$ 作用在 AC 段时，取截面 C 的右边为隔离体，对 C 点取矩得

简支梁弯矩影响线

$$M_C = F_{RB}b \qquad (0 \leq x < a) \tag{8-8}$$

由此看出，在 AC 段内，M_C 的影响系数为 F_{RB} 的影响系数的 b 倍。把 F_{RB} 的影响线的竖距乘以 b，然后保留其中的 AC 段，就可得到 M_C 在 AC 段的影响线。

当荷载 $F_P = 1$ 作用在 CB 段时，取截面 C 的左边为隔离体，对 C 点取矩得

$$M_C = F_{RA}a \qquad (a < x \leq l) \tag{8-9}$$

由此看出，在 CB 段内，M_C 的影响系数等于 F_{RA} 的影响系数的 a 倍。把 F_{RA} 的影响线的竖距乘以 a，然后保留其中的 CB 段，就得到 M_C 在 CB 段的影响线。

综合上述两种情况可绘出 C 截面弯矩 M_C 的影响线，见图 8-2e。M_C 的影响线分成 AC 和 CB 两段，每一段都是直线，形成一个三角形。当 $F_P = 1$ 作用在 C 点时，M_C 的影响系数 $\overline{M_C}$ 为最大值 ab/l；当 $F_P = 1$ 作用在支座 A、B 处时，$\overline{M_C}$ 均为零。

弯矩影响系数 $\overline{M} = \dfrac{M}{F_P}$，量纲为 L，单位为 m。

8.2.2 结点承载方式下的梁

图 8-3a 所示桥梁结构体系，荷载加于纵梁上。纵梁为简支梁，两端支撑在横梁上。横梁又由主梁支承，因此荷载是通过纵梁下面的横梁传到主梁。这样，不论纵梁承受何种荷载，主梁只在有横梁处（即结点 A、C、E、B 等处）承受集中力，即主梁承受的是结点荷载。

下面研究在结点承载方式下主梁弯矩 M_D 影响线的作法。荷载 $F_P = 1$ 沿纵梁移动，其作用位置可分为两种情况：

1）当荷载 $F_P = 1$ 作用于各结点 A、C、E、B 上时，相当于 $F_P = 1$ 直接作用于主梁上，因此在这些点上，主梁弯矩 M_D 影响线的竖距与直接承载方式下的影响线竖距相同。其中，直接承载方式下 M_D 的影响线与图 8-2e 的作法类似，见图 8-3c。

2）当荷载 $F_P = 1$ 作用于纵梁的 CE 结间时，设作用点距 C 点距离为 x（$0 < x < d$），则作用在主梁上的结点力（图 8-3b）为

$$Y_C = \dfrac{d-x}{d}, \quad Y_E = \dfrac{x}{d} \tag{8-10}$$

此时 D 截面弯矩可用叠加原理求得，即

当 $F_P = 1$ 加在 C 点时，D 截面弯矩为 y_C

当 $F_P = 1$ 加在 E 点时，D 截面弯矩为 y_E

故

$$\begin{aligned} M_D &= Y_C y_C + Y_E y_E \\ &= \dfrac{d-x}{d} y_C + \dfrac{x}{d} y_E \end{aligned} \tag{8-11}$$

式中，y_C、y_E 为直接承载方式下 M_D 影响线分别在 C 点、E 点的竖距（图 8-3c）。图 8-3c 中，顶点纵坐标，即直接承载方式下 M_D 影响线在 D 点的竖距为

$$y_D = \dfrac{1}{4} \times 1 \times 3d = \dfrac{3}{4}d \tag{8-12}$$

按比例关系可求得 C、E 两点的竖距为

$$y_C = \frac{3}{4}d \times \frac{2}{3} = \frac{d}{2}$$

$$y_E = \frac{3}{4}d \times \frac{2}{3} = \frac{d}{2}$$

(8-13)

将式（8-13）代入式（8-11）即可求得荷载作用在 CE 结间时的弯矩 M_D。显然，M_D 为关于 x 的一次式。也就是说，在结点承载方式下，M_D 的影响线在 CE 段为一直线。

综合上述两种情况，可得到结点承载方式下 M_D 的影响线，见图 8-3d。即先作直接承载方式下的影响线（图 8-3），然用直线连接相邻两结点 C、E 的竖距，就得到结点承载方式下的影响线。

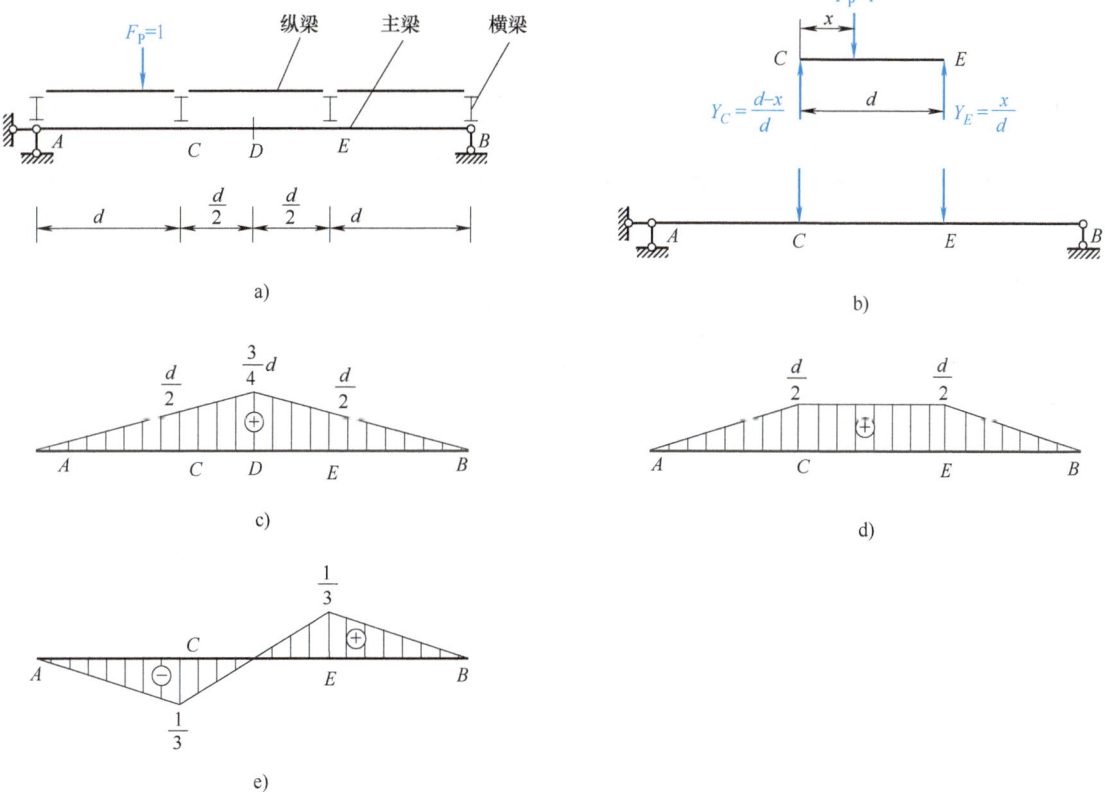

图 8-3 影响线图

a）纵横梁布置 b）横梁力传递过程 c）直接荷载作用下 M_D 影响线
d）结点荷载作用下 M_D 影响线 e）F_{QD} 影响线

类似地，可作截面 D 的剪力 F_{QD} 的影响线，见图 8-3e。在结点承载方式下，主梁在 C、E 两点之间没有外力，因此 CE 段各截面的剪力都相等，通常称为结间剪力，以 F_{QCE} 表示。因此，F_{QCE} 的影响线与图 8-3e 相同。

对于支座反力 F_{RA} 和 F_{RB}，或者结点处内力（如截面 C 的弯矩 M_C）的影响线，其作法与直接承载方式下的影响线作法相同。

对于结点承载方式下的影响线，总结如下：

1）在结点承载方式下，结构任何内力影响线在相邻两结点之间为一直线。

2）先作直接荷载作用下的影响线，用直线连接相邻两结点的竖距，就得到结点承载方式下的影响线。

上述规律不仅对结点承载下的梁，而且对其他具有结点承载特征的结构如桁架，也同样适用。

8.2.3 桁架轴力的影响线

图 8-4a 所示的平行弦桁架，设单位荷载 $F_P = 1$ 沿桁架下弦 AE 移动（下承桁架）。

（1）支座反力 F_{RA} 和 F_{RE} 的影响线　支座反力 F_{RA} 和 F_{RE} 的影响线，与简支梁完全相同，分别见图 8-4b、c。

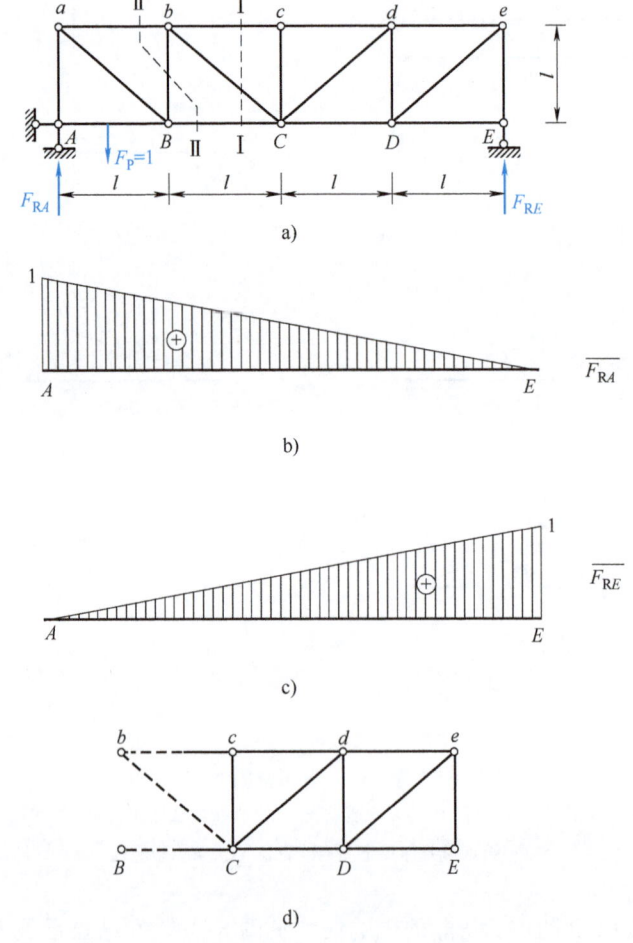

图 8-4　影响线图

a）平行弦桁架　b）支座反力 F_{RA} 的影响线　c）支座反力 F_{RE} 的影响线　d）I—I 截面右侧隔离体

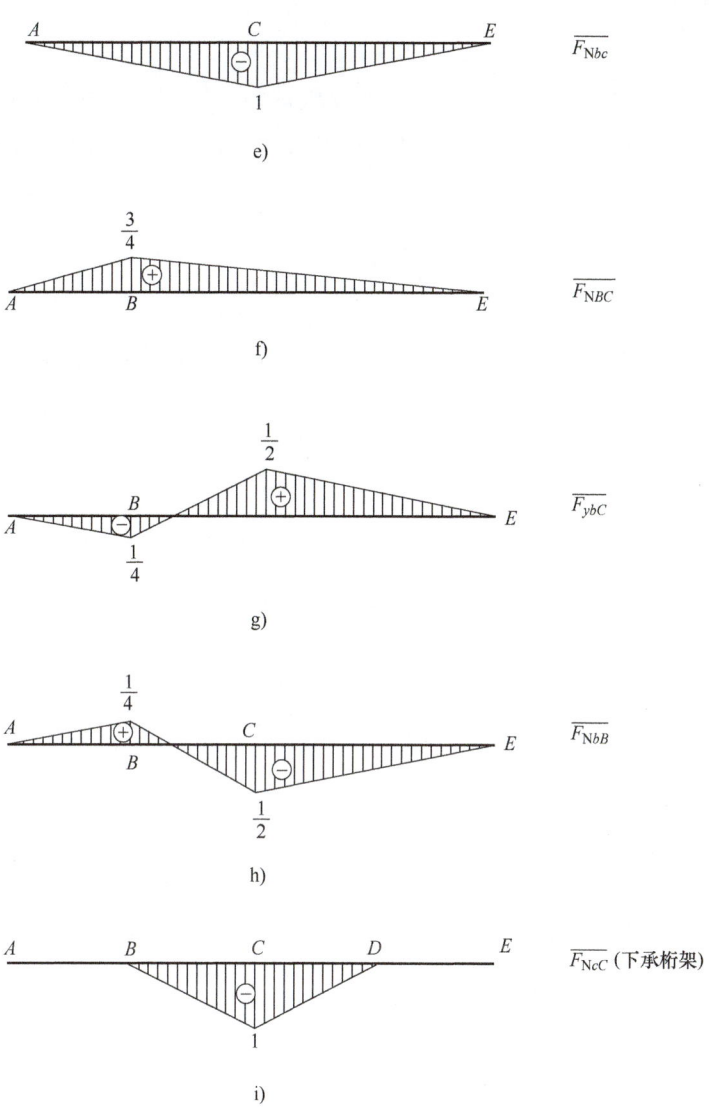

图 8-4 影响线图（续）

e）F_{Nbc} 的影响线 f）F_{NBC} 的影响线 g）F_{ybC} 的影响线 h）F_{NbB} 的影响线 i）F_{NcC} 的影响线

（2）上弦杆轴力 F_{Nbc} 的影响线 作截面Ⅰ—Ⅰ，然后根据单位荷载的作用位置分三种情况来讨论 F_{Nbc} 的求法。

当单位荷载 $F_P = 1$ 作用在 B 点的左方时，取截面Ⅰ—Ⅰ右部为隔离体，（图 8-4d）建立 C 点的力矩平衡方程 $\sum M_C = 0$，得

$$F_{RE} \times 2l + F_{Nbc} \times l = 0$$
$$F_{Nbc} = -2F_{RE} \tag{8-14}$$

当单位荷载 $F_P = 1$ 作用在 C 点的右方时，取截面Ⅰ—Ⅰ左部为隔离体，同样由力矩平

衡方程 $\sum M_C = 0$ 得

$$F_{RA} \times 2l + F_{Nbc} \times l = 0$$
$$F_{Nbc} = -2F_{RA} \tag{8-15}$$

当单位荷载 $F_P = 1$ 作用在 B、C 之间时，利用结点承载方式下梁的影响线性质可知，轴力 F_{Nbc} 的影响线在相邻结点之间为直线，因此用直线连接影响线在 B、C 两点之间的竖距即可。

由此可画出 F_{Nbc} 的影响线，见图 8-4e，其中 B 点以左为 F_{RE} 影响线的竖距乘以 -2，C 点以右为 F_{RA} 影响线的竖距乘以 -2，B、C 两结点间为直线。

式（8-14）和式（8-15）可以合并为一个式子，用相应的简支梁在 C 点处的弯矩 M_C^0 来表示，即

$$F_{Nbc} = -\frac{M_C^0}{l} \tag{8-16}$$

由于 M_C^0 的影响线为以 C 点为顶点的三角形，C 点处的纵坐标为 $\dfrac{ab}{a+b}$（参见图 8-2e），可得 F_{Nbc} 的影响线也为以 C 点为顶点的三角形，且 C 点处的纵坐标为

$$-\frac{2l \times 2l}{4l^2} = -1 \tag{8-17}$$

(3) **下弦杆轴力 F_{NBC} 的影响线**　仍然采用截面 Ⅰ—Ⅰ，以结点 b 为力矩中心，由力矩平衡方程 $\sum M_b = 0$ 得

$$F_{NBC} = \frac{M_B^0}{l} \tag{8-18}$$

式中，M_B^0 为相应的简支梁在 B 点处的弯矩，其影响线为以 B 点为顶点的三角形，B 点处的纵坐标为 $\dfrac{3l}{4}$，由此可画出 F_{NBC} 的影响线，见图 8-4f 所示。

(4) **斜杆 bC 轴力的竖向分力 F_{ybC} 的影响线**　仍然采用截面 Ⅰ—Ⅰ，根据单位荷载的作用位置分三种情况来讨论。

当单位荷载在 B 点以左时，考虑截面 Ⅰ—Ⅰ以右部分的平衡，由竖向力的平衡方程 $\sum F_y = 0$ 得

$$F_{ybC} = -F_{RE} \tag{8-19}$$

当单位荷载在 C 点以右时，考虑截面 Ⅰ—Ⅰ以左部分的平衡，同样由竖向力的平衡方程得

$$F_{ybC} = F_{RA} \tag{8-20}$$

当单位荷载在 B、C 之间时，影响线为直线。由此可作出 F_{ybC} 的影响线，见图 8-4g 所示。

F_{ybC} 的影响线也可以利用相应简支梁在结间 BC 的剪力 F_{QBC}^0 求得，即

$$F_{ybC} = F_{QBC}^0 \tag{8-21}$$

因此，F_{ybC} 的影响线也是相应梁的结间剪力 F_{QBC}^0 的影响线。

(5) 竖杆轴力 F_{NbB} 的影响线　作截面Ⅱ—Ⅱ，列竖向力的平衡方程 $\sum F_y = 0$，可求出 F_{NbB}。将 F_{NbB} 用相应简支梁在结间 BC 的剪力 F^0_{QBC} 表示，即

$$F_{NcC} = -F^0_{QBC} \tag{8-22}$$

因此可作出 F_{NbB} 的影响线，见图 8-4h。

(6) 竖杆轴力 F_{NcC} 的影响线　由于单位荷载 $F_P = 1$ 仅沿下弦移动，由上弦结点 c 的平衡可知，cC 为零杆，其影响线与基线重合。

(7) 上弦荷载作用下各杆轴力的影响线　如果单位荷载 $F_P = 1$ 沿桁架的上弦移动（上承桁架），支座反力、上弦杆轴力、下弦杆轴力和斜杆轴力竖向分力的影响线不会发生变化，如本例中的 F_{RA}、F_{RE}、F_{Nbc}、F_{NBC}、F_{ybC} 的影响线仍如图 8-4c~g 所示，但竖杆轴力（如 F_{NbB}、F_{NcC}）的影响线会发生变化。

当单位荷载 $F_P = 1$ 沿桁架的上弦移动时，竖杆轴力 F_{NbB} 可由相应简支梁在 AB 结间的剪力 F^0_{QAB} 表示，即

$$F_{NcC} = -F^0_{QAB} \tag{8-23}$$

对于竖杆轴力 F_{NcC}，当 $F_P = 1$ 在结点 c 时，$F_{NcC} = -1$；当 $F_P = 1$ 在其他结点时，$F_{NdD} = 0$。由于影响线在结点之间为直线，因此可作出 F_{NcC} 的影响线，见图 8-4i。

8.2.4　三铰拱影响线

图 8-5a 所示三铰拱，拱的轴线为抛物线 $y = \dfrac{4f}{l^2}x(l-x)$。三铰拱在竖向荷载作用下的支座反力和内力可用同跨度同荷载作用的简支梁（图 8-5b）的量来表示，即

$$F_{VA} = F^0_{VA}, \quad F_{VB} = F^0_{VB}, \quad F_H = \dfrac{M^0_C}{f} \tag{8-24}$$

$$M = M^0 - F_H y, \quad F_Q = F^0_Q \cos\varphi - F_H \sin\varphi, \quad F_N = -F^0_Q \sin\varphi - F_H \cos\varphi \tag{8-25}$$

式中，y 表示拟求截面处的纵坐标；φ 表示拟求截面处轴向切线与水平线所成的锐角；上标 "0" 表示其为代梁的量。

1. 支座反力的影响线

由式（8-24），首先根据简支梁影响线的作法，可作竖向支座反力 F_{VA}、F_{VB} 的影响线，见图 8-5c、d，然后根据代梁 C 截面处弯矩 M^0_C 的影响线作水平支座反力 F_H 的影响线，见图 8-5e。

2. D 截面处的内力影响线

下面求三铰拱 D 截面处的弯矩 M^0_D、剪力 F^0_{QD} 的影响线。根据拱的轴线方程，可得出 D 截面处

$$y = \dfrac{4f}{l^2}x(l-x) = \dfrac{4\times 2}{4^2} \times 1 \times (4-1)\mathrm{m} = 1.5\mathrm{m}$$

$$\tan\varphi_D = \dfrac{4f}{l^2}(l-2x) = \dfrac{4\times 2}{4^2}(4-2\times 1) = 1$$

(8-26)

即 D 截面处轴向切线与水平线所成的锐角 φ_D 等于 $45°$。由式（8-25），可写出 D 截面处内力的表达式为

$$M_D = M_D^0 - F_H \times 1.5\text{m}, \quad F_{QD} = \frac{\sqrt{2}}{2}(F_{QD}^0 - F_H), \quad F_{ND} = -\frac{\sqrt{2}}{2}(F_{QD}^0 + F_H) \quad (8\text{-}27)$$

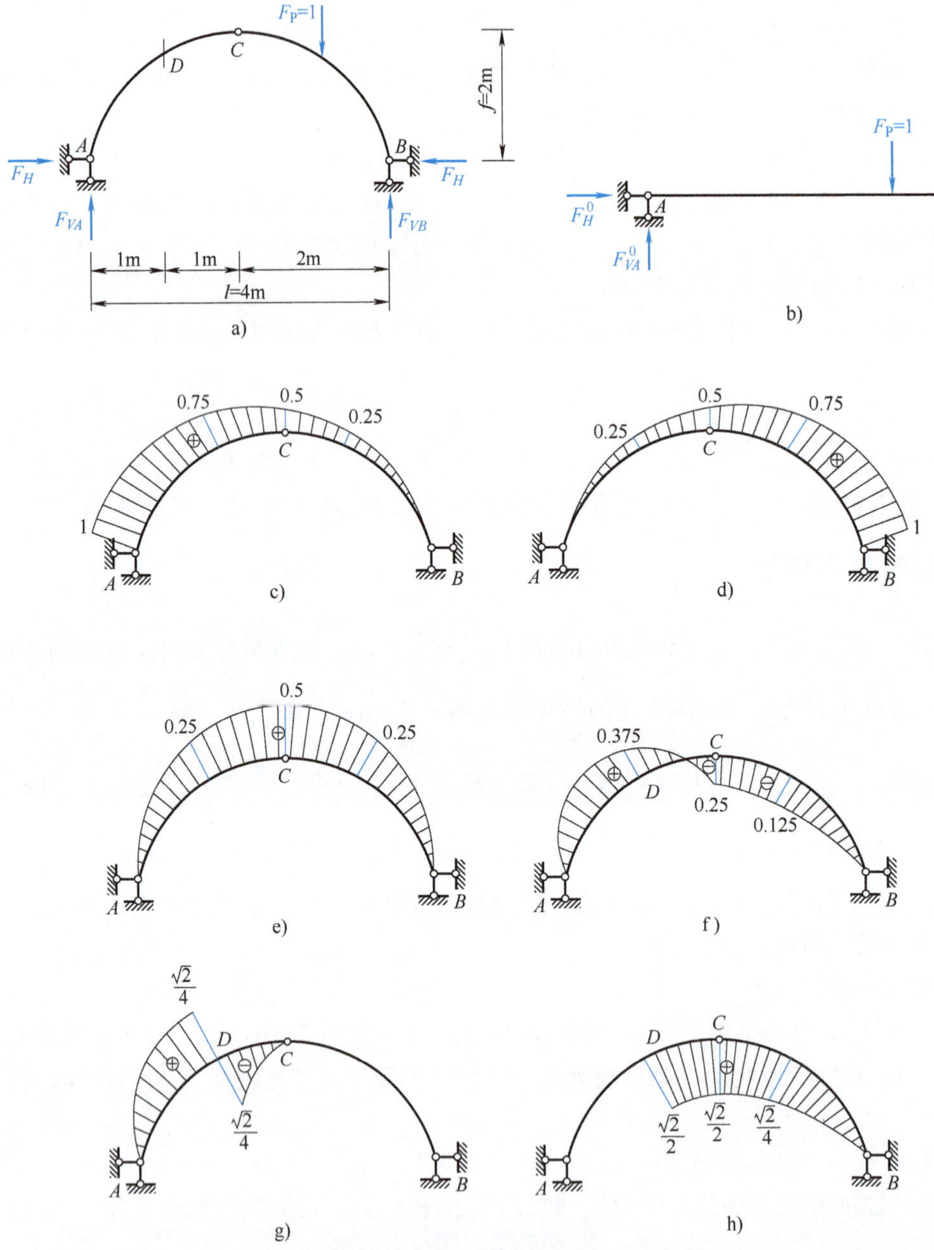

图 8-5 影响线图

a）三铰拱 b）同跨度同荷载简支梁 c）竖向支座反力 F_{VA} 的影响线
d）竖向支座反力 F_{VB} 的影响线 e）A 支座水平支座反力 F_H 的影响线
f）弯矩 M_D 的影响线 g）剪力 F_{QD} 的影响线 h）轴力 F_{ND} 的影响线

由式（8-26），弯矩 M_D 在 C 点处的竖距为 $0.5 - 0.5 \times 1.5 = -0.25$，在 D 点处的竖距为 $0.75 - 0.25 \times 1.5 = 0.375$。

剪力 F_{QD} 在 C 点处的竖距为 $\frac{\sqrt{2}}{2} \times (0.5 - 0.5) = 0$，在 D 点左截面处的竖距为 $\frac{\sqrt{2}}{2} \times (-0.25 - 0.25) = -\frac{\sqrt{2}}{4}$，在 D 点右截面处的竖距为 $\frac{\sqrt{2}}{2} \times (0.75 - 0.25) = \frac{\sqrt{2}}{4}$。

轴力 F_{ND} 在 C 点处的竖距为 $-\frac{\sqrt{2}}{2} \times (0.5 + 0.5) = -\frac{\sqrt{2}}{2}$，在 D 点左截面处的竖距为 $-\frac{\sqrt{2}}{2} \times (-0.25 + 0.25) = 0$，在 D 点右截面处的竖距为 $-\frac{\sqrt{2}}{2} \times (0.75 + 0.25) = -\frac{\sqrt{2}}{2}$。

可作三铰拱 D 截面处的弯矩 M_D、剪力 F_{QD}、轴力 F_{ND} 的影响线，见图 8-5h、i、j。

■ 8.3 静力法作超静定结构内力的影响线

采用静力法作超静定结构的影响线时，可采用力法、位移法等直接求解出影响系数。下面以图 8-6a 所示超静定梁为例，说明静力法作超静定结构内力影响线的具体步骤。

1. 固定端 A 的反力偶矩影响线

该梁为一次超静定结构，可采用力法求解。以 A 处的反力偶矩为基本未知量 X_1，取简支梁作为力法的基本结构。列出力法的基本方程为

$$\delta_{11}X_1 + \Delta_{1P} = 0 \qquad (8\text{-}28)$$

设单位荷载 $F_P = 1$ 的作用点距 A 点距离为 x，分别作基本结构在荷载 $F_P = 1$ 作用下的弯矩图 M_P 和在单位力 $X_1 = 1$ 作用下的弯矩图 $\overline{M_1}$，见图 8-6b、c。应用图乘法，得

$$\delta_{11} = \frac{l}{3EI}, \quad \Delta_{1P} = \frac{1}{6EI} \times \frac{(2l-x)(l-x)x}{l} \qquad (8\text{-}29)$$

代入力法方程求得

$$X_1 = -\frac{(2l-x)(l-x)x}{2l^2} \qquad (8\text{-}30)$$

X_1 即为 A 处的支座弯矩 M_A。作 M_A 的影响线，见图 8-6d。

2. 跨中截面 C 的弯矩影响线

以 A 点为矩心对整体梁建立力矩平衡方程 $\sum M_A = 0$ 得

$$-F_{RB} \times l + 1 \times x + M_A = 0 \qquad (8\text{-}31)$$

求出 B 支座的竖向反力为

$$F_{RB} = \frac{x + M_A}{l} \qquad (8\text{-}32)$$

下面取 C 点右侧的部分作为隔离体，求跨中弯矩 M_C：

当单位荷载 $F_P = 1$ 作用在 C 点以左时，以 C 点为矩心对 CB 段隔离体建立力矩平衡方程 $\sum M_C = 0$ 得

$$M_C = F_{RB} \times \frac{l}{2} = \frac{x + M_A}{2} \qquad (8\text{-}33)$$

当单位荷载 $F_P=1$ 作用在 C 点以右时，同样由 C 点的力矩平衡方程 $\sum M_C=0$ 得

$$M_C = F_{RB} \times \frac{l}{2} - 1 \times \left(x - \frac{l}{2}\right) = \frac{l - x + M_A}{2} \tag{8-34}$$

结合式（8-33）和式（8-34）可作跨中弯矩 M_C 的影响线，见图 8-6e。

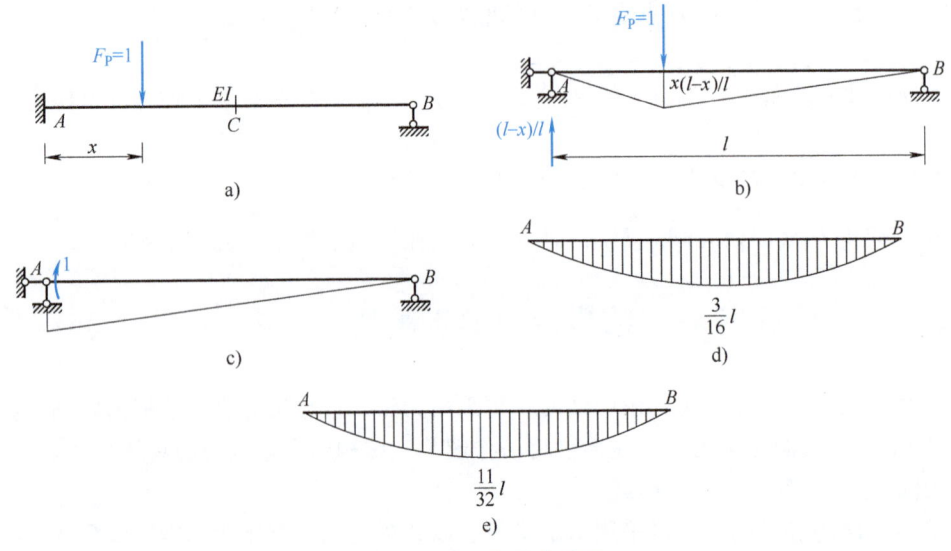

图 8-6 弯矩与影响线图

a) 超静定梁　b) 弯矩 M_P 图　c) 弯矩 $\overline{M_1}$ 图　d) M_A 的影响线　e) M_C 的影响线

8.4 机动法作梁内力的影响线

对于静定结构，机动法是以虚功原理为基础，把作静定结构内力或支座反力影响线的静力问题转化为作位移图的几何问题。对于超静定结构，可利用超静定力与挠度图之间的比例关系作影响线。

机动法的优点是简便，不需要经过计算就能很快绘制出影响线的轮廓。此外，用静力法作出的影响线也可用机动法来校核。

8.4.1 简支静定梁

下面以简支梁支座反力影响线为例，应用虚功原理说明机动法作静定结构影响线的步骤。

图 8-7 所示简支梁，求支座 B 反力 F_{RB} 的影响线。首先将对应的约束，即支杆 B 撤去，代以未知力 Z，此时体系有了一个自由度。然后给体系沿 Z 方向一个虚位移 δ_Z，δ_Z 以与 Z 的正方向一致为正，使梁绕 A 点做微小转动，列出虚功方程

$$Z\delta_Z + F_P\delta_P = 0 \tag{8-35}$$

这里，δ_P 是荷载 $F_P=1$ 作用点处的位移，其正方向与 F_P 的方向相同，即向下为正。求得

$$Z = -\frac{\delta_P}{\delta_Z} \tag{8-36}$$

当 $F_P=1$ 移动时，位移 δ_P 是其作用位置 x 的函数；而位移 δ_Z 则与 x 无关，是一个常量。

因此，上式可改写为

$$Z(x) = \left(-\frac{1}{\delta_Z}\right)\delta_P(x) \qquad (8\text{-}37)$$

这里，$\delta_P(x)$ 表示荷载作用点的竖向位移图对应竖距，可利用位移 δ_P 图来作 Z 的影响线。

由上式可知，Z 与 δ_P 的符号相反，即在横坐标的下方，δ_P 值为正，Z 值为负；在横坐标的上方，δ_P 值为负，Z 值为正。因此，Z 的影响线与位移 δ_P 图具有相同的形状轮廓。一般可令 $\delta_Z = 1$，则 Z 的影响线如图 8-7c 所示。

总结起来，机动法作静定结构内力或支座反力的影响线的步骤如下：

1）撤去与 Z 相应的约束，代以未知力 Z。

2）使体系沿 Z 的正方向发生虚位移，作出荷载作用点的竖向位移图（δ_P 图），可定出 Z 的影响线形状。

3）再令 $\delta_Z = 1$，可进一步定出影响线各竖距的值。影响系数按基线以上为正，基线以下为负。

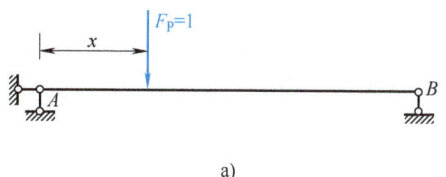
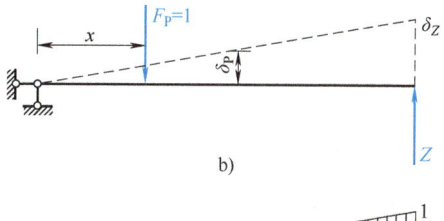
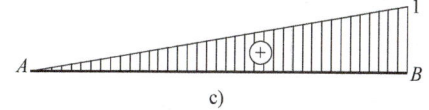

图 8-7 简支梁支座反力的影响线

a）简支梁 b）虚位移图

c）支座 B 反力 F_{RB} 的影响线

【例 8-1】 试用机动法作图 8-8a 所示简支梁在 C 截面处的弯矩和剪力的影响线。

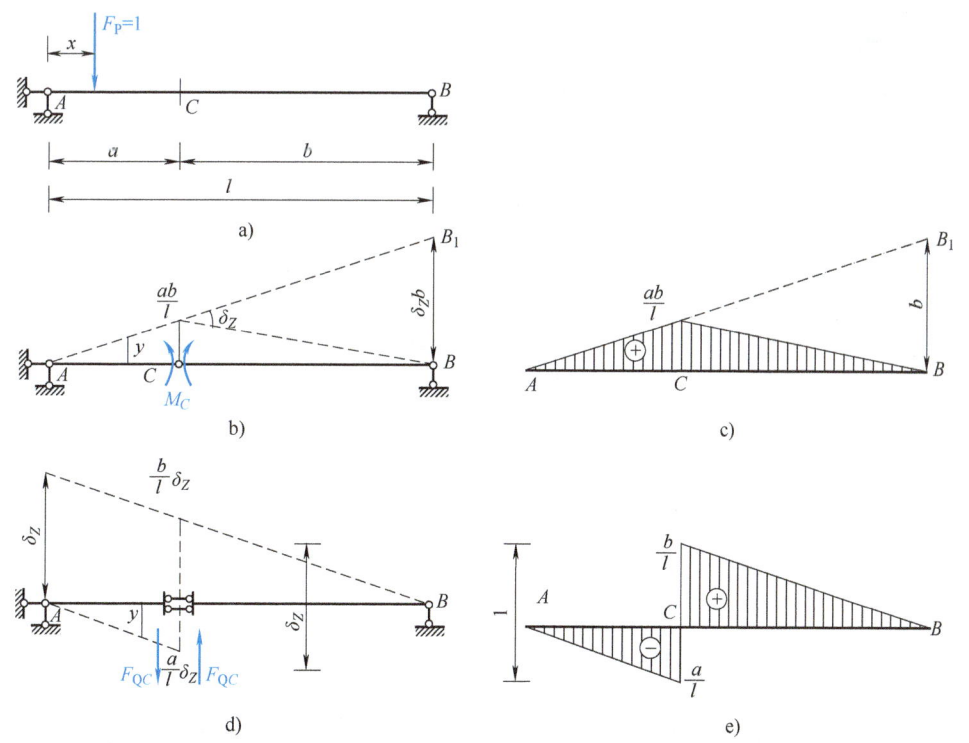

图 8-8 弯矩和剪力的影响线

a）简支梁 b）沿 M_C 方向的虚位移图 c）M_C 的影响线

d）沿 F_{QC} 方向的虚位移图 e）F_{QC} 的影响线

【解】 1) 弯矩 M_C 的影响线。撤去与弯矩 M_C 相应的约束（即在截面 C 处改为铰结点），代以一对大小相等、方向相反的力偶 M_C。此时，铰 C 两侧的杆可以相对转动。

给体系沿 M_C 方向以虚位移，即使铰 C 两侧截面有相对转角 δ_Z，见图 8-8b。由此可确定竖向位移。可先求得 $BB_1 = \delta_Z b$，然后按比例关系求出 C 点竖向位移为 $\frac{ab}{l}\delta_Z$。

再令 $\delta_Z = 1$，即可得到 M_C 的影响线，见图 8-8c，其在 C 点的竖距为 $\frac{ab}{l}$。

2) 剪力 F_{QC} 的影响线。撤去与 C 截面处剪力 F_{QC} 相应的约束（即在截面 C 处改为平行链杆连接），代以一对大小相等、方向相反的剪力 F_{QC}。此时，在截面 C 处能发生相对的竖向位移，但不能发生相对水平位移和转动。

给体系沿 F_{QC} 方向以虚位移，即使 AC 段绕 A 点发生顺时针转动，CB 段绕 B 点发生顺时针转动，发生位移后 AC 与 CB 保持平行，且 C 截面左右两侧的相对竖向位移即为 δ_Z，见图 8-8d。利用比例关系求出 C 截面左右两侧的竖向位移分别为 $\frac{a}{l}\delta_Z$（向下）、$\frac{b}{l}\delta_Z$（向上）。再令 $\delta_Z = 1$，即可得到 F_{QC} 的影响线，见图 8-8e。

8.4.2 超静定梁

以图 8-9 所示连续梁 B 点的支座反力影响线为例，说明机动法作超静定梁影响线的原理。

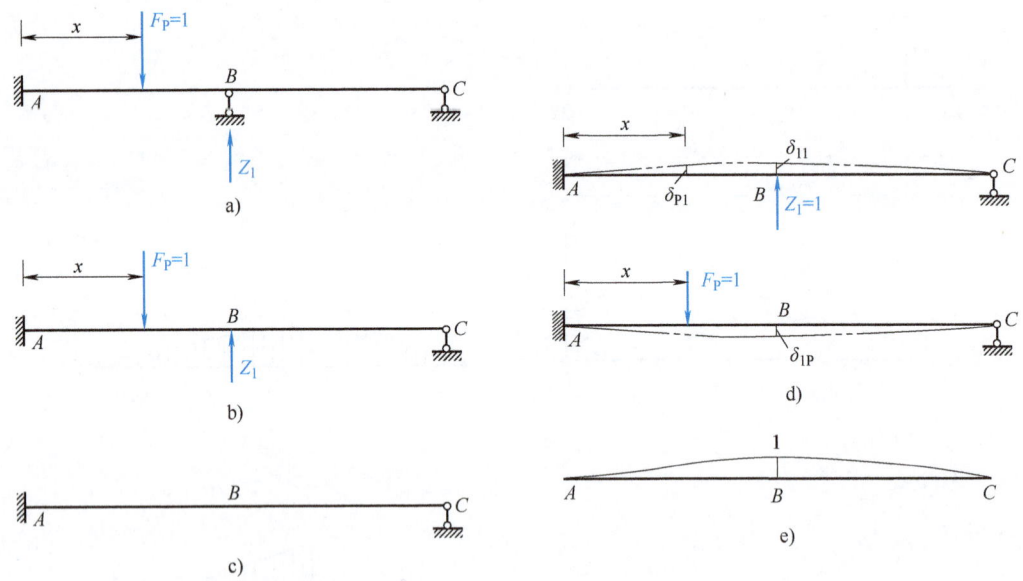

图 8-9 超静定梁影响线的绘制

a) 原结构　b) 基本体系　c) 基本结构　d) 变形图　e) 影响线

首先撤去 B 处的链杆，代以竖向力 Z_1，见图 8-9b。此时连续梁变成一次超静定梁（超静定次数比原来减少一次），以该结构作为基本结构，见图 8-9c。

利用力法的变形协调概念建立力法方程，即

$$\delta_{11}Z_1 + \delta_{1P} = 0 \tag{8-38}$$

得

$$Z_1 = -\frac{\delta_{1P}}{\delta_{11}} \tag{8-39}$$

式中，δ_{1P} 为荷载 $F_P = 1$ 作用下，基本结构在 B 点处的竖向位移；δ_{11} 为单位荷载 $Z_1 = 1$ 作用下，基本结构在 B 点处的竖向位移。

根据位移互等定理，有

$$\delta_{1P} = \delta_{P1} \tag{8-40}$$

则式（8-39）可改写为

$$Z_1(x) = -\frac{\delta_{P1}(x)}{\delta_{11}} \tag{8-41}$$

故可先作出基本结构在单位荷载 $Z_1 = 1$ 作用下的变形图（δ_{P1} 图），见图 8-9d。再令 $\delta_{11} = 1$，作出 Z_1 的影响线，见图 8-9e。

8.5 影响线的应用

影响线可以反映移动荷载作用下结构内力的变化，工程中主要应用影响线确定荷载作用下某物理量（内力、反力等）的大小和最不利荷载的位置。

8.5.1 计算荷载作用下的量值

1. 一组集中荷载作用

如果结构上作用有一组集中荷载 $F_{P1}, F_{P2}, \cdots, F_{Pn}$，已知某物理量 S 的影响线。由于影响线纵坐标的物理意义是 $F_P = 1$ 作用在该处时 S 的大小，根据叠加原理，在这组荷载作用下，物理量 S 的大小为

$$S = F_{P1}y_1 + F_{P2}y_2 + \cdots + F_{Pn}y_n = \sum_{i=1}^{n} F_{Pi}y_i \tag{8-42}$$

式中，y_i 为影响线在荷载 F_{Pi} 作用位置处的纵坐标。

2. 均布荷载作用

图 8-10 所示简支梁，在 DE 段作用有均布荷载 q，已知某物理量 S 的影响线，求均布荷载作用下 S 的大小。

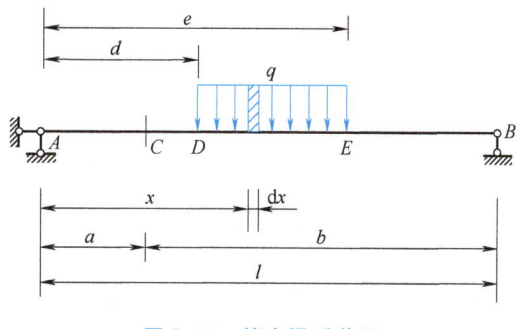

图 8-10 简支梁受载图

在均布荷载作用段上，将微段 dx 上的荷载 qdx 作为集中力，利用叠加原理可得

$$S = q\int_d^e y(x)\,dx = qA \tag{8-43}$$

式中，$y(x)$ 为 S 的影响线在 x 处的竖距，A 为由基线与影响线在荷载始点、终点间（DE 段）的影响线面积。

8.5.2 确定最不利荷载位置

当结构上作用有移动荷载时，结构某物理量（内力、反力）随荷载位置不同而发生变化，使该物理量达到最大正值（最大值）或者最大负值（最小值）时的荷载位置称为该物理量的最不利荷载位置。

1. 确定最不利荷载位置的思路

如果移动荷载是单个集中荷载，则最不利位置是某物理量 S 影响线竖距最大的位置。

如果移动荷载由一组集中荷载 $F_{P1}, F_{P2}, \cdots, F_{Pn}$ 所组成，由式（8-42）可求出某物理量 S 的大小为

$$S = \sum_{i=1}^{n} F_{Pi} y_i \tag{8-44}$$

如果 S 取极大值，则在移动荷载沿坐标方向前进或倒退微小距离 Δx 时，S 的增量必须小于或者等于零，也即

$$\Delta S = \sum_i F_{Pi} \Delta y_i \leq 0 \tag{8-45}$$

式中，Δy_i 是荷载前进或倒退 Δx 时第 i 个集中力 F_{Pi} 下影响线的纵坐标增量。同理，如果 S 取极小值，则增量应该大于或者等于零。

要确定某物理量 S 的最不利位置，首先要求出使 S 达到极值的荷载作用位置，称为荷载的临界位置，然后在 S 的极值中，找出最大值和最小值，从而选出荷载的最不利位置。一般情况下，应把这组荷载中数值大、间距密的荷载放在影响线纵坐标较大的部位。

2. 临界位置的判别准则

假设某一组集中移动荷载如图 8-11a 所示，荷载移动时其排列、间距和数值保持不变。图 8-11b 为某一物理量 S 的影响线，为一折线形。各区段直线的倾角分别用 α_1、α_2、α_3 表示，荷载在各区段的合力分别为 R_1、R_2、R_3，对应作用位置处影响线的纵坐标分别为 $\overline{y_1}$、$\overline{y_2}$、$\overline{y_3}$。根据叠加原理，并按各区段内荷载的合力来计算，可得物理量 S 的大小为

$$S = R_1\overline{y_1} + R_2\overline{y_2} + R_3\overline{y_3} = \sum_{i=1}^{3} R_i\overline{y_i} \tag{8-46}$$

设荷载都移动 Δx，根据几何关系，影响线在合力作用位置处的纵坐标增量为

$$\Delta y_i = \Delta x \tan\alpha_i \tag{8-47}$$

则 S 的增量为

$$\Delta S = \Delta x \sum_{i=1}^{3} R_i \tan\alpha_i \tag{8-48}$$

要使 S 为极大值，必须满足 $\Delta S = \Delta x \sum_{i=1}^{3} R_i \tan\alpha_i \leq 0$，即

$\Delta x > 0$（向右）时 $\qquad \sum_i^3 R_i \tan\alpha_i \leqslant 0$

$\Delta x < 0$（向左）时 $\qquad \sum_i^3 R_i \tan\alpha_i \geqslant 0$

类似地，要使 S 为极小值，必须满足 $\Delta S = \Delta x \sum_i^3 R_i \tan\alpha_i \geqslant 0$，即

$\Delta x > 0$（向右）时 $\qquad \sum_i^3 R_i \tan\alpha_i \geqslant 0$

$\Delta x < 0$（向左）时 $\qquad \sum_i^3 R_i \tan\alpha_i \leqslant 0$

在极大值处，移动荷载向左、向右移动时，$\sum_i^3 R_i \tan\alpha_i$ 应该改变符号。满足这一准则的荷载作用位置称为荷载的临界位置。为求得物理量的最大值，需要对满足该准则的情况进行试算，对比所得到的结果，找出最大值和最小值。

为使所有荷载稍向左、向右移动时，$\sum_i^3 R_i \tan\alpha_i$ 改变符号，则必须有一个集中荷载正好作用在影响线顶点上。这个作用于顶点上的集中荷载称为临界荷载，用 F_{Pcr} 表示。

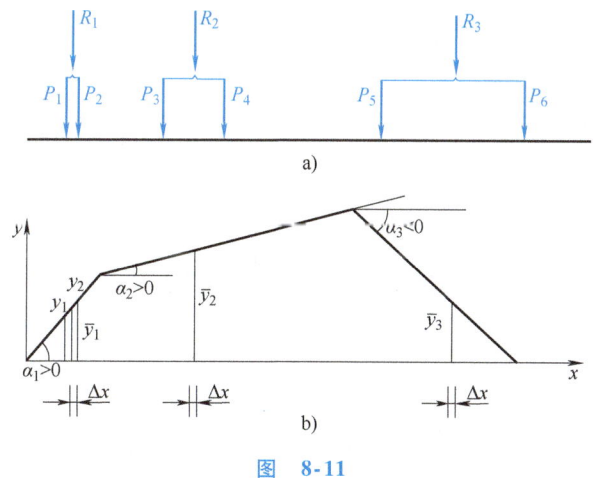

图 8-11

a）一组集中移动荷载　b）某一物理量 S 的影响线

特别地，当影响线为三角形时（图 8-12），如果将顶点一侧合力除以对应的基线长度称为等效均布荷载集度，三角形影响线判别准则为："F_{Pcr} 归于顶点哪一侧，那一侧的等效均布荷载集度便大于（或等于）另一侧"，即

$$\begin{aligned}\frac{R_L}{a} &\leqslant \frac{F_{Pcr}+R_R}{b}\\ \frac{R_L+F_{Pcr}}{a} &\geqslant \frac{R_R}{b}\end{aligned} \qquad(8\text{-}49)$$

式中，R_L、R_R 为 F_{Pcr} 位于影响线顶点时 F_{Pcr} 左侧的荷载合力、右侧的荷载合力；a、b 为影响线顶点到左右两端的距离。

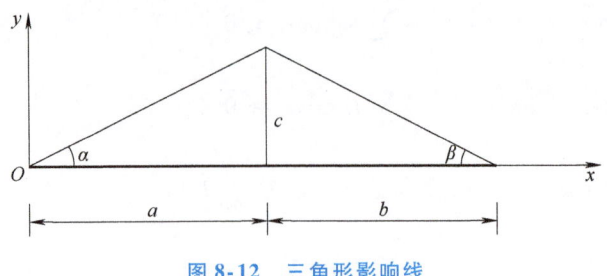

图 8-12 三角形影响线

【例 8-2】 图 8-13a 所示为一组移动荷载，其中集中荷载 $F_{P1}=F_{P2}=F_{P3}=F_{P4}=F_{P5}=200kN$，均布荷载 $q=100kN/m$。图 8-13b 为某量 Z 的影响线。当上述移动荷载自左向右移动时，求荷载的最不利位置和 Z 的最大值。

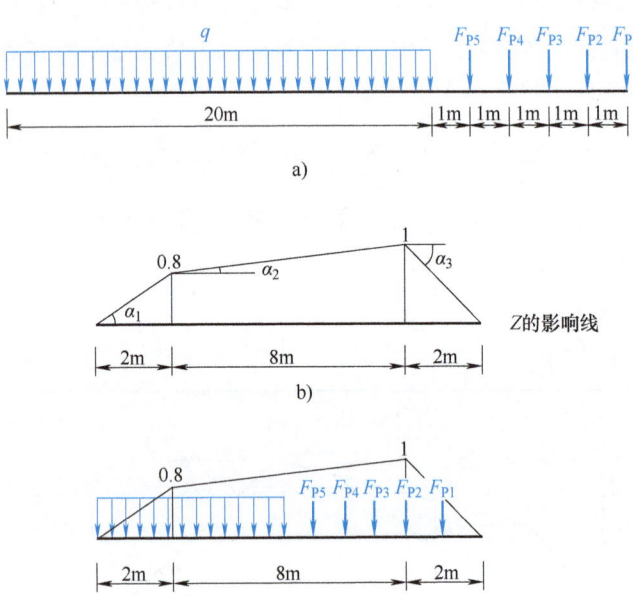

图 8-13 【例 8-2】图

a) 一组移动荷载 b) 某量 Z 的影响线 c) 荷载布置情况

【解】 1) 由于集中荷载的数值和密集度较大，可以初步判断荷载的最不利位置是将 F_{P2} 放在影响线的最高顶点上。此时的荷载布置情况见图 8-13c。

2) 确定荷载的最不利位置。

由图 8-13b 所示影响线可知

$$\tan\alpha_1 = \frac{0.8}{2} = 0.4, \quad \tan\alpha_2 = \frac{1-0.8}{8} = 0.05, \quad \tan\alpha_3 = -\frac{1}{2} = -0.5$$

当图 8-13c 所示荷载稍向左移时，各段荷载合力为

$$R_1 = (100 \times 2)kN = 200kN$$

$$R_2 = (100 \times 4 + 200 \times 4)kN = 1200kN$$

$$R_3 = 200kN$$

此时

$$\sum_i^3 R_i \tan\alpha_i = 200\text{kN} \times 0.4 + 1200\text{kN} \times 0.05 - 200\text{kN} \times 0.5 = 40\text{kN} > 0$$

当图 8-13c 所示荷载稍向右移时，各段荷载合力为

$$R_1 = (100 \times 2)\text{kN} = 200\text{kN}$$
$$R_2 = (100 \times 4 + 200 \times 3)\text{kN} = 1000\text{kN}$$
$$R_3 = (200 \times 2)\text{kN} = 400\text{kN}$$

此时

$$\sum_i^3 R_i \tan\alpha_i = 200\text{kN} \times 0.4 + 1000\text{kN} \times 0.05 - 400\text{kN} \times 0.5 = -70\text{kN} < 0$$

由于 $\sum_i^3 R_i \tan\alpha_i$ 变号，故此位置是临界位置，且此时 Z 取最大值。

3）计算 Z 的最大值。

$$Z_{\max} = 100 \times \left(\frac{0.8}{2} \times 2 + \frac{0.8 + 0.9}{2} \times 4\right)\text{kN} + 200 \times (0.85 + 0.9 + 0.95 + 1 + 0.5)\text{kN}$$
$$= 1260\text{kN}$$

■ 8.6 梁内力包络图和绝对最大弯矩

在设计承受移动荷载的结构时，必须求出每一截面内力的最大值（最大正值和最大负值）。连接各截面内力最大值的曲线称为内力包络图。包络图是结构设计中重要的工具，广泛应用于吊车梁、楼盖的连续梁和桥梁等的设计中。

下面以图 8-14a 所示简支梁在单个移动集中荷载 F_P 作用下为例，说明弯矩包络图的作法。

当单个集中荷载在梁上移动时，截面 C 的弯矩影响线见图 8-14b。当荷载正好作用于 C 点时，M_C 取最大值 $\frac{ab}{l}F_P$。因此，当荷载由 A 向 B 移动时，只要逐个算出荷载作用点处的截面弯矩，便可以得到弯矩包络图。距 A 点 x 处的最大弯矩为 $\frac{x(l-x)}{l}F_P$。

可选一系列截面（例如把梁分成十等份，取其等分截面），对每一截面求出其最大弯矩。根据逐点算出的最大弯矩值而连成的图形即为弯矩包络图，见图 8-14c。

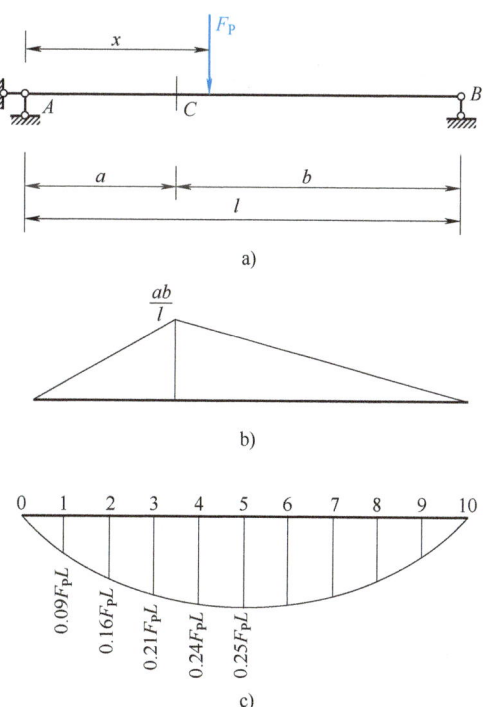

图 8-14 弯矩包络图的绘制

a）简支梁受载图　b）截面 C 的弯矩影响线
c）弯矩包络图

包络图表示各截面内力变化的极值，在设计中是十分重要的。弯矩包络图中最高的竖距称为绝对最大弯矩，它代表在一定移动荷载作用下梁内可能出现的弯矩最大值。下面介绍简支梁在一组集中荷载作用下绝对最大弯矩的求法。

图 8-15 所示简支梁受一组移动荷载 $F_{P1}, \cdots, F_{Pn}$ 作用，荷载的数量和间距不变，在梁上移动。试求梁内绝对最大弯矩。

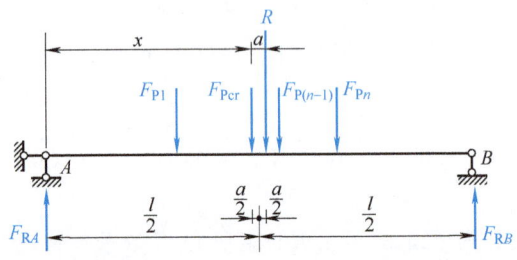

图 8-15 受一组移动荷载作用的简支梁

在集中荷载作用下，梁弯矩图的顶点总是发生在集中荷载的作用点处。因此，绝对最大弯矩必定发生在某一集中荷载的作用点处。

试取一个集中荷载 F_{Pcr}，研究它的作用点的弯矩何时为最大，以 x 表示 F_{Pcr} 与 A 点的距离，a 表示梁上荷载的合力 R 与 F_{Pcr} 的作用线之间的距离，以 R 在 F_{Pcr} 右边为正。由 $\sum M_B = 0$ 得

$$F_{RA} = R \frac{l-x-a}{l} \tag{8-50}$$

F_{Pcr} 作用点的弯矩为

$$M = F_{RA} x - M_{cr} = R \frac{l-x-a}{l} x - M_{cr} \tag{8-51}$$

式中，M_{cr} 表示 F_{Pcr} 左面的荷载对 F_{Pcr} 作用点的力矩之和，是与 x 无关的常数。由 $\frac{dM}{dx} = 0$ 得

$$R(l - 2x - a) = 0 \tag{8-52}$$

即

$$x = \frac{l-a}{2} \tag{8-53}$$

式 (8-53) 说明，F_{Pcr} 作用点的弯矩为最大时，梁的中线正好处于 F_{Pcr} 与 R 的中间。此时最大弯矩为

$$M_{max} = R\left(\frac{l-a}{2}\right)^2 \frac{1}{l} - M_{cr} \tag{8-54}$$

应用式 (8-54) 时，需注意 R 是梁上实有荷载的合力。安排 F_{Pcr} 与 R 的位置时，有些荷载可能来到梁上或离开梁上。这时，应重新计算合力 R 的数值和位置。

比较各个荷载作用点的最大弯矩，选择其中最大的一个，就是绝对最大弯矩。

本章小结

本章主要讨论静力结构内力（和反力）的影响线作法及应用，并简要介绍了超静定结

构内力（和反力）的影响线作法。

影响线反映了移动荷载作用下某个物理量（内力、反力等）随移动荷载作用位置的变化规律。绘制影响线的主要方面有静力法和机动法。静力法是采用取隔离体列力的平衡方程来确定影响线，而机动法则是利用虚功原理，将虚位移图转化为影响线图。

有了影响线后，可根据叠加原理确定各种荷载作用下某个内力（或反力）的值，也可以确定移动荷载的最不利位置，以及此时某个内力（或反力）的最大值（或最小值）。

习 题

一、单项选择题

1. 图 8-16 所示圆弧曲面梁 K 截面弯矩 M_K（外侧受拉为正）影响线 C 点竖标为（ ）。

A. $4(\sqrt{3} - 1)$　　　　B. $4\sqrt{3}$

C. 0　　　　　　　　D. 4

2. 图 8-17 所示简支梁在所示移动荷载下截面 K 的最大弯矩为（ ）。

A. 120kN·m　　　　B. 140kN·m

C. 160kN·m　　　　D. 180kN·m

3. 图 8-18 所示简支梁在所示移动荷载下截面 K 的最大弯矩为（ ）。

A. 90kN·m　　　　 B. 120kN·m

C. 150kN·m　　　　D. 180kN·m

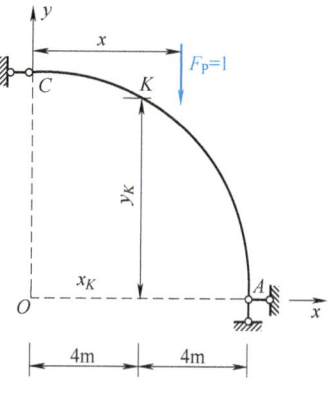

图 8-16　习题 1 图

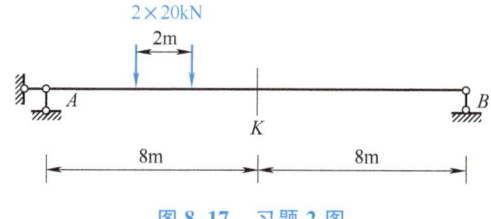

图 8-17　习题 2 图

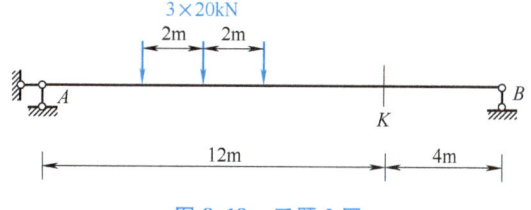

图 8-18　习题 3 图

4. 图 8-19 所示移动荷载（间距为 0.4m 的两个集中力，大小分别为 6kN 和 10kN）在桁架结构的上弦移动，杆 BE 的最大压力为（ ）。

A. 0kN·m　　　　　B. 6.0kN·m

C. 6.8kN·m　　　　D. 8.2kN·m

二、计算题

5. 用静力法作图 8-20 中 F_{RA}、F_{RB}、F_{QC}、F_{QE}、M_E 的影响线。

6. 用静力法作图 8-21 中 M_A、F_{RB}、F_{QC}、M_C 的影响线。

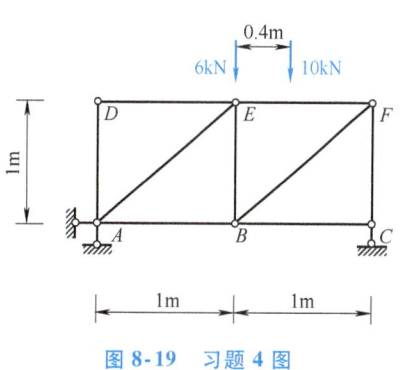

图 8-19　习题 4 图

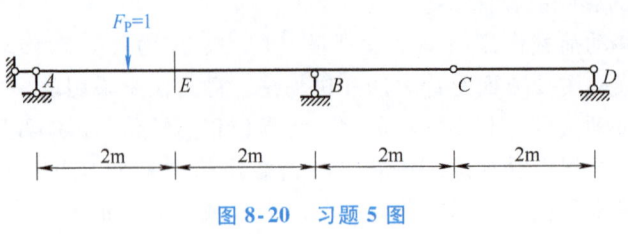

图 8-20　习题 5 图

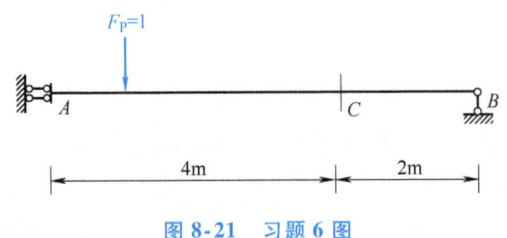

图 8-21　习题 6 图

7. 用静力法作图 8-22 中 F_{RA}、M_A、$F_{QC左}$、M_H、M_I、M_J、F_{QK} 的影响线。

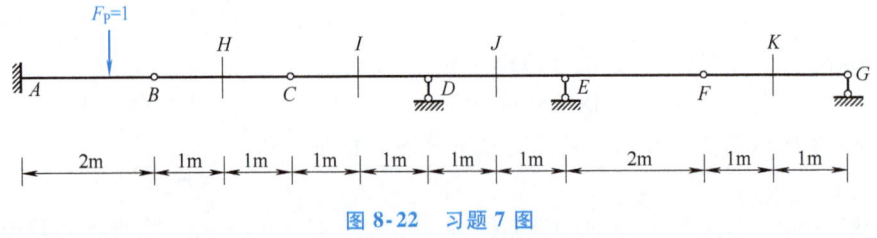

图 8-22　习题 7 图

8. 图 8-23 所示桁架，当单位荷载在桁架上弦移动时，用静力法作 1、2、3、4 杆轴力的影响线。

9. 图 8-23 所示桁架，当单位荷载在桁架下弦移动时，用静力法作 1、2、3、4 杆轴力的影响线。

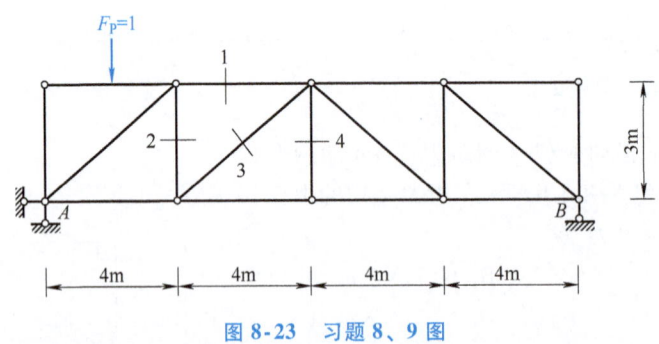

图 8-23　习题 8、9 图

10. 图 8-24 所示结点荷载作用下的梁，当单位荷载在 DE 移动时，用静力法作主梁 F_{RA}、F_{QC}、M_C 的影响线。

11. 图 8-25 所示简支梁，用静力法作单位移动力偶作用下 F_{RA}、F_{RB}、F_{QC}、M_C 的影响线。

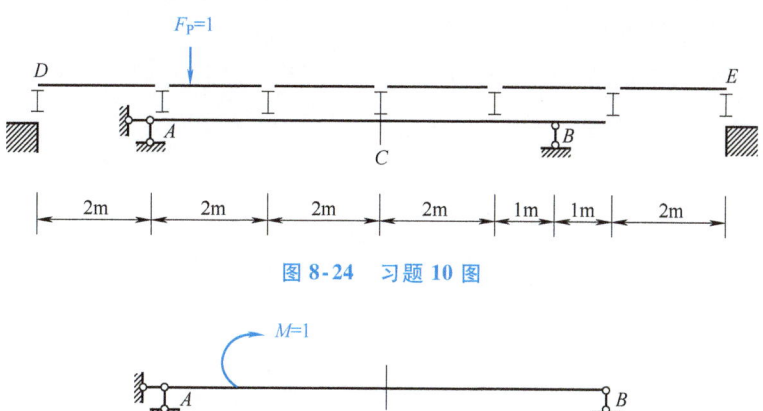

图 8-24 习题 10 图

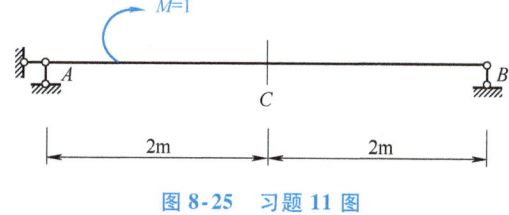

图 8-25 习题 11 图

12. 用机动法重作题 5。

13. 用机动法重作题 6。

14. 用机动法重作题 7。

15. 用机动法重作题 11。

16. 作图 8-26 所示门式刚架 M_A、F_{QAD} 的影响线。

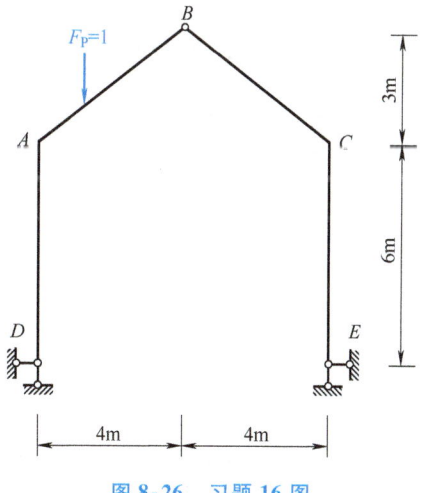

图 8-26 习题 16 图

17. 用静力法作图 8-27 中 F_{RA}、M_A、F_{QD}、M_D 的影响线。

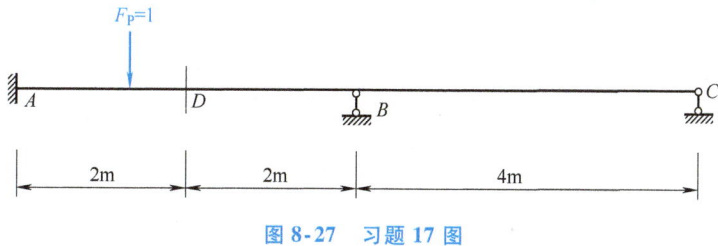

图 8-27 习题 17 图

18. 用机动法重作习题 17。

19. 作图 8-28a 所示桁架 BC、EC 杆轴力的影响线，并计算图 8-28b 所示荷载作用下 BC、EC 杆轴力。

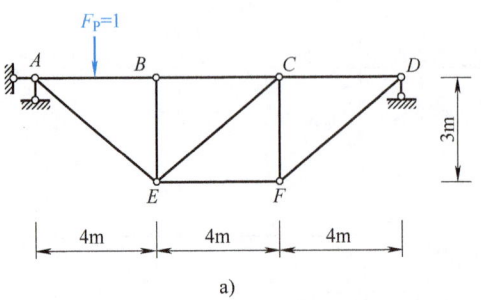

a)

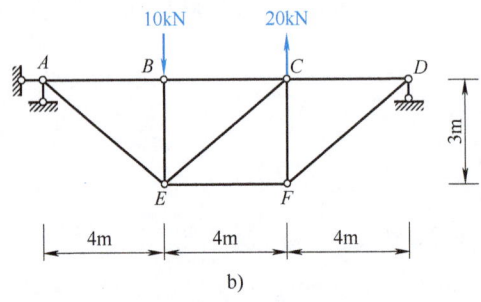

b)

图 8-28 习题 19 图

20. 图 8-29 所示吊车梁受移动荷载作用，求 F_{QC}、M_C 的荷载最不利位置，并计算其最大值（和最小值）。

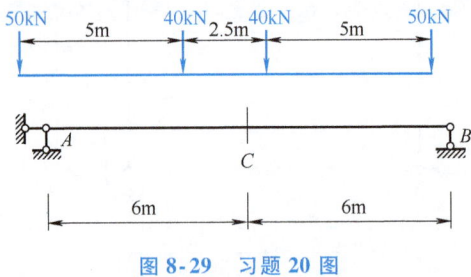

图 8-29 习题 20 图

21. 求图 8-30 所示简支梁在移动荷载作用下 C 截面 F_{QC}、M_C 的最大值（和最小值）。

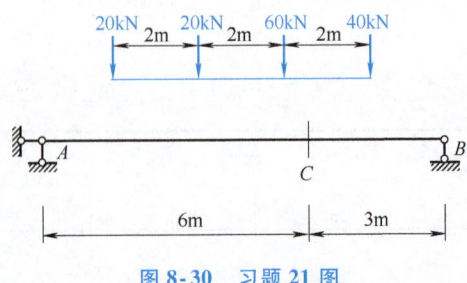

图 8-30 习题 21 图

第 9 章 矩阵位移法

矩阵位移法是以位移法为理论基础，以矩阵为数学表达形式，以计算机为计算工具的一种计算方法。它是有限元的雏形，有时也称为杆件结构的有限元法。矩阵位移法引入矩阵作为数学运算形式，使得公式表达紧凑，形式统一，便于结构内力计算过程的程序化，适于采用计算机进行自动化处理。

矩阵位移法的处理要点是：

1）离散：把结构分解成若干个单元（杆件结构中的每个杆件取为一个单元），按照内力与变形的关系（物理关系），建立单元刚度方程，形成单元刚度矩阵。

2）集合：然后在满足变形协调条件的前提下，将这些单元集合成整体。由单元刚度矩阵集成整体刚度矩阵，建立结构的整体刚度方程，进而求出结构的位移和内力。

通过一拆一搭这两个过程，使一个复杂的结构计算问题转化为有限个简单单元的分析与集合过程。过程中有两个基本环节：一是单元分析，二是整体分析。这也是矩阵位移法的要点。

9.1 单元分析——单元刚度矩阵

通过选取结构中具有代表性的杆件为基本单元，按照单元的力学性质（物理关系），建立单元的刚度方程，形成单元刚度矩阵。

基本单元的选取，一般是以杆件的联结点（刚结点、铰结点）、边界点（支座、自由杆端）为结点，结点之间的杆件部分作为单元。单元一般为直杆（也可以为曲杆），本章中只取直杆单元作为基本单元，进行矩阵位移法分析。

9.1.1 局部坐标系下单元刚度矩阵

图 9-1a 为一直杆基本单元 e，这一直杆单元可以代表任意由直杆组成的结构体系的基本单元。

1. 局部坐标系的设定

为了便于进行矩阵分析，首先对其进行坐标系的设定。坐标原点可以设定在任一杆端，$\bar{x}$ 轴的正方向沿杆轴线设定，$\bar{y}$ 轴的正方向由 $\bar{x}$ 轴的正方向顺时针转动 90°确定，见图 9-1a。这一坐标系称为局部坐标系。所有在局部坐标系内的元素，其符号在上部加"—"标注。

设定局部坐标系后，无论该单元在原结构中是何方向，在局部坐标系中，其单元方向都是沿着 $\bar{x}$ 的正方向。这样就保证了在单元分析中杆件方向的统一。

2. 杆件单元局部码——局部坐标系

我们将坐标原点所在杆端设为编码 1，称之为起点。另一端为编码 2，称之为终点。则 $\bar{x}$ 的正向是由起点到终点，即编码 1 到编码 2 的连线方向，这样就建立了如图 9-1a 所示的局部坐标系。

3. 单元杆端位移向量 $\bar{\boldsymbol{\Delta}}^e$ 和单元杆端力向量 $\bar{\boldsymbol{F}}^e$

与传统位移法不同，在矩阵位移法中，将杆端所有可能存在的杆端位移都作为基本未知量。一个单元最多可能有 6 个杆端位移分量，即两个杆端的沿 $\bar{x}$ 方向、$\bar{y}$ 方向的线位移和转角位移。在位移方向的设定上也区别于传统位移法。所有线位移分量的正向沿坐标轴的正向，转角位移以顺时针为正，见图 9-1b。

一般单元的定义

同样的，单元杆端内力最多也是 6 个，即两个杆端沿 $\bar{x}$ 方向、$\bar{y}$ 方向的力和杆端弯矩。6 个杆端力的正方向的设定与杆端位移的正向设定相同，见图 9-1c。

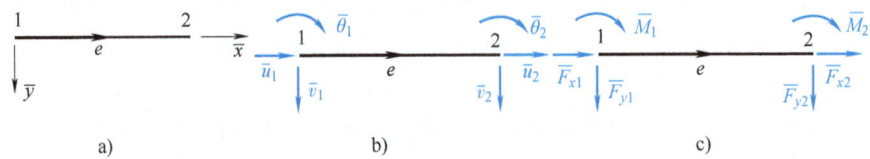

图 9-1 直杆基本单元图

a) 直杆单元 b) 单元的杆端位移分量 c) 单元杆端力分量

将这 6 个杆端力分量、6 个杆端位移分量按照一定顺序排列即形成杆端力向量 $\bar{\boldsymbol{F}}^e$ 和杆端位移向量 $\bar{\boldsymbol{\Delta}}^e$，见图 9-2。局部坐标系下单元杆端元素矩阵化编排顺序，称之为单元局部码，分别按照由起点 1 至终点 2，每个杆端元素按轴向、切向、转动三个方向顺序排列。

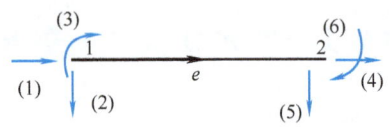

图 9-2 单元局部编码

单元杆端位移向量：

$$\bar{\boldsymbol{\Delta}}^e = (\bar{\Delta}_{(1)} \quad \bar{\Delta}_{(2)} \quad \bar{\Delta}_{(3)} \quad \bar{\Delta}_{(4)} \quad \bar{\Delta}_{(5)} \quad \bar{\Delta}_{(6)})^{e\mathrm{T}}$$
$$= (\bar{u}_1 \quad \bar{v}_1 \quad \bar{\theta}_1 \quad \bar{u}_2 \quad \bar{v}_2 \quad \bar{\theta}_2)^{e\mathrm{T}} \tag{9-1a}$$

单元杆端力向量：

$$\bar{\boldsymbol{F}}^e = (\bar{F}_{(1)} \quad \bar{F}_{(2)} \quad \bar{F}_{(3)} \quad \bar{F}_{(4)} \quad \bar{F}_{(5)} \quad \bar{F}_{(6)})^{e\mathrm{T}}$$
$$= (\bar{F}_{x1} \quad \bar{F}_{y1} \quad \bar{M}_1 \quad \bar{F}_{x2} \quad \bar{F}_{y2} \quad \bar{M}_2)^{e\mathrm{T}} \tag{9-1b}$$

4. 单元刚度方程

由位移法的相关知识基础，可以找出单元杆端力和单元杆端位移之间的关系，可以写成式（9-1c）所示的形式，称之为一般单元的刚度方程：

$$\bar{\boldsymbol{F}}^e = \bar{\boldsymbol{k}}^e \bar{\boldsymbol{\Delta}}^e \tag{9-1c}$$

即

$$\begin{pmatrix} \bar{F}_{x1} \\ \bar{F}_{y1} \\ \bar{M}_1 \\ \bar{F}_{x2} \\ \bar{F}_{y2} \\ \bar{M}_2 \end{pmatrix}^e = \begin{pmatrix} \bar{k}_{11} & \bar{k}_{12} & \bar{k}_{13} & \bar{k}_{14} & \bar{k}_{15} & \bar{k}_{16} \\ \bar{k}_{21} & \bar{k}_{22} & \bar{k}_{23} & \bar{k}_{24} & \bar{k}_{25} & \bar{k}_{26} \\ \bar{k}_{31} & \bar{k}_{32} & \bar{k}_{33} & \bar{k}_{34} & \bar{k}_{35} & \bar{k}_{36} \\ \bar{k}_{41} & \bar{k}_{42} & \bar{k}_{43} & \bar{k}_{44} & \bar{k}_{45} & \bar{k}_{46} \\ \bar{k}_{51} & \bar{k}_{52} & \bar{k}_{53} & \bar{k}_{54} & \bar{k}_{55} & \bar{k}_{56} \\ \bar{k}_{61} & \bar{k}_{62} & \bar{k}_{63} & \bar{k}_{64} & \bar{k}_{65} & \bar{k}_{66} \end{pmatrix}^e \begin{pmatrix} \bar{u}_1 \\ \bar{v}_1 \\ \bar{\theta}_1 \\ \bar{u}_2 \\ \bar{v}_2 \\ \bar{\theta}_2 \end{pmatrix}^e \tag{9-1d}$$

式中，$\bar{\boldsymbol{k}}^e$ 为单元刚度矩阵。其中的元素 $\bar{k}_{ij}$ 指单元杆端位移 $\bar{\boldsymbol{\Delta}}_{(j)} = 1$（其他杆端位移为零）时引起的第 i 个杆端力 $\bar{F}_{(i)}$ 的大小，$i, j = 1, 2, \cdots, 6$。例如，$\bar{k}_{i2}$ 是指图 9-1b 中，当 $\bar{v}_2 = 1$ 时产生的各杆端力 $\bar{F}_{(i)} = 1, 2, \cdots, 6$。

采用位移法的基本体系法分析图 9-1b 所示体系，基本体系见图 9-3a。应用叠加原理，将轴向变形与弯曲变形独立分开计算，见图 9-3b、图 9-3c。

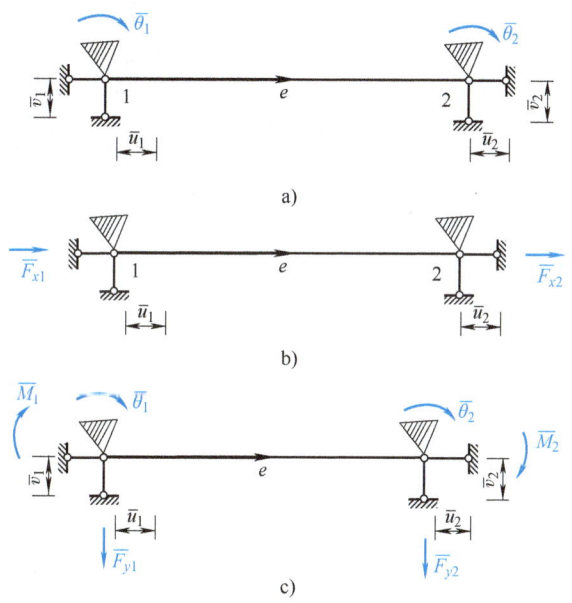

图 9-3　单元杆基本体系图

a）基本体系　b）轴向变形　c）弯曲变形

设单元长度为 l，截面面积为 A，截面惯性矩为 I，弹性模量为 E。

在图 9-3b 中，轴向变形 $\Delta_u = \bar{u}_1 - \bar{u}_2$，根据材料力学知识，可得

$$\bar{F}_{x1} = \frac{EA}{l}\bar{u}_1 - \frac{EA}{l}\bar{u}_2 \tag{9-2a}$$

$$\bar{F}_{x2} = -\frac{EA}{l}\bar{u}_1 + \frac{EA}{l}\bar{u}_2 \tag{9-2b}$$

弯曲变形部分（图 9-3c），根据形常数即可求得

$$\bar{M}_1 = 4\frac{EI}{l}\bar{\theta}_1 + 2\frac{EI}{l}\bar{\theta}_2 + 6\frac{EI}{l^2}\bar{v}_1 - 6\frac{EI}{l^2}\bar{v}_2 \tag{9-2c}$$

$$\overline{M}_2 = 2\frac{EI}{l}\overline{\theta}_1 + 4\frac{EI}{l}\overline{\theta}_2 + 6\frac{EI}{l^2}\overline{v}_1 - 6\frac{EI}{l^2}\overline{v}_2 \qquad (9\text{-}2\text{d})$$

$$\overline{F}_{y1} = \frac{6EI}{l^2}\overline{\theta}_1 + \frac{6EI}{l^2}\overline{\theta}_2 + \frac{12EI}{l^3}\overline{v}_1 - \frac{12EI}{l^3}\overline{v}_2 \qquad (9\text{-}2\text{e})$$

$$\overline{F}_{y2} = -\frac{6EI}{l^2}\overline{\theta}_1 - \frac{6EI}{l^2}\overline{\theta}_2 - \frac{12EI}{l^3}\overline{v}_1 + \frac{12EI}{l^3}\overline{v}_2 \qquad (9\text{-}2\text{f})$$

将公式（9-2a）~式（9-2f）写成矩阵形式的联立方程，可得

$$\begin{pmatrix} \overline{F}_{x1} \\ \overline{F}_{y1} \\ \overline{M}_1 \\ \overline{F}_{x2} \\ \overline{F}_{y2} \\ \overline{M}_2 \end{pmatrix}^e = \begin{pmatrix} \frac{EA}{l} & 0 & 0 & -\frac{EA}{l} & 0 & 0 \\ 0 & \frac{12EI}{l^3} & \frac{6EI}{l^2} & 0 & -\frac{12EI}{l^3} & \frac{6EI}{l^2} \\ 0 & \frac{6EI}{l^2} & \frac{4EI}{l} & 0 & -\frac{6EI}{l^2} & \frac{2EI}{l} \\ -\frac{EA}{l} & 0 & 0 & \frac{EA}{l} & 0 & 0 \\ 0 & -\frac{12EI}{l^3} & -\frac{6EI}{l^2} & 0 & \frac{12EI}{l^3} & -\frac{6EI}{l^2} \\ 0 & \frac{6EI}{l^2} & \frac{2EI}{l} & 0 & -\frac{6EI}{l^2} & \frac{4EI}{l} \end{pmatrix} \begin{pmatrix} \overline{u}_1 \\ \overline{v}_1 \\ \overline{\theta}_1 \\ \overline{u}_2 \\ \overline{v}_2 \\ \overline{\theta}_1 \end{pmatrix}^e \qquad (9\text{-}3)$$

即一般单元杆端力与杆端位移之间的物理关系，称之为一般单元的刚度方程。

局部坐标系下单元刚度矩阵为

$$\overline{k}^e = \begin{pmatrix} \frac{EA}{l} & 0 & 0 & -\frac{EA}{l} & 0 & 0 \\ 0 & \frac{12EI}{l^3} & \frac{6EI}{l^2} & 0 & -\frac{12EI}{l^3} & \frac{6EI}{l^2} \\ 0 & \frac{6EI}{l^2} & \frac{4EI}{l} & 0 & -\frac{6EI}{l^2} & \frac{2EI}{l} \\ -\frac{EA}{l} & 0 & 0 & \frac{EA}{l} & 0 & 0 \\ 0 & -\frac{12EI}{l^3} & -\frac{6EI}{l^2} & 0 & \frac{12EI}{l^3} & -\frac{6EI}{l^2} \\ 0 & \frac{6EI}{l^2} & \frac{2EI}{l} & 0 & -\frac{6EI}{l^2} & \frac{4EI}{l} \end{pmatrix}^e \qquad (9\text{-}4)$$

局部坐标系下单元刚度矩阵

单元刚度矩阵 $\overline{k}^e$ 有如下基本性质：

（1）**对称性** 根据反力互等定理，可得

$$\overline{k}^e_{i,j} = \overline{k}^e_{j,i} \qquad (9\text{-}5)$$

（2）**奇异性** 其系数行列式等于零，即

$$|\overline{k}^e| = 0 \qquad (9\text{-}6)$$

$\overline{k}_{ij}$ 的物理意义：当第 j 个杆端位移 $\overline{\Delta}_j = 1$，其他杆端位移为零时，引起的第 i 个杆端力的值。因此，$\overline{k}^e$ 不存在逆矩阵。即，由杆端位移可求杆端力，且解唯一。但反之，由杆端力求杆端位移，可能无解，如有解也是非唯一解；对于给定的6个杆端力分量，在无法保证力

状态的合法性时可能造成无解；在无法确定杆的支承条件时可能造成非唯一解。

5. 特殊单元的单元刚度矩阵及单元刚度方程

（1）连续梁单元　图 9-4 所示连续梁，在不计轴向变形的前提下，其代表性一般单元的特点是：单元的杆端没有线位移，只有角位移（图 9-5）。相应的，与杆端结点位移对应的单元杆端力是杆端弯矩，其他杆端力可由平衡条件进行计算。

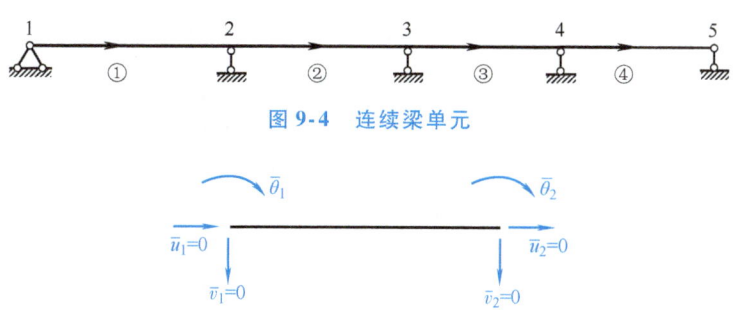

图 9-4　连续梁单元

图 9-5　连续梁单元杆端位移

在一般单元刚度矩阵 $\bar{\boldsymbol{k}}^e$ 中去掉与线位移对应的行和列，即可得连续梁单元的单元刚度矩阵。

$$\bar{\boldsymbol{k}}^e = \begin{pmatrix} \dfrac{4EI}{l} & \dfrac{2EI}{l} \\ \dfrac{2EI}{l} & \dfrac{4EI}{l} \end{pmatrix}^e \tag{9-7}$$

连续梁单元的单元刚度方程为

$$\begin{pmatrix} \overline{M}_1 \\ \overline{M}_2 \end{pmatrix}^e = \begin{pmatrix} \dfrac{4EI}{l} & \dfrac{2EI}{l} \\ \dfrac{2EI}{l} & \dfrac{4EI}{l} \end{pmatrix}^e \begin{pmatrix} \bar{\theta}_1 \\ \bar{\theta}_2 \end{pmatrix}^e \tag{9-8}$$

（2）桁架单元　图 9-6 所示桁架结构的杆件单元只有轴向变形，没有弯曲和剪切变形。因此，在局部坐标系内，桁架单元的杆端只有沿 $\bar{x}$ 方向的线位移 $\bar{u}_1$、$\bar{u}_2$，其他杆端位移均为零，见图 9-7。

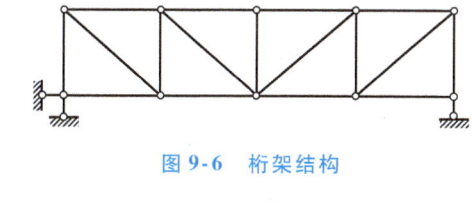

图 9-6　桁架结构

图 9-7　桁架单元杆端力和杆端位移

在一般单元刚度矩阵 $\bar{\boldsymbol{k}}^e$ 中去掉与角位移、沿 $\bar{y}$ 方向线位移对应的行和列，即可得桁架单元的局部坐标系下的单元刚度矩阵。

$$\bar{\boldsymbol{k}}^e = \begin{pmatrix} \dfrac{EA}{l} & -\dfrac{EA}{l} \\ -\dfrac{EA}{l} & \dfrac{EA}{l} \end{pmatrix}^e \tag{9-9}$$

局部坐标系下的桁架单元的刚度方程为

$$\begin{pmatrix} \bar{F}_{x1} \\ \bar{F}_{x2} \end{pmatrix}^e = \begin{pmatrix} \dfrac{EA}{l} & -\dfrac{EA}{l} \\ -\dfrac{EA}{l} & \dfrac{EA}{l} \end{pmatrix}^e \begin{pmatrix} \bar{u}_1 \\ \bar{u}_2 \end{pmatrix}^e \tag{9-10}$$

(3) 其他特殊单元　杆件在结构体系中会有各种约束类型,如图 9-8 所示的特殊单元,在不计轴向变形的前提下,其非零的杆端结点位移为 $\bar{\theta}_1$ 和 $\bar{v}_2$,与之相应的单元杆端力为 $\bar{M}_1$ 和 $\bar{F}_{y2}$。

其单元刚度方程,可以通过在一般单元刚度矩阵中去除掉与结点位移为零的相关行、列。也可以根据刚度系数的物理意义,利用位移法中的形常数,分别写出结点位移 $\bar{\theta}_1$ 和 $\bar{v}_2$ 及其引起的相应杆端力的大小。可得其单元刚度矩阵为

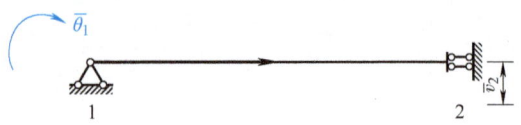

图 9-8　特殊单元杆端位移及杆端力

$$\bar{\boldsymbol{k}}^e = \begin{pmatrix} \dfrac{4EI}{l} & -\dfrac{6EI}{l^2} \\ -\dfrac{6EI}{l^2} & \dfrac{12EI}{l^3} \end{pmatrix}^e \tag{9-11}$$

其单元刚度方程为

$$\begin{pmatrix} \bar{M}_1 \\ \bar{F}_{y2} \end{pmatrix}^e = \begin{pmatrix} \dfrac{4EI}{l} & -\dfrac{6EI}{l^2} \\ -\dfrac{6EI}{l^2} & \dfrac{12EI}{l^3} \end{pmatrix}^e \begin{pmatrix} \bar{\theta}_1 \\ \bar{v}_2 \end{pmatrix}^e \tag{9-12}$$

9.1.2　整体坐标系下单元刚度矩阵

在单元分析中,为清晰便捷地表示单杆的杆端力与位移之间的刚度关系,采用了局部坐标系的设定。在局部坐标系内,杆端的轴力(位移)和剪力(位移)方向均与坐标系的 $\bar{x}$ 轴和 $\bar{y}$ 轴一致,而与杆件在实际结构中的方向无关。

进入整体分析后,各杆集合成整体进行分析,各杆端力和位移需要整合一致,因此,必须建立统一的整体坐标系,来完成整体分析中杆端力、位移及刚度矩阵的整合任务,即完成单元杆端力、杆端位移及刚度矩阵在局部坐标系和整体坐标系之间的等效坐标变换。当局部

坐标系与整体坐标系一致时，如图 9-9 中的单元①，不需要进行坐标转换。而②单元和③单元的坐标不一致，需进行坐标转换。

1. 单元坐标转换矩阵

图 9-10a 中，夹角 α 为整体坐标系 x 轴到局部坐标系 $\bar{x}$ 轴的夹角，以顺时针转向为正值。

单元②在局部坐标系下的单元杆端力见图 9-10a；单元②在整体坐标系下的单元杆端力见图 9-10b。转动方向无论在局部坐标系和整体坐标系中，均没有变化，仍然以顺时针方向为正值方向。而沿两个坐标轴方向的力，在局部和整体坐标系中仍是等效的荷载，只需进行所需方向的投影分解并合成即可。

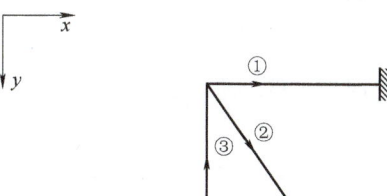

图 9-9　刚架结构

单元坐标
转换矩阵

图 9-10 可得，两种坐标系下单元杆端力分量之间的投影分解的数学关系为

$$\begin{cases} \bar{F}_{x1} = F_{x1}\cos\alpha + F_{y1}\sin\alpha \\ \bar{F}_{y1} = -F_{x1}\sin\alpha + F_{y1}\cos\alpha \\ \bar{M}_1 = M_1 \end{cases} \tag{9-13a}$$

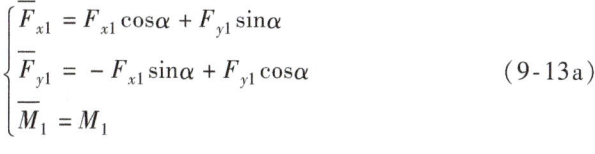
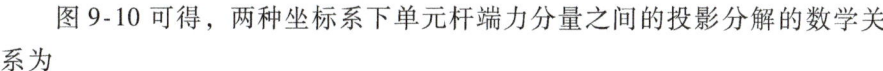
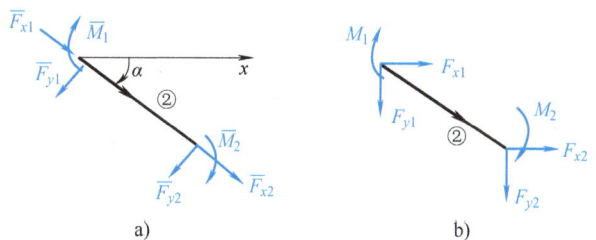

a)　　　　　　　　　　b)

图 9-10　单元②杆端力

a) 局部坐标系下单元杆端力　b) 整体坐标系下单元杆端力

同理有

$$\begin{cases} \bar{F}_{x2} = F_{x2}\cos\alpha + F_{y2}\sin\alpha \\ \bar{F}_{y2} = -F_{x2}\sin\alpha + F_{y2}\cos\alpha \\ \bar{M}_2 = M_2 \end{cases} \tag{9-13b}$$

将式 (9-13a) 和式 (9-13b) 写成矩阵形式，得

$$\begin{pmatrix} \bar{F}_{x1} \\ \bar{F}_{y1} \\ \bar{M}_1 \\ \bar{F}_{x2} \\ \bar{F}_{y2} \\ \bar{M}_2 \end{pmatrix}^e = \begin{pmatrix} \cos\alpha & \sin\alpha & 0 & 0 & 0 & 0 \\ -\sin\alpha & \cos\alpha & 0 & 0 & 0 & 0 \\ 0 & 0 & 1 & 0 & 0 & 0 \\ 0 & 0 & 0 & \cos\alpha & \sin\alpha & 0 \\ 0 & 0 & 0 & -\sin\alpha & \cos\alpha & 0 \\ 0 & 0 & 0 & 0 & 0 & 1 \end{pmatrix}^e \begin{pmatrix} F_{x1} \\ F_{y1} \\ M_1 \\ F_{x2} \\ F_{y2} \\ M_2 \end{pmatrix}^e \tag{9-14a}$$

即
$$\overline{F}^e = TF^e \tag{9-14b}$$

同理可得
$$\overline{\Delta}^e = T\Delta^e \tag{9-15}$$

式中，T 为单位坐标转换矩阵。

$$T = \begin{pmatrix} \cos\alpha & \sin\alpha & 0 & 0 & 0 & 0 \\ -\sin\alpha & \cos\alpha & 0 & 0 & 0 & 0 \\ 0 & 0 & 1 & 0 & 0 & 0 \\ 0 & 0 & 0 & \cos\alpha & \sin\alpha & 0 \\ 0 & 0 & 0 & -\sin\alpha & \cos\alpha & 0 \\ 0 & 0 & 0 & 0 & 0 & 1 \end{pmatrix}^e \tag{9-16}$$

T 的性质如下：

1）T 为正交矩阵。
$$T^{-1} = T^{\mathrm{T}} \quad \text{或} \quad TT^{\mathrm{T}} = I$$

式中，I 为与 T 同阶的单位矩阵。

利用这一特性，即可完成由局部坐标系向整体坐标系的转换。

$$\begin{aligned} F^e &= T^{\mathrm{T}} \overline{F}^e \\ \Delta^e &= T^{\mathrm{T}} \overline{\Delta}^e \end{aligned} \tag{9-17}$$

2）$\alpha = 0$ 时，$T^{-1} = I$。

3）坐标转换矩阵具有明显的分块重复的特征。

2. 整体坐标系下单元刚度矩阵

单元杆端力向量和单元杆端位移向量的坐标转换，可通过坐标转换矩阵来完成。单元的刚度矩阵也需要进行坐标转换。

整体坐标系下，单元的刚度方程可写为
$$F^e = k^e \Delta^e \tag{9-18}$$

整体坐标系下
单元刚度矩阵

式中，k^e 为整体坐标系下单元刚度矩阵。

而单元在局部坐标系中的刚度方程式（9-3）为
$$\overline{F}^e = \overline{k}^e \overline{\Delta}^e$$

将式（9-14b）和式（9-15）代入式（9-3），得
$$TF^e = \overline{k}^e T\Delta^e \tag{9-19}$$

等式两边各乘以 T^{T}，得
$$F^e = T^{\mathrm{T}} \overline{k}^e T\Delta^e \tag{9-20}$$

对比式（9-18）和式（9-20）可得
$$k^e = T^{\mathrm{T}} \overline{k}^e T \tag{9-21}$$

式（9-21）就是两种坐标系中单元刚度矩阵的转换公式。整体坐标系中的单元刚度矩阵 k^e 与 $\overline{k}^e$ 同阶，具有相同的性质。性质如下：

1）k_{ij} 为当第 j 个结点位移 $\overline{\Delta}_j = 1$，其他结点位移为零时，引起的第 i 个杆端力的值。

2）对称性。整体坐标系下的单元刚度矩阵仍然是对称矩阵。
$$k_{ij} = k_{ji}$$

3) 奇异性。一般单元的刚度矩阵是奇异矩阵，没有逆矩阵。

【例 9-1】 图 9-11 刚架结构，已建立单元的局部坐标系和结构的整体坐标系；横梁 AB 横截面 $b \times h = 240\text{mm} \times 400\text{mm}$；斜杆 AC 横截面 $b \times h = 200\text{mm} \times 300\text{mm}$；$E = 3.0 \times 10^4 \text{N}/\text{mm}^2$。求各单元在整体坐标系下的单元刚度矩阵。

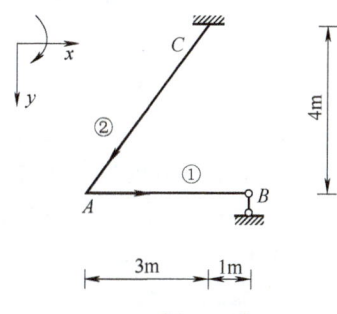

图 9-11 【例 9-1】图

【解】 1) 单元基本参数见下表：

杆件	$E/(\times 10^7 \text{Pa})$	b/m	h/m	l/m	$EA/(\times 10^6 \text{N})$	$EI/(\times 10^4 \text{N} \cdot \text{m}^2)$
AB	3.0	0.24	0.4	4	2.88	3.84
AC	3.0	0.2	0.3	5	1.8	1.35

2) 局部坐标系下的单元刚度矩阵如下：

$$\overline{\boldsymbol{k}}^{①} = 10^3 \times \begin{pmatrix} 720 & 0 & 0 & -720 & 0 & 0 \\ 0 & 7.2 & 14.4 & 0 & -7.2 & 14.4 \\ 0 & 14.4 & 38.4 & 0 & -14.4 & 19.2 \\ -720 & 0 & 0 & 720 & 0 & 0 \\ 0 & -7.2 & -14.4 & 0 & 7.2 & -14.4 \\ 0 & 14.4 & 19.2 & 0 & 14.4 & 38.4 \end{pmatrix}^{①}$$

$$\overline{\boldsymbol{k}}^{②} = 10^3 \times \begin{pmatrix} 360 & 0 & 0 & -360 & 0 & 0 \\ 0 & 1.296 & 3.24 & 0 & -1.296 & 3.24 \\ 0 & 3.24 & 10.8 & 0 & -3.24 & 5.4 \\ -360 & 0 & 0 & 360 & 0 & 0 \\ 0 & -1.296 & -3.24 & 0 & 1.296 & -3.24 \\ 0 & 3.24 & 5.4 & 0 & -3.24 & 10.8 \end{pmatrix}^{②}$$

3) 整体坐标系下的单元刚度矩阵如下：

单元①：
$$\alpha = 0, \quad \boldsymbol{k}^{①} = \overline{\boldsymbol{k}}^{①}$$

单元②：
$$\sin\alpha = \frac{4}{5} = 0.8 \qquad \cos\alpha = -\frac{3}{5} = -0.6$$

$$T = \begin{pmatrix} -0.6 & 0.8 & 0 & 0 & 0 & 0 \\ -0.8 & -0.6 & 0 & 0 & 0 & 0 \\ 0 & 0 & 1 & 0 & 0 & 0 \\ 0 & 0 & 0 & -0.6 & 0.8 & 0 \\ 0 & 0 & 0 & -0.8 & -0.6 & 0 \\ 0 & 0 & 0 & 0 & 0 & 1 \end{pmatrix}$$

$$k^{②} = T^{\mathrm{T}} \bar{k}^{②} T = \begin{pmatrix} 130429 & -172178 & -2592 & -130429 & 172176 & -2592 \\ -172178 & 230872 & -1944 & 172178 & -230872 & -1944 \\ -2592 & -1944 & 10800 & 2592 & -1944 & 5400 \\ -130429 & 172178 & 2592 & 130429 & -172178 & 2592 \\ 172178 & -230876 & 1944 & -172178 & 230867 & 1944 \\ -2592 & -1944 & 5400 & 2592 & 1944 & 10800 \end{pmatrix}$$

■ 9.2 整体分析——结构整体刚度矩阵

单元分析完成以后，已经明确了单元杆端力与单元杆端位移之间的刚度关系。接下来，需要将单元集合为整体，利用整体的平衡条件，建立方程，完成未知量的求解。

因而，整体分析的主要目的是将单元集合成整体（结构）。由单元刚度矩阵按刚度集成规则形成整体刚度矩阵，从而建立结构的位移法基本方程，最终求解。

9.2.1 结构位移编码

首先，单元编号。以每根杆件为独立单元进行顺序编码。

其次，坐标系的设定。设定整体及局部坐标系。局部坐标系的 x 轴均与杆件轴线重合，x 轴的正向指定可随意设定。但一般建议，当局部坐标与整体坐标的方向一致时，采用同一设定，以减少坐标变换的工作量。

最后，结点编号及结点位移编码（总码）。对结构体系中的每个结点（包含支座处结点）进行顺序编码。每个结点处有三个结点位移分量，这三个分量按照整体坐标系的 x 轴、y 轴及转动方向的顺序进行编码。支座处结点通常是已知结点位移分量，在编码时可以采用两种处理方式。一是先处理法，已知结点位移为零的编码直接设为"0"；二是后处理法，直接对其进行非零编码，结点位移为零的条件在后面进行平衡方程设立及求解时才考虑。这两种方法各有优缺点。先处理法，计算时数据工作量小，但编码比较复杂。后处理法工作量大，但处理过程统一，电算时通常采用后处理法。

图 9-12b 为例题 9-1 所示刚架结构的先处理法编码，单元编号、结点编号、整体及局部坐标系的设定见图 9-12b。在结点位移编码时，将已知为零的结点位移变为"0"。最大结点位移编码为 5。而 9-12a 所示为后处理法的编码，最大结点位移编码为 9，即结点个数的三倍。

结点位移编码的个数相当于需要讨论的结点力以及结点位移的个数。在整体分析中，需要找到二者之间的刚度关系。即在整体分析中，建立整体结点力与整体结点位移之间的刚度方程，其中的系数矩阵即为整体刚度矩阵。先处理法中，整体刚度矩阵的阶数小于后处理法的整体刚度矩阵的阶数，数据处理工作量相对较小。因此，本章中采用先处理法进行矩阵位移法的学习。

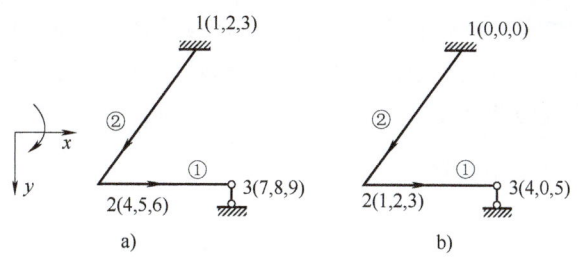

图 9-12 【例 9-1】编码图
a) 后处理法 b) 先处理法

9.2.2 单元定位向量

在单元分析中，经过局部坐标系到整体坐标系的坐标变换后，各单元的杆端力及杆端位移的方向已经与整体坐标系的方向一致。在整体坐标系下，单元上每个杆端位移的局部码和与结构结点位移编码（总码）之间存在对应的关系。如图 9-12b 所示的先处理法编码，在整体坐标系中的各单元的局部码如图 9-13 所示。各单元杆端位移的局部码和结点位移总码的对应关系见表 9-1。将每个单元 6 个分量对应的局部码写成向量的形式，即为单元定位向量。

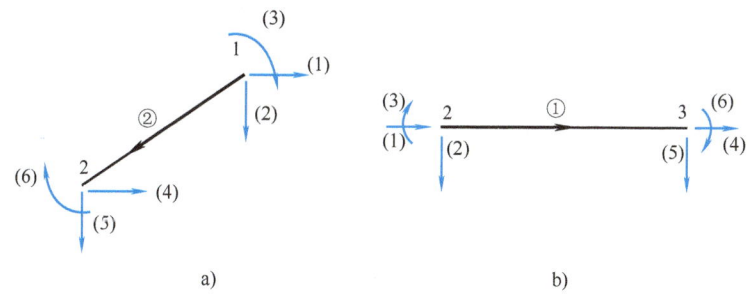

图 9-13 整体坐标系下的单元局部编码
a) 单元② b) 单元①

表 9-1 局部码与总码的对应关系

单元	局部码→总码	单元定位向量 λ
①	(1) →1 (2) →2 (3) →3 (4) →4 (5) →0 (6) →5	$\begin{pmatrix} 1 \\ 2 \\ 3 \\ 4 \\ 0 \\ 5 \end{pmatrix}$
②	(1) →0 (2) →0 (3) →0 (4) →1 (5) →2 (6) →3	$\begin{pmatrix} 0 \\ 0 \\ 0 \\ 1 \\ 2 \\ 3 \end{pmatrix}$

单元定位向量是指单元局部码对应的结点位移总码组成的向量,反映了每个在单元分析中的局部码与该位移总码的对应关系。如果对应的总码为零,即意味着在整体分析中,不需要考虑该结点位移及相应的结点力。

9.2.3 单元集成法整体刚度矩阵

在整体坐标系下的单元刚度矩阵 k^e 中的元素按局部码排列,在结构整体刚度矩阵 K 中的元素按总码排列。单元刚度矩阵 k^e 通过单元单位向量得出单元贡献矩阵 K,其做法见表 9-2。这种做法称为单元集成法,即将单元刚度矩阵中的元素按照单元定位向量在整体刚度矩阵中定位,得到单元贡献矩阵,再将各单元贡献矩阵中的元素累加,最终得到结构整体刚度矩阵。

表 9-2 单元集成法

过程	单元刚度矩阵 k^e	单元贡献矩阵 K	做法
换码	元素的原行码 i 原列码 j	换成新行码 λ_i 新列码 λ_j	$i \to \lambda_i$ $j \to \lambda_j$
定位	在 i 行 j 列的元素	改在 λ_i 行 λ_j 列	$k^e_{ij} \to K^e_{\lambda_i \lambda_j}$

以例题 9-1 为例形成结构整体刚度矩阵,结构的编码见图 9-12b。

单元①:

单元定位向量为
$$\boldsymbol{\lambda}^{\textcircled{1}} = (1\ 2\ 3\ 4\ 0\ 5)^T$$

单元贡献矩阵为

$$\boldsymbol{K}^{\textcircled{1}} = \begin{pmatrix} 720000 & 0 & 0 & -720000 & 0 \\ 0 & 7200 & 14400 & 0 & 14400 \\ 0 & 14400 & 38400 & 0 & 19200 \\ -720000 & 0 & 0 & 720000 & 0 \\ 0 & 14400 & 192000 & 0 & 38400 \end{pmatrix}$$

单元②:

单元定位向量为
$$\boldsymbol{\lambda}^{\textcircled{2}} = (0\ 0\ 0\ 1\ 2\ 3)^T$$

单元贡献矩阵为

$$\boldsymbol{K}^{\textcircled{2}} = \begin{pmatrix} 130429 & -172178 & 2592 & 0 & 0 \\ -172178 & 230867 & 1944 & 0 & 0 \\ 2592 & 1944 & 10800 & 0 & 0 \\ 0 & 0 & 0 & 0 & 0 \\ 0 & 0 & 0 & 0 & 0 \end{pmatrix}$$

将单元①、②的单元贡献矩阵按照对应位置累加,得结构整体刚度矩阵为

$$\boldsymbol{K} = \boldsymbol{K}^{\textcircled{1}} + \boldsymbol{K}^{\textcircled{2}} = \begin{pmatrix} 850429 & -172178 & 2592 & -72000 & 0 \\ -172178 & 238067 & 16344 & 0 & 14400 \\ 2592 & 16344 & 49200 & 0 & 19200 \\ -720000 & 0 & 0 & 720000 & 0 \\ 0 & 14400 & 19200 & 0 & 38400 \end{pmatrix}$$

9.3　整体分析——矩阵位移法的基本方程及等效结点荷载向量

9.3.1　矩阵位移法的基本方程

矩阵位移法进行结构体系的内力分析时，采用传统位移法中的基本体系法进行求解。对结点位移进行增加约束的主动控制，求解时分为三个阶段进行。如图 9-14a 所示刚架结构，增加了附加约束控制结点位移（图 9-14b）。

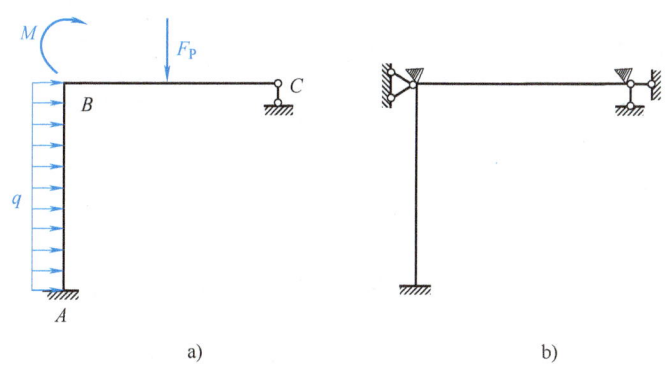

图 9-14　刚架结构
a）刚架结构　b）增加附加约束

第一阶段，主动控制结点位移，分析每个结点位移单独作用的情况（其他结点位移为零），引起的结点力的大小，在矩阵位移法中以整体刚度矩阵 K 形式将其表示出来。这一步中得到的是结构的整体刚度方程 $F = K\Delta$。附加约束中的力是结点力 F。

第二阶段，主动控制结点位移，使其为零，荷载的影响被限制在其所在的单元。荷载作用下引起的单元杆端力可通过表 9-3 查得，得到单元杆端力向量 F_P^e。由单元杆端力反号可得结点处杆端力。结点处杆端力（如果结点上有结点荷载则还要加结点荷载）与结点的附加约束力之间相互平衡，则结点处由荷载引起的附加约束力为 F_P^e。根据单元定位向量，可采用单元集成法得出整体的结点附加约束力向量 F_P。由于这一阶段结点位移均为零，所以每个杆件单元两端的约束情况都是固定端。表 9-3 中，已经给出了在任意外荷载作用下，所引起的单元杆端力。

第三阶段，叠加回原结构，建立附加约束结点力与原结构相同的条件方程，求解结点位移，即

$$K\Delta + F_P = 0 \tag{9-22}$$

为方便表达，可令 $P = -F_P$
方程可改写为

$$K\Delta = P \tag{9-23}$$

即是矩阵位移法的基本方程。其中 P 为等效结点荷载向量。

表 9-3 单元固端约束力（局部坐标系）

阶段	荷载简图	物理量	始端 1	始端 2
1		$\overline{F}_{xP}$ $\overline{F}_{yP}$ $\overline{M}_{P}$	0 $-qa\left(1-\dfrac{a^2}{l^2}+\dfrac{a^3}{2l^3}\right)$ $-\dfrac{qa^2}{12}\left(6-8\dfrac{a}{l}+3\dfrac{a^2}{l^2}\right)$	0 $-q\dfrac{a^3}{l^2}\left(1-\dfrac{a}{2l}\right)$ $\dfrac{qa^2}{12}\left(4-\dfrac{3a}{l}\right)$
2		$\overline{F}_{xP}$ $\overline{F}_{yP}$ $\overline{M}_{P}$	0 $-F_P\dfrac{b^2}{l^2}\left(1+2\dfrac{a}{l}\right)$ $-F_P\dfrac{ab^2}{l^2}$	0 $-F_P\dfrac{a^2}{l^2}\left(1+2\dfrac{b}{l}\right)$ $F_P\dfrac{a^2b}{l^2}$
3		$\overline{F}_{xP}$ $\overline{F}_{yP}$ $\overline{M}_{P}$	0 $\dfrac{6Mab}{l^3}$ $M\dfrac{b}{l}\left(2-3\dfrac{b}{l}\right)$	0 $-\dfrac{6Mab}{l^3}$ $M\dfrac{a}{l}\left(2-3\dfrac{a}{l}\right)$

9.3.2 等效结点荷载向量

作用于结构上的荷载根据其作用位置可以分为两类，一为作用于结点上的集中荷载，一为作用于杆件单元上的荷载，称之为非结点荷载。以下讨论如何将它们转换为等效结点荷载。

1. 结点荷载的等效

作用于结点上的荷载按照其所对应的总码，直接写入等效结点荷载的相应位置即可。正负以整体坐标系的坐标轴正向及顺时针转向为正值。

对于图 9-15 所示的结点荷载，可按下述步骤处理：

1) 结构结点位移的总码在例 9-1 中已经完成。
2) K 是 5×5 的方阵，其中各元素是代表结点位移和结点力之间关系的刚度系数。
3) 对照图 9-12b 的结点位移的总码，等效结点荷载向量为

$$P = (10 \quad 15 \quad -20 \quad -12 \quad 24)^T$$

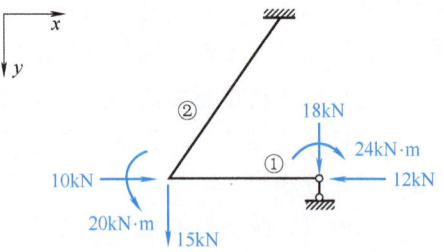

图 9-15 结构受到图示结点荷载作用

2. 非结点荷载的等效

见图 9-16，对于例 9-1 所示结构受到的非结点荷载，采用上节所述基本体系法第二阶段的计算。

单元①，查表 9-3 可得其单元固端力见图 9-16b，单元①的固端力向量为

$$\overline{F}_P^{①} = (0 \quad 12 \quad 8 \quad 0 \quad 12 \quad -8)^T$$

由于单元①的局部坐标系和整体坐标系一致,不需要进行坐标变换,即

$$\overline{F}_P^① = F_P^① = (0 \quad 12 \quad 8 \quad 0 \quad 12 \quad -8)^T$$

单元②,查表9-3可得其单元固端力,见图9-16c,单元②的固端力向量为

$$\overline{F}_P^② = (0 \quad 4 \quad 5 \quad 0 \quad 4 \quad -5)^T$$

由于单元②的局部坐标系和整体坐标系不一致,需要进行坐标变换,$\sin\alpha = -0.6$,$\cos\alpha = 0.8$。坐标转换矩阵在例9-1中已经准备好,代入计算即可。

$$F_P^② = T^T \overline{F}_P^② = (-3.2 \quad -2.4 \quad 5 \quad -3.2 \quad -2.4 \quad -5)^T$$

图9-16d所示为单元②的杆端力经坐标变换后的结果,它就是经过力的等效分解得到的整体坐标系下的杆端力分量。

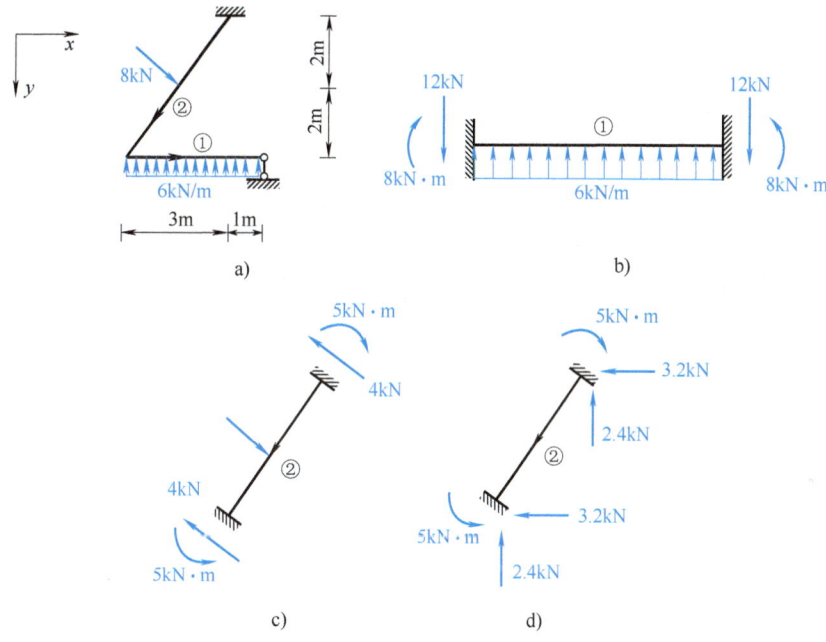

图9-16 【例9-1】结构受到非结点荷载作用
a) 结构受到非结点荷载作用 b) 单元①杆端力
c) 单元②在局部坐标系下的杆端力 d) 单元②在整体坐标系下的杆端力

单元①和单元②的单元定位向量分别为

$$\boldsymbol{\lambda}^① = (1 \quad 2 \quad 3 \quad 4 \quad 0 \quad 5)^T$$
$$\boldsymbol{\lambda}^② = (0 \quad 0 \quad 0 \quad 1 \quad 2 \quad 3)^T$$

单元集成法可得整体的结点力向量为

$$F_P = (-3.2 \quad 9.6 \quad 3 \quad 0 \quad -8)^T$$

反号即可得整体的等效结点荷载向量为

$$P = (3.2 \quad -9.6 \quad -3 \quad 0 \quad 8)^T$$

综上,等效结点荷载向量的集成过程可按图9-17所示流程进行。

反号过程也可在坐标变换时提前进行。

非结点荷载 $\Longrightarrow$ 单元固端力向量 $\overline{F}_P^e$ $\underset{\text{坐标变换}}{\overset{\text{对号入座}}{\Longrightarrow}}$ F_P^e $\underset{\text{单元集成}}{\overset{\text{反号}}{\Longrightarrow}}$ F_P $\Longrightarrow$ P $\Longrightarrow$ 等效结点荷载向量
表9-3

图 9-17　等效结点荷载向量的集成过程

9.4　矩阵位移法基本解题步骤

矩阵位移法是结构内力计算的程序化算法，解题过程可按以下几个阶段进行。

9.4.1　初始数据准备阶段

完成计算过程中所需要数据的准备工作。
1）设定结构的整体坐标系及各单元的局部坐标系。
2）结点编码，编码工作包括如下内容：
① 以结点为对象进行正整数编码，包括与基础连接的支座结点。
② 单元编号，以每根杆件为基本单元，进行编码。
③ 结点位移编码——总码，一般采用先处理法进行编码，已知为零的结点位移编码编为零。如无特殊说明，矩阵位移法的计算以考虑轴向变形为前提。
④ 局部码，对每个单元设定其起端和终端，对杆端位移进行编码。在局部坐标系下，按沿 $\overline{x}$ 轴、$\overline{y}$ 轴及转动方向；在整体坐标系下，按沿 x 轴、y 轴及转动方向，从起端到终端对 6 个杆端位移顺序编码。

3）单元定位向量 $\boldsymbol{\lambda}^e$。每个单元按照整体坐标系下的局部码与结构结点位移总码的对应关系，确定其定位向量。

4）坐标转换矩阵 $\boldsymbol{T}^e$。局部坐标系与整体坐标系不一致的单元，根据其 $\overline{x}$ 轴与 x 轴的夹角可得到坐标转换矩阵 $\boldsymbol{T}^e$。局部坐标系与整体坐标系一致的单元不需要进行坐标转换。

9.4.2　单元分析阶段

1）局部坐标系下的 $\overline{\boldsymbol{k}}^e$，通过坐标变换得到 $\boldsymbol{k}^e$。
2）局部坐标系下的固端约束力向量 $\overline{\boldsymbol{F}}_P^e$，通过坐标变换得到整体坐标系下的固端约束力向量 $\boldsymbol{F}_P^e$，反号即可得单元的等效结点荷载向量 $\boldsymbol{P}^e = -\boldsymbol{F}_P^e$。

9.4.3　整体分析阶段

1）单元集成法，根据单元定位向量 $\boldsymbol{\lambda}^e$ 集成整体刚度矩阵 $\boldsymbol{K}$。
2）单元集成法，根据单元定位向量 $\boldsymbol{\lambda}^e$ 集成整体等效结点荷载向量 $\boldsymbol{P}$，如果结构上作用有结点荷载，应根据其与总码的对应关系，将其集成到等效结点荷载向量中。

9.4.4　基本方程的建立及求解阶段

1）矩阵位移法的基本方程 $\boldsymbol{K}\boldsymbol{\Delta} = \boldsymbol{P}$。
2）解方程即可求得 $\boldsymbol{\Delta}$。

3) 求各单元的杆端内力。通过下式计算杆端内力：
$$\overline{F}^e = \overline{k}^e \overline{\Delta}^e + \overline{F}_P^e$$

【例 9-1 续】 在【例 9-1】中，已经完成了初始数据准备阶段、单元分析阶段及整体分析阶段。现进行第 4 及第 5 阶段，作出内力图。

【解】 对【例 9-1】中的结构采用先处理法编码，并进行受力分析，见图 9-18。

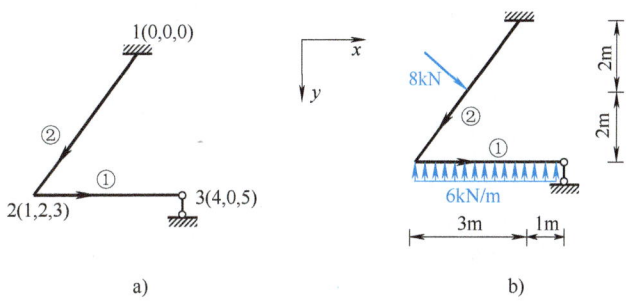

图 9-18 【例 9-1】图
a) 先处理法编码 b) 结构受到非结点荷载作用

阶段 4，矩阵位移法基本方程的求解，计算结点位移。

$$K\Delta = P$$

$$\begin{pmatrix} 850429 & -172178 & 2592 & -72000 & 0 \\ -172178 & 238067 & 16344 & 0 & 14400 \\ 2592 & 16344 & 49200 & 0 & 19200 \\ -720000 & 0 & 0 & 720000 & 0 \\ 0 & 14400 & 19200 & 0 & 38400 \end{pmatrix} \begin{pmatrix} \Delta_1 \\ \Delta_2 \\ \Delta_3 \\ \Delta_4 \\ \Delta_5 \end{pmatrix} = \begin{pmatrix} 3.2 \\ -9.6 \\ -3 \\ 0 \\ 8 \end{pmatrix}$$

求解可得

$$\Delta = (\Delta_1 \quad \Delta_2 \quad \Delta_3 \quad \Delta_4 \quad \Delta_5)^T = 10^{-3} \times (-5.84 \quad -4.43 \quad 1.23 \quad -0.584 \quad 1.25)^T$$

阶段 5，回代，求杆端内力 $\overline{F}^e = \overline{k}^e \overline{\Delta}^e + \overline{F}_P^e$。

首先，利用单元定位向量，求整体坐标系下单元杆端位移 Δ^e。

$$\Delta = \begin{pmatrix} \Delta_1 \\ \Delta_2 \\ \Delta_3 \\ \Delta_4 \\ \Delta_5 \end{pmatrix} \begin{pmatrix} 1 \\ 2 \\ 3 \\ 4 \\ 0 \\ 5 \end{pmatrix} \rightarrow \begin{pmatrix} \Delta_1 \\ \Delta_2 \\ \Delta_3 \\ \Delta_4 \\ 0 \\ \Delta_5 \end{pmatrix} \begin{pmatrix} (1) \\ (2) \\ (3) \\ (4) \\ (5) \\ (6) \end{pmatrix} \Rightarrow \Delta^① = \begin{pmatrix} \Delta_1 \\ \Delta_2 \\ \Delta_3 \\ \Delta_4 \\ 0 \\ \Delta_5 \end{pmatrix}$$

$$\Delta = \begin{pmatrix} \Delta_1 \\ \Delta_2 \\ \Delta_3 \\ \Delta_4 \\ \Delta_5 \end{pmatrix} \begin{pmatrix} 0 \\ 0 \\ 0 \\ 1 \\ 2 \\ 3 \end{pmatrix} \rightarrow \begin{pmatrix} 0 \\ 0 \\ 0 \\ \Delta_1 \\ \Delta_2 \\ \Delta_3 \end{pmatrix} \begin{pmatrix} (1) \\ (2) \\ (3) \\ (4) \\ (5) \\ (6) \end{pmatrix} \Rightarrow \Delta^② = \begin{pmatrix} 0 \\ 0 \\ 0 \\ \Delta_1 \\ \Delta_2 \\ \Delta_3 \end{pmatrix}$$

$$\boldsymbol{\Delta}^{①} = \begin{pmatrix} \Delta_1 \\ \Delta_2 \\ \Delta_3 \\ \Delta_4 \\ 0 \\ \Delta_5 \end{pmatrix} \qquad \boldsymbol{\Delta}^{②} = \begin{pmatrix} 0 \\ 0 \\ 0 \\ \Delta_1 \\ \Delta_2 \\ \Delta_3 \end{pmatrix}$$

然后，通过坐标转换矩阵完成由整体回归到局部坐标系的转换工作，求局部坐标系下的单元杆端位移向量 $\overline{\boldsymbol{\Delta}}^e = \boldsymbol{T}\boldsymbol{\Delta}^e$：

$$\overline{\boldsymbol{\Delta}}^{①} = \boldsymbol{T}\boldsymbol{\Delta}^{①} = \begin{pmatrix} -5.84 \\ -4.43 \\ 1.23 \\ -0.584 \\ 0 \\ 1.25 \end{pmatrix}^{①} \times 10^{-3} \qquad \overline{\boldsymbol{\Delta}}^{②} = \boldsymbol{T}\boldsymbol{\Delta}^{②} = \begin{pmatrix} 0 \\ 0 \\ 0 \\ -0.04 \\ 7.33 \\ 1.23 \end{pmatrix}^{②} \times 10^{-3}$$

最后用叠加法求各杆的杆端内力 $\overline{\boldsymbol{F}}^e = \overline{\boldsymbol{k}}^e \overline{\boldsymbol{\Delta}}^e + \overline{\boldsymbol{F}}_P^e$。

$\overline{\boldsymbol{F}}^{①} = \overline{\boldsymbol{k}}^{①} \overline{\boldsymbol{\Delta}}^{①} + \overline{\boldsymbol{F}}_P^{①}$

$$= \begin{pmatrix} 720000 & 0 & 0 & -720000 & 0 & 0 \\ 0 & 7200 & 14400 & 0 & -7200 & 14400 \\ 0 & 14400 & 38400 & 0 & -14400 & 19200 \\ -720000 & 0 & 0 & 720000 & 0 & 0 \\ 0 & -7200 & -14400 & 0 & 7200 & -14400 \\ 0 & 14400 & 19200 & 0 & 14400 & 38400 \end{pmatrix} \begin{pmatrix} -5.84 \\ -4.43 \\ 1.23 \\ -5.84 \\ 0 \\ 1.25 \end{pmatrix}^{①} \times 10^{-3} +$$

$$\begin{pmatrix} 0 \\ 12 \\ 8 \\ 0 \\ 12 \\ -8 \end{pmatrix}^{①} = \begin{pmatrix} 0 \\ 15.87 \\ 15.49 \\ 0 \\ 8.13 \\ 0 \end{pmatrix}^{①}$$

$\overline{\boldsymbol{F}}^{②} = \overline{\boldsymbol{k}}^{②} \overline{\boldsymbol{\Delta}}^{②} + \overline{\boldsymbol{F}}_P^{②}$

$$= \begin{pmatrix} 360000 & 0 & 0 & -360000 & 0 & 0 \\ 0 & 1296 & 3240 & 0 & -1296 & 3240 \\ 0 & 3240 & 10800 & 0 & -3240 & 5400 \\ -360000 & 0 & 0 & 360000 & 0 & 0 \\ 0 & -1296 & -3240 & 0 & 1296 & -3240 \\ 0 & 3240 & 5400 & 0 & -3240 & 10800 \end{pmatrix} \begin{pmatrix} 0 \\ 0 \\ 0 \\ -0.04 \\ 7.33 \\ 1.23 \end{pmatrix}^{②} \times 10^{-3} +$$

$$\begin{pmatrix} 0 \\ 4 \\ 5 \\ 0 \\ 4 \\ -5 \end{pmatrix}^{②} = \begin{pmatrix} 12.70 \\ -1.52 \\ -12.12 \\ -12.70 \\ 9.52 \\ -15.49 \end{pmatrix}^{②}$$

结构内力图见图 9-19：

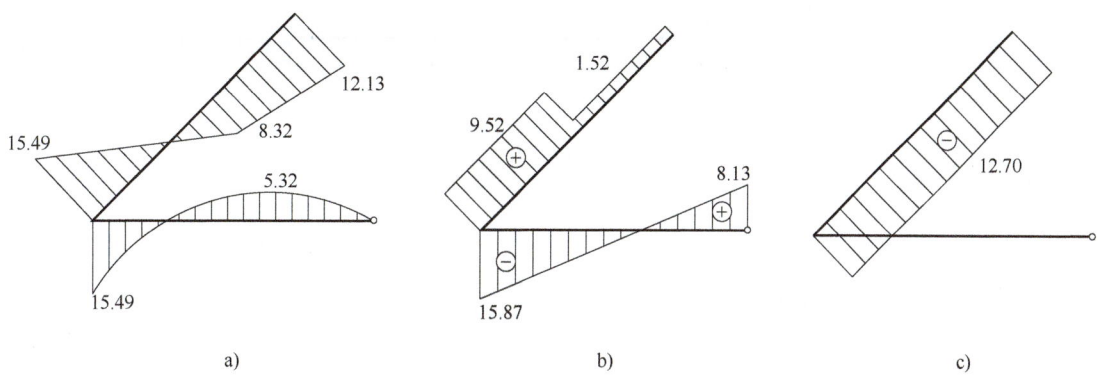

图 9-19 【例 9-1】内力图
a) 弯矩图（kN·m） b) 剪力图（kN） c) 轴力图（kN）

9.5 矩阵位移法计算连续梁

在 9.1 节中，对连续梁结构的单元刚度矩阵形式进行了介绍。因连续梁结构的杆件方向一般为水平方向，所以进行连续梁单元的矩阵位移法计算时，不需要进行坐标变换。采用先处理法进行结点位移编码，已知为零的结点位移令其编码为零。

【例 9-2】 忽略轴向变形的前提下，用矩阵位移法计算图 9-20a 所示连续梁结构，并绘制结构的弯矩图。

【解】 **1. 初始数据准备**（图 9-20b）

1) 结点编码：体系中有四个结点，按 1～4 编码。
2) 单元编号：体系中有三个杆件单元，从 ①～③ 编码。
3) 局部坐标系：局部坐标系的 $\bar{x}$ 轴与整体坐标系的 x 轴方向一致，向右为正。
4) 结点位移编码：刚结点 1 的结点转角位移为零，所有结点均没有竖向及水平线位移，编码见图 9-20b。结点 2 角位移编码为（1），结点 3 角位移编码为（2），结点 4 角位移编码为（3）。
5) 单元定位向量为

$$\boldsymbol{\lambda}^① = \begin{pmatrix} 0 \\ 1 \end{pmatrix} \qquad \boldsymbol{\lambda}^② = \begin{pmatrix} 1 \\ 2 \end{pmatrix} \qquad \boldsymbol{\lambda}^③ = \begin{pmatrix} 2 \\ 3 \end{pmatrix}$$

2. 单元分析阶段

(1) 单元刚度矩阵

$$\boldsymbol{k}^① = \begin{pmatrix} 1 & 0.5 \\ 0.5 & 1 \end{pmatrix} \qquad \boldsymbol{k}^② = \begin{pmatrix} 2 & 1 \\ 1 & 2 \end{pmatrix} \qquad \boldsymbol{k}^③ = \begin{pmatrix} 2 & 1 \\ 1 & 2 \end{pmatrix}$$

(2) 单元固端力向量

$$\boldsymbol{F}_P^① = \begin{pmatrix} -3 \\ 3 \end{pmatrix} \qquad \boldsymbol{F}_P^② = \begin{pmatrix} 0 \\ 0 \end{pmatrix} \qquad \boldsymbol{F}_P^③ = \begin{pmatrix} -10.67 \\ 10.67 \end{pmatrix}$$

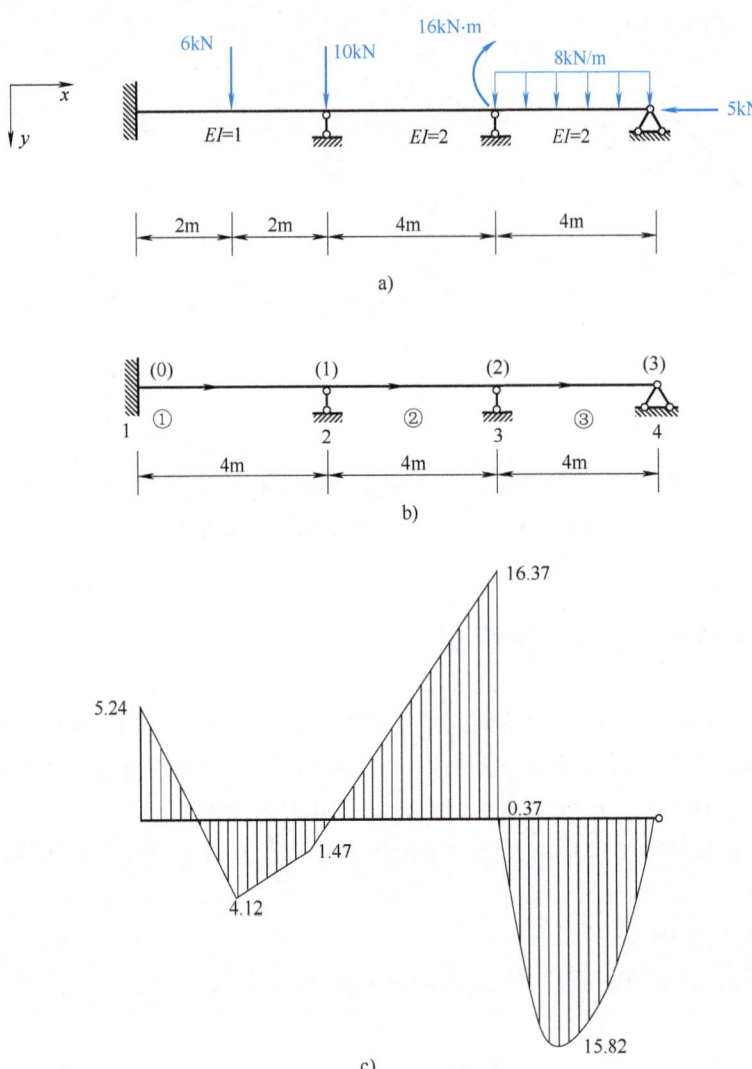

图 9-20 【例 9-2】图

a) 结构荷载作用示意图 b) 结构编码图 c) 弯矩图（单位：kN·m）

(3) 单元等效结点荷载向量 $P^e = -F^e_P$

$$P^① = \begin{pmatrix} 3 \\ -3 \end{pmatrix} \quad P^② = \begin{pmatrix} 0 \\ 0 \end{pmatrix} \quad P^③ = \begin{pmatrix} 10.67 \\ -10.67 \end{pmatrix}$$

3. 整体分析阶段

整体刚度矩阵 K 的计算如下：

$$K^① = \begin{pmatrix} 1 & 0 & 0 \\ 0 & 0 & 0 \\ 0 & 0 & 0 \end{pmatrix} \quad K^② = \begin{pmatrix} 2 & 1 & 0 \\ 1 & 2 & 0 \\ 0 & 0 & 0 \end{pmatrix} \quad K^③ = \begin{pmatrix} 0 & 0 & 0 \\ 0 & 2 & 1 \\ 0 & 1 & 2 \end{pmatrix}$$

$$K = K^① + K^② + K^③ = \begin{pmatrix} 3 & 1 & 0 \\ 1 & 4 & 1 \\ 0 & 1 & 2 \end{pmatrix}$$

4. 等效结点荷载向量 P

（1）结点荷载 将对应相应的结点位移编码写入即可。

$$P = \begin{pmatrix} 0 \\ 16 \\ 0 \end{pmatrix}$$

（2）非结点荷载 根据单元定位向量由单元等效结点荷载定位集成，即得等效荷载向量。

$$P = \begin{pmatrix} -3 \\ 16+10.67 \\ -10.67 \end{pmatrix} = \begin{pmatrix} -3 \\ 26.67 \\ -10.67 \end{pmatrix}$$

5. 基本方程的建立及求解阶段

$$K\Delta = P \Rightarrow \begin{pmatrix} 3 & 1 & 0 \\ 1 & 4 & 1 \\ 0 & 1 & 2 \end{pmatrix} \begin{pmatrix} \Delta_1 \\ \Delta_2 \\ \Delta_3 \end{pmatrix} = \begin{pmatrix} -3 \\ 26.67 \\ -10.67 \end{pmatrix} \Rightarrow \begin{pmatrix} \Delta_1 \\ \Delta_2 \\ \Delta_3 \end{pmatrix} = \begin{pmatrix} -4.47 \\ 10.42 \\ -10.55 \end{pmatrix}$$

6. 回代求杆端内力 $\overline{F}^e = \overline{k}^e \overline{\Delta}^e + \overline{F}_P^e$

根据单元定位向量回代求单元杆端结点位移向量：

$$\Delta^① = \begin{pmatrix} 0 \\ -4.47 \end{pmatrix} \quad \Delta^② = \begin{pmatrix} -4.47 \\ 10.42 \end{pmatrix} \quad \Delta^③ = \begin{pmatrix} 10.42 \\ -10.55 \end{pmatrix}$$

$$F^① = k^① \Delta^① + F_P^① = \begin{pmatrix} 1 & 0.5 \\ 0.5 & 1 \end{pmatrix} \begin{pmatrix} 0 \\ -4.47 \end{pmatrix} + \begin{pmatrix} -3 \\ 3 \end{pmatrix} = \begin{pmatrix} -5.24 \\ -1.47 \end{pmatrix}$$

$$F^② = k^② \Delta^② + F_P^② = \begin{pmatrix} 2 & 1 \\ 1 & 2 \end{pmatrix} \begin{pmatrix} -4.47 \\ 10.42 \end{pmatrix} = \begin{pmatrix} -1.47 \\ 16.37 \end{pmatrix}$$

$$F^③ = k^③ \Delta^③ + F_P^③ = \begin{pmatrix} 2 & 1 \\ 1 & 2 \end{pmatrix} \begin{pmatrix} 10.42 \\ -10.55 \end{pmatrix} + \begin{pmatrix} -10.67 \\ 10.67 \end{pmatrix} = \begin{pmatrix} -0.37 \\ 0 \end{pmatrix}$$

7. 弯矩图

矩阵位移法计算出的弯矩数值的负号代表着转向为逆时针，绘制内力图时，判别受拉边，弯矩画在受拉一侧。

■ 9.6 矩阵位移法计算刚架

矩阵位移法作为程序化的结构内力计算方法，在计算时通常考虑轴向变形，此时，结点位移编码个数较多，数据处理的工作量很大。但对于电算化计算来讲，矩阵位移法的计算逻辑清晰，工作效率高。在例 9-1 中，采用了考虑轴向变形的前提对刚架结构进行了矩阵位移法分析。

在某些工程结构中，刚架结构的轴向变形对结构的影响很小，可以忽略不计。矩阵位移法计算时也可以忽略杆件的轴向变形。

9.6.1 忽略杆件轴向变形的刚架

图 9-21a 所示为考虑轴向变形的位移编码，其最大编码为 7。整体刚度矩阵为 7×7 的方阵，等效结点荷载为 7×1 的列向量。矩阵位移法的基本方程中包含七个未知量，通过七个

基本方程进行求解。

图 9-21b 为忽略轴向变形的结点位移编码，由于单元①和单元③忽略轴向变形，则柱顶结点竖向位移为零，编码为零。单元②同样没有轴向变形，则左右杆端的水平位移相等，采用相同的编码进行编排。忽略轴向变形的结点位移编码最大为 4。整体刚度矩阵为 4×4 的方阵，等效结点荷载为 4×1 的列向量。数据的计算工作量降低很多。但由于不同结点中出现了相同的结点位移编码，在根据单元定位向量进行单元集成整体刚度矩阵或等效结点荷载向量时，会出现多个数据换码到同一个位置的情况。

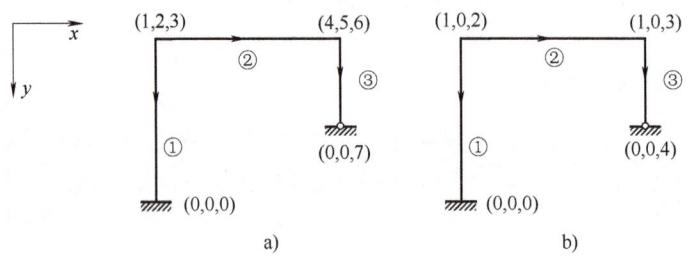

图 9-21 位移编码图

a）考虑轴向变形　b）忽略轴向变形

忽略轴向变形（图 9-21b）的各单元单元定位向量为

$$\boldsymbol{\lambda}^{①} = (1\ 0\ 2\ 0\ 0\ 0)^T$$
$$\boldsymbol{\lambda}^{②} = (1\ 0\ 2\ 1\ 0\ 3)^T$$
$$\boldsymbol{\lambda}^{③} = (1\ 0\ 3\ 0\ 0\ 4)^T$$

进行换行换列定位叠加的工作生成整体刚度矩阵

$$\boldsymbol{K} = \begin{pmatrix} k_{11}^{①} + k_{11}^{②} + k_{44}^{②} + k_{14}^{②} + k_{41}^{②} + k_{11}^{③} & k_{13}^{①} + k_{13}^{②} + k_{43}^{②} & k_{16}^{②} + k_{46}^{②} + k_{13}^{③} & k_{16}^{③} \\ k_{31}^{①} + k_{31}^{②} + k_{34}^{②} & k_{33}^{①} + k_{33}^{②} & k_{36}^{②} & 0 \\ k_{61}^{②} + k_{31}^{③} + k_{64}^{②} & k_{63}^{②} & k_{66}^{②} + k_{33}^{③} & k_{36}^{③} \\ k_{61}^{③} & 0 & k_{63}^{③} & k_{66}^{③} \end{pmatrix}$$

9.6.2 有铰结点的刚架

图 9-22 与图 9-21 相比，结点 C 是铰结点。铰结点所连接的单元杆端不能产生相对移动，但可产生相对转动。在对其进行结点位移编码时，铰结点所连接的各个杆端的转角位移各不相等，这里把 C 结点的位移在与 CB 杆连接点和与 CD 杆连接点按 2 个结点分别进行不同编码。BC 杆端 C 结点转角编码为 3，CD 杆端 C 结点转角位移编码为 4。

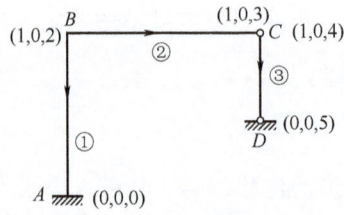

图 9-22 结点 C 为铰结点编码

忽略轴向变形（图9-21b）的各单元单元定位向量为

$$\boldsymbol{\lambda}^{①} = (1 \ 0 \ 2 \ 0 \ 0 \ 0)^{\mathrm{T}}$$
$$\boldsymbol{\lambda}^{②} = (1 \ 0 \ 2 \ 1 \ 0 \ 3)^{\mathrm{T}}$$
$$\boldsymbol{\lambda}^{③} = (1 \ 0 \ 4 \ 0 \ 0 \ 5)^{\mathrm{T}}$$

9.7 矩阵位移法计算桁架和组合结构

9.7.1 桁架

桁架结构的特点：①用链杆组成；②只承受结点荷载作用；③杆件的内力只有轴力，每根杆件均只发生轴向变形。

因而，桁架杆件单元只需考虑结点处的线位移，而不考虑转角位移。在9.1节中，已经建立了桁架结构的局部坐标系下单元刚度矩阵及刚度方程，见式（9-9）和式（9-10）。对于斜杆，需要进行坐标转换，见图9-23。为了方便进行坐标转换，需对局部坐标系下的单元刚度矩阵、单元杆端位移向量、单元杆端力向量进行扩容工作，以保证从局部到整体转换过程中矩阵的阶数相同。

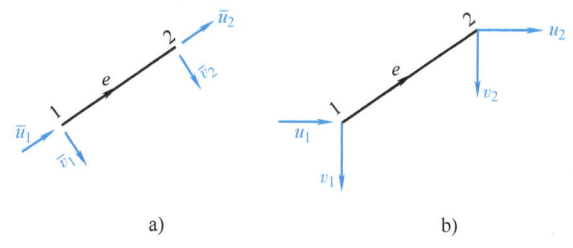

图 9-23 桁架斜杆单元

a）局部坐标系下斜杆位移分量　b）整体坐标系下斜杆位移分量

扩容后桁架结构的单元刚度方程为

$$\begin{pmatrix} \overline{F}_{x1} \\ \overline{F}_{y1} \\ \overline{F}_{x2} \\ \overline{F}_{y2} \end{pmatrix}^{e} = \begin{pmatrix} \dfrac{EA}{l} & 0 & -\dfrac{EA}{l} & 0 \\ 0 & 0 & 0 & 0 \\ -\dfrac{EA}{l} & 0 & \dfrac{EA}{l} & 0 \\ 0 & 0 & 0 & 0 \end{pmatrix}^{e} \begin{pmatrix} \overline{u}_{1} \\ \overline{v}_{1} \\ \overline{u}_{2} \\ \overline{v}_{2} \end{pmatrix}^{e} \quad (9\text{-}24)$$

扩容后桁架结构的单元刚度矩阵为

$$\overline{\boldsymbol{k}}^{e} = \begin{pmatrix} \dfrac{EA}{l} & 0 & -\dfrac{EA}{l} & 0 \\ 0 & 0 & 0 & 0 \\ -\dfrac{EA}{l} & 0 & \dfrac{EA}{l} & 0 \\ 0 & 0 & 0 & 0 \end{pmatrix}^{e} \quad (9\text{-}25)$$

桁架结构的坐标转换矩阵为

$$T = \begin{pmatrix} \cos\alpha & \sin\alpha & 0 & 0 & 0 & 0 \\ -\sin\alpha & \cos\alpha & 0 & 0 & 0 & 0 \\ 0 & 0 & 1 & 0 & 0 & 0 \\ 0 & 0 & 0 & \cos\alpha & \sin\alpha & 0 \\ 0 & 0 & 0 & -\sin\alpha & \cos\alpha & 0 \\ 0 & 0 & 0 & 0 & 0 & 1 \end{pmatrix}^e$$

⇩ 去除与转动方向相关的行列

$$T = \begin{pmatrix} \cos\alpha & \sin\alpha & 0 & 0 \\ -\sin\alpha & \cos\alpha & 0 & 0 \\ 0 & 0 & \cos\alpha & \sin\alpha \\ 0 & 0 & -\sin\alpha & \cos\alpha \end{pmatrix}^e \tag{9-26}$$

【例9-3】 如图9-24a所示桁架结构，$EA=100\text{kN}$，用矩阵位移法计算各杆轴力。

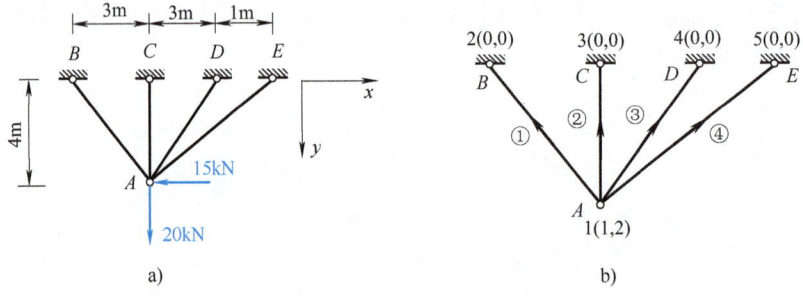

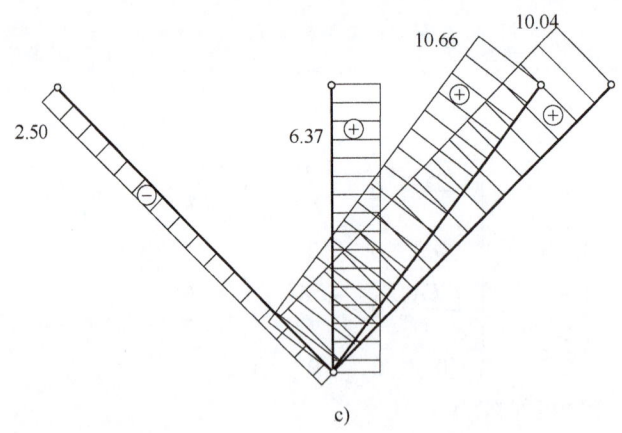

图9-24 【例9-3】图
a) 结构荷载示意图 b) 结构编码图 c) 轴力图（单位: kN）

【解】 **1. 初始数据准备阶段**

1）结点编码：体系中有5个结点，按1至5编码。

2）单元编号：体系中有四个杆件单元，从①至④编码。

3）局部坐标系：局部坐标系设定，见图 9-24b。

4）结点位移编码：铰结点 1 不考虑结点转角位移，编码见图 9-24b，结点 2 至 5 均没有线位移，编码均为零 "0"。

5）单元定位向量为：
$$\boldsymbol{\lambda}^{①} = \boldsymbol{\lambda}^{②} = \boldsymbol{\lambda}^{③} = \boldsymbol{\lambda}^{④} = (1 \quad 2 \quad 0 \quad 0)^{\mathrm{T}}$$

2. 单元分析阶段

(1) 局部坐标系下各单元的单元刚度矩阵

$$\bar{\boldsymbol{k}}^{①} = \begin{pmatrix} 20 & 0 & -20 & 0 \\ 0 & 0 & 0 & 0 \\ -20 & 0 & 20 & 0 \\ 0 & 0 & 0 & 0 \end{pmatrix}^{①} \qquad \bar{\boldsymbol{k}}^{②} = \begin{pmatrix} 25 & 0 & -25 & 0 \\ 0 & 0 & 0 & 0 \\ -25 & 0 & 25 & 0 \\ 0 & 0 & 0 & 0 \end{pmatrix}^{②}$$

$$\bar{\boldsymbol{k}}^{③} = \begin{pmatrix} 20 & 0 & -20 & 0 \\ 0 & 0 & 0 & 0 \\ -20 & 0 & 20 & 0 \\ 0 & 0 & 0 & 0 \end{pmatrix}^{③} \qquad \bar{\boldsymbol{k}}^{④} = \begin{pmatrix} 17.68 & 0 & -17.68 & 0 \\ 0 & 0 & 0 & 0 \\ -17.68 & 0 & 17.68 & 0 \\ 0 & 0 & 0 & 0 \end{pmatrix}^{④}$$

(2) 坐标转换矩阵

$$\boldsymbol{T}^{①} = \begin{pmatrix} -0.6 & -0.8 & 0 & 0 \\ 0.8 & -0.6 & 0 & 0 \\ 0 & 0 & -0.6 & 0.8 \\ 0 & 0 & -0.8 & -0.6 \end{pmatrix}^{①} \qquad \boldsymbol{T}^{②} = \begin{pmatrix} 0 & -1 & 0 & 0 \\ 1 & 0 & 0 & 0 \\ 0 & 0 & 0 & -1 \\ 0 & 0 & 1 & 0 \end{pmatrix}^{②}$$

$$\boldsymbol{T}^{③} = \begin{pmatrix} 0.6 & -0.8 & 0 & 0 \\ 0.8 & 0.6 & 0 & 0 \\ 0 & 0 & 0.6 & -0.8 \\ 0 & 0 & 0.8 & 0.6 \end{pmatrix}^{③} \qquad \boldsymbol{T}^{④} = \begin{pmatrix} 0.707 & -0.707 & 0 & 0 \\ 0.707 & 0.707 & 0 & 0 \\ 0 & 0 & 0.707 & -0.707 \\ 0 & 0 & 0.707 & 0.707 \end{pmatrix}^{④}$$

(3) 整体坐标系下的单元刚度矩阵 $\boldsymbol{k}^e = \boldsymbol{T}^{\mathrm{T}} \bar{\boldsymbol{k}}^e \boldsymbol{T}$

$$\boldsymbol{k}^{①} = \begin{pmatrix} 7.2 & 9.6 & -7.2 & -9.6 \\ 9.6 & 12.8 & 9.6 & -12.8 \\ -7.2 & -9.6 & 7.2 & 9.6 \\ -9.6 & -12.8 & 9.6 & 12.8 \end{pmatrix}^{①} \qquad \boldsymbol{k}^{②} = \begin{pmatrix} 0 & 0 & 0 & 0 \\ 0 & 25 & 0 & -25 \\ 0 & 0 & 0 & 0 \\ 0 & -25 & 0 & 25 \end{pmatrix}^{②}$$

$$\boldsymbol{k}^{③} = \begin{pmatrix} 7.2 & -9.6 & -7.2 & 9.6 \\ -9.6 & 12.8 & 9.6 & -12.8 \\ -7.2 & 9.6 & 7.2 & -9.6 \\ 9.6 & -12.8 & -9.6 & 12.8 \end{pmatrix}^{③} \qquad \boldsymbol{k}^{④} = \begin{pmatrix} 8.84 & -8.84 & -8.84 & 8.84 \\ -8.84 & 8.84 & 8.84 & -8.84 \\ -8.84 & 8.84 & 8.84 & -8.84 \\ 8.84 & -8.84 & -8.84 & 8.84 \end{pmatrix}^{④}$$

3. 整体分析阶段

整体刚度矩阵为

$$\boldsymbol{K} = \begin{pmatrix} 23.24 & -8.84 \\ -8.84 & 59.44 \end{pmatrix}$$

4. 等效结点荷载向量

桁架结构中只有结点荷载，集成等效结点荷载向量时，只需对应结点位移编码写入相应位置即可。

$$P = (-15 \quad 20)^T$$

5. 基本方程的建立及求解阶段

$$K\Delta = P \Rightarrow \begin{pmatrix} 23.24 & -8.84 \\ -8.84 & 59.44 \end{pmatrix}\begin{pmatrix} \Delta_1 \\ \Delta_2 \end{pmatrix} = \begin{pmatrix} -15 \\ 20 \end{pmatrix} \Rightarrow \begin{pmatrix} \Delta_1 \\ \Delta_2 \end{pmatrix} = \begin{pmatrix} -0.55 \\ 0.25 \end{pmatrix}$$

6. 回代求杆端内力 $\overline{F}^e = \overline{k}^e \overline{\Delta}^e$

(1) 局部坐标系下单元杆端结点位移向量 $\overline{\Delta}^e = T\Delta^e$

$$\overline{\Delta}^① = T^①\Delta^① = \begin{pmatrix} -0.6 & 0.8 & 0 & 0 \\ -0.8 & -0.6 & 0 & 0 \\ 0 & 0 & -0.6 & 0.8 \\ 0 & 0 & -0.8 & -0.6 \end{pmatrix} \begin{pmatrix} \Delta_1 \\ \Delta_2 \\ 0 \\ 0 \end{pmatrix}^① = \begin{pmatrix} 12.52 \\ -59.18 \\ 0 \\ 0 \end{pmatrix}^① \times 10^{-2}$$

$$\overline{\Delta}^② = T^②\Delta^② = \begin{pmatrix} 0 & -1 & 0 & 0 \\ 1 & 0 & 0 & 0 \\ 0 & 0 & 0 & -1 \\ 0 & 0 & 1 & 0 \end{pmatrix} \begin{pmatrix} \Delta_1 \\ \Delta_2 \\ 0 \\ 0 \end{pmatrix}^② = \begin{pmatrix} -25.49 \\ -54.85 \\ 0 \\ 0 \end{pmatrix}^② \times 10^{-2}$$

$$\overline{\Delta}^③ = T^③\Delta^③ = \begin{pmatrix} 0.6 & -0.8 & 0 & 0 \\ 0.8 & 0.6 & 0 & 0 \\ 0 & 0 & 0.6 & -0.8 \\ 0 & 0 & 0.8 & 0.6 \end{pmatrix} \begin{pmatrix} \Delta_1 \\ \Delta_2 \\ 0 \\ 0 \end{pmatrix}^③ = \begin{pmatrix} -53.31 \\ -28.59 \\ 0 \\ 0 \end{pmatrix}^③ \times 10^{-2}$$

$$\overline{\Delta}^④ = T^④\Delta^④ = \begin{pmatrix} 0.707 & -0.707 & 0 & 0 \\ 0.707 & 0.707 & 0 & 0 \\ 0 & 0 & 0.707 & -0.707 \\ 0 & 0 & 0.707 & 0.707 \end{pmatrix} \begin{pmatrix} \Delta_1 \\ \Delta_2 \\ 0 \\ 0 \end{pmatrix}^④ = \begin{pmatrix} -56.81 \\ -20.76 \\ 0 \\ 0 \end{pmatrix}^④ \times 10^{-2}$$

(2) 计算单元杆端力

$$\overline{F}^① = \overline{k}^①\overline{\Delta}^① = \begin{pmatrix} 20 & 0 & -20 & 0 \\ 0 & 0 & 0 & 0 \\ -20 & 0 & 20 & 0 \\ 0 & 0 & 0 & 0 \end{pmatrix}^① \begin{pmatrix} 12.52 \\ -59.18 \\ 0 \\ 0 \end{pmatrix}^① \times 10^{-2} = \begin{pmatrix} 2.5 \\ 0 \\ -2.5 \\ 0 \end{pmatrix}^①$$

$$\overline{F}^② = \overline{k}^②\overline{\Delta}^② = \begin{pmatrix} 25 & 0 & -25 & 0 \\ 0 & 0 & 0 & 0 \\ -26 & 0 & 25 & 0 \\ 0 & 0 & 0 & 0 \end{pmatrix}^② \begin{pmatrix} -25.49 \\ -54.85 \\ 0 \\ 0 \end{pmatrix}^② \times 10^{-2} = \begin{pmatrix} -6.37 \\ 0 \\ 6.37 \\ 0 \end{pmatrix}^②$$

$$\overline{F}^③ = \overline{k}^③\overline{\Delta}^③ = \begin{pmatrix} 20 & 0 & -20 & 0 \\ 0 & 0 & 0 & 0 \\ -20 & 0 & 20 & 0 \\ 0 & 0 & 0 & 0 \end{pmatrix}^③ \begin{pmatrix} -53.31 \\ -28.59 \\ 0 \\ 0 \end{pmatrix}^③ \times 10^{-2} = \begin{pmatrix} -10.66 \\ 0 \\ 10.66 \\ 0 \end{pmatrix}^③$$

$$\overline{F}^{④} = \overline{k}^{④}\overline{\Delta}^{④} = \begin{pmatrix} 17.68 & 0 & -17.68 & 0 \\ 0 & 0 & 0 & 0 \\ -17.68 & 0 & 17.68 & 0 \\ 0 & 0 & 0 & 0 \end{pmatrix}^{④} \begin{pmatrix} -56.81 \\ -20.76 \\ 0 \\ 0 \end{pmatrix}^{④} \times 10^{-2} = \begin{pmatrix} -10.04 \\ 0 \\ 10.04 \\ 0 \end{pmatrix}^{④}$$

7. 轴力图

轴力图见图 9-24c。

9.7.2 组合结构

组合结构是由两种或两种以上类型的杆件组成。前面的章节已经分别分析了刚架、梁和桁架。

在计算组合结构时，先区分杆件类型。对于梁式杆，采用一般单元的单元刚度方程及相应的计算公式。对于链杆，采用桁架单元的单元刚度方程及相应的计算公式。

【例 9-4】 如图 9-25a 所示组合结构。横梁横截面 $b \times h = 300\text{mm} \times 400\text{mm}$；柱及链杆横截面 $b \times h = 400\text{mm} \times 400\text{mm}$；$E = 3.0 \times 10^7 \text{Pa}$，忽略梁式杆件的轴向变形。绘制结构的内力图。

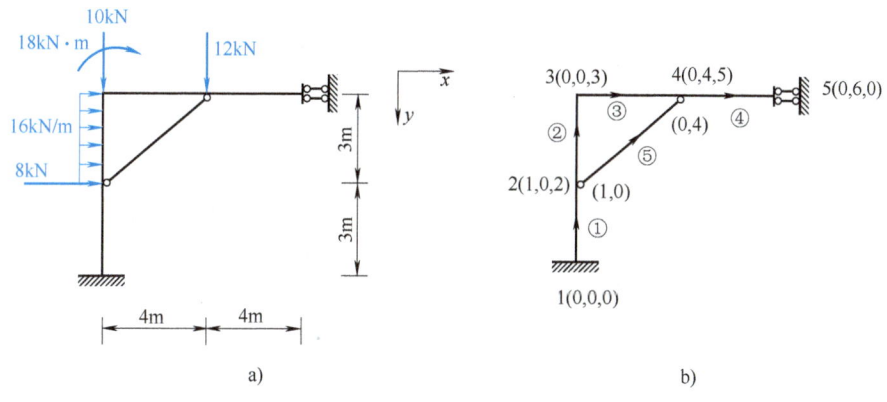

图 9-25 【例 9-4】图
a) 结构荷载示意图 b) 结构编码图

【解】 单元基本参数见下表

单元	E /($\times 10^7$ Pa)	b/m	h/m	l/m	EA /($\times 10^3$ N)	EI /($\times 10^3$ N·m^2)	$\dfrac{EA}{l}$ /($\times 10^3$ N·m^{-1})	$\dfrac{12EI}{l^3}$ /($\times 10^3$ N·m^{-1})	$\dfrac{6EI}{l^2}$ /($\times 10^3$ N)	$\dfrac{4EI}{l}$ /($\times 10^3$ N·m)	$\dfrac{2EI}{l}$ /($\times 10^3$ N·m)
①②	3	0.4	0.4	3	4800	64	1600	28.4	42.7	85.3	42.7
③④	3	0.3	0.4	4	3600	48	900	9	18	48	24
⑤	3	0.4	0.4	5	4800	64	960	—	—	—	—

1. 初始数据准备阶段

1) 结点编码：体系中有 5 个结点，按 1 至 5 编码。

2) 单元编号：体系中有 5 根杆件单元，从 ① 至 ⑤ 编码。

3) 局部坐标系：局部坐标系设定，见图 9-25b。
4) 结点位移编码：编码见图 9-25b，结点 2 和 4 处的组合结点编码，梁式杆按刚架杆件单元，忽略轴向变形的规则进行编码；与其相连接的链杆的铰结点取其线位移编码，不考虑角位移编码。
5) 单元定位向量为

$$\boldsymbol{\lambda}^{①} = (0\ \ 0\ \ 0\ \ 1\ \ 0\ \ 2)^T$$

$$\boldsymbol{\lambda}^{②} = (1\ \ 0\ \ 2\ \ 0\ \ 0\ \ 3)^T$$

$$\boldsymbol{\lambda}^{③} = (0\ \ 0\ \ 3\ \ 0\ \ 4\ \ 5)^T$$

$$\boldsymbol{\lambda}^{④} = (0\ \ 4\ \ 5\ \ 0\ \ 6\ \ 0)^T$$

$$\boldsymbol{\lambda}^{⑤} = (1\ \ 0\ \ 0\ \ 4)^T$$

2. 单元分析阶段

(1) 局部坐标系下各单元的单元刚度矩阵

$$\bar{\boldsymbol{k}}^{①} = \bar{\boldsymbol{k}}^{②} = 10^3 \times \begin{pmatrix} 1600 & 0 & 0 & -1600 & 0 & 0 \\ 0 & 28.44 & 42.67 & 0 & -28.46 & 42.67 \\ 0 & 42.67 & 85.33 & 0 & -42.67 & 42.67 \\ -1600 & 0 & 0 & 1600 & 0 & 0 \\ 0 & -28.44 & -42.67 & 0 & 28.44 & -42.67 \\ 0 & 42.67 & 42.67 & 0 & -42.67 & 85.33 \end{pmatrix}$$

$$\bar{\boldsymbol{k}}^{③} = \bar{\boldsymbol{k}}^{④} = 10^3 \times \begin{pmatrix} 900 & 0 & 0 & -900 & 0 & 0 \\ 0 & 9 & 18 & 0 & -9 & 18 \\ 0 & 18 & 48 & 0 & -18 & 24 \\ -900 & 0 & 0 & 900 & 0 & 0 \\ 0 & -9 & -18 & 0 & 9 & -18 \\ 0 & 18 & 24 & 0 & -18 & 48 \end{pmatrix}$$

$$\bar{\boldsymbol{k}}^{⑤} = 10^3 \times \begin{pmatrix} 960 & 0 & -960 & 0 \\ 0 & 0 & 0 & 0 \\ -960 & 0 & 960 & 0 \\ 0 & 0 & 0 & 0 \end{pmatrix}$$

(2) 坐标转换矩阵

1) 单元③和单元④的局部坐标系方向与整体坐标系相同，不需要坐标转换。
2) 单元①和单元②的坐标转换矩阵为

$$\boldsymbol{T}^{①} = \boldsymbol{T}^{②} = \begin{pmatrix} 0 & -1 & 0 & 0 & 0 & 0 \\ 1 & 0 & 0 & 0 & 0 & 0 \\ 0 & 0 & 1 & 0 & 0 & 0 \\ 0 & 0 & 0 & 0 & -1 & 0 \\ 0 & 0 & 0 & 1 & 0 & 0 \\ 0 & 0 & 0 & 0 & 0 & 1 \end{pmatrix}$$

3) 单元⑤的坐标转换矩阵为

$$T^{⑤} = \begin{pmatrix} 0.8 & -0.6 & 0 & 0 \\ 0.6 & 0.8 & 0 & 0 \\ 0 & 0 & 0.8 & -0.6 \\ 0 & 0 & 0.6 & 0.8 \end{pmatrix}$$

(3) 整体坐标系下单元等效结点荷载向量 P^e

结构中只有单元②有非结点荷载作用,其局部坐标系下单元固端力向量为

$$\overline{F}_P^{②} = (0 \quad -24 \quad -12 \quad 0 \quad -24 \quad 12)^{\mathrm{T}}$$

$$F_P^{②} = T^{\mathrm{T}} \overline{F}_P^{②} = \begin{pmatrix} 0 & 1 & 0 & 0 & 0 & 0 \\ -1 & 0 & 0 & 0 & 0 & 0 \\ 0 & 0 & 1 & 0 & 0 & 0 \\ 0 & 0 & 0 & 0 & 1 & 0 \\ 0 & 0 & 0 & -1 & 0 & 0 \\ 0 & 0 & 0 & 0 & 0 & 1 \end{pmatrix} \begin{pmatrix} 0 \\ -24 \\ -12 \\ 0 \\ -24 \\ 12 \end{pmatrix} = \begin{pmatrix} -24 \\ 0 \\ -12 \\ -24 \\ 0 \\ 12 \end{pmatrix}$$

$$P^{②} = -F_P^{②} = (24 \quad 0 \quad 12 \quad 24 \quad 0 \quad -12)^{\mathrm{T}}$$

(4) 整体坐标系下的单元刚度矩阵 $k^e = T^{\mathrm{T}} \overline{k}^e T$

$$\overline{k}^{③} = \overline{k}^{④} = k^{③} = k^{④}$$

$$k^{①} = k^{②} = T^{\mathrm{T}} \overline{k}^{①} T$$

$$= 10^3 \times \begin{pmatrix} 0 & 1 & 0 & 0 & 0 & 0 \\ -1 & 0 & 0 & 0 & 0 & 0 \\ 0 & 0 & 1 & 0 & 0 & 0 \\ 0 & 0 & 0 & 0 & 1 & 0 \\ 0 & 0 & 0 & -1 & 0 & 0 \\ 0 & 0 & 0 & 0 & 0 & 1 \end{pmatrix} \begin{pmatrix} 1600 & 0 & 0 & -1600 & 0 & 0 \\ 0 & 28.44 & 42.67 & 0 & -28.46 & 42.67 \\ 0 & 42.67 & 85.33 & 0 & -42.67 & 42.67 \\ -1600 & 0 & 0 & 1600 & 0 & 0 \\ 0 & -28.44 & -42.67 & 0 & 28.44 & -42.67 \\ 0 & 42.67 & 42.67 & 0 & -42.67 & 85.33 \end{pmatrix} \times$$

$$\begin{pmatrix} 0 & -1 & 0 & 0 & 0 & 0 \\ 1 & 0 & 0 & 0 & 0 & 0 \\ 0 & 0 & 1 & 0 & 0 & 0 \\ 0 & 0 & 0 & 0 & -1 & 0 \\ 0 & 0 & 0 & 1 & 0 & 0 \\ 0 & 0 & 0 & 0 & 0 & 1 \end{pmatrix} = 10^3 \times \begin{pmatrix} 28.44 & 0 & 42.67 & -28.46 & 0 & 42.67 \\ 0 & 1600 & 0 & 0 & -1600 & 0 \\ 42.67 & 0 & 85.33 & -42.67 & 0 & 42.67 \\ -28.44 & 0 & -42.67 & 28.44 & 0 & -42.67 \\ 0 & -1600 & 0 & 0 & 1600 & 0 \\ 42.67 & 0 & 42.67 & -42.67 & 0 & 85.33 \end{pmatrix}$$

$$k^{⑤} = T^{\mathrm{T}} \overline{k}^{⑤} T$$

$$= 10^3 \times \begin{pmatrix} 0.8 & 0.6 & 0 & 0 \\ -0.6 & 0.8 & 0 & 0 \\ 0 & 0 & 0.8 & 0.6 \\ 0 & 0 & -0.6 & 0.8 \end{pmatrix} \begin{pmatrix} 960 & 0 & -960 & 0 \\ 0 & 0 & 0 & 0 \\ -960 & 0 & 960 & 0 \\ 0 & 0 & 0 & 0 \end{pmatrix} \begin{pmatrix} 0.8 & -0.6 & 0 & 0 \\ 0.6 & 0.8 & 0 & 0 \\ 0 & 0 & 0.8 & -0.6 \\ 0 & 0 & 0.6 & 0.8 \end{pmatrix}$$

$$= 10^3 \times \begin{pmatrix} 614.4 & -460.8 & -614.4 & 460.8 \\ -460.8 & 345.6 & 460.8 & -345.6 \\ -614.4 & 460.8 & 614.4 & -460.8 \\ 460.8 & -345.6 & -460.8 & 345.6 \end{pmatrix}$$

3. 单元分析阶段

(1) 整体刚度矩阵　各单元的单元贡献阵为

$$\boldsymbol{K}^{①} = 10^3 \times \begin{pmatrix} 28.44 & -42.67 & 0 & 0 & 0 & 0 \\ -42.67 & 85.33 & 0 & 0 & 0 & 0 \\ 0 & 0 & 0 & 0 & 0 & 0 \\ 0 & 0 & 0 & 0 & 0 & 0 \\ 0 & 0 & 0 & 0 & 0 & 0 \\ 0 & 0 & 0 & 0 & 0 & 0 \end{pmatrix} \quad \boldsymbol{K}^{②} = 10^3 \times \begin{pmatrix} 28.44 & 42.67 & 42.67 & 0 & 0 & 0 \\ 42.67 & 85.33 & 42.67 & 0 & 0 & 0 \\ 42.67 & 42.67 & 85.33 & 0 & 0 & 0 \\ 0 & 0 & 0 & 0 & 0 & 0 \\ 0 & 0 & 0 & 0 & 0 & 0 \\ 0 & 0 & 0 & 0 & 0 & 0 \end{pmatrix}$$

$$\boldsymbol{K}^{③} = 10^3 \times \begin{pmatrix} 0 & 0 & 0 & 0 & 0 & 0 \\ 0 & 0 & 0 & 0 & 0 & 0 \\ 0 & 0 & 48 & -18 & 24 & 0 \\ 0 & 0 & -18 & 9 & -18 & 0 \\ 0 & 0 & 24 & -18 & 48 & 0 \\ 0 & 0 & 0 & 0 & 0 & 0 \end{pmatrix} \quad \boldsymbol{K}^{④} = 10^3 \times \begin{pmatrix} 0 & 0 & 0 & 0 & 0 & 0 \\ 0 & 0 & 0 & 0 & 0 & 0 \\ 0 & 0 & 0 & 0 & 0 & 0 \\ 0 & 0 & 0 & 9 & 18 & -9 \\ 0 & 0 & 0 & 18 & 48 & -18 \\ 0 & 0 & 0 & -9 & -18 & 9 \end{pmatrix}$$

$$\boldsymbol{K}^{⑤} = 10^3 \times \begin{pmatrix} 614.4 & 0 & 0 & 460.8 & 0 & 0 \\ 0 & 0 & 0 & 0 & 0 & 0 \\ 0 & 0 & 0 & 0 & 0 & 0 \\ 460.8 & 0 & 0 & 345.6 & 0 & 0 \\ 0 & 0 & 0 & 0 & 0 & 0 \\ 0 & 0 & 0 & 0 & 0 & 0 \end{pmatrix}$$

将单元①、②、③、④、⑤的单元贡献矩阵按照对应位置累加，得结构整体刚度矩阵为

$$\boldsymbol{K} = \boldsymbol{K}^{①} + \boldsymbol{K}^{②} + \boldsymbol{K}^{③} + \boldsymbol{K}^{④} + \boldsymbol{K}^{⑤} = 10^3 \times \begin{pmatrix} 671.29 & 0 & 42.67 & 460.8 & 0 & 0 \\ 0 & 170.67 & 42.67 & 0 & 0 & 0 \\ 42.67 & 42.67 & 133.33 & -18 & 24 & 0 \\ 460.8 & 0 & -18 & 363.6 & 0 & -9 \\ 0 & 0 & 24 & 0 & 96 & -18 \\ 0 & 0 & 0 & -9 & -18 & 9 \end{pmatrix}$$

(2) 整体等效结点荷载向量

1) 结点荷载：按对应的结点位移编码写入即可。

$$\boldsymbol{P} = (8 \quad 0 \quad 18 \quad 12 \quad 0 \quad 0)^{\mathrm{T}}$$

2) 非结点荷载：根据单元定位向量由单元等效结点荷载定位叠加而成。

$$\boldsymbol{P} = (8+24 \quad 0+12 \quad 18-12 \quad 12 \quad 0 \quad 0)^{\mathrm{T}} = (32 \quad 12 \quad 6 \quad 12 \quad 0 \quad 0)^{\mathrm{T}}$$

4. 基本方程的建立及求解阶段

$$K\Delta = P \Rightarrow 10^3 \times \begin{pmatrix} 63.02 & 0 & 42.67 & 4.61 & 0 & 0 \\ 0 & 170.66 & 42.67 & 0 & 0 & 0 \\ 42.67 & 42.67 & 133.33 & -18 & 24 & 0 \\ 4.61 & 0 & -18 & 21.46 & 0 & -9 \\ 0 & 0 & 24 & 0 & 96 & -18 \\ 0 & 0 & 0 & -9 & -18 & 9 \end{pmatrix} \begin{pmatrix} \Delta_1 \\ \Delta_2 \\ \Delta_3 \\ \Delta_4 \\ \Delta_5 \\ \Delta_6 \end{pmatrix}$$

$$= \begin{pmatrix} 32 \\ 12 \\ 6 \\ 12 \\ 0 \\ 0 \end{pmatrix} \Rightarrow \begin{pmatrix} \Delta_1 \\ \Delta_2 \\ \Delta_3 \\ \Delta_4 \\ \Delta_5 \\ \Delta_6 \end{pmatrix} = 10^{-4} \times \begin{pmatrix} 4.19 \\ 1.16 \\ -1.82 \\ -5.25 \\ -8.47 \\ -6.94 \end{pmatrix}$$

5. 回代求杆端内力 $\overline{F}^e = \overline{k}^e \overline{\Delta}^e$

（1）局部坐标系下单元杆端结点位移向量 $\overline{\Delta}^e = T\Delta^e$

$$\overline{\Delta}^① = T\Delta^① = \begin{pmatrix} 0 & -1 & 0 & 0 & 0 & 0 \\ 1 & 0 & 0 & 0 & 0 & 0 \\ 0 & 0 & 1 & 0 & 0 & 0 \\ 0 & 0 & 0 & 0 & -1 & 0 \\ 0 & 0 & 0 & 1 & 0 & 0 \\ 0 & 0 & 0 & 0 & 0 & 1 \end{pmatrix}^① \begin{pmatrix} 0 \\ 0 \\ 0 \\ \Delta_1 \\ 0 \\ \Delta_2 \end{pmatrix}^① = 10^{-4} \times \begin{pmatrix} 0 \\ 0 \\ 0 \\ 0 \\ 4.19 \\ 1.16 \end{pmatrix}^①$$

$$\overline{\Delta}^② = T\Delta^② = \begin{pmatrix} 0 & -1 & 0 & 0 & 0 & 0 \\ 1 & 0 & 0 & 0 & 0 & 0 \\ 0 & 0 & 1 & 0 & 0 & 0 \\ 0 & 0 & 0 & 0 & -1 & 0 \\ 0 & 0 & 0 & 1 & 0 & 0 \\ 0 & 0 & 0 & 0 & 0 & 1 \end{pmatrix}^② \begin{pmatrix} \Delta_1 \\ 0 \\ \Delta_2 \\ 0 \\ 0 \\ \Delta_3 \end{pmatrix}^② = 10^{-4} \times \begin{pmatrix} 0 \\ 4.19 \\ 1.16 \\ 0 \\ 0 \\ -1.82 \end{pmatrix}^②$$

$$\overline{\Delta}^③ = \Delta^③ = \begin{pmatrix} 0 \\ 0 \\ \Delta_3 \\ 0 \\ \Delta_5 \\ \Delta_6 \end{pmatrix}^③ = 10^{-4} \times \begin{pmatrix} 0 \\ 0 \\ -1.82 \\ 0 \\ -8.47 \\ -6.94 \end{pmatrix}^③ \quad \overline{\Delta}^④ = \Delta^④ = \begin{pmatrix} 0 \\ \Delta_4 \\ \Delta_5 \\ 0 \\ \Delta_6 \\ 0 \end{pmatrix}^④ = 10^{-4} \times \begin{pmatrix} 0 \\ -5.25 \\ -8.47 \\ 0 \\ -6.94 \\ 0 \end{pmatrix}^④$$

$$\overline{\Delta}^⑤ = T\Delta^⑤ = \begin{pmatrix} 0.8 & -0.6 & 0 & 0 \\ 0.6 & 0.8 & 0 & 0 \\ 0 & 0 & 0.8 & -0.6 \\ 0 & 0 & 0.6 & 0.8 \end{pmatrix} \begin{pmatrix} \Delta_1 \\ 0 \\ 0 \\ \Delta_4 \end{pmatrix}^⑤ = 10^{-4} \times \begin{pmatrix} 3.36 \\ 2.52 \\ 3.15 \\ -4.20 \end{pmatrix}^⑤$$

(2) 计算单元杆端力

$$\overline{F}^{①} = \overline{k}^{①}\overline{\Delta}^{①}$$

$$= 10^{-1} \times \begin{pmatrix} 1600 & 0 & 0 & -1600 & 0 & 0 \\ 0 & 28.44 & 42.67 & 0 & -28.46 & 42.67 \\ 0 & 42.67 & 85.33 & 0 & -42.67 & 42.67 \\ -1600 & 0 & 0 & 1600 & 0 & 0 \\ 0 & -28.44 & -42.67 & 0 & 28.44 & -42.67 \\ 0 & 42.67 & 42.67 & 0 & -42.67 & 85.33 \end{pmatrix}\begin{pmatrix} 0 \\ 0 \\ 0 \\ 0 \\ 4.19 \\ 1.16 \end{pmatrix}^{①} = \begin{pmatrix} 0 \\ -6.99 \\ -12.95 \\ 0 \\ 6.99 \\ -8.01 \end{pmatrix}^{①}$$

$$\overline{F}^{②} = \overline{k}^{②}\overline{\Delta}^{②} + \overline{F}_P^{②}$$

$$= 10^{-1} \times \begin{pmatrix} 1600 & 0 & 0 & -1600 & 0 & 0 \\ 0 & 28.44 & 42.67 & 0 & -28.46 & 42.67 \\ 0 & 42.67 & 85.33 & 0 & -42.67 & 42.67 \\ -1600 & 0 & 0 & 1600 & 0 & 0 \\ 0 & -28.44 & -42.67 & 0 & 28.44 & -42.67 \\ 0 & 42.67 & 42.67 & 0 & -42.67 & 85.33 \end{pmatrix}\begin{pmatrix} 0 \\ 4.19 \\ 1.16 \\ 0 \\ 0 \\ -1.82 \end{pmatrix}^{②} + \begin{pmatrix} 0 \\ -24 \\ -12 \\ 0 \\ -24 \\ 12 \end{pmatrix}^{②}$$

$$= \begin{pmatrix} 0 \\ -14.89 \\ 8.01 \\ 0 \\ -33.11 \\ 19.32 \end{pmatrix}^{②}$$

$$\overline{F}^{③} = \overline{k}^{③}\overline{\Delta}^{③} = 10^{-1} \times \begin{pmatrix} 900 & 0 & 0 & -900 & 0 & 0 \\ 0 & 9 & 18 & 0 & -9 & 18 \\ 0 & 18 & 48 & 0 & -18 & 24 \\ -900 & 0 & 0 & 900 & 0 & 0 \\ 0 & -9 & -18 & 0 & 9 & -18 \\ 0 & 18 & 24 & 0 & -18 & 48 \end{pmatrix}\begin{pmatrix} 0 \\ 0 \\ -1.82 \\ 0 \\ -8.47 \\ -6.94 \end{pmatrix}^{③} = \begin{pmatrix} 0 \\ -0.08 \\ -1.32 \\ 0 \\ 0.08 \\ 1.02 \end{pmatrix}^{③}$$

$$\overline{F}^{④} = \overline{k}^{④}\overline{\Delta}^{④} = 10^{-1} \times \begin{pmatrix} 900 & 0 & 0 & -900 & 0 & 0 \\ 0 & 9 & 18 & 0 & -9 & 18 \\ 0 & 18 & 48 & 0 & -18 & 24 \\ -900 & 0 & 0 & 900 & 0 & 0 \\ 0 & -9 & -18 & 0 & 9 & -18 \\ 0 & 18 & 24 & 0 & -18 & 48 \end{pmatrix}\begin{pmatrix} 0 \\ -5.25 \\ -8.47 \\ 0 \\ -6.94 \\ 0 \end{pmatrix}^{④} = \begin{pmatrix} 0 \\ 0 \\ -1.02 \\ 0 \\ 0 \\ 1.02 \end{pmatrix}^{④}$$

$$\overline{F}^{⑤} = \overline{k}^{⑤}\overline{\Delta}^{⑤} = 10^{-1} \times \begin{pmatrix} 960 & 0 & -960 & 0 \\ 0 & 0 & 0 & 0 \\ -960 & 0 & 960 & 0 \\ 0 & 0 & 0 & 0 \end{pmatrix}\begin{pmatrix} 3.36 \\ 2.52 \\ 3.15 \\ -4.20 \end{pmatrix}^{⑤} = \begin{pmatrix} 19.87 \\ 0 \\ -19.87 \\ 0 \end{pmatrix}^{⑤}$$

6. 内力图

内力图见图 9-26。

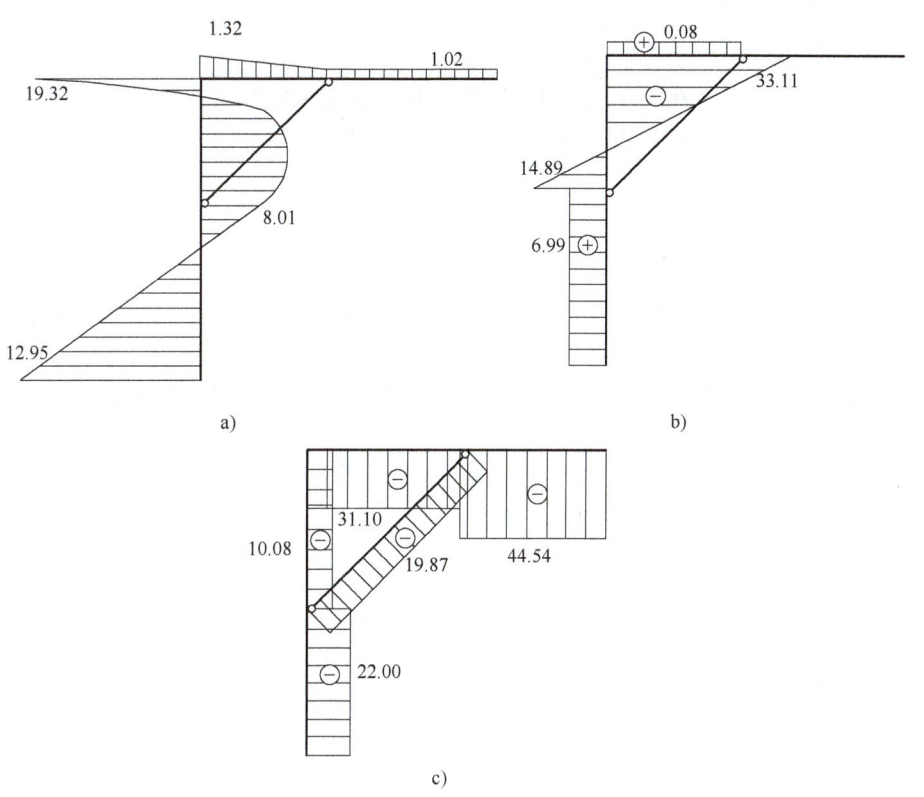

图 9-26 【例 9-4】结构内力图
a）弯矩图（kN·m） b）剪力图（kN） c）轴力图（kN）

本章小结

矩阵位移法来源于位移法，采用程序化分析方法，对结构的内力计算过程进行程序化计算。

1. 结构整体刚度矩阵 K

（1）单元分析

1）局部坐标系下单元刚度矩阵的建立过程：一般单元——特殊单元（梁、桁架）。
2）坐标转换矩阵 T：一般单元——特殊单元（桁架）。
3）整体坐标系下单元刚度矩阵：$k^e = T^T \bar{k}^e T$。
4）单元定位向量。

（2）整体分析

1）位移编码：注意特殊刚架结构结点位移编码的方法。
2）单元贡献矩阵。
3）整体刚度矩阵。

2. 结构结点荷载向量 P

1）非结点荷载产生的单元固端力向量：
$$\overline{F}_P^e = (\overline{F}_{x1} \quad \overline{F}_{y1} \quad \overline{M}_1 \quad \overline{F}_{x2} \quad \overline{F}_{y2} \quad \overline{M}_2)^T$$

2）局部坐标系单元等效结点荷载：
$$\overline{P}^e = -\overline{F}_P^e$$

3）整体坐标系单元等效结点荷载：
$$P^e = T^T \overline{P}^e$$

4）依次将各单元的等效结点荷载 P^e 中元素按单元定位向量在结构的等效结点荷载 P 中进行定位，得到单元贡献等效荷载向量，再累加得到 P。

5）若结构还有结点荷载，将结构等效结点荷载与结点荷载相累加，即得结构结点荷载向量。

3. 结构内力的计算

1）建立矩阵位移法基本方程 $K\Delta = P$，求解结点位移。

2）按单元定位向量，反定位得出局部坐标系下 $\overline{\Delta}$。

3）单元杆端内力计算 $\overline{F}^e = \overline{k}^e \overline{\Delta}^e + \overline{F}_P^e$。

习 题

一、单项选择题

1. 图 9-27 所示结构，用矩阵位移法计算时（不考虑轴向变形），整体刚度矩阵的阶数是（　　）。

　　A. 3　　　　　　B. 4　　　　　　C. 5　　　　　　D. 6

2. 图 9-28 所示结构，用矩阵位移法计算时，结点 3 的等效结点荷载是（　　）。

　　A. -8　　　　　B. -6　　　　　C. 6　　　　　　D. 8

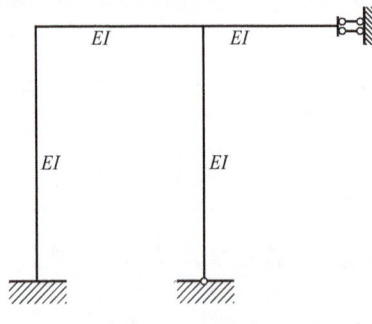

图 9-27　习题 1 图

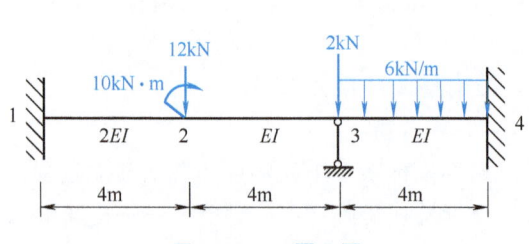

图 9-28　习题 2 图

3. 整体刚度矩阵是（　　）。

　　A. 对称矩阵　　B. 正交矩阵　　C. 对角矩阵　　D. 反对称矩阵

4. 已知某单元的杆端位移向量为 $(u_1 \quad v_1 \quad u_2 \quad v_2)^T$，则单元类型为（　　）。

　　A. 梁单元　　　B. 桁架单元　　C. 一般单元　　D. 其他单元

5. 图 9-29 所示整体坐标系中，单元①的坐标转换矩阵中的角度是（　　）。

　　A. -45°　　　　B. 45°　　　　C. 135°　　　　D. 225°

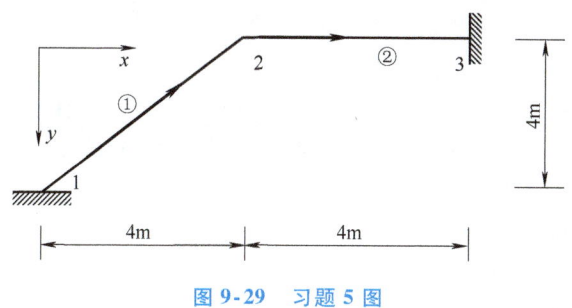

图 9-29　习题 5 图

二、计算题

6. 不计轴向变形，写出图 9-30 所示梁的整体刚度矩阵 **K**。

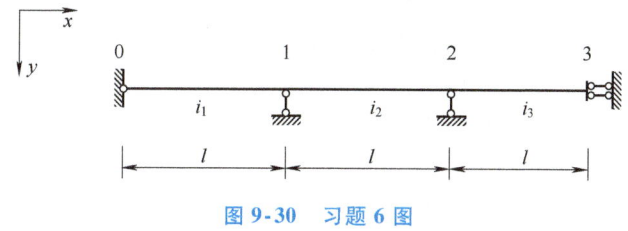

图 9-30　习题 6 图

7. 考虑轴向变形，各杆横截面 $b \times h = 400\text{mm} \times 400\text{mm}$；$E = 3.0 \times 10^4 \text{N/mm}^2$。

1) 对图 9-31 所示结构进行编码：单元编码、结点位移编码。

2) 写出各单元的坐标转换矩阵。

3) 局部坐标系下的单元刚度矩阵。

4) 整体坐标系下的单元刚度矩阵。

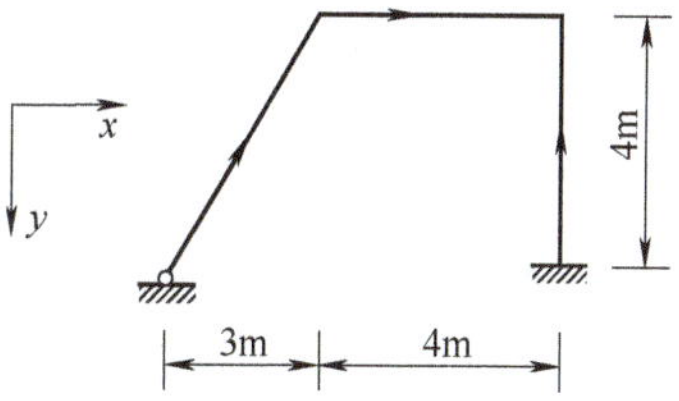

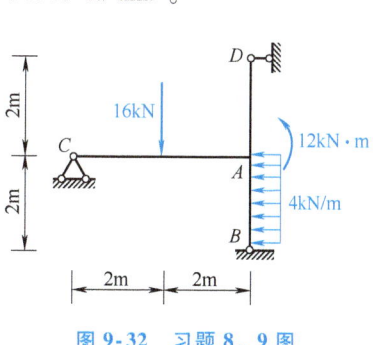

图 9-31　习题 7 图

8. 矩阵位移法计算图 9-32 刚架结构（考虑轴向变形）。横梁 AC 横截面 $b \times h = 200\text{mm} \times 500\text{mm}$；柱 AD、AB 横截面 $b \times h = 400\text{mm} \times 400\text{mm}$；$E = 3.0 \times 10^4 \text{N/mm}^2$。

1) 建立坐标系：局部坐标系和整体坐标系。

2) 编码：结点编码、单元编码、结点位移编码。

3) 整体刚度矩阵的阶数。

4) 写出局部坐标系下单元刚度矩阵 $\bar{k}^e$、单元固端力向量 $\bar{F}_P^e$、单元等效结点荷载向量 $\bar{P}^e$。

5) 写出单元坐标转换矩阵 T^e。

6) 计算整体坐标系下单元刚度矩阵 k^e、单元等效结点荷载向量 P^e。

7) 写出单元定位向量 λ^e。

8) 整体刚度矩阵 **K** 和结构等效结点荷载向量 **P**。

9. 不考虑轴向变形，按照第 8 题的要求重新计算图 9-32 所示刚架结构。

10. 用矩阵位移法计算图 9-33 连续梁，$EI = 4$。要求：

1) 建立坐标系：局部坐标系和整体坐标系。

图 9-32　习题 8、9 图

2）编码：结点编码、单元编码、结点位移编码。

3）单元定位向量 $\boldsymbol{\lambda}^e$。

4）单元刚度矩阵 $\boldsymbol{k}^e$。

5）单元等效结点荷载向量 $\boldsymbol{P}^e$。

6）整体刚度矩阵 $\boldsymbol{K}$。

7）整体等效结点荷载向量 $\boldsymbol{P}$。

8）写出矩阵位移法的基本方程，并求解。

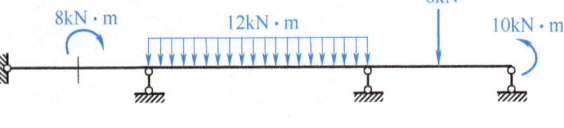
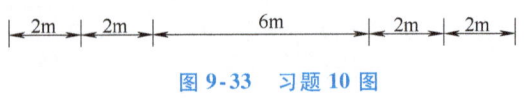

图 9-33 习题 10 图

9）各单元的杆端内力 $\overline{\boldsymbol{F}}_{\mathbf{P}}^e$。

10）绘制结构的内力图。

11. 用矩阵位移法计算图 9-34 桁架，$EA=20\text{kN}$。

1）建立坐标系：局部坐标系和整体坐标系。

2）编码：结点编码、单元编码、结点位移编码。

3）局部坐标系下单元刚度矩阵 $\overline{\boldsymbol{k}}^e$。

4）写出单元坐标转换矩阵 $\boldsymbol{T}^e$。

5）整体坐标系下单元刚度矩阵 $\boldsymbol{k}^e$。

6）写出单元定位向量 $\boldsymbol{\lambda}^e$。

7）整体刚度矩阵 $\boldsymbol{K}$。

8）写出结构结点荷载向量 $\boldsymbol{F}$。

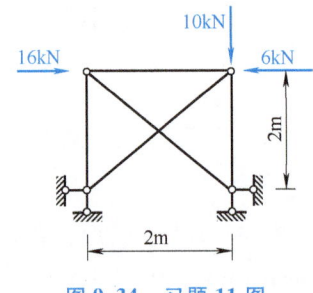

图 9-34 习题 11 图

9）写出矩阵位移法的基本方程，计算结点位移 $\boldsymbol{\Delta}$。

10）计算各单元的杆端内力 $\overline{\boldsymbol{F}}^e$。

11）作出轴力图。

12. 用矩阵位移法计算图 9-35 所示组合结构。链杆 $EA=20\text{kN}$，梁式杆 $EI=20\text{kN}\cdot\text{m}^2$，不考虑轴向变形。

1）建立坐标系：局部坐标系和整体坐标系。

2）编码：结点编码、单元编码、结点位移编码。

3）局部坐标系下单元刚度矩阵 $\overline{\boldsymbol{k}}^e$。

4）写出单元坐标转换矩阵 $\boldsymbol{T}^e$。

5）整体坐标系下单元刚度矩阵 $\boldsymbol{k}^e$。

6）写出单元定位向量 $\boldsymbol{\lambda}^e$。

7）整体刚度矩阵 $\boldsymbol{K}$。

8）写出结构结点荷载向量 $\boldsymbol{F}$。

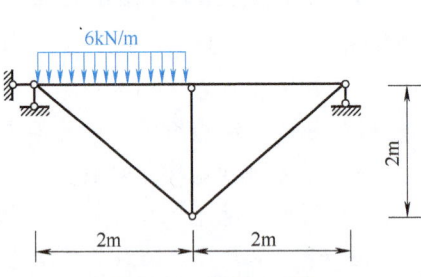

图 9-35 习题 12 图

9）写出矩阵位移法的基本方程，计算结点位移 $\boldsymbol{\Delta}$。

10）计算各单元的杆端内力 $\overline{\boldsymbol{F}}^e$。

11）作出内力图。

第 10 章　结构的动力计算

10.1　结构动力计算的基本概念

10.1.1　结构动力计算的特点

结构在荷载作用下需计算结构内力和结构反应，前面各章节讨论了结构在静力荷载作用下结构内力和结构位移计算，本章专门讨论结构在动力荷载（dynamic load）作用下结构动力反应的计算。动力计算不同于静力计算，一是荷载特征不同，二是力的平衡方程不同，三是求解方法不同。

力的三要素包括力的作用点、大小和方向。从力的三要素来看，静力荷载指的是荷载作用点、大小和方向不随时间变化。从荷载对结构产生的效应或影响来看，荷载作用点、大小和方向随时间变化非常缓慢，结构的加速度、速度极小，结构产生的位移同静力荷载相比几乎一致，可以忽略惯性力对结构的影响，该类型荷载也可以视为静力荷载。动力荷载指力的三要素中全部要素或部分要素随时间快速变化，对结构产生不可忽略的影响，如机器振动荷载、地震作用、风荷载等。

对于静力计算，结构不产生加速度或加速度微小，计算中可不必考虑惯性力的影响。对于动力计算，结构将产生较大的加速度，计算中需考虑惯性力的影响。根据达朗贝尔原理（D'Alembert's principle），对任意时刻，结构受到的外荷载、惯性力和回复力应平衡，据此将动力计算问题转化为静力问题处理。

10.1.2　动力荷载的分类

工程中荷载大小或方向随时间变化的动荷载较常见，根据动荷载大小或方向随时间是否呈周期（period）性变化，可将动荷载分为周期荷载（periodic load）和非周期荷载，其中非周期荷载有冲击荷载（impulsive load）、突加荷载（suddenly applied load）和随机荷载（random load）。

1. 周期荷载

周期荷载是指力的大小或方向随时间呈周期性变化。随时间按正弦（或余弦）规律改变大小的周期荷载称为简谐荷载（harmonic load），见图 10-1a。

2. 冲击荷载

冲击荷载是指在极短时间内骤然增减的荷载，见图 10-1b，比如由爆炸引起的冲击波。

3. 突加荷载

突加荷载是指瞬间突然施加在结构上且保持一定时间的荷载，见图 10-1c。最常见的例子如称重时货物对台秤的作用。

4. 随机荷载

随机荷载是指无法用确定性的函数表达的荷载，见图 10-1d。风荷载和地震作用都是典型的随机荷载。

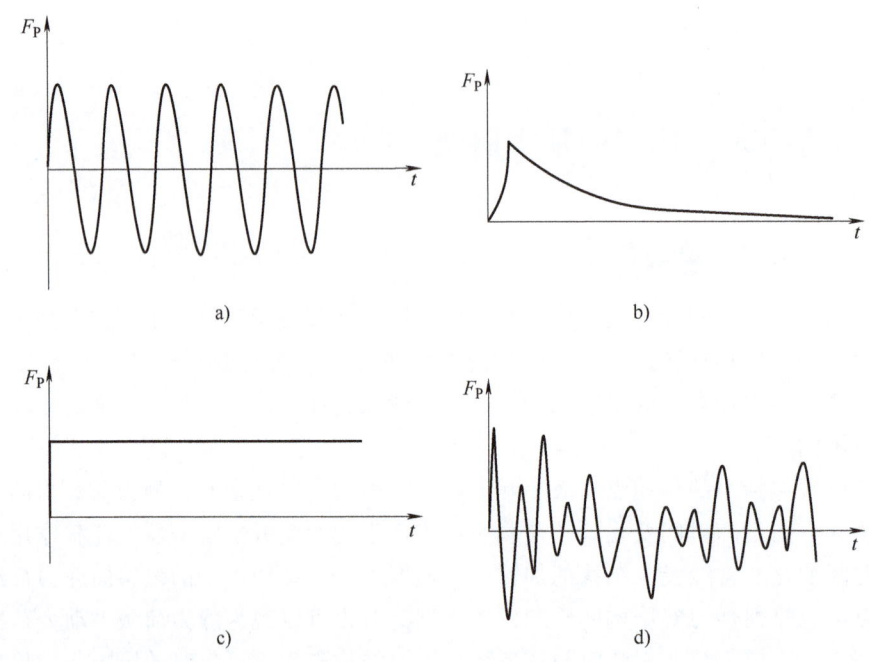

图 10-1 动力荷载示意图

a）简谐荷载 b）冲击荷载 c）突加荷载 d）随机荷载

结构在动力荷载作用下产生内力和位移，称之为动内力和动位移，它们均为时间的函数，统称为动力反应。结构动力计算的目的就是要分析结构的动力反应规律，提出动力反应的分析方法以及控制动力反应的途径，为结构的抗震设计提供可靠的理论和技术支撑。

10.1.3 动力计算中结构的自由度

动力计算是在静力计算的基础上，因荷载大小或方向随时间变化，导致结构产生不可忽视的惯性力而进行的计算。动力计算中结构计算简图除应满足静力计算要求外，还需考虑惯性力的作用，即考虑结构质量分布对动力计算的影响。确定结构中全部运动质量位置所需要的独立坐标数称为结构动力自由度数（degree of freedom）。

实际结构是通过材料变形承受荷载，且传力路径不能中断，因此，结构的质量是连续分布的。根据结构动力自由度定义，理论上任何一个结构的动力自由度数是无限的。无限自由度体系对结构动力计算的理论研究是有意义的，实际结构动力计算按无限自由度体系考虑不现实且无必要。对结构动力自由度合理简化，既能准确把握结构动力反应规律，又能减少计算量，常用的动力自由度简化方法有集中质量法、广义坐标法和有限元方法。

1. 集中质量法

将连续分布的质量按一定规则把质量集中到有限个质点，结构动力计算就可以按有限自由度进行考虑。

图 10-2a 为一水塔，存水后水柜质量远大于支筒质量，此时可忽略支筒质量，只考虑存水后水柜质量，结构计算简图见图 10-2b。若只考虑 x 方向运动，该体系只有 1 个自由度，若同时考虑 x 和 y 方向运动，则该体系有 2 个自由度，因此结构动力自由度数目和集中质量数并不一定相等。

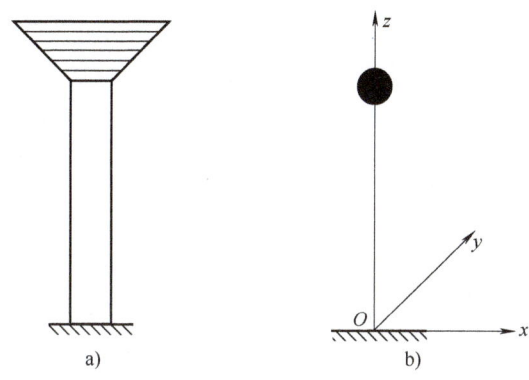

图 10-2 结构质量等效示意图
a）等效前示意图　b）等效后示意图

图 10-3a 所示为一栋楼的三层框架，楼板的抗弯刚度远大于柱的侧向刚度，在计算结构在单向水平荷载作用下的侧向振动时，常将柱质量集中到楼板处，不考虑柱轴向变形，这种情况下，结构计算简图见图 10-3b，结构有 3 个动力自由度。

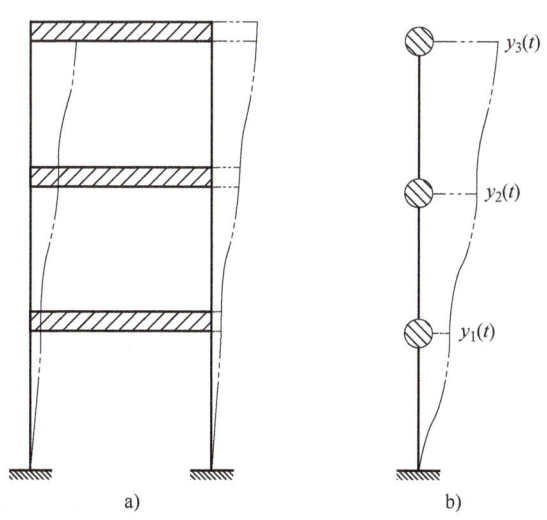

图 10-3 三层框架简化示意图
a）结构示意图　b）结构计算简图

2. 广义坐标法

结构通过变形来承担外荷载,因此,结构受到的外荷载与结构变形后的位移挠曲线间存在对应关系。结构变形后的位移挠曲线可以用一系列已知的、满足位移边界条件的任意函数位移之和表示。以简支梁为例,梁变形挠曲线 $y(x)$ 用一系列三角函数之和表示,图 10-4a 表示梁位移曲线,图 10-4b~d 是不同周期的正弦曲线。

$$y(x) = \sum_{k=1}^{\infty} a_k \sin \frac{k\pi x}{l} \tag{10-1}$$

式(10-1)中 $\sin \dfrac{k\pi x}{l}$ 称为形状函数;a_k 是对应形状函数的待定参数,称为广义坐标。当形状函数确定后,梁的位移挠曲线 $y(x)$ 依赖于广义坐标 $a_1, a_2, \cdots, a_k$。简化计算时,只取有限数量的形状函数,通常只取式(10-1)中前 n 项,因此,简支梁简化为具有 n 个动力自由度体系,此时简支梁位移挠曲线可近似表示为

$$y(x) \approx \sum_{k=1}^{n} a_k \sin \frac{k\pi x}{l} \tag{10-2}$$

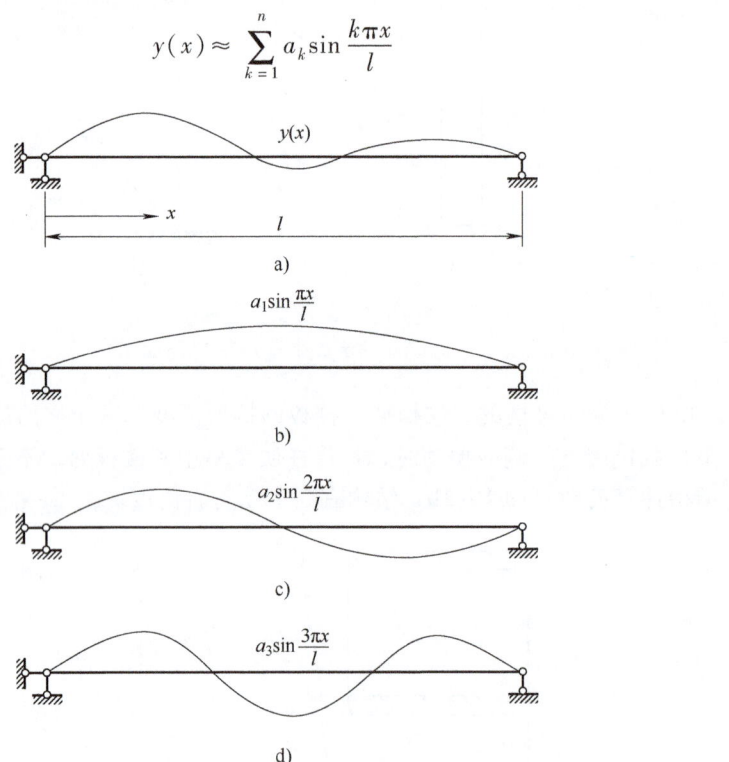

图 10-4 简支梁位移挠曲线

a) 梁位移曲线 b)~d) 不同周期的正弦曲线

3. 有限单元法

有限单元法是目前常用的结构计算方法,该方法适用于不同类型的结构形式,如由梁柱组成的框架结构、壳体结构或实体结构等。

有限单元法是将结构分成适当大小的若干单元,单元尺寸可以相同,也可以不相同。以图 10-5 所示的简支梁为例,将简支梁分成 5 个单元,单元端点称为结点。结点位移(挠度 y 和转角 θ)为结构广义坐标,是待求解的未知量。图 10-5 所示的简支梁其结点位移可表示

为 y_1，θ_1，y_2，θ_2，y_3，θ_3，y_4，θ_4，y_5，θ_5，y_6，θ_6。单元变形用单元结点位移及对应的形状函数表示，图 10-5 分别给出了结点位移 y_1 和 θ_1 对应的形状函数 $\varphi_1(x)$ 和 $\psi_1(x)$。梁的挠曲变形用广义坐标及形状函数表示为

$$y(x) = \sum_{i=1}^{6} [y_i\varphi_i(x) + \theta_i\psi_i(x)] \tag{10-3}$$

用有限单元法将图 10-5 所示的简支梁转化为 6 结点 12 自由度的体系。

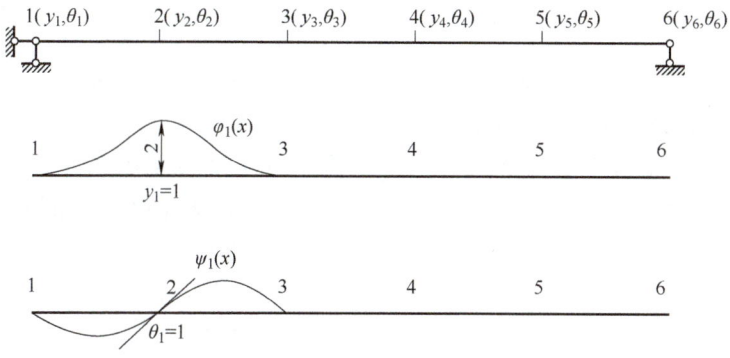

图 10-5　简支梁单元划分示意图

10.2　单自由度体系的自由振动

10.2.1　基本动力系统组成

线弹性结构体系一般包含如下三种基本物理特性：①结构惯性，由结构质量引起；②结构弹性，由结构中弹性构件引起；③能量耗散特性，由结构阻尼（damping）引起。单自由度体系是最简单的一种动力系统模型，理想化的单自由度模型见图 10-6。

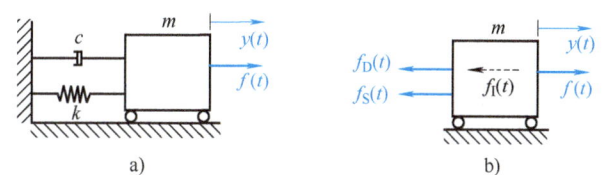

图 10-6　理想化的单自由度模型
a) 基本元件　b) 质量块受力分析

图 10-6 所示体系结构质量为 m，质量块为结构提供惯性力，由于滚筒约束（忽略地面摩擦力），质量块只能沿水平方向平动，结构只有 1 个动力自由度，结构水平方向位移用 $y(t)$ 表示；结构弹性力由无重力弹簧提供，弹簧刚度为 k；结构能量耗散通过阻尼器 c 实现，$f(t)$ 表示结构受到的外荷载。

10.2.2　单自由度无阻尼体系自由振动

单自由度系统是一种最简单的动力系统模型，本章通过对单自由度系统的动力分析，引

入结构动力学中的基本概念，便于初学者对基本概念的理解。一方面很多实际的动力问题常可按单自由度体系进行计算，或者进行初步的估算；另一方面，单自由度体系的动力分析是多自由度体系动力分析的基础，只有牢固打好这个基础，才能顺利学习后面内容。

1. 自由振动微分方程的建立

图 10-7a 所示单层平面刚架，假定横梁为刚性，不考虑柱轴向变形，采用集中质量法将该结构简化为一单自由度结构，见图 10-7b。平面刚架质量为 m，立柱的侧向刚度（为使柱顶产生单位水平位移在柱顶所需施加的水平力）为 k，忽略结构阻尼。在外界干扰作用下，质点 m 离开静止平衡位置，立柱产生弹性变形，干扰消失后，质点 m 沿水平方向自由振动，在任意 t 时刻，质点水平位移用 $y(t)$ 表示。

单自由度体系自由振动微分方程

现在对该单自由度模型进行受力分析，将该单自由度模型用弹簧质量模型表示，见图 10-7c，其中弹簧刚度和立柱侧向刚度相等，均为 k，地面无摩擦，质量块 m 只能沿水平方向运动。以弹簧自由长度位置为系统静止平衡位置，在任意 t 时刻，质量块离开平衡位置的距离为 $y(t)$。将该状态质量块作为隔离体，分析隔离体受力。隔离体受到如下两种力的作用：

1) 质量块离开平衡位置的距离为 $y(t)$，弹簧变形量为 $y(t)$，则弹性力大小为 $ky(t)$，方向与位移 $y(t)$ 的方向相反。

2) 质量块的惯性力大小为 $m\ddot{y}(t)$，方向与加速度 $\ddot{y}$ 的方向相反。$\ddot{y}$ 表示 $\dfrac{d^2 y(t)}{dt^2}$。

根据达朗贝尔原理，隔离体平衡方程为

$$m\ddot{y}(t) + ky(t) = 0 \tag{10-4}$$

通过取隔离体，隔离体与系统构件的联系以相应的力替代，利用达朗贝尔原理建立系统自由振动微分方程的方法，称为刚度法（stiffness method）。

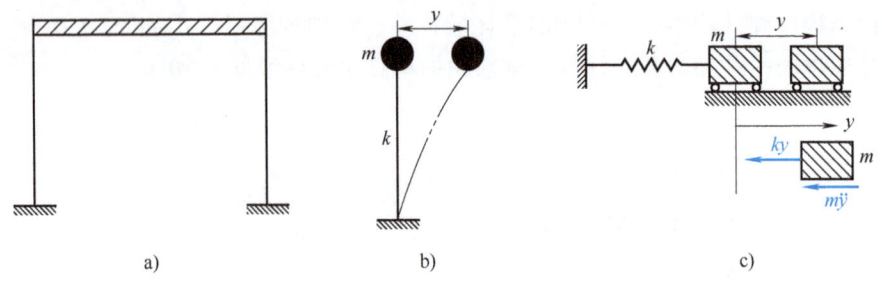

图 10-7 单自由度系统

a) 单层平面刚架　b) 简化为单自由度结构　c) 弹簧质量模型

观察图 10-7c 所示的动力系统，在任意 t 时刻，质量块位移为 $y(t)$，系统无外荷载作用，质量块在惯性力作用下运动，惯性力大小为 $m\ddot{y}(t)$。假定在单位水平力作用下，质量块产生的水平位移为 δ，δ 称为弹簧的柔度系数（flexibility coefficient）。则在惯性力 $m\ddot{y}(t)$ 作用下，质量块位移 $y(t)$ 可表示为

$$y(t) = -m\ddot{y}(t)\delta \tag{10-5}$$

弹簧刚度和弹簧柔度系数互为倒数，即

$$\delta = \dfrac{1}{k} \tag{10-6}$$

将式（10-6）代入式（10-5），整理后即式（10-4）。这种通过计算系统位移建立系统运动微分方程的方法称为柔度法（flexibility method）。

10.2.3　自由振动微分方程的解

单自由度体系自由振动微分方程式（10-4）是一个二阶常系数齐次微分方程，方程两边同时除以质量 m，并令

$$\omega^2 = \frac{k}{m} \tag{10-7}$$

式（10-4）可改写为

$$\ddot{y}(t) + \omega^2 y(t) = 0 \tag{10-8}$$

式（10-8）通解为

$$y(t) = A_1 \sin\omega t + A_2 \cos\omega t \tag{10-9}$$

式中，系数 A_1 和 A_2 为常数，由系统初始条件确定。

设初始时刻 $t=0$ 时，质点初始位移为 y_0，初始速度为 v_0，即

$$y(0) = y_0 \qquad \dot{y}(0) = v_0$$

解出式（10-9）系数为

$$A_1 = \frac{v_0}{\omega} \qquad A_2 = y_0$$

将求出的系数 A_1 和 A_2 代入式（10-9），有

$$y(t) = y_0 \cos\omega t + \frac{v_0}{\omega}\sin\omega t \tag{10-10}$$

由式（10-10）可以看出，单自由度无阻尼体系自由振动由两部分组成：一是仅由系统初始位移 y_0 引起，质点按 $y_0\cos\omega t$ 的规律振动，见图 10-8a；二是仅由系统初始速度 v_0 引起，质点按 $\dfrac{v_0}{\omega}\sin\omega t$ 的规律振动，见图 10-8b。

式（10-10）还可改写为

$$y(t) = A\sin(\omega t + \alpha) \tag{10-11}$$

其图形见图 10-8c。其中参数 A 称为振幅（amplitude of vibration），α 称为初始相位角（initial phase angle）。

将式（10-11）右边展开，得

$$y(t) = A\sin\alpha\cos\omega t + A\cos\alpha\sin\omega t$$

比较式（10-10）和式（10-11），有

$$y_0 = A\sin\alpha \qquad \frac{v_0}{\omega} = A\cos\alpha$$

振幅 A 及初始相位角 α 可表示为

$$\begin{cases} A = \sqrt{y_0^2 + \dfrac{v_0^2}{\omega^2}} \\ \alpha = \arctan\dfrac{y_0\omega}{v_0} \end{cases} \tag{10-12}$$

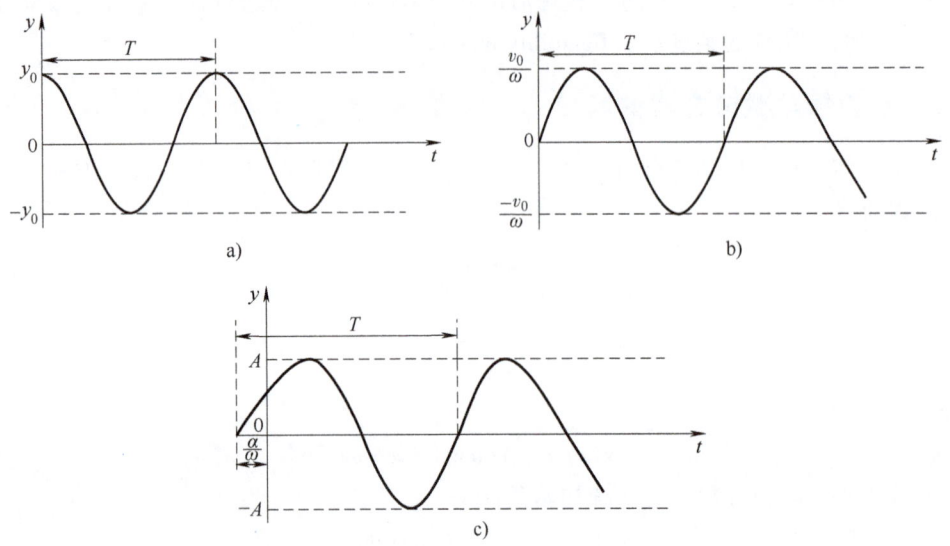

图 10-8 单自由度无阻尼体系自由振动

a) 仅由系统初始位移 y_0 引起 b) 仅由系统初始速度 v_0 引起 c) 振动图形

10.2.4 结构的自振周期

由单自由度无阻尼体系自由振动解的表达式（10-11）可以看出，质量块做简谐运动，运动周期为

$$T = \frac{2\pi}{\omega} \tag{10-13}$$

T 称为结构的自振周期（natural period），表示质点运动一周所需要的时间，周期通常用秒做单位。

与周期对应的是结构频率（frequency），频率表示单位时间内质点做周期运动的次数，频率分为圆频率（circular frequency）和运动频率。运动频率与周期互为倒数，即

$$f = \frac{1}{T} = \frac{\omega}{2\pi} \tag{10-14}$$

运动频率通常用 Hz 或 s^{-1} 为单位。

圆频率也称为角频率，圆频率计算公式为

$$\omega = \frac{2\pi}{T} = 2\pi f \tag{10-15}$$

结构自振周期是结构固有属性，周期计算公式有如下几种形式：

(1) 根据结构质量 m 和结构刚度 k 计算周期

$$T = 2\pi \sqrt{\frac{m}{k}} \tag{10-16}$$

(2) 根据结构质量 m 和柔度系数 δ 计算周期

$$T = 2\pi \sqrt{m\delta} \tag{10-17}$$

(3) 根据结构重量 W 和柔度系数 δ 计算周期

$$T = 2\pi\sqrt{\frac{W\delta}{g}} \qquad (10\text{-}18)$$

(4) 根据质点在自重作用下的静位移 Δ_{st} 计算周期

$$T = 2\pi\sqrt{\frac{\Delta_{st}}{g}} \qquad (10\text{-}19)$$

通过上述分析，可通过结构物理参数计算结构周期及频率，具体见表 10-1。

表 10-1　结构周期及频率的计算

已知条件	周期 T	运动频率 f	圆频率 ω
已知结构质量 m 和结构刚度 k	$2\pi\sqrt{\dfrac{m}{k}}$	$\dfrac{1}{2\pi}\sqrt{\dfrac{k}{m}}$	$\sqrt{\dfrac{k}{m}}$
已知结构质量 m 和柔度系数 δ	$2\pi\sqrt{m\delta}$	$\dfrac{1}{2\pi}\dfrac{1}{\sqrt{m\delta}}$	$\dfrac{1}{\sqrt{m\delta}}$
已知结构重量 W 和柔度系数 δ	$2\pi\sqrt{\dfrac{W\delta}{g}}$	$\dfrac{1}{2\pi}\sqrt{\dfrac{g}{W\delta}}$	$\sqrt{\dfrac{g}{W\delta}}$
已知质点在自重作用下的静位移 Δ_{st}	$2\pi\sqrt{\dfrac{\Delta_{st}}{g}}$	$\dfrac{1}{2\pi}\sqrt{\dfrac{g}{\Delta_{st}}}$	$\sqrt{\dfrac{g}{\Delta_{st}}}$

结构自振周期是线弹性结构固有性质，自振周期与结构的质量和结构的刚度有关，干扰力的大小只能影响振幅大小，而不能影响结构自振周期的大小。从单自由度无阻尼体系周期计算公式可以看出，自振周期与质量的平方根成正比，结构质量越大，自振周期越大，运动频率越小；自振周期与刚度的平方根成反比，结构刚度越大，自振周期越小，运动频率越大；改变结构的质量或刚度，才能改变结构的自振周期。

自振周期 T 是一个很重要的结构动力特性指标。两个外表相似的结构，如果自振周期相差很大，则动力性能相差很大；反之，两个外表看起来并不相同的结构，如果其自振周期相近，则在动荷载作用下其动力性能基本一致。地震中常发生这样的现象，所以自振周期的计算十分重要。

【例 10-1】　如图 10-9 所示为一个单层建筑理想化刚性横梁支撑在立柱上，假定忽略立柱质量和结构阻尼，为计算结构动力特性，对该结构进行自由振动试验。试验中千斤顶作用在横梁顶部，使横梁产生侧向位移，此时横梁位移为 0.5cm，千斤顶施加的力为 90kN，然后突然释放使结构产生振动，通过记录横梁位移，测得位移循环周期为 1.4s。试确定横梁有效重量和结构无阻尼振动频率 ω。

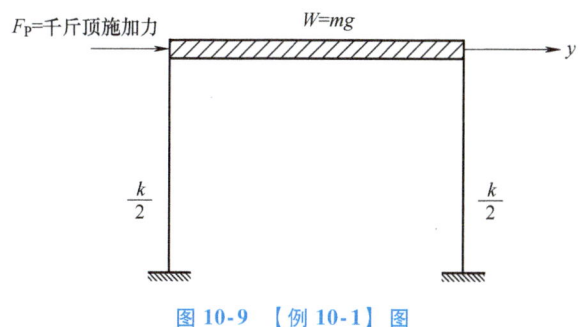

图 10-9　【例 10-1】图

【解】 1. 横梁有效重量

$$T = 2\pi\sqrt{\dfrac{W}{gk}}$$

$$W = \left(\dfrac{T}{2\pi}\right)^2 gk = \left(\dfrac{1.4\text{s}}{2\pi}\right)^2 \times 9.8\text{m/s}^2 \times \dfrac{90 \times 10^3 \text{N}}{0.5 \times 10^{-2}\text{m}} = 8757.80\text{kN}$$

2. 无阻尼振动频率

$$f = \dfrac{1}{T} = \dfrac{1}{1.4\text{s}} = 0.714\text{Hz}$$

$$\omega = 2\pi f = 4.49\text{rad/s}$$

10.3 单自由度无阻尼体系的强迫振动

10.3.1 单自由度体系受迫振动运动方程

动力荷载作用下结构的振动称为强迫振动或受迫振动（forced vibration）。

图 10-10a 所示为单自由度体系强迫振动模型，质量为 m，弹簧刚度系数（stiffness coefficient）为 k，动力荷载为 $F(t)$。取质量块 m 作为隔离体，见图 10-10b，隔离体受到的弹性力为 $-ky(t)$，惯性力为 $-m\ddot{y}(t)$，外荷载为 $F(t)$，建立动力平衡方程，即

$$m\ddot{y}(t) + ky(t) = F(t) \tag{10-20}$$

单自由度体系受迫振动运动方程

令 $\omega = \sqrt{\dfrac{k}{m}}$，代入式（10-20），有

$$\ddot{y}(t) + \omega^2 y(t) = \dfrac{F(t)}{m} \tag{10-21}$$

式（10-21）为单自由度体系强迫振动微分方程。

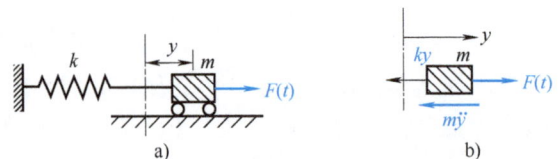

图 10-10 动力荷载作用下结构示意图
a) 动力模型 b) 质量块受力分析

10.3.2 简谐荷载作用下结构动力反应

1. 简谐荷载作用下结构动力反应求解

若外荷载 $F(t)$ 为简谐荷载，其表达式可写为

$$F(t) = F_0 \sin\theta t \tag{10-22}$$

式中，F_0 为荷载幅值；θ 为荷载频率。

将式（10-22）代入式（10-21）中有

$$\ddot{y}(t) + \omega^2 y(t) = \frac{F_0}{m}\sin\theta t \tag{10-23}$$

设式（10-23）的特解为

$$y(t) = A\sin\theta t \tag{10-24}$$

将式（10-24）代入式（10-23）得

$$(-\theta^2 + \omega^2)A\sin\theta t = \frac{F_0}{m}\sin\theta t$$

根据上式两边 $\sin\theta t$ 系数相等有

$$A = \frac{F_0}{m(\omega^2 - \theta^2)}$$

因此，式（10-23）的特解为

$$y_p(t) = \frac{F_0}{m(\omega^2 - \theta^2)}\sin\theta t \tag{10-25}$$

二阶常系数微分方程的齐次解为

$$y_c(t) = C_1\sin\omega t + C_2\cos\omega t \tag{10-26}$$

因此，式（10-23）的通解为

$$y(t) = y_c(t) + y_p(t) = C_1\sin\omega t + C_2\cos\omega t + \frac{F_0}{m(\omega^2 - \theta^2)}\sin\theta t \tag{10-27}$$

式中，系数 C_1 和 C_2 由初始条件确定。

设在 $t = 0$ 时刻，结构初始位移 $y(0)$ 和初始速度 $\dot{y}(0)$ 均为零，将初始条件代入式（10-27）中有

$$\begin{cases} y(0) = C_2 = 0 \\ \dot{y}(0) = \omega C_1 + \dfrac{F_0\theta}{m(\omega^2 - \theta^2)} = 0 \end{cases}$$

求得

$$\begin{cases} C_1 = -\dfrac{F_0\theta}{m(\omega^2 - \theta^2)\omega} \\ C_2 = 0 \end{cases}$$

将求出的系数 C_1 和 C_2 代入式（10-27）有

$$y(t) = \underbrace{-\frac{F_0\theta}{m\omega(\omega^2 - \theta^2)}\sin\omega t}_{\text{按结构自振频率}\omega\text{振动}} + \underbrace{\frac{F_0}{m(\omega^2 - \theta^2)}\sin\theta t}_{\text{按荷载频率}\theta\text{振动}} \tag{10-28}$$

从式（10-28）可以看出，单自由度无阻尼体系强迫振动结构反应由两部分组成，第一部分是按结构自振频率 ω 的振动，第二部分是按荷载频率 θ 的振动。在无阻尼体系中，两部分振动同时存在，实际结构振动过程中存在阻尼力，按结构自振频率 ω 振动的部分将逐渐衰减，最后起主导作用的是按荷载频率 θ 振动的部分。按结构自振频率 ω 振动和按荷载频率 θ 振动同时存在的阶段称为"过渡阶段"，按荷载频率 θ 振动起主导作用的阶段称为"平稳阶段"。过渡阶段持续时间一般较短，因此，结构强迫振动主要考虑平稳阶段的振动。

2. 简谐振动的动力系数 (magnification factor)

平稳阶段结构位移响应为

$$y(t) = \frac{F_0}{m(\omega^2 - \theta^2)} \sin\theta t = \frac{F_0}{m\omega^2\left(1 - \dfrac{\theta^2}{\omega^2}\right)} \sin\theta t \tag{10-29}$$

令

$$y_{st} = \frac{F_0}{m\omega^2} = F_0 \delta \tag{10-30}$$

式中，y_{st} 表示以荷载幅值 F_0 作为静力荷载作用时，结构所产生的位移。

将式（10-30）代入式（10-29），有

$$y(t) = y_{st} \frac{1}{\left(1 - \dfrac{\theta^2}{\omega^2}\right)} \sin\theta t \tag{10-31}$$

稳态阶段结构在荷载作用下最大位移（即振幅）为

$$y_{max} = y_{st} \frac{1}{\left(1 - \dfrac{\theta^2}{\omega^2}\right)}$$

最大动位移与荷载幅值所产生的静位移的比值为动力系数，用 β 表示，即

$$\beta = \frac{y_{max}}{y_{st}} = \frac{1}{\left(1 - \dfrac{\theta^2}{\omega^2}\right)} \tag{10-32}$$

从式（10-32）中可以看出，动力系数 β 与荷载频率 θ 和结构频率 ω 的比值有关。图 10-11 给出了动力系数 β 与频率比值 $\dfrac{\theta}{\omega}$ 的关系，其中横坐标为 $\dfrac{\theta}{\omega}$，纵坐标为 β 的绝对值（注意：当 $\dfrac{\theta}{\omega} > 1$ 时，β 为负值）。

从图 10-11 可以得到如下性质：

1）当 $\dfrac{\theta}{\omega} \to 0$ 时，动力系数 $\beta \to 1$，表示简谐荷载随时间变化非常缓慢，动力作用不明显，近似于静力作用，可当静力荷载处理。

2）当 $0 < \dfrac{\theta}{\omega} < 1$ 时，动力系数 β 随频率比值 $\dfrac{\theta}{\omega}$ 增大而增大，动力系数 $\beta > 1$。

3）当 $\dfrac{\theta}{\omega} \to 1$ 时，动力系数 $|\beta| \to +\infty$，表示荷载频率 θ 和结构频率 ω 接近时，结构振幅会无限增大，这种现象称为共振（resonance）。考虑结构阻尼影响，实际结构共振时振幅不会无限增大，但共振时振幅会远超静位移，结构在设计过程中应避免发生共振。

4）当 $\dfrac{\theta}{\omega} > 1$ 时，动力系数的绝对值 $|\beta|$ 随频率比值 $\dfrac{\theta}{\omega}$ 增大而减小，$\beta = -1$ 时，$\theta = \sqrt{2}\omega$。

5）当 $\dfrac{\theta}{\omega} \to \infty$ 时，动力系数 $\beta \to 0$。

以上特性是结构在简谐荷载作用下位移幅值随频率比值 $\dfrac{\theta}{\omega}$ 的变化情况，对于结构的内力、应力也可做类比分析。

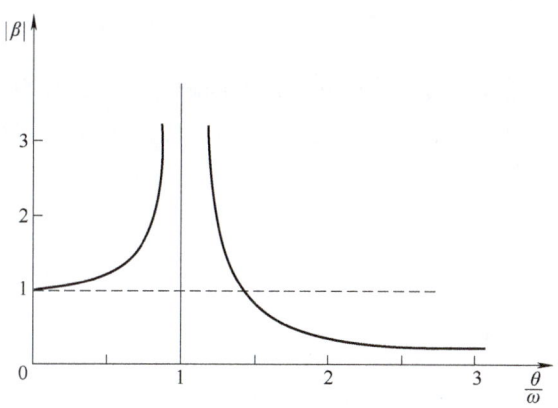

图 10-11 动力系数 β 与频率比值 $\dfrac{\theta}{\omega}$ 的关系

【例 10-2】 有一悬臂钢梁，见图 10-12，梁长为 1.75m，截面为 I28b 工字钢，惯性矩为 $I = 7480\text{cm}^4$，截面系数 $W_1 = 534\text{cm}^3$，弹性模量 $E = 2.1 \times 10^5\text{MPa}$。结构悬臂端有重量 $G = 25\text{kN}$ 的电机，由于电机有偏心，转速 $n = 450\text{r/min}$ 时，电机转动时产生离心力为 $F_P = 15\text{kN}$，离心力的竖向分量为 $F_P\sin\theta t$，忽略梁本身重量，试求钢梁在竖向简谐荷载作用下强迫振动的动力系数和最大正应力。

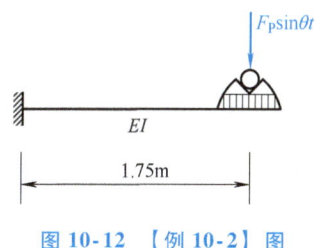

图 10-12 【例 10-2】图

【解】 (1) 计算悬臂梁自振频率 ω

$$\omega = \sqrt{\frac{g}{\Delta_{st}}} = \sqrt{\frac{g}{W\delta}} = \sqrt{\frac{3EIg}{Gl^3}} = \sqrt{\frac{3 \times 2.1 \times 10^4 \text{kN/cm}^2 \times 7480\text{cm}^4 \times 980\text{cm/s}^2}{25\text{kN} \times (175\text{cm})^3}} = 58.7\text{s}^{-1}$$

(2) 计算荷载频率 θ

$$\theta = \frac{2\pi n}{60} = \frac{2 \times 3.14 \times 450}{60\text{s}} = 47.1\text{s}^{-1}$$

(3) 计算动力系数 β 根据式（10-32），有

$$\beta = \frac{1}{1 - \dfrac{\theta^2}{\omega^2}} = \frac{1}{1 - \dfrac{(47.1\text{s}^{-1})^2}{(58.7\text{s}^{-1})^2}} = 2.81$$

(4) 计算截面最大正应力 最大正应力包含电机重量产生的最大正应力和简谐荷载作用下产生的最大正应力，其中简谐荷载作用下产生的最大正应力为简谐荷载幅值作用下最大正应力的 β 倍。

$$\sigma = \frac{Gl}{W_1} + \beta\frac{F_P l}{W_1} = \frac{25\text{kN} \times 175\text{cm}}{534\text{cm}^3} + 2.81 \times \frac{15\text{kN} \times 175\text{cm}}{534\text{cm}^3} = 22\text{MPa}$$

10.3.3 一般动力荷载作用下结构动力反应——杜哈梅积分

体系在随时间任意变化的一般动力荷载作用下的响应，可以视为一系列独立瞬时冲量连续作用下的响应总和。结构在一般动力荷载作用下的动力反应分两步分析：先求瞬时冲量下结构动力反应，在此基础上再求一般动力荷载下的动力反应。

假定结构在 $t=0$ 时刻处于静止状态，在 Δt 时间内作用荷载 F_P，其冲量 S 为 $F_P \Delta t$（图 10-13a），在冲量 S 的作用下，结构产生初速度 $v_0 = \dfrac{S}{m}$，初位移仍为零。利用式（10-10）计算结构在冲量 S 作用下结构反应为

$$y(t) = \frac{S}{m\omega}\sin(\omega t) \tag{10-33}$$

式（10-33）为在 $t=0$ 时作用瞬时冲量 S 所引起的动力反应。

在 $t=\tau$ 时作用的瞬时冲量 S 见图 10-13b，则在其后任意时刻 $t(t>\tau)$ 的位移反应为

$$y(t) = \frac{S}{m\omega}\sin\omega(t-\tau) \tag{10-34}$$

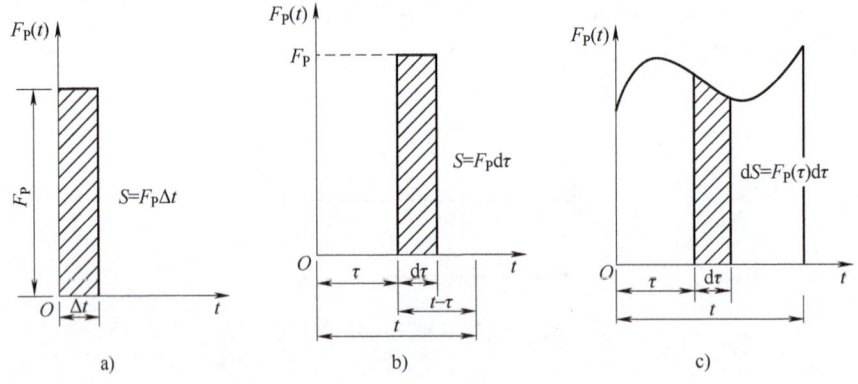

图 10-13 一般动力荷载作用下结构动力反应
a) $t=0$ 时冲量　b) $t=\tau$ 时冲量　c) 一般荷载下微冲量

对于一般动力荷载 F_P 的动力反应计算，可将整个加载过程看成一系列瞬时冲量（图 10-13c）组成。在 $t=\tau$ 时刻，荷载为 $F_P(\tau)$，荷载 $F_P(\tau)$ 在时间段 $\mathrm{d}\tau$ 内产生的冲量为 $\mathrm{d}S = F_P(\tau)\mathrm{d}\tau$，在该冲量作用下结构动力反应为

$$\mathrm{d}y(t) = \frac{F_P(\tau)\mathrm{d}\tau}{m\omega}\sin\omega(t-\tau) \qquad (t>\tau) \tag{10-35}$$

在加载时间段内对所有时间段 $\mathrm{d}\tau$ 的结构动力反应进行叠加，则结构在一般动力荷载 F_P 作用下的总反应为

$$y(t) = \frac{1}{m\omega}\int_0^t F_P(\tau)\sin\omega(t-\tau)\mathrm{d}\tau \tag{10-36}$$

式（10-36）称为杜哈梅积分（Duhamel's integral），它是求解初始时刻结构处于静止状态的单自由度体系在任意动力荷载 $F_P(t)$ 作用下的位移计算公式。如果初始位移 y_0 和初始速度 v_0 不为零，则总位移计算公式为

$$y(t) = y_0\cos\omega t + \frac{v_0}{\omega}\sin\omega t + \frac{1}{m\omega}\int_0^t F_P(\tau)\sin\omega(t-\tau)\mathrm{d}\tau \qquad (10\text{-}37)$$

下面分析几种常见动力荷载作用下的动力反应。

1. 突加荷载

设结构处于静止状态，在 $t=0$ 时，突然加上荷载 F_{P0} 并持续作用在结构上，这种荷载为突加荷载，其数学表达为

$$F_P(t) = \begin{cases} 0 & (t<0) \\ F_{P0} & (t\geq 0) \end{cases} \qquad (10\text{-}38)$$

突加荷载图像见图 10-14。

将式（10-38）代入式（10-36），可求得突加荷载作用下结构动力位移。

当 $t\geq 0$ 时

$$y(t) = \frac{1}{m\omega}\int_0^t F_P(\tau)\sin\omega(t-\tau)\mathrm{d}\tau = \frac{F_{P0}}{m\omega^2}(1-\cos\omega t) = y_{st}(1-\cos\omega t) \qquad (10\text{-}39)$$

式中，$y_{st} = \dfrac{F_{P0}}{m\omega^2} = F_{P0}\delta$，表示在静力荷载 F_{P0} 作用下结构产生的静位移。

根据式（10-39）作出突加荷载作用下结构动力位移图，见图 10-15，当 $t>0$ 时，质点围绕静力平衡位置 $y=y_{st}$ 做简谐运动，动力系数为

$$\beta = \frac{[y(t)]_{max}}{y_{st}} = 2 \qquad (10\text{-}40)$$

突加荷载作用下，结构最大位移比相应静位移增大 1 倍。

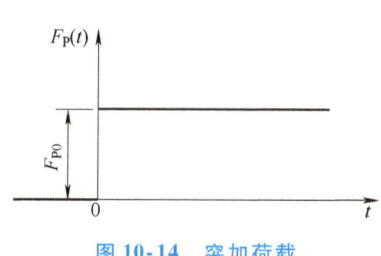

图 10-14　突加荷载

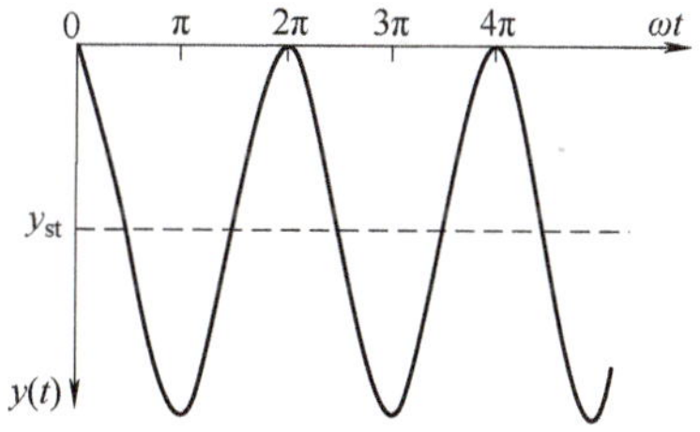

图 10-15　突加荷载作用下结构动力位移

2. 矩形脉冲荷载

矩形脉冲荷载是荷载在 $0<t<u$ 时间段内，荷载值保持不变，其余时刻荷载值为 0，其表示为

$$F_P(t) = \begin{cases} 0 & (t<0) \\ F_{P0} & (0\leq t\leq u) \\ 0 & (t>u) \end{cases} \qquad (10\text{-}41)$$

矩形脉冲荷载曲线见图 10-16。矩形脉冲荷载作用下结构动力反应分 $0\leq t\leq u$ 和 $t>u$ 两时间段计算。

第一阶段：$0\leq t\leq u$

此阶段和突加荷载相同，在 $0\leq t\leq u$ 时间段内，结构动力位移由式（10-39）给出，即

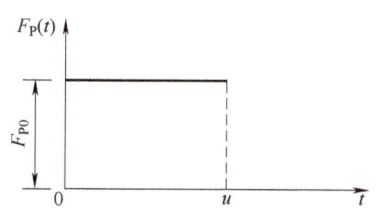

图 10-16　矩形脉冲荷载曲线图

$$y(t) = y_{st}(1 - \cos\omega t)$$

第二阶段：$t > u$

此阶段无荷载作用，结构自由振动，初始位移和初始速度是第一阶段终止时刻 $t = u$ 的位移 $y(u)$ 和速度 $v(u)$。动力位移计算按式（10-36）求得，即

$$y(t) = 2y_{st}\sin\frac{\omega u}{2}\sin\omega\left(t - \frac{u}{2}\right)$$

因此，矩形脉冲荷载作用下结果动力反应为

$$y(t) = \begin{cases} 0 & (t < 0) \\ y_{st}(1 - \cos\omega t) & (0 \leqslant t \leqslant u) \\ 2y_{st}\sin\frac{\omega u}{2}\sin\omega\left(t - \frac{u}{2}\right) & (t > u) \end{cases} \quad (10\text{-}42)$$

下面讨论矩形脉冲荷载作用下的最大反应。

当 $u > \dfrac{T}{2}$（T 为结构自振周期）时，结构动力系数为

$$\beta = \max[1 - \cos\omega t] = 2$$

当 $u < \dfrac{T}{2}$，最大反应发生在第二阶段，动力位移最大值为

$$y_{\max} = 2y_{st}\sin\frac{\omega u}{2}$$

动力系数为

$$\beta = 2\sin\frac{\omega u}{2}$$

此时，动力系数 β 的数值取决于参数 $\dfrac{u}{T}$，可以画出 β 与 $\dfrac{u}{T}$ 之间的关系曲线，β 与 $\dfrac{u}{T}$ 的关系称为动力系数反应谱。

3. 线性渐增荷载

在 $0 \leqslant t \leqslant t_r$ 时，荷载由 0 增至 F_{P0}，在 $t > t_r$，荷载保持不变（图10-17），荷载表达式为

$$F(t) = \begin{cases} \dfrac{F_{P0}}{t_r}t & (0 \leqslant t \leqslant t_r) \\ F_{P0} & (t > t_r) \end{cases}$$

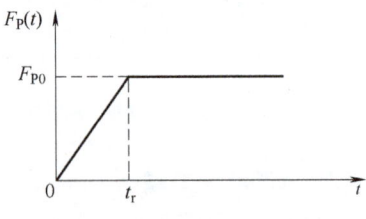

图 10-17　线性渐增荷载

采用杜哈梅公式求解结构动力反应，得

$$y(t) = \begin{cases} y_{st}\dfrac{1}{t_r}\left(t - \dfrac{\sin\omega t}{\omega}\right) & (0 \leqslant t \leqslant t_r) \\ y_{st}\left\{1 - \dfrac{1}{\omega t_r}[\sin\omega t - \sin\omega(t - t_r)]\right\} & (t > t_r) \end{cases} \quad (10\text{-}43)$$

线性渐增荷载的动力系数 β 随升载时间与结构周期的比值 $\dfrac{t_r}{T}$ 有关，从图10-18可以看出，动力系数 β 介于1和2之间。如果升载时间 t_r 很短（例如 $t_r < \dfrac{T}{4}$），动力系数 β 接近2，此时荷

载作用类似于突加荷载作用。如果升载时间 t_r 很长（例如 $t_r > 4T$），动力系数 β 接近 1，此时荷载作用近似于静力荷载情况。在设计工作中，常以图 10-18 所示的外包虚线作为设计依据。

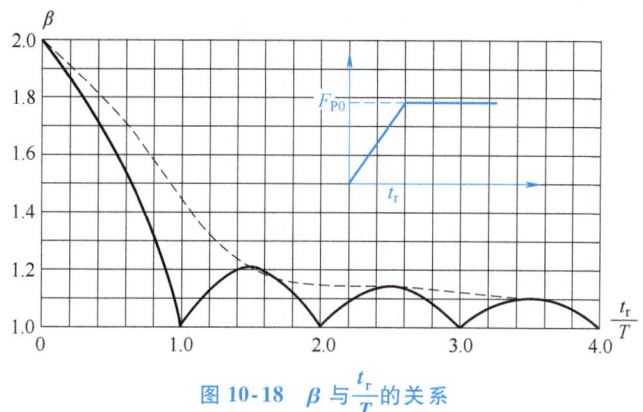

图 10-18 β 与 $\dfrac{t_r}{T}$ 的关系

10.4 阻尼对单自由度体系振动的影响

以上各节探讨无阻尼影响的结构振动问题，因不考虑阻尼，结构自由振动振幅永不衰减，共振时振幅可趋向于无穷大。然而实际情况和上述现象不尽相符。为进一步了解实际结构振动规律，研究结构振动时有必要考虑阻尼的影响。

结构振动中阻尼力有多种来源，如结构构件间的摩擦，材料内部的摩擦，周围介质的阻力等。阻尼力在结构振动中起到阻碍结构运动的作用。阻尼力的方向与结构运动方向相反，大小一般和结构运动速度相关。如果阻尼力和结构运动速度成正比，这种阻尼力称为黏滞阻尼力。下面讨论黏滞阻尼力对结构运动的影响。

具有阻尼的单自由度体系的振动模型见图 10-19a。取质量块为隔离体，见图 10-19b，结构体系质量为 m，惯性力为 $-m\ddot{y}$，外荷载为 $F(t)$，体系的弹性用弹簧表示，弹簧刚度为 k，弹性恢复力为 $-ky$，体系阻尼性质用阻尼器表示，阻尼常数为 c，阻尼力为 $-c\dot{y}$，结构动力平衡方程为

$$m\ddot{y} + c\dot{y} + ky = F(t) \tag{10-44}$$

下面分别讨论自由振动和强迫振动。

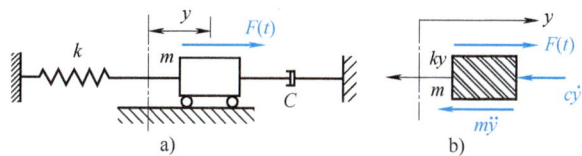

图 10-19 具有阻尼的单自由度体系
a）振动模型 b）隔离体

10.4.1 有阻尼单自由度体系的自由振动

式（10-44）中外荷载 $F(t) = 0$，即为单自由度自由振动方程。令

结构力学

$$\omega = \sqrt{\frac{k}{m}}, \quad \xi = \frac{c}{2m\omega} \tag{10-45}$$

式（10-44）可改写为

$$\ddot{y} + 2\xi\omega\dot{y} + \omega^2 y = 0 \tag{10-46}$$

设式（10-46）的解为如下形式：

$$y(t) = Ce^{\lambda t}$$

则 λ 由特征方程（characteristic equation）确定：

$$\lambda^2 + 2\xi\omega\lambda + \omega^2 = 0$$

$$\lambda = \omega(-\xi \pm \sqrt{\xi^2 - 1}) \tag{10-47}$$

下面分别讨论 $\xi < 1$，$\xi = 0$ 和 $\xi > 1$ 时三种运动形态。

1) 当 $\xi < 1$（低阻尼情况）时，令

$$\omega_r = \omega\sqrt{1 - \xi^2} \tag{10-48}$$

ω_r 是低阻尼体系的自振频率，在 $\xi < 1$ 时，$\omega_r < \omega$，且 ω_r 随 ξ 值的增大而减小。通常情况下，ξ 是一个小数，如果 $\xi < 0.2$，则 $0.9798 < \frac{\omega_r}{\omega} < 1$，即 ω_r 和 ω 值接近，因此，在这种情况下，阻尼对自振频率的影响不大，可以忽略。

式（10-48）代入式（10-47）可简化为

$$\lambda = -\xi\omega \pm i\omega_r$$

此时，方程（10-46）的解为

$$y(t) = e^{-\xi\omega t}(C_1\cos\omega_r t + C_2\sin\omega_r t)$$

考虑结构初始条件，假定结构初始位移为 y_0，初始速度为 v_0，有

$$y(t) = e^{-\xi\omega t}\left(y_0\cos\omega_r t + \frac{v_0 + \xi\omega y_0}{\omega_r}\sin\omega_r t\right) \tag{10-49}$$

式（10-49）也可改写为

$$y(t) = e^{-\xi\omega t}a\sin(\omega_r t + \alpha) \tag{10-50}$$

其中

$$a = \sqrt{y_0^2 + \frac{(v_0 + \xi\omega y_0)^2}{\omega_r^2}}$$

$$\tan\alpha = \frac{y_0\omega_r}{v_0 + \xi\omega y_0}$$

从式（10-50）可以看出，结构振幅为 $ae^{-\xi\omega t}$，图 10-20a 是一条 $\xi < 1$ 时的结构振动曲线。

由于阻尼影响，振幅随时间逐渐衰减。相邻 n 个周期的振幅 y_k 和 y_{k+n} 的比值为

$$\frac{y_{k+n}}{y_k} = \frac{e^{-\xi\omega(t_k + nT)}}{e^{-\xi\omega t_k}} = e^{-\xi\omega nT}$$

ξ 值越大，振幅衰减越快。

对上式两端取自然对数，有

$$\ln\frac{y_k}{y_{k+n}} = \xi\omega nT = \xi\omega n\frac{2\pi}{\omega_r}$$

因此

$$\xi = \frac{1}{2\pi n}\frac{\omega_r}{\omega}\ln\frac{y_k}{y_{k+n}}$$

如果 $\xi < 0.2$,则 $\frac{\omega_r}{\omega} \approx 1$,有

$$\xi \approx \frac{1}{2\pi n}\ln\frac{y_k}{y_{k+n}} \tag{10-51}$$

$n = 1$ 时,$\ln\frac{y_k}{y_{k+1}}$ 称为振幅的对数衰减率(logarithmic decrement of vibrational amplitude),可以利用式(10-51)来求单自由度体系的阻尼比(damping ratio)ξ。

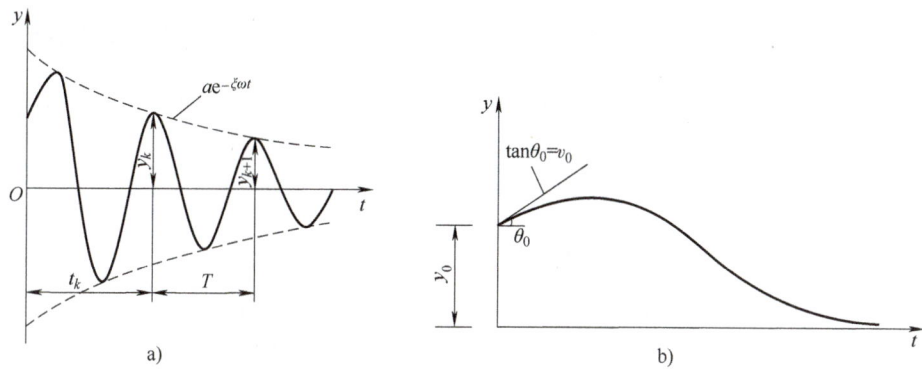

图 10-20 结构振动曲线

a) $\xi < 1$ 时 b) $\xi = 1$ 时

2)当 $\xi = 1$ 时,由式(10-47),有

$$\lambda = -\omega$$

微分方程的解为

$$y = (C_1 + C_2 t)e^{-\omega t}$$

代入初始条件有

$$y = [y_0(1 + \omega t) + v_0 t]e^{-\omega t}$$

$\xi = 1$ 时的结构运动衰减曲线见图 10-20b,但体系运动不引起振动,这时的阻尼常数称为临界阻尼常数,用 c_r 表示。临界阻尼常数为

$$c_r = 2m\omega = 2\sqrt{mk} \tag{10-52}$$

结合式(10-45)和式(10-52),有

$$\xi = \frac{c}{c_r}$$

阻尼比 ξ 可以用阻尼常数 c 与临界阻尼常数 c_r 的比值表示,它是反应阻尼情况的基本参数。

3)当 $\xi > 1$ 时,体系自由反应无振动线性,实际问题中很少遇到这种情况,故本书不做讨论。

10.4.2 有阻尼单自由度体系的强迫振动

有阻尼体系（$\xi < 1$）在动力荷载 $F_P(t)$ 下的位移反应由初始条件引起的自由振动和荷载激励产生的振动两部分组成。

外荷载 $F_P(t)$ 的加载过程可以看成由一系列瞬时冲量所组成，在 $t = \tau$ 到 $t = \tau + \mathrm{d}\tau$ 的时段内荷载的微分冲量 $\mathrm{d}S = F_P(\tau)\mathrm{d}\tau$，该微分冲量引起的动力位移反应计算式为

$$\mathrm{d}y = \frac{F_P(\tau)\mathrm{d}\tau}{m\omega_r} \mathrm{e}^{-\xi\omega(t-\tau)} \sin\omega_r(t-\tau)$$

对上式在 $0 \leqslant \tau \leqslant t$ 进行积分，得到结构在 t 时刻的位移反应为

$$y(t) = \int_0^t \frac{F_P(\tau)}{m\omega_r} \mathrm{e}^{-\xi\omega(t-\tau)} \sin\omega_r(t-\tau) \mathrm{d}\tau \tag{10-53}$$

考虑结构初始条件引起的结构位移反应和外荷载作用下的位移反应，结构总位移反应为

$$y(t) = \mathrm{e}^{-\xi\omega t}\left(y_0 \cos\omega_r t + \frac{v_0 + \xi\omega y_0}{\omega_r}\sin\omega_r t\right) + \int_0^t \frac{F_P(\tau)}{m\omega_r} \mathrm{e}^{-\xi\omega(t-\tau)} \sin\omega_r(t-\tau) \mathrm{d}\tau \tag{10-54}$$

下面讨论突加荷载和简谐荷载两种情况下的结构受迫振动。

1. 突加荷载 F_{P0}

仅考虑突加荷载引起的动力位移，由式（10-53），有

$$y(t) = \frac{F_{P0}}{m\omega^2}\left[1 - \mathrm{e}^{-\xi\omega t}\left(\cos\omega_r t - \frac{\xi\omega}{\omega_r}\sin\omega_r t\right)\right] \tag{10-55}$$

根据式（10-55）画出突加荷载作用下结构动力位移图（图 10-21），有阻尼体系在突加荷载作用下，最大位移接近静力位移 $y_{st} = \dfrac{F_{P0}}{m\omega^2}$ 的 2 倍，结构振幅不断衰减，最后静止在平衡位置。

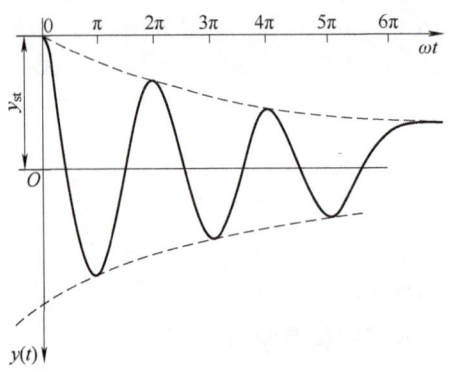

图 10-21 突加荷载作用下结构动力位移

2. 简谐荷载 $F_P(t) = F\sin\theta t$

有阻尼体系简谐荷载作用下的振动微分方程为

$$\ddot{y} + 2\xi\omega\dot{y} + \omega^2 y = \frac{F}{m}\sin\theta t \tag{10-56a}$$

式（10-56a）的特解为

$$y(t) = A\sin\theta t + B\cos\theta t \tag{10-56b}$$

代入式（10-56a）有

$$\begin{cases} A = \dfrac{F}{m} \times \dfrac{\omega^2 - \theta^2}{(\omega^2 - \theta^2)^2 + 4\xi^2 \omega^2 \theta^2} \\ B = \dfrac{F}{m} \times \dfrac{-2\xi\omega\theta}{(\omega^2 - \theta^2)^2 + 4\xi^2 \omega^2 \theta^2} \end{cases} \quad (10\text{-}56\text{c})$$

叠加方程齐次解，式（10-56a）的全解为

$$y(t) = \overbrace{\{e^{-\xi\omega t}(C_1\cos\omega_r t + C_2\sin\omega_r t)\}}^{\text{第一部分}:\text{与}\omega_r\text{相关}} + \overbrace{\{A\sin\theta t + B\cos\theta t\}}^{\text{第二部分}:\text{与}\theta\text{相关}} \quad (10\text{-}56\text{d})$$

式中，常数 C_1 和 C_2 由初始条件确定。

式（10-56d）右端项由两部分构成。由于阻尼影响，频率为 ω_r 的部分含有衰减因子 $e^{-\xi\omega t}$，该部分振动将逐渐衰减至最后消失。频率为 θ 的部分由于外荷载的周期影响不会衰减，该部分振动称为平稳振动。

下面讨论平稳振动。由式（10-56b）和式（10-56c），平稳振动动力位移可表示为

$$y(t) = y_\text{P}\sin(\theta t - \alpha) \quad (10\text{-}57\text{a})$$

式中

$$y_\text{P} = \sqrt{A^2 + B^2} = y_\text{st}\left[\left(1 - \dfrac{\theta^2}{\omega^2}\right)^2 + 4\xi^2 \dfrac{\theta^2}{\omega^2}\right]^{-\frac{1}{2}} \quad (10\text{-}57\text{b})$$

$$\alpha = \arctan\left(-\dfrac{B}{A}\right) = \arctan\dfrac{2\xi\left(\dfrac{\theta}{\omega}\right)}{1 - \left(\dfrac{\theta}{\omega}\right)^2} \quad (10\text{-}57\text{c})$$

式中，y_P 表示振幅；y_st 表示荷载最大值作用下的静力位移。由此求得结构动力系数为

$$\beta = \dfrac{y_\text{P}}{y_\text{st}} = \left[\left(1 - \dfrac{\theta^2}{\omega^2}\right)^2 + 4\xi^2 \dfrac{\theta^2}{\omega^2}\right]^{-\frac{1}{2}} \quad (10\text{-}58)$$

由式（10-58）可知，动力系数 β 和频率比值 $\dfrac{\theta}{\omega}$ 及阻尼比 ξ 有关。给定阻尼比 ξ 的值，可画出动力系数 β 和频率比 $\dfrac{\theta}{\omega}$ 之间的关系曲线，见图 10-22。

从图 10-22 及以上讨论，可以得到如下几点结论：

1) 阻尼比 ξ 越大，动力系数 β 和频率比 $\dfrac{\theta}{\omega}$ 的关系曲线越平缓，在 $\dfrac{\theta}{\omega} = 1$ 附近，动力系数 β 的峰值下降较显著。

2) 结构发生共振时，即 $\dfrac{\theta}{\omega} = 1$，动力系数为

$$\beta\Big|_{\frac{\theta}{\omega}=1} = \dfrac{1}{2\xi} \quad (10\text{-}59)$$

结构阻尼比 ξ 通常比较小，结构共振时动力系数为一有限值。若忽略阻尼的影响，即 $\xi \to 0$，则得

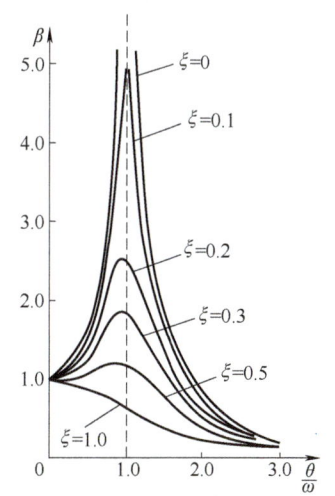

图 10-22 动力系数 β 和频率比 $\dfrac{\theta}{\omega}$ 的关系

到无阻尼体系共振时动力系数为无穷大。研究共振时结构动力反应，阻尼比的影响不能忽略。

3) 结构共振时动力系数和最大动力系数 $\beta_{\max}$ 不相等。对式（10-58）求极值点，当 $\left(\dfrac{\theta}{\omega}\right)_{\beta_{\max}} = \sqrt{1-2\xi^2}$ 时有

$$\beta_{\max} = \dfrac{1}{2\xi\sqrt{1-\xi^2}}$$

若 $\xi \neq 0$，则

$$\left(\dfrac{\theta}{\omega}\right)_{\beta_{\max}} \neq 1, \quad \beta_{\max} \neq \beta\big|_{\frac{\theta}{\omega}=1} = \dfrac{1}{2\xi}$$

实际情况结构阻尼比 ξ 值很小，可近似认为

$$\left(\dfrac{\theta}{\omega}\right)_{\beta_{\max}} \approx 1, \quad \beta_{\max} \approx \beta\big|_{\frac{\theta}{\omega}=1} = \dfrac{1}{2\xi}$$

4) 有阻尼体系的位移比荷载滞后一个相位角 α。下面考虑频率比 $\dfrac{\theta}{\omega}$ 对相位角 α 的影响。

当 $\dfrac{\theta}{\omega} \to 0$ 时，$(\theta \ll \omega)$，$\alpha \to 0°$，表示位移和荷载基本同步，此时体系振动缓慢，惯性力和阻尼力很小，动荷载主要和弹性力平衡，外荷载可按静力荷载考虑。

当 $\dfrac{\theta}{\omega} \to 1$ 时，$(\theta \approx \omega)$，$\alpha \to 90°$，当荷载值最大时，位移和加速度接近于零，弹性力和惯性力接近于零，动荷载主要由阻尼力平衡。

当 $\dfrac{\theta}{\omega} \to \infty$ 时，$(\theta \gg \omega)$，$\alpha \to 180°$，表示位移和荷载方向相反，体系振动很快，惯性力大，阻尼力和弹性力相对较小，动荷载主要和惯性力平衡。

10.5 双自由度体系的自由振动

在实际工程中，有些结构可以简化为单自由度体系，但由于结构的复杂性，实际结构可能需要多个坐标来描述结构运动。为保证结构分析结果的精度，需按多自由度体系考虑结构动力反应。多自由度体系动力分析过程和单自由度体系动力分析类似，体系运动方程也可通过刚度法或柔度法建立。在多自由度体系中，双自由度体系是最简单的多自由度体系，本节通过双自由度体系来讨论多自由度体系结构振动的基本规律。

10.5.1 刚度法

用刚度法列多自由度无阻尼体系自由振动方程同单自由度体系类似，需要对每个质点取隔离体，根据达朗贝尔原理列动力平衡方程，对第 i 个质点，假定质量为 m_i，则第 i 个质点平衡方程可写为

$$m_i \ddot{y}_i(t) + r_i(t) = 0 \tag{10-60a}$$

式中，$m_i \ddot{y}_i(t)$ 表示第 i 个质点的惯性力，方向与加速度 $\ddot{y}_i(t)$ 的方向相反；$r_i(t)$ 表示第 i 个质点受到的弹性力，弹性力 $r_i(t)$ 的大小与位移 $y_i(t)$ 相关，方向与位移 $y_i(t)$ 的方向相反。

刚度法建立两个自由度体系自由振动的微分方程

图 10-23 所示的双自由度体系，按刚度法推导得到的无阻尼自由振动的微分方程为

$$\begin{pmatrix} m_1 & 0 \\ 0 & m_2 \end{pmatrix} \begin{pmatrix} \ddot{y}_1(t) \\ \ddot{y}_2(t) \end{pmatrix} + \begin{pmatrix} r_1(t) \\ r_2(t) \end{pmatrix} = \begin{pmatrix} 0 \\ 0 \end{pmatrix} \qquad (10\text{-}60\text{b})$$

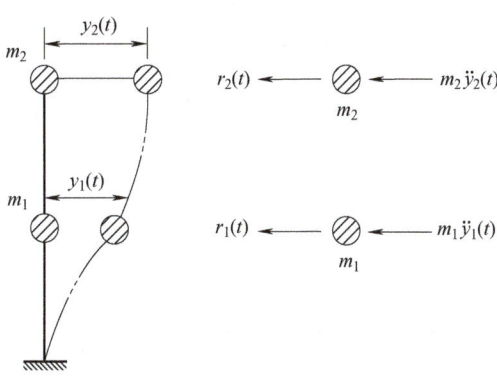

图 10-23 双自由度体系刚度法列式受力分析

下面讨论如何计算弹性力（恢复力） $r_1(t)$ 和 $r_2(t)$。

质点受到的弹性力和结构受到的弹性力是一对相互作用力，大小相等、方向相反。以结构为研究对象（图 10-24a），首先，仅让结构在 1 点产生单位位移，在 2 点位移为 0，设需要在 1 点施加 k_{11} 的力，在 2 点施加 k_{21} 的力，见图 10-24b；然后，仅让结构 2 点产生单位位移，1 点位移为 0，设需要在 2 点施加 k_{22} 的力，在 1 点施加 k_{12} 的力，见图 10-24c。结构在 1 点的实际位移为 $y_1(t)$，2 点的实际位移为 $y_2(t)$。因此，质点 1 和质点 2 的恢复力为

$$\begin{pmatrix} r_1(t) \\ r_2(t) \end{pmatrix} = \begin{pmatrix} k_{11} & k_{12} \\ k_{21} & k_{22} \end{pmatrix} \begin{pmatrix} y_1(t) \\ y_2(t) \end{pmatrix} \qquad (10\text{-}60\text{c})$$

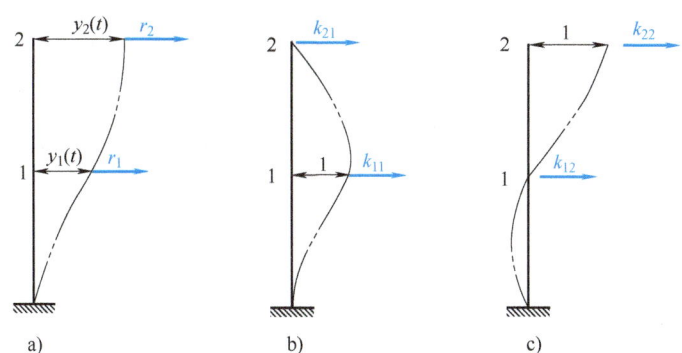

图 10-24 结构变形示意图

a) 结构实际位移图　b) 质点 1 产生单位位移时　c) 质点 2 产生单位位移时

将式（10-60c）代入式（10-60b），可得

$$\begin{pmatrix} m_1 & 0 \\ 0 & m_2 \end{pmatrix} \begin{pmatrix} \ddot{y}_1(t) \\ \ddot{y}_2(t) \end{pmatrix} + \begin{pmatrix} k_{11} & k_{12} \\ k_{21} & k_{22} \end{pmatrix} \begin{pmatrix} y_1(t) \\ y_2(t) \end{pmatrix} = \begin{pmatrix} 0 \\ 0 \end{pmatrix} \qquad (10\text{-}60\text{d})$$

以上是按刚度法建立的双自由度无阻尼体系的自由振动微分方程。

下面求微分方程式（10-60d）的解。与单自由度体系自由振动的求解类似，假设两个质点为简谐振动，设式（10-60d）解的形式为

$$\begin{pmatrix} y_1(t) \\ y_2(t) \end{pmatrix} = \begin{pmatrix} Y_1 \\ Y_2 \end{pmatrix} \sin(\omega t + \alpha) \tag{10-60e}$$

式中，ω 是两质点简谐振动频率；α 为两质点简谐振动相位角；Y_1 和 Y_2 分别为 $y_1(t)$ 和 $y_2(t)$ 的位移振幅，$y_1(t)$ 和 $y_2(t)$ 两个位移在其随时间变化的过程中，它们的比值始终为一常数，即

$$\frac{Y_1}{Y_2} = 常数$$

这种结构的振动位移形状保持不变的振动形式称为主振型（normal mode shape）或振型。

对式（10-60e）取二次导数，得自由振动加速度为

$$\begin{pmatrix} \ddot{y}_1(t) \\ \ddot{y}_2(t) \end{pmatrix} = -\omega^2 \begin{pmatrix} Y_1 \\ Y_2 \end{pmatrix} \sin(\omega t + \alpha) \tag{10-60f}$$

将式（10-60e）和式（10-60f）代入式（10-60d），提取公因子 $\begin{pmatrix} Y_1 \\ Y_2 \end{pmatrix} \sin(\omega t + \alpha)$ 整理得

$$\begin{pmatrix} k_{11} - \omega^2 m_1 & k_{12} \\ k_{21} & k_{22} - \omega^2 m_2 \end{pmatrix} \begin{pmatrix} Y_1 \\ Y_2 \end{pmatrix} \sin(\omega t + \alpha) = \begin{pmatrix} 0 \\ 0 \end{pmatrix} \tag{10-61}$$

式（10-61）对任意时刻均满足，$\sin(\omega t + \alpha)$ 可消去，故有

$$\begin{pmatrix} k_{11} - \omega^2 m_1 & k_{12} \\ k_{21} & k_{22} - \omega^2 m_2 \end{pmatrix} \begin{pmatrix} Y_1 \\ Y_2 \end{pmatrix} = \begin{pmatrix} 0 \\ 0 \end{pmatrix} \tag{10-62}$$

式（10-62）称为特征值或本征值问题，特征值 ω^2 表示自由振动频率的平方，特征向量 $\begin{pmatrix} Y_1 \\ Y_2 \end{pmatrix}$ 表示振动系统在对应的特征值 ω^2 下的振动形状，也称为振型。当 $Y_1 = Y_2 = 0$ 时，满足式（10-62），表示结构没有发生振动，处于静止状态；当 Y_1、Y_2 不同时为 0 时，要使式（10-62）恒成立，则式（10-62）的系数行列式应为 0，即

$$\begin{vmatrix} k_{11} - \omega^2 m_1 & k_{12} \\ k_{21} & k_{22} - \omega^2 m_2 \end{vmatrix} = 0 \tag{10-63}$$

式（10-63）称为频率方程（frequency equation）或特征方程，将式（10-63）展开，有

$$(\omega^2)^2 - \left(\frac{k_{11}}{m_1} + \frac{k_{22}}{m_2}\right)\omega^2 + \frac{k_{11}k_{22} - k_{12}k_{21}}{m_1 m_2} = 0$$

上式是 ω^2 的二次方程，由此可解出 ω^2 的两个根，即

$$\begin{cases} \omega_1^2 = \dfrac{1}{2}\left(\dfrac{k_{11}}{m_1} + \dfrac{k_{22}}{m_2}\right) - \sqrt{\dfrac{1}{4}\left(\dfrac{k_{11}}{m_1} + \dfrac{k_{22}}{m_2}\right)^2 - \dfrac{k_{11}k_{22} - k_{12}k_{21}}{m_1 m_2}} \\ \omega_2^2 = \dfrac{1}{2}\left(\dfrac{k_{11}}{m_1} + \dfrac{k_{22}}{m_2}\right) + \sqrt{\dfrac{1}{4}\left(\dfrac{k_{11}}{m_1} + \dfrac{k_{22}}{m_2}\right)^2 - \dfrac{k_{11}k_{22} - k_{12}k_{21}}{m_1 m_2}} \end{cases} \tag{10-64}$$

双自由度体系共有两个自振频率。用 ω_1 表示其中最小的圆频率，称为第一圆频率或基本频率，对应的振型叫作第一振型（first mode shape）或基本振型（fundamental mode shape）；另一个圆频率 ω_2 称为第二圆频率，对应的振型叫作第二振型。

将 ω_1 代入式（10-62），因式（10-62）的系数行列式应为0，故式（10-62）中两方程线性相关，由式（10-62）只能求出 $\dfrac{Y_1}{Y_2}$ 的值，即与第一圆频率 ω_1 对应的第一振型或基本振型：

$$\frac{Y_{11}}{Y_{21}} = -\frac{k_{12}}{k_{11} - m_1 \omega_1^2} \tag{10-65a}$$

式中，Y_{11} 和 Y_{21} 分别表示第一振型中质点1和2对应的振幅。

同理，将 ω_2 代入式（10-62），求出 $\dfrac{Y_1}{Y_2}$ 的另一个比值，即与第二圆频率 ω_2 对应的第二振型：

$$\frac{Y_{12}}{Y_{22}} = -\frac{k_{12}}{k_{11} - m_1 \omega_2^2} \tag{10-65b}$$

式中，Y_{12} 和 Y_{22} 分别表示第二振型中质点1和2对应的振幅。

式（10-65a）和式（10-65b）对应的振型图分别见图10-25a和图10-25b。

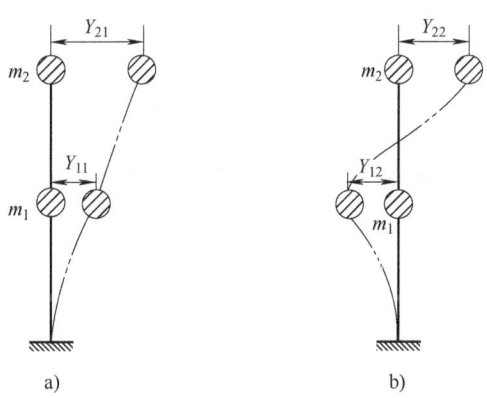

图 10-25 振型图
a）第一主振型（$\omega = \omega_1$） b）第二主振型（$\omega = \omega_2$）

双自由度体系如果按照某个主振型自由振动时，由于它的振动形式保持不变，因此双自由度体系实际上是像一个单自由度体系那样在振动。双自由度体系能够按某个主振型自由振动的条件是：初始位移和初始速度应当与此主振型相对应。

一般情形下，双自由度体系的自由振动可看作是两种频率及其主振型的组合振动，即

$$\begin{cases} y_1(t) = A_1 Y_{11} \sin(\omega_1 t + \alpha_1) + A_2 Y_{12} \sin(\omega_2 t + \alpha_2) \\ y_2(t) = A_1 Y_{21} \sin(\omega_1 t + \alpha_1) + A_2 Y_{22} \sin(\omega_2 t + \alpha_2) \end{cases}$$

这就是微分方程式（10-61）的全解。

小结：

1) 对于多自由度体系，主要是确定体系的全部自振频率及其相应的主振型。

2) 多自由度体系的自振频率不止一个，其个数与自由度的个数相等。自振频率可由特

征方程求出。

3）每个自振频率有自己相应的主振型。主振型就是多自由度体系能够按单自由度体系振动时所具有的特定形式。

4）与单自由度体系相同，多自由度体系的自振频率和主振型也是体系本身的固有性质。由式（10-64）可以看出，自振频率只与体系本身的刚度系数及其质量的分布情形有关，而与外部荷载无关。

【例10-3】 如图10-26所示的双自由度体系，质点1和2质量分别为m_1和m_2，忽略系统阻尼，试求该结构体系的自振频率及对应振型。

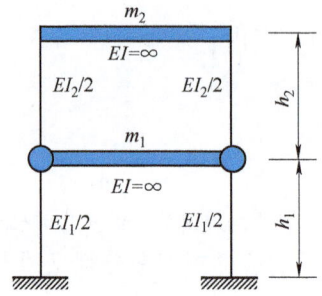

图10-26 【例10-3】图

【解】 由形常数可推出第一层层间刚度$k_1 = \dfrac{3EI_1}{h_1^3}$，第二层层间刚度$k_2 = \dfrac{3EI_2}{h_2^3}$。

由图10-26所示，结构刚度系数为

$$k_{11} = k_1 + k_2, \quad k_{12} = -k_2, \quad k_{21} = -k_2, \quad k_{22} = k_2$$

将刚度系数代入式（10-63），有

$$(k_1 + k_2 - \omega^2 m_1)(k_2 - \omega^2 m_2) - k_2^2 = 0 \tag{10-66a}$$

若$m_1 = nm_2$，$k_1 = nk_2$，代入式（10-66a），有

$$[(n+1)k_2 - \omega^2 nm_2](k_2 - \omega^2 m_2) - k_2^2 = 0 \tag{10-66b}$$

求解式（10-66b），有

$$\begin{cases} \omega_1^2 = \dfrac{1}{2}\left[\left(2 + \dfrac{1}{n}\right) - \sqrt{\dfrac{4}{n} + \dfrac{1}{n^2}}\right]\dfrac{k_2}{m_2} \\ \omega_2^2 = \dfrac{1}{2}\left[\left(2 + \dfrac{1}{n}\right) + \sqrt{\dfrac{4}{n} + \dfrac{1}{n^2}}\right]\dfrac{k_2}{m_2} \end{cases} \tag{10-66c}$$

将ω_1代入式（10-65a），有

$$\dfrac{Y_{21}}{Y_{11}} = \dfrac{1}{2} + \sqrt{n + \dfrac{1}{4}}$$

将ω_2代入式（10-65b），有

$$\dfrac{Y_{22}}{Y_{12}} = \dfrac{1}{2} - \sqrt{n + \dfrac{1}{4}}$$

1) 当 $n=1$，即 $m_1=m_2=m$，$k_1=k_2=k$ 时，代入式（10-64），得结构第一频率和第二频率为

$$\begin{cases} \omega_1 = 0.618\sqrt{\dfrac{k}{m}} \\ \omega_2 = 1.618\sqrt{\dfrac{k}{m}} \end{cases}$$

将求得的频率代入式（10-65a）和式（10-65b），有

第一振型：$\dfrac{Y_{11}}{Y_{21}} = \dfrac{1}{\dfrac{1}{2}+\sqrt{1+\dfrac{1}{4}}} = \dfrac{1}{1.618}$

第二振型：$\dfrac{Y_{12}}{Y_{22}} = \dfrac{1}{\dfrac{1}{2}-\sqrt{1+\dfrac{1}{4}}} = -\dfrac{1}{0.618}$

2) 当 $n\neq 1$，m_1 远大于 m_2 时，如假定 $n=30$ 时，代入式（10-64）求得结构第一频率和第二频率为

$$\begin{cases} \omega_1 = 0.913\sqrt{\dfrac{k}{m}} \\ \omega_2 = 1.095\sqrt{\dfrac{k}{m}} \end{cases}$$

将求得的频率代入式（10-65a）和式（10-65b），有

第一振型：$\dfrac{Y_{11}}{Y_{21}} = \dfrac{1}{\dfrac{1}{2}+\sqrt{30+\dfrac{1}{4}}} = \dfrac{1}{6}$

第二振型：$\dfrac{Y_{12}}{Y_{22}} = \dfrac{1}{\dfrac{1}{2}-\sqrt{30+\dfrac{1}{4}}} = -\dfrac{1}{5}$

如果上层质量和刚度突然变小，则顶部位移远大于下部位移。在建筑结构中，顶部结构质量和刚度突然变小，导致顶部位移急剧增大的现象，称为鞭梢效应。结构女儿墙，以及出屋面小阁楼等附属结构，因质量和刚度突变会产生鞭梢效应，在结构设计中应予以重视。

10.5.2 柔度法

柔度法是通过结构的位移协调建立运动方程。以双自由度体系为例，见图10-27，在结构自由振动的任意时刻 t，质量 m_1 和 m_2 在惯性力 $-m_1\ddot{y}_1(t)$ 和 $-m_2\ddot{y}_2(t)$ 作用下产生的静力位移为 $y_1(t)$ 和 $y_2(t)$。静力位移和惯性力的关系为

$$\begin{cases} y_1(t) = -m_1\ddot{y}_1(t)\delta_{11} - m_2\ddot{y}_2(t)\delta_{12} \\ y_2(t) = -m_1\ddot{y}_1(t)\delta_{21} - m_2\ddot{y}_2(t)\delta_{22} \end{cases} \quad (10\text{-}67)$$

式中，δ_{ij} 是结构的柔度系数。

柔度法建立两个自由度体系自由振动的微分方程

设式（10-67）解的形式为

$$\begin{cases} y_1(t) = Y_1\sin(\omega t + \alpha) \\ y_2(t) = Y_2\sin(\omega t + \alpha) \end{cases} \quad (10\text{-}68\text{a})$$

式中，Y_1 和 Y_2 是两质点的振幅。

将式（10-68a）代入惯性力表达式，有

$$\begin{cases} -m_1\ddot{y}_1(t) = m_1\omega^2 Y_1\sin(\omega t + \alpha) \\ -m_2\ddot{y}_2(t) = m_2\omega^2 Y_2\sin(\omega t + \alpha) \end{cases} \quad (10\text{-}68\text{b})$$

将式（10-68a、b）代入式（10-67），消去公因子 $\sin(\omega t + \alpha)$ 后，得

$$\begin{cases} Y_1 = (\omega^2 m_1 Y_1)\delta_{11} + (\omega^2 m_2 Y_2)\delta_{12} \\ Y_2 = (\omega^2 m_1 Y_1)\delta_{21} + (\omega^2 m_2 Y_2)\delta_{22} \end{cases} \quad (10\text{-}69\text{a})$$

上式表明，结构振幅（Y_1,Y_2）是在惯性力幅值（$\omega^2 m_1 Y_1, \omega^2 m_2 Y_2$）作用下引起的结构静力位移之和。

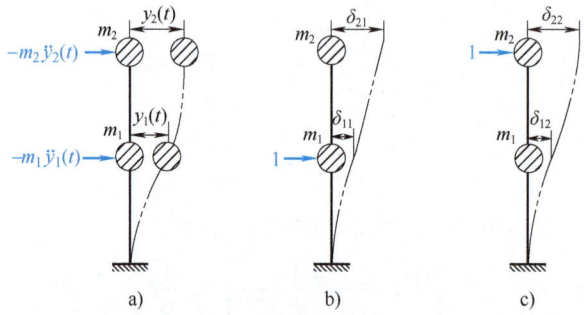

图 10-27　双自由度体系柔度法列式变形示意图

a）原结构　b）单位力作用在质点 m_1 处变形　c）单位力作用在质点 m_2 处变形

将式（10-69a）按结构振幅（Y_1，Y_2）整理，有

$$\begin{cases} \left(\delta_{11}m_1 - \dfrac{1}{\omega^2}\right)Y_1 + \delta_{12}m_2 Y_2 = 0 \\ \delta_{21}m_1 Y_1 + \left(\delta_{22}m_2 - \dfrac{1}{\omega^2}\right)Y_2 = 0 \end{cases} \quad (10\text{-}69\text{b})$$

为得到 Y_1 和 Y_2 不全为零的解，应使系数行列式等于零，即

$$D = \begin{vmatrix} \delta_{11}m_1 - \dfrac{1}{\omega^2} & \delta_{12}m_2 \\ \delta_{21}m_1 & \delta_{22}m_2 - \dfrac{1}{\omega^2} \end{vmatrix} = 0 \quad (10\text{-}70)$$

式（10-70）为用柔度系数 δ_{ij} 表示的频率方程或特征方程，通过式（10-70）可以求出结构的频率 ω_1 和 ω_2。

将式（10-70）展开，有

$$\left(\delta_{11}m_1 - \dfrac{1}{\omega^2}\right)\left(\delta_{22}m_2 - \dfrac{1}{\omega^2}\right) - \delta_{12}\delta_{21}m_1 m_2 = 0$$

设 $\lambda = \dfrac{1}{\omega^2}$ 作为待求未知数，上式可以转化为一个关于 λ 的二次方程，即

$$\lambda^2 - (\delta_{11}m_1 + \delta_{22}m_2)\lambda + (\delta_{11}\delta_{22}m_1m_2 - \delta_{12}\delta_{21}m_1m_2) = 0$$

求出 λ 的两个根为

$$\lambda_{1,2} = \dfrac{(\delta_{11}m_1 + \delta_{22}m_2) \pm \sqrt{(\delta_{11}m_1 + \delta_{22}m_2)^2 - 4(\delta_{11}\delta_{22} - \delta_{12}\delta_{21})m_1m_2}}{2} \quad (10\text{-}71)$$

结构的圆频率为

$$\omega_1 = \dfrac{1}{\sqrt{\lambda_1}}, \quad \omega_2 = \dfrac{1}{\sqrt{\lambda_2}}$$

将求得的圆频率代入式（10-69b）可以求出结构振型。将 $\omega = \omega_1$ 代入式（10-69b），有

$$\dfrac{Y_{11}}{Y_{21}} = -\dfrac{\delta_{12}m_2}{\delta_{11}m_1 - \dfrac{1}{\omega_1^2}} \quad (10\text{-}72\text{a})$$

同理，将 $\omega = \omega_2$ 代入式（10-69b），有

$$\dfrac{Y_{12}}{Y_{22}} = -\dfrac{\delta_{12}m_2}{\delta_{11}m_1 - \dfrac{1}{\omega_2^2}} \quad (10\text{-}72\text{b})$$

式（10-72a）和式（10-72b）中，Y_{ij} 表示的意思是：结构按第 j 阶频率振动，第 i 个质点的位移幅值。第 j 阶振型是质点按第 j 阶圆频率振动时质点的位移比值。

【例 10-4】 试求图 10-28 所示等截面简支梁的自振频率和主振型。假定集中质量 $m_1 = m_2 = m$。

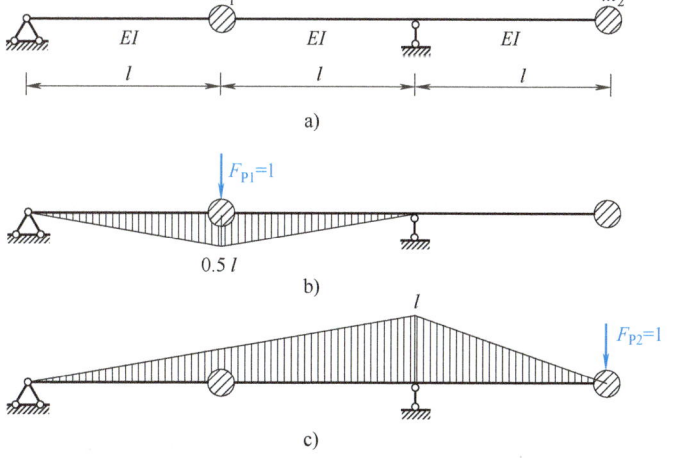

图 10-28 【例 10-4】图
a) 结构示意图 b) $\overline{M_1}$ 图 c) $\overline{M_2}$ 图

【解】 1）求柔度系数 δ_{ij}。作 $\overline{M_1}$ 图和 $\overline{M_2}$ 图，见图 10-28b 和图 10-28c，由图乘法求得

$$\delta_{11} = \dfrac{1}{EI}\left(\dfrac{1}{2} \times l \times \dfrac{l}{2} \times \dfrac{2}{3} \times \dfrac{l}{2} \times 2\right) = \dfrac{l^3}{6EI}$$

$$\delta_{12} = \delta_{21} = -\dfrac{1}{EI}\left(\dfrac{1}{2} \times 2l \times \dfrac{l}{2} \times \dfrac{1}{2} \times l\right) = \dfrac{-l^3}{4EI}$$

$$\delta_{22} = \frac{1}{EI}\left(\frac{1}{2} \times l \times l \times \frac{2}{3} \times l + \frac{1}{2} \times 2l \times l \times \frac{2}{3} \times l\right) = \frac{l^3}{EI}$$

2）求结构自振频率。将 δ_{11}、δ_{12}、δ_{21}、δ_{22} 及 m 代入式（10-71a），有

$$\lambda_1 = \frac{7+\sqrt{34}}{12}\frac{ml^3}{EI} = 1.07\frac{ml^3}{EI}$$

$$\lambda_2 = \frac{7-\sqrt{34}}{12}\frac{ml^3}{EI} = 0.10\frac{ml^3}{EI}$$

结构两个自振频率为

$$\omega_1 = \frac{1}{\sqrt{\lambda_1}} = 0.97\sqrt{\frac{EI}{ml^3}}, \quad \omega_2 = \frac{1}{\sqrt{\lambda_2}} = 3.20\sqrt{\frac{EI}{ml^3}}$$

3）求结构主振型。

$$\frac{Y_{11}}{Y_{21}} = \frac{1}{-3.61}, \quad \frac{Y_{12}}{Y_{22}} = \frac{1}{0.28}$$

10.5.3　主振型的正交性

多自由度结构体系各个主振型之间存在正交性，这是多自由度结构体系的重要动力特性。现以图 10-29 所示双自由度体系为例说明主振型的正交性。

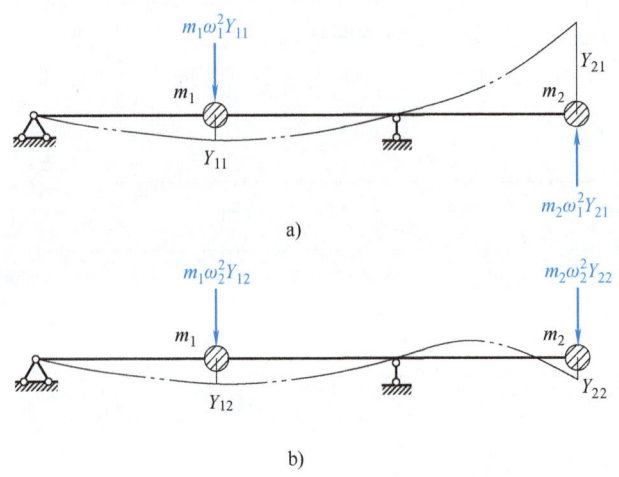

图 10-29　主振型
a）第一主振型　b）第二主振型

图 10-29 所示结构运动特解为简谐振动，位移和惯性力同时达到幅值。

图 10-29a 为第一主振型，频率为 ω_1，振幅为 (Y_{11}, Y_{21})，其值等于相应惯性力 $(\omega_1^2 m_1 Y_{11}, \omega_1^2 m_2 Y_{21})$ 所产生的静位移。

图 10-29b 为第二主振型，频率为 ω_2，振幅为 (Y_{12}, Y_{22})，其值等于相应惯性力 $(\omega_2^2 m_1 Y_{12}, \omega_2^2 m_2 Y_{22})$ 所产生的静位移。

根据虚功互等定理有：第一振型惯性力 $(\omega_1^2 m_1 Y_{11}, \omega_1^2 m_2 Y_{21})$ 在第二振型相应位移 (Y_{12}, Y_{22}) 上所做的虚功，等于第二振型惯性力 $(\omega_2^2 m_1 Y_{12}, \omega_2^2 m_2 Y_{22})$ 在第一振型相应位移

(Y_{11},Y_{21}) 上所做的虚功，即

$$(\omega_1^2 m_1 Y_{11})Y_{12} + (\omega_1^2 m_2 Y_{21})Y_{22} = (\omega_2^2 m_1 Y_{12})Y_{11} + (\omega_2^2 m_2 Y_{22})Y_{21}$$

整理有

$$(\omega_1^2 - \omega_2^2)(m_1 Y_{11} Y_{12} + m_2 Y_{21} Y_{22}) = 0$$

若 $\omega_1 \neq \omega_2$，则有

$$m_1 Y_{11} Y_{12} + m_2 Y_{21} Y_{22} = 0 \tag{10-73a}$$

上式表明两个主振型之间存在相互正交的特性，式（10-73a）说明正交性与质量有关，又称为第一正交关系。

式（10-73a）分别乘以 ω_1^2 和 ω_2^2，有

$$(m_1 \omega_1^2 Y_{11})Y_{12} + (m_2 \omega_1^2 Y_{21})Y_{22} = 0 \tag{10-73b}$$

$$(m_1 \omega_2^2 Y_{12})Y_{11} + (m_2 \omega_2^2 Y_{22})Y_{21} = 0 \tag{10-73c}$$

式（10-73b）说明第一振型惯性力在第二振型相应位移上所做虚功为零；式（10-73c）说明第二振型惯性力在第一振型相应位移上所做虚功为零。

【例 10-5】 验证图 10-30 所示结构体系主振型的正交性。

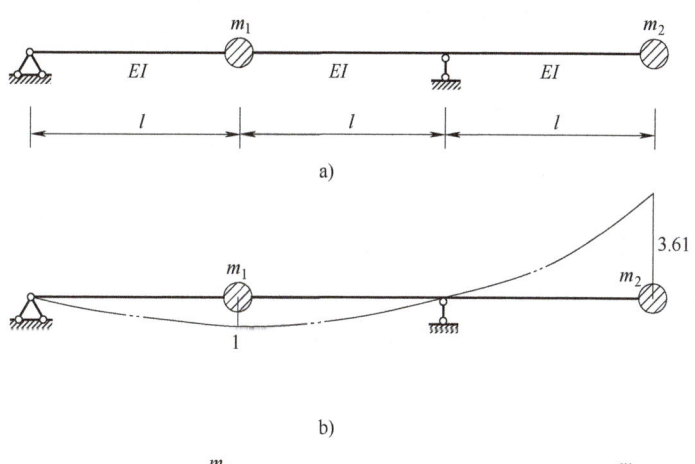

图 10-30 【例 10-5】图
a）两自由度简支梁 b）第一主振型 c）第二主振型

【解】 根据计算有

$$\frac{Y_{11}}{Y_{21}} = \frac{1}{-3.61}, \quad \frac{Y_{12}}{Y_{22}} = \frac{1}{0.28}$$

将上式代入（10-73a），有

$$m_1 Y_{11} Y_{12} + m_2 Y_{21} Y_{22} = m \times 1 \times 1 + m \times (-3.61) \times 0.28 \approx 0$$

满足主振型正交性。

10.6 双自由度体系在简谐荷载作用下的强迫振动

前面讨论了双自由度体系的自由振动，本节讨论双自由度体系的强迫振动。同结构自由振动分析类似，结构运动方程也可采用刚度法和柔度法建立。

10.6.1 刚度法

图 10-31 所示双自由度体系，在外荷载作用下结构运动方程为

$$\begin{cases} m_1 \ddot{y}_1(t) + k_{11} y_1(t) + k_{12} y_2(t) = F_{P1}(t) \\ m_2 \ddot{y}_2(t) + k_{21} y_1(t) + k_{22} y_2(t) = F_{P2}(t) \end{cases} \qquad (10\text{-}74)$$

如果荷载为简谐荷载，即

$$\begin{cases} F_{P1}(t) = F_{P1} \sin\theta t \\ F_{P2}(t) = F_{P2} \sin\theta t \end{cases} \qquad (10\text{-}75\text{a})$$

则结构的稳态振动也为简谐振动，质点位移为

$$\begin{cases} y_1(t) = Y_1 \sin\theta t \\ y_2(t) = Y_2 \sin\theta t \end{cases} \qquad (10\text{-}75\text{b})$$

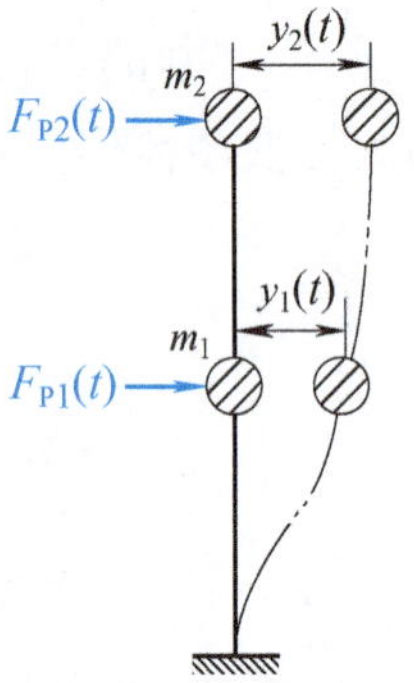

将式（10-75a）和式（10-75b）代入式（10-74），消去公因子 $\sin\theta t$，得

$$\begin{cases} (k_{11} - \theta^2 m_1) Y_1 + k_{12} Y_2 = F_{P1} \\ k_{21} Y_1 + (k_{22} - \theta^2 m_2) Y_2 = F_{P2} \end{cases}$$

图 10-31 双自由度体系刚度法列式示意图

通过上式求得结构位移幅值为

$$Y_1 = \frac{D_1}{D_0}, \quad Y_2 = \frac{D_2}{D_0} \qquad (10\text{-}76)$$

式中

$$\begin{cases} D_0 = (k_{11} - \theta^2 m_1)(k_{22} - \theta^2 m_2) - k_{12} k_{21} \\ D_1 = (k_{22} - \theta^2 m_2) F_{P1} - k_{12} F_{P2} \\ D_2 = -k_{21} F_{P1} + (k_{11} - \theta^2 m_1) F_{P2} \end{cases} \qquad (10\text{-}77)$$

将式（10-76）代入式（10-75b），可求得任意时刻 t 的位移。

由式（10-76）可知，D_0 作为分母，不能为零，如果外荷载频率与任意自振频率 ω_1 或 ω_2 重合，则 $D_0 = 0$，此时，结构位移为无穷大，即结构出现共振现象。

10.6.2 柔度法

下面用柔度法建立结构运动方程。图 10-32a 所示受简谐荷载 $F_P \sin\theta t$ 作用的双自由度体系，t 时刻质点 1 和 2 在惯性力 $-m_1 \ddot{y}_1(t)$、$-m_2 \ddot{y}_2(t)$ 和简谐荷载 $F_P \sin\theta t$ 共同作用下，结构位移为 y_1 和 y_2（图 10-32b）。

其中惯性力 $-m_1 \ddot{y}_1(t)$ 在质点 1 和 2 处产生的位移用 δ_{11} 和 δ_{21} 表示，惯性力 $-m_2 \ddot{y}_2(t)$ 在质点 1 和 2 处产生的位移用 δ_{12} 和 δ_{22} 表示，简谐荷载 $F_P \sin\theta t$ 在荷载幅值 F_P 作用下在质点

1 和 2 产生的静位移为 Δ_{1P} 和 Δ_{2P}。按柔度法建立结构运动方程，即

$$\begin{cases} y_1 = (-m_1\ddot{y}_1)\delta_{11} + (-m_2\ddot{y}_2)\delta_{12} + \Delta_{1P}\sin\theta t \\ y_2 = (-m_1\ddot{y}_1)\delta_{21} + (-m_2\ddot{y}_2)\delta_{22} + \Delta_{2P}\sin\theta t \end{cases}$$

上式可整理为

$$\begin{cases} m_1\ddot{y}_1\delta_{11} + m_2\ddot{y}_2\delta_{12} + y_1 = \Delta_{1P}\sin\theta t \\ m_1\ddot{y}_1\delta_{21} + m_2\ddot{y}_2\delta_{22} + y_2 = \Delta_{2P}\sin\theta t \end{cases} \tag{10-78}$$

稳态振动解的形式为

$$\begin{cases} y_1(t) = Y_1\sin\theta t \\ y_2(t) = Y_2\sin\theta t \end{cases} \tag{10-79}$$

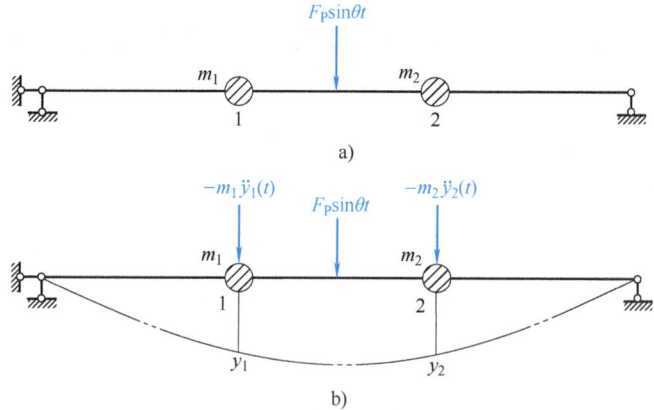

图 10-32　双自由度体系柔度法列式变形分析

a) 简谐荷载作用的双自由度体系　b) 惯性力和简谐荷载共同作用时的结构位移

将式（10-79）代入式（10-78），消去公因子 $\sin\theta t$ 后有

$$\begin{cases} (m_1\theta^2\delta_{11} - 1)Y_1 + m_2\theta^2\delta_{12}Y_2 + \Delta_{1P} = 0 \\ m_1\theta^2\delta_{21}Y_1 + (m_2\theta^2\delta_{22} - 1)Y_2 + \Delta_{2P} = 0 \end{cases} \tag{10-80}$$

求解式（10-80），得到结构位移幅值为

$$Y_1 = \frac{D_1}{D_0}, \quad Y_2 = \frac{D_2}{D_0} \tag{10-81}$$

式中

$$\begin{cases} D_0 = \begin{vmatrix} (m_1\theta^2\delta_{11} - 1) & m_2\theta^2\delta_{12} \\ m_1\theta^2\delta_{21} & (m_2\theta^2\delta_{22} - 1) \end{vmatrix} \\ D_1 = \begin{vmatrix} -\Delta_{1P} & m_2\theta^2\delta_{12} \\ -\Delta_{2P} & (m_2\theta^2\delta_{22} - 1) \end{vmatrix} \\ D_2 = \begin{vmatrix} (m_1\theta^2\delta_{11} - 1) & -\Delta_{1P} \\ m_1\theta^2\delta_{21} & -\Delta_{2P} \end{vmatrix} \end{cases} \tag{10-82}$$

从式（10-82）中可以看出，当荷载频率 θ 与结构频率 ω_1 或 ω_2 相等时，$D_0 = 0$，此时结构位移幅值将趋于无穷大，即结构出现共振。

求出结构位移幅值 Y_1、Y_2 后,可求得各质点位移 y_1、y_2 和惯性力 $-m_1\ddot{y}_1(t)$、$-m_2\ddot{y}_2(t)$。结构位移为

$$\begin{cases} y_1(t) = Y_1\sin\theta t \\ y_2(t) = Y_2\sin\theta t \end{cases}$$

惯性力为

$$\begin{cases} -m_1\ddot{y}_1(t) = m_1\theta^2 Y_1\sin\theta t \\ -m_2\ddot{y}_2(t) = m_2\theta^2 Y_2\sin\theta t \end{cases}$$

本章小结

本章主要讨论了单自由度体系自由振动和受迫振动,以及两自由度体系的自由振动和简谐荷载作用下的受迫振动,主要内容如下:

1) 结构动力分析需要考虑质点惯性力。

2) 单自由度体系自由振动是结构无外荷载作用,仅受到初始干扰(结构有初位移和初速度)引起的振动。

在单自由度体系自由振动引入了结构动力学中几个最基本概念:结构自振周期和自振频率,它们是结构的固有属性,是反映结构动力性能的重要物理量。结构自振圆频率和自振周期表达式为

$$\omega = \sqrt{\frac{k}{m}} = \sqrt{\frac{1}{m\delta}}, \quad T = \frac{2\pi}{\omega}$$

结构阻尼对自由振动的影响应掌握。

3) 单自由度体系受迫振动,讨论了结构在简谐荷载、矩形脉冲荷载和线性渐增荷载作用下结构的动力反应。结构动力反应主要通过结构动力系数来描述。

简谐荷载作用下,结构的稳态受迫振动也是按荷载频率振动的简谐振动,当荷载频率与自振频率接近时,会发生较大的动力反应,应避免此类情况出现。

无阻尼情形简谐荷载作用下的动力系数的计算公式是

$$\beta = \frac{1}{1 - \dfrac{\theta^2}{\omega^2}}$$

振幅和动弯矩幅值的计算公式分别为

$$\beta y_{st}, \quad \beta M_{st}$$

在有阻尼情形下,动力系数 β 与 $\dfrac{\theta}{\omega}$ 比值有关。

4) 两自由度体系自由振动有两个自振频率,数值较小的称为基本频率,相对应地有两个主振型。要求掌握两自由度结构自振频率和其主振型的计算,其关键是计算结构的柔度系数或刚度系数,并会验证主振型的正交性。

5) 两自由度体系受迫振动只讨论了简谐荷载作用下结构的动力反应。要求了解两自由度结构在简谐荷载作用下的振幅及动内力幅值的计算方法。

对于两自由度体系,各质点的振幅、动内力幅值没有一个统一的动力系数,这和单自由

度体系受迫振动不同。

习 题

一、单项选择题

1. 图 10-33 中所示梁的质量沿轴线均匀分布，该结构动力自由度的个数为（　　）。

A. 1
B. 2
C. 3
D. 无穷多

图 10-33　习题 1 图

2. 图 10-34 所示结构，质量 m 在杆件中点，$EI=\infty$，弹簧刚度为 k。该体系自振频率为（　　）。

A. $\sqrt{\dfrac{9k}{4m}}$　　B. $\sqrt{\dfrac{2k}{m}}$　　C. $\sqrt{\dfrac{9k}{2m}}$　　D. $\sqrt{\dfrac{4k}{m}}$

3. 在图 10-35 所示结构中，若要使其自振频率 ω 增大，可以（　　）。

A. 增大 P　　B. 增大 m　　C. 增大 EI　　D. 增大 l

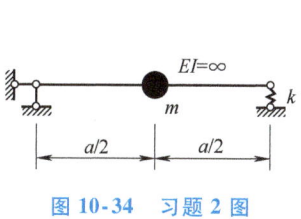

图 10-34　习题 2 图

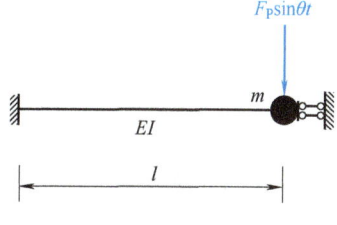

图 10-35　习题 3 图

4. 图 10-36 所示的无阻尼等截面梁承受一静力荷载 F_P，设在 $t=0$ 时，撤掉荷载 F_P，点 m 的动位移为（　　）。

A. $y(t)=\dfrac{F_P l^3}{3EI}\cos\sqrt{\dfrac{3EI}{ml^3}}t$
B. $y(t)=\dfrac{F_P l^3}{3EI}\sin\sqrt{\dfrac{3EI}{ml^3}}t$
C. $y(t)=\dfrac{F_P l^3}{8EI}\cos\sqrt{\dfrac{3EI}{ml^3}}t$
D. $y(t)=\dfrac{F_P l^3}{8EI}\sin\sqrt{\dfrac{3EI}{ml^3}}t$

5. 图 10-37 所示单自由度体系受简谐荷载作用，简谐荷载频率等于结构自振频率的两倍，则位移的动力放大系数为（　　）。

A. 2　　B. 4/3　　C. -1/2　　D. -1/3

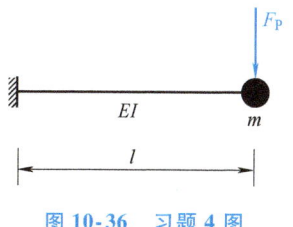

图 10-36　习题 4 图

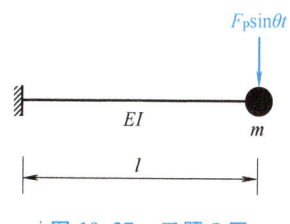

图 10-37　习题 5 图

6. 单自由度体系受简谐荷载作用 $m\ddot{y}+c\dot{y}+ky=F\sin\theta t$，当简谐荷载频率等于结构自振频率，即 $\theta=\omega=\sqrt{\dfrac{k}{m}}$ 时，与 $F\sin\theta t$ 平衡的力是（　　）。

    A. 惯性力　　　　B. 阻尼力　　　　C. 弹性力　　　　D. 弹性力 + 惯性力

7. 图 10-38 所示单自由度体系受简谐荷载作用，当简谐荷载频率等于结构自振频率的两倍时，位移的动力放大系数为（　　）。

    A. 2　　　　　　　　　　　　　　B. 4/3

    C. −1/2　　　　　　　　　　　　D. −1/3

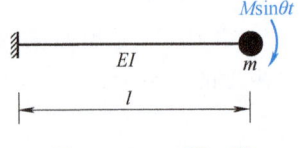

图 10-38　习题 7 图

8. 设 μ_a 和 μ_b 分别表示图 10-39a、b 所示两结构的位移动力系数，则（　　）。

    A. $\mu_a=\dfrac{1}{2}\mu_b$　　B. $\mu_a=-\dfrac{1}{2}\mu_b$　　C. $\mu_a=\mu_b$　　D. $\mu_a=-\mu_b$

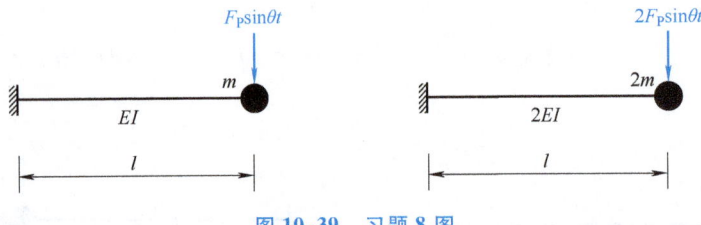

图 10-39　习题 8 图

9. 单自由度体系自由振动时，实测振动 10 周后振幅衰减为 $y_{10}=0.0016 y_0$，则阻尼比为（　　）。

    A. 0.05　　　　B. 0.02　　　　C. 0.008　　　　D. 0.1025

10. 已知结构刚度矩阵 $K=\begin{pmatrix}20 & -5 & 0\\ -5 & 8 & -3\\ 0 & -3 & 3\end{pmatrix}$，第一主振型为 $\begin{pmatrix}0.163\\ 0.569\\ 1\end{pmatrix}$，则第二主振型可能为（　　）。

    A. $\begin{pmatrix}-0.627\\ -1.227\\ 1\end{pmatrix}$　　B. $\begin{pmatrix}-0.924\\ -1.227\\ 1\end{pmatrix}$　　C. $\begin{pmatrix}-0.627\\ -2.158\\ 1\end{pmatrix}$　　D. $\begin{pmatrix}-0.924\\ -1.823\\ 1\end{pmatrix}$

二、计算题

11. 求图 10-40 所示梁的自振频率。已知：质点重 W，梁重不计，梁弹性模量为 E，梁长 l，梁截面惯性矩为 I。

12. 求图 10-41 所示梁的自振频率。

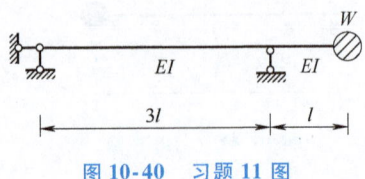

图 10-40　习题 11 图

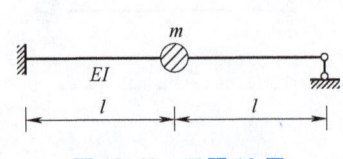

图 10-41　习题 12 图

13. 求图 10-42 所示体系的自振频率。

14. 求图 10-43 所示体系的自振频率。

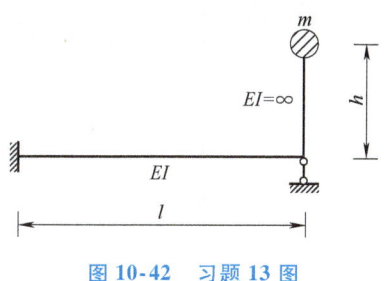

图 10-42 习题 13 图

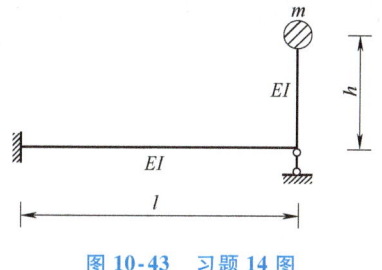

图 10-43 习题 14 图

15. 求图 10-44 所示排架的水平自振周期。已知：$W = 16\text{kN}$，$I = 20 \times 10^4 \text{cm}^4$，$E = 3.2 \times 10^4 \text{MPa}$。

16. 求图 10-45 所示刚架水平振动的自振频率。

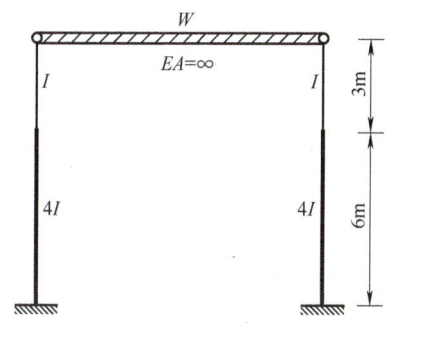

图 10-44 习题 15 图

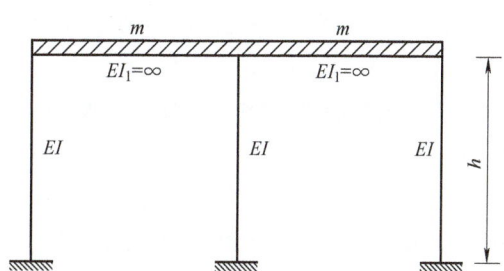

图 10-45 习题 16 图

17. 求图 10-46 所示桁架竖向振动的自振频率。已知：$m = 4\text{t}$，$E = 2.06 \times 10^2 \text{GPa}$，$A = 20 \text{cm}^2$。

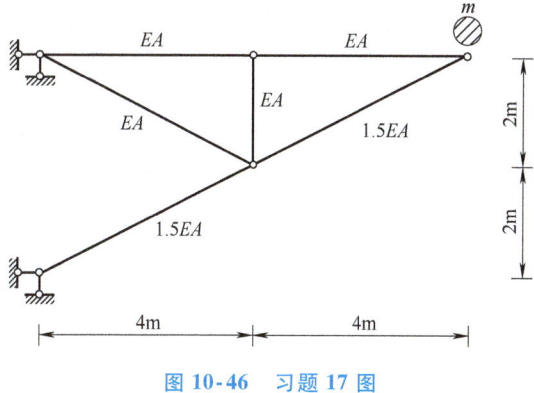

图 10-46 习题 17 图

18. 已知：$m = 4\text{t}$，$E = 2.06 \times 10^4 \text{MPa}$，$I = 6.4 \times 10^{-3} \text{m}^4$，$v_0 = 10\text{mm/s}$。分别求 $k = 0$ 和 $k \to \infty$ 时图 10-47 所示结构最大动位移。

19. 已知：$m = 2\text{t}$，$E = 2.06 \times 10^4 \text{MPa}$，$I = 1.6 \times 10^{-3} \text{m}^4$，柱高 $h = 3\text{m}$，初位移 $y_0 = 0.001\text{m}$。求图 10-48 所示柱顶的位移振幅、最大速度和最大加速度。

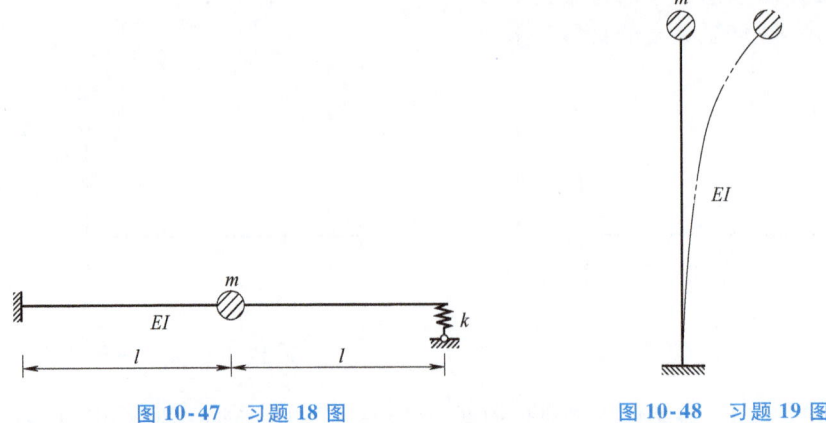

图 10-47 习题 18 图　　　　图 10-48 习题 19 图

20. 有一单自由度体系做有阻尼自由振动，通过测试，测得 8 个周期后的振幅将为原来的 16%，求该结构阻尼比 ξ。

21. 图 10-49 所示结构质量集中在跨中，$W = 20\text{kN}$，$F_P = 3\text{kN}$，$E = 2.06 \times 10^4 \text{MPa}$，$I = 1.6 \times 10^{-3} \text{m}^4$，$\theta = 57.6 \text{s}^{-1}$，$l = 2\text{m}$，求在简谐荷载作用下的最大竖向位移及梁跨中 B 点处的弯矩幅值。

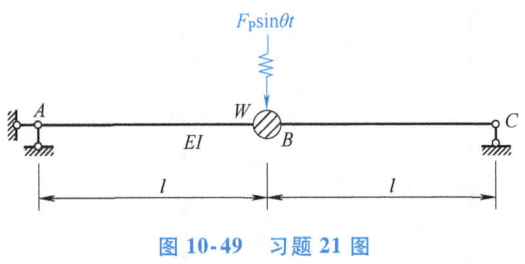

图 10-49 习题 21 图

22. 图 10-50 所示刚架在横梁上有一偏心马达，结构重量主要集中在横梁，马达和横梁重量 $W = 20\text{kN}$，马达水平离心力幅值 $F_P = 3\text{kN}$，马达转速 $n = 500 \text{r/min}$，柱线刚度 $i = \dfrac{EI}{h} = 6.0 \times 10^8 \text{N} \cdot \text{cm}$，求马达转动时的最大水平位移和柱端弯矩幅值。

23. 图 10-51 所示重物 $W = 1000\text{N}$，弹簧刚度 $k = 10\text{N/mm}$，结构阻尼常数 $c = 0.05\text{N} \cdot \text{s/mm}$，重物在简谐力 $F_P \sin\theta t$（$F_P = 100\text{N}$）作用下做竖向振动，求：(1) 简谐力的 θ 等于多大时结构发生共振？(2) 共振时的振幅；(3) 共振时的相位角。

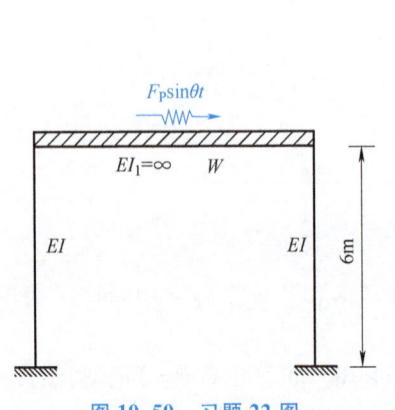
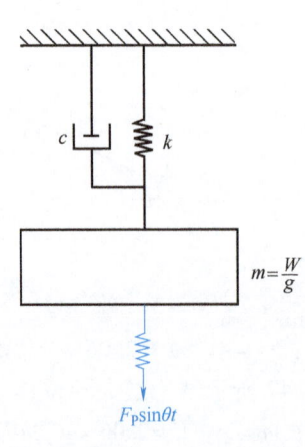

图 10-50 习题 22 图　　　　图 10-51 习题 23 图

24. 求图 10-52 所示悬臂梁自振频率和主振型。

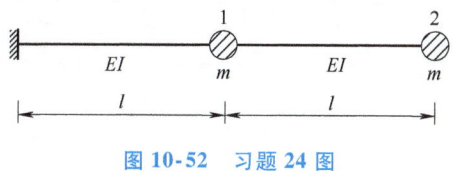

图 10-52　习题 24 图

25. 求图 10-53 所示结构的自振频率和主振型。

26. 已知图 10-54 所示刚架弹性模量 $E = 2 \times 10^5 \mathrm{MPa}$，惯性矩 $I = 1.6 \times 10^{-3} \mathrm{m}^4$，集中质量 $m_1 = m_2 = 2\mathrm{t}$，梁、柱自重不计，试求结构自振频率和主振型，并验证主振型的正交性。

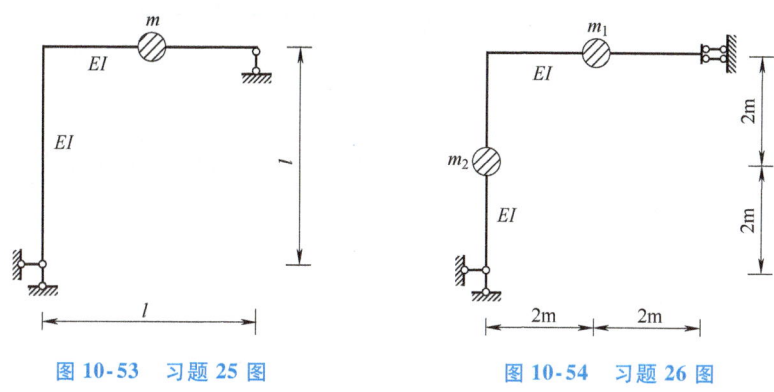

图 10-53　习题 25 图　　　　图 10-54　习题 26 图

27. 已知图 10-55 所示结构楼面质量分别为 $m_1 = 100\mathrm{t}$，$m_2 = 80\mathrm{t}$，柱的质量已集中于楼面，横梁刚度无限大，柱线刚度分别为 $i_1 = 2.0 \times 10^7 \mathrm{N \cdot m}$，$i_2 = 1.5 \times 10^7 \mathrm{N \cdot m}$，试求结构自振频率和主振型，并验证主振型的正交性。

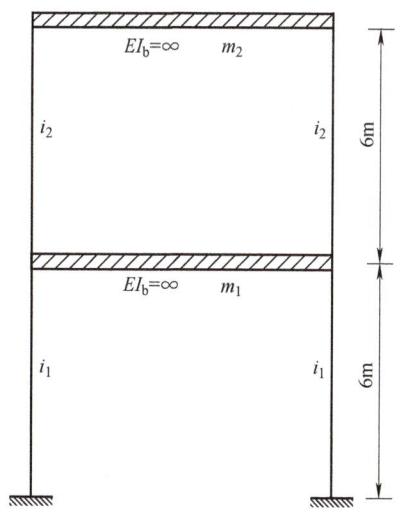

图 10-55　习题 27 图

28. 已知图 10-56 所示结构，$l = 1\mathrm{m}$，$W = mg = 1000\mathrm{N}$，$I = 80\mathrm{cm}^4$，$E = 2 \times 10^5 \mathrm{MPa}$，求结构自振频率。

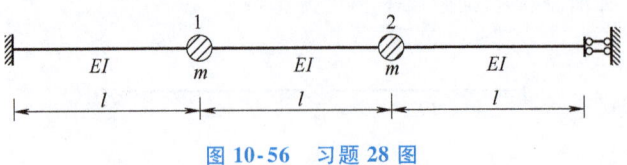

图 10-56　习题 28 图

29. 已知图 10-57 所示结构，$l = 1\text{m}$，$W = mg = 1000\text{N}$，$I = 80\text{cm}^4$，$E = 2 \times 10^5 \text{MPa}$，求结构自振频率。

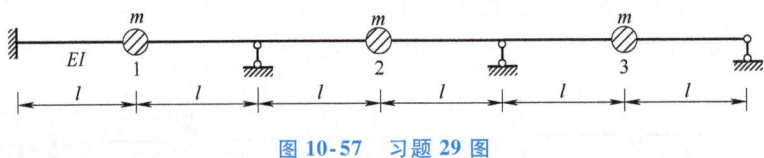

图 10-57　习题 29 图

30. 图 10-58 所示结构中，$l = 1\text{m}$，$W = mg = 1000\text{N}$，$I = 80\text{cm}^4$，$E = 2 \times 10^5 \text{MPa}$，在质点 2 处有简谐荷载作用，$F_\text{P} = 1\text{kN}$，$\theta = 1.5\omega_1$，分别考虑 $k = 0$ 和 $k \to \infty$ 时质点 1、2 的位移振幅，并求固端支座处弯矩幅值。

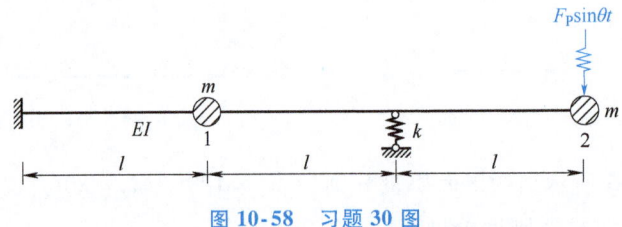

图 10-58　习题 30 图

参 考 文 献

[1] 龙驭球,包世华,袁驷. 结构力学:Ⅰ基本教程 [M]. 4版. 北京:高等教育出版社,2018.
[2] 龙驭球,包世华,袁驷. 结构力学:Ⅱ专题教程 [M]. 4版. 北京:高等教育出版社,2018.
[3] 雷钟和. 结构力学学习指导 [M]. 2版. 北京:高等教育出版社,2020.
[4] 包世华,熊峰,范小春. 结构力学教程 [M]. 武汉:武汉理工大学出版社,2017.
[5] 朱占元,范小春. 结构力学:下册 [M]. 武汉:武汉理工大学出版社,2016.
[6] 胡卫兵,朱占元. 结构力学:上册 [M]. 武汉:武汉理工大学出版社,2016.
[7] 李廉锟. 结构力学:上册 [M]. 6版. 北京:高等教育出版社,2017.
[8] 李廉锟. 结构力学:下册 [M]. 6版. 北京:高等教育出版社,2017.
[9] 朱慈勉,张伟平. 结构力学:上册 [M]. 3版. 北京:高等教育出版社,2016.
[10] 朱慈勉,张伟平. 结构力学:下册 [M]. 3版. 北京:高等教育出版社,2016.
[11] 于玲玲,杨正光. 结构力学 [M]. 2版. 北京:中国电力出版社,2014.
[12] 赵更新. 结构力学 [M]. 北京:中国水利水电出版社,2004.
[13] 赵更新. 结构力学辅导:概念·方法·题解 [M]. 北京:中国水利水电出版社,2001.
[14] 杨海霞. 结构力学学习指导:概念和能力训练 [M]. 北京:高等教育出版社,2017.
[15] 阮澍铭,于玲玲. 结构力学概念题解 [M]. 北京:中国建材工业出版社,2004.
[16] 陈水福,金建明. 结构力学概念、方法及典型题解 [M]. 杭州:浙江大学出版社,2002.
[17] 罗永坤,蔺安林,黄慧萱,等. 结构力学概念分析与研究生入学考试指导 [M]. 成都:西南交通大学出版社,2008.
[18] 刘永军. 结构力学习题集 [M]. 北京:中国电力出版社,2009.
[19] 徐新济,李恒增. 结构力学学习方法及解题指导 [M]. 上海:同济大学出版社,2002.
[20] 樊友景. 结构力学学习辅导与习题精解 [M]. 北京:中国建筑工业出版社,2004.
[21] 圣才学习网. 一级注册结构工程师基础考试:历年真题与考前押题详解 [M]. 3版. 北京:中国石化出版社,2018.
[22] 曹纬浚. 一级注册结构工程师执业资格考试:基础考试复习教程 [M]. 北京:人民交通出版社,2020.